国家出版基金项目

图说组织动力学

图说

呼吸系统组织动力学

史学义 著

第七卷

郑州大学出版社

图书在版编目(CIP)数据

图说呼吸系统组织动力学 / 史学义著. — 郑州：郑州大学出版社，2014.12

（图说组织动力学；7）

ISBN 978-7-5645-2042-7-01

Ⅰ. ①图… Ⅱ. ①史… Ⅲ. ①呼吸系统-人体组织学-图解 Ⅳ. ①R322.3-64

中国版本图书馆 CIP 数据核字（2014）第 226378 号

郑州大学出版社出版发行

郑州市大学路40号　　　　　　　邮政编码：450052

出版人：王　锋　　　　　　　　发行电话：0371-66966070

全国新华书店经销

郑州金秋彩色印务有限公司印制

开本：787 mm×1 092 mm　1/16

印张：18.75

字数：283千字

版次：2014年12月第1版　　　　印次：2015年1月第2次印刷

书号：ISBN 978-7-5645-2042-7-01　　定价：188.00元

编委会名单

主　任：章静波

副主任：陈誉华

委　员：吴景兰　张云汉　楚宪襄　郭志坤

　　　　张钦宪　史学义　宗安民　杨秦予

创造不是在老路上，总是在新路上，总是从另外一个方向给你启发。你对另外的东西不敏感的话，那么你的创造性很受局限。你看科学史上的发展所有有创造的人对新的东西都敏感。

——钱学森

批判是科学的生命。

——库辛

内容提要

　　本书是医用形态学新学科组织动力学系列出
版物的第七卷。书正文前有"图说组织动力学"的
点评与序及引言，引言说明其思想来源和实践来源、理
念与方法、框架与范畴、规划与憧憬，作为阅读之导引。本
书共分四章，第一章鼻组织动力学，主要描述嗅黏膜的组织动
力学过程；第二章喉组织动力学，只涉及喉声带组织动力学过
程；第三章气管组织动力学，分别描述气管黏膜、软骨、气管腺
和气管平滑肌组织动力学过程；第四章肺组织动力学，分别描
述肺导气部和呼吸部组织动力学过程。本书正文主要由419幅
显微实拍彩图及其注释组成，是著者多年科学研究成果。书
中资料翔实，图像珍秘，观点独到，结论新奇，极具创
新性和挑战性。本书可供医学院校教师、本科生与
研究生使用，也可供呼吸系统临床学家、组
织工程研究人员及系统科学工作者
阅读和参考。

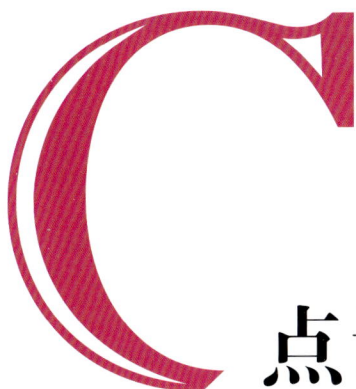

点评与序

组织学是研究机体微细结构与其相关功能及它们如何组成器官的学科。细胞是组成组织的主要成分，各种组织的构建和功能特点主要表现在它们的组成细胞上，因此，以细胞为研究对象的细胞学也是组织学的重要组成部分。鉴于组织和细胞是构成机体最基本的要素，组织学在医学与生命科学中具有较为重要的地位，组织学的教学与不断深入地研究的重要性也就不言而喻了。

迄今，组织学的研究方法大致分为两类：一类是活细胞和活组织的观察与实验，另一类是经固定后对组织结构的观察与分析。随着显微镜与显微镜新技术的不断改进、生物制片和染料化学的迅速发展，尤其是免疫细胞技术的建立，组织学曾经历过辉煌时期，但正如作者史学义教授所忧虑的那样，半个多世纪以来，组织学似乎被人们所漠视，其原因可能与组织学多以静止的观点观察机体的结构有关，与此同时，分子生物学、免疫学与细胞生物学的迅速发展，使得人们更多地将注意力放在当代新兴学科上。事实可能是这样的，当我还是个医学生的时候，组织学的教学手段基本上是在显微镜下观察组织切片，然后用红蓝铅笔依样画葫芦地画下来，硬记下组织的基本组成及特点。诚然，观察与绘图是必须的，但另一方面无形中在学生的脑海里形成了一个"孤立的"和"纵向的"不完全的组织学理念。

基于数十年的组织学专业教学与科研工作，本书作者史学义教授顿觉组织学不应只是"存在的科学"，而应是"演化的科学"；不应只以"静止的观点观察事物"，而应用"动态的观点观察事物"，于是查阅了大量的文献，历经数十载，不但观察了原河南医科大学近百年的全部库存组织学标本，而且还通过购置、交换从国内不少兄弟单位获得颇多的组织学切片，此外，还专门制作了适于组织动力学研究的标本。面对如此庞大工程，需要阅读上万张浩瀚的显微镜切片，作者闻鸡而起，忘寝废餐，奋勉劳作，终于经十余年努力完成该"图说组织动力学"鸿篇巨制。该套书共有10卷，资料翔实，观点独到，结论新奇，颇具独创性与挑战性，是一套更深层次研究组织动力学的全新力作，或许也称得上是一套组织动力学的宝典。纵观全套书，它在学术、研究思维及编写几个方面有如下主要特点。

（一）以动态的观点来观察与研究组织的结构与功能

　　作者以敏锐的洞察力，于看起来静止的细胞或组织中窥察到它们的动态过程。作者生动地描述，他在一张小白鼠肝细胞系的标本中惊讶地发现"一群细胞像鱼儿逐食一样趋向缺口处"，"原来这些细胞都是'活'的"。其实，笔者也有类似的经验，譬如在观察细胞凋亡（apoptosis）现象时，虽然只是切片标本，但即使在同一个标本中，往往也可以发现有的细胞皱缩，有的染色质凝聚与边集，有的起泡，有的产生凋亡小体等镜像。只要你将它们串联起来，便是活生生的细胞凋亡动态过程了。让读者能理解静态的组织学可反映出动态改变应是我们从事组织学教学与研究者的职责，更是意图力推动态组织学者的任务。

（二）强调组织与细胞的异质性

正如作者所一直强调的，"世界上没有完全相同的两片树叶"，无论是细胞系（cell line）或是组织（tissues），我们的观察与认识不能囿于"典型"表型，而应考虑到它们的异质性（heterogeneity），如此，我们便可发现构成组织的是一个"细胞社会"，它们不只会群聚，更是丰富多彩，充满着个性，并且相互有着关联。不但异常组织如此，即使正常组织也绝不是"千细胞一面"，呈均匀状态的，这在骨髓中是人们一直予以肯定的，属于递次相似法则。在如今炙热的干细胞研究中，人们也发现不少组织中存在有干细胞（stem cell）、祖细胞（progenitor cell）及各级前体细胞（precursor cell）直至成熟细胞（mature cell）等不同分化程度，以及形态特征各异的细胞群体。此外，即使在正常组织中也观察到"温和的"，不至于成为恶性的突变细胞。因此，作者强调从事组织学与细胞学研究不可将这种异质性遗忘于脑后。笔者十分赞同作者的观点。

3

（三）力挺直接分裂的作用与地位

细胞的增殖靠细胞分裂来完成。迄今，绝大多数学者认为有丝分裂（mitosis）是高等真核细胞增殖的主要方式，而无丝分裂（amitosis）则称为直接分裂（direct division），多见于低等生物，但也不排除高等生物在创伤、衰老与癌变细胞中也存在无丝分裂。此外，在某些正常组织中，如上皮组织、肌肉组织、疏松结缔组织及肝中也偶尔观察到无丝分裂。

但是本套书作者在大量切片观察的基础上认为人和高等动物的细胞增殖以直接分裂为主，而且认定早期、中期和晚期分裂方式和效率是明显不同的，早期的直接分裂由一个细胞分裂成众多子代细胞，中期直接分裂由一个母细胞分裂产生数个子细胞，晚期直接分裂通常由一个母细胞产生两个子细胞并且多为隔膜型与横缢型的直接分裂。史学义教授观察入微，证据凿凿，其观点显然是对传统观点与学说的挑战，至少对当前广为传播而名过其实的有丝分裂在细胞分裂研究领域中的独占地位提出强力质疑。本着学术争鸣的原则，或许会有不同看法，笔者认为需要有更多的观察。

（四）独创的编写形式

最后，本套书在编写上也别具一格，既不同于常见的教科书，以文字描述为主，配以插图；也不同于纯粹的图谱，图为主角辅以文字说明。另外，似乎与图文并重的，如*Junqueira's Basic Histology*也不完全一致。本套书以图为主，以一组图说明一段情节，相关的情节组合在一起构成一个演化过程。这种写法不仅形象，易于理解，更可反映出组织发生的动力学改变过程。这一写作技巧或许对于强调事物是动态的、发展的都有借鉴意义。

然而，诚如作者所说，"建立组织动力学这一新学科是一项宏大的工程，是需要千百万人的积极参与才能完成的艰巨任务"。本系列"图说组织动力学"只是一个抛砖引玉的试金之作，今后或许要从下述几个方面努力，以期更确证、更完整。

（1）用当代分子细胞生物学技术与方法阐明组织动力学的改变，尤其要证实干细胞在组织形成、衍生、衰老与萎缩中所扮演的角色。

（2）用经典的连续切片观察细胞的直接分裂过程和组织的动态变迁。

（3）用最新的生命科学技术与方法，如显微技术、纳米技术、3D打印技术，追踪、重塑组织结构。

（4）用更多种属、不同年龄阶段的组织标本观察组织动力学的改变，因为按一般规律不同种属、不同组织、不同年龄段的动力学改变是不会一致的。

总之，组织动力学是一个新概念，生命科学中诸多问题，需要医学形态学、系统生物学、细胞生物学、生理学及相关临床科学的广大科学工作者、教师与学生的共同参与。让我们大家一起努力，将组织动力学这门新学科做得更加完美。

　　最后，我谨代表本书编委会向国家出版基金管理委员会、郑州大学出版社表示感谢。为了我国学术繁荣、科学发展，他们向出版如此专业著作的作者伸出援手，由此我看到了我国科技赶超世界先进水平的希望。

章静波

2014年9月于北京

C 引言

一、困惑与思考

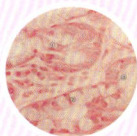

在医学院里初次接触到组织学，探究人体细胞世界的奥秘，令我向往与兴奋。及至从事组织学专业教学与科研工作，迄今已历数十载，由于组织学教学刻板，而科研又远离专业，使我对组织学的兴趣日渐淡薄。这可能与踏入专业之门时，正值组织学不景气有关。当时不少人认为组织学的盛采期已过，加之分子生物学的迅猛发展，不少颇有造诣的组织学家都无奈地感叹：人们连细胞中的分子都搞清楚了，组织学还有什么可研究的，组织学早该取消了！情况虽然并不至如此，但当时并延续至今的组织学在整个科学界的生存状态，确实值得组织学工作者深刻反思：组织学究竟是怎么了？

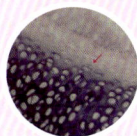

组织学面临困境的原因，首先是传统组织学的观念已经落后于时代的发展。新世纪首先迎来的是人类思维方式的革命。这种思维方式的转变，主要表现在从对事物的孤立纵向研究转向对事物的横向相互联系的研究，这样导致科学整体从机械论科学体系转向有机论科学体系，从用静止的观点观察事物转变为用动态的观点观察事物，使整个科学从"存在的科学"转向"演化的科学"。传统的组织学（histology），即显微解剖学(microscopic anatomy)，是研究人体构造材料的科学，是对机

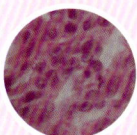

1

体各种构造材料的不同质地和各种纹理的描述性科学，其主要研究内容是识别不同器官的结构、组织和细胞，而这些结构、组织和细胞，似乎是与生俱来、终生不变的。传统组织学孤立、静止的逻辑框架，明显有悖于相互联系和动态演变的现代科学理念。不同种类的细胞像林奈时代的"物种"一样，是先验的和不可理解的。这就导致组织学教学与科学研究相脱离，知识更新率低，新观念难以渗入、扩展。尽管血细胞演化和骨组织更新研究已较深入，但那只是作为特例被接纳，并不能对整个人体组织静态框架产生多大冲击。组织学教育似乎只是旧有知识的传承，而对学习者也毫无创造空间可言。国家级的组织学专业研究项目很少，组织学专业文献锐减。这些学科衰落的征象确实令人担忧。

其次，组织学与胚胎学脱节。胚胎学研究内容由受精卵分裂开始，通过细胞的无性增殖、分化、聚集、迁移，从而完成器官乃至整个机体的构建，胚胎学发展呈现一片生机勃勃的景象。而一到组织学，其中的细胞、组织、结构突然一片沉寂，犹如一潭死水。20世纪中叶，许多世界著名研究机构都参与了心肌细胞何时停止分裂的研究，并涌现大量科研文献。研究结果有出生前20天、出生后7天、出生后3个月，争论多年。这足见"胚成论"对传统组织学影响之深。其实，心肌细胞何曾停止过分裂呢！研究成体的组织学与研究机体发育的胚胎学应该分开来看，细胞在组织学和胚胎学中的命运与行为犹如在两个完全不同的世界。

再次，组织学不能及时吸纳和整合细胞生物学研究的新成果。细胞生物学是组织学的基础，有意或无意长期拒绝细胞生物学来源的新知识，也使组织学不合理的静态结构框架日益僵化守旧，成为超稳定的知识结构。细胞分裂是细胞学的基本问题，也是组织学的基本问题。直接分裂在细胞生物学尚有简单论述，在组织学却被完全删除。近年，干细胞研究迅猛发展，干细胞巢的概念已逐步落实到成体组织结构中，但很难进入组织学教材。这与传统组织学静态观念的顽固抵抗有关，其中最大的障碍就是无视细胞直接分裂的广泛存在。

最后，组织学明显脱离临床实践。医学实践是医学生物学发展最强大的推动力。近年，受社会需求的拉动，各临床专业的基础研究迅猛发展。但许多临床上已通晓的基本知识、基本概念在组织学中还被列为禁区、被归为谬误。器官移植已在临床上广泛应用，组织学却不能为移植器官的长期存活提供任何理论支持，而仍固守移植器官细胞长寿之说。这样，组织学不能从临床实践寻找新的研究课题，使之愈发显得概念陈旧、内容干瘪，对临床实践很难起到指导、启迪作用。

二、顿悟与发掘

我重新燃起对组织学的兴趣缘于偶然。一次非常规操作显微镜，在油镜下观察封固标本，所用标本是PC12细胞（成年大白鼠肾上腺髓质嗜铬细胞瘤细胞系）的盖玻片培养物（经吉姆萨染色的封存片）。当我小心翼翼地调好焦距时，我被视野中的景象惊呆了！只见眼前的细胞色彩绚丽、千姿百态。令我惊异的是，本属同一细胞系的同质性细胞竟是千细胞千面、各不相同。这使我想到，要认识PC12细胞，除了认识其遗传决定的共同特征外，这些形态差异并非毫无意义、可以完全忽略的。究竟哪一个细胞才是真正典型的PC12细胞呢？

以往观察组织标本多用低倍或高倍物镜。受传统组织学追求简单化思路的引导，通常是在高倍镜下尽力寻找符合书本描述的典型细胞。由于认为同种细胞表型都是相同的，粗略的观察总是有意、无意地忽略细胞间的差异。而这次非常规观察，彻底改变了我数十年来形成的对细胞的刻板印象，使我顿悟到构成组织的细胞原来并不一样。正如世界上没有完全相同的两片树叶一样，机体也绝没有完全相同的两个细胞，因为每个细胞都是特定时空的唯一存在物。由此，我突破了对组织中细胞的质点思维樊篱，直面细胞个体，发现细胞的个体差异是随机性的，服从统计规律。随级差逐渐缩小，便有了"演化"的概念。进而发现组织并不是形状与颜色都相同的所谓典型细胞的集合体，而是充满个性、丰富多彩、相互有演化关联的细胞社会。当我观察盖玻片培养的BRL细胞（小白鼠肝细胞系）时，凑巧培养盖玻片一边有个小缺口，一群细胞像鱼儿逐食一样趋向缺口处。这给我带来了第二重震撼，使我突然领悟，原来这些细胞都是"活"的。以前，尽管理论上知道细胞是生命的基本单位，但长期以来我们看到的都是死细胞，是经过人工固定染色的细胞尸体，从来没去想过细胞在干什么。这种景象，不禁使我想到上古时陷入沼泽里的猛犸象。趋向缺口的细胞不正像被发现的猛犸象一样，都是其生前状态瞬时的摄影定格吗？正是这些细胞运动过程中细胞形态变化的瞬时定格图像组合，提示了这些细胞的运动方向与目的。细胞内部决定性和内外随机性共同影响着细胞的生、老、病、死过程。这是细胞"活"的内在本质。进而，我还有了第三重感悟，原来很不起眼的普通组织标本，竟是如此值得珍爱。这不仅在于小小的标本体现着千千万万细胞生命对科学殿堂的祭献，而且，似乎突然发现常规组织标本竟含有如此无限丰富的细胞信息。这说明，酸碱染料复合染色，如最普通的苏木素–伊红染色，能较全面而深刻地反映细胞生命过程的本质特征。对于细胞群体研究来说，任何高新技术，包括特定物质分子的测定及其更高分辨率观察结果分析，都离不开对研究对象具体细胞学的分析。高新技术只能在准确的细胞学分析基础上进行补缺、增强、校正，进一步明确化、精细化。之后，我在万用显微镜的油镜下重新观察教学用的全部组织学切片，更增强了上述获得的新观念。继而，又找出原河南医科大学近百年的全部库存组织学标本，甚至包括不适合教学的废弃标本，另外，还通过购买、交换从国内外不少兄弟单位获得很多组织切片。除此之外，我们也专门制作更适于组织动力学研究的标本。一般仍多采用常规酸碱染料复合染色。为提高发现不同器官、结构、组织和细胞之间的过渡类型的概率，专门制作的组织动力学切片的主要特点有：①尽量大；②尽量包括器官的被膜、门、蒂、茎及器官连接部；③最好是整个器官或大组织块的连续切片；④尽量多种属、多年龄段和多部位取材；⑤同一器官要有纵、横、矢三个方位切片。如此获得大量资料后，我夜以继日、废寝忘食地观察不同种属、不同年龄、不同方位的组织标本。这样的观察，从追求典型细胞与细胞同一性，到注重过渡性细胞和细胞的个性。通过观察发现，镜下视野里到处都是细胞的变化和运动。我如饥似渴地追寻感兴趣、有意义的观察对象，并做显微摄影。如此反复地观察数万张组织切片，大海捞针似的筛查有价值的观察目标，像追寻始祖鸟一样，寻觅存在率只有千万分之一的过渡性细胞。当最终找到预期的过渡性细胞时，我兴奋不已，彻夜难眠。如此数十年间，获得上万张有价值的显微照片。

三、理念与方法

从普通组织切片的僵死细胞中，怎么可能看出细胞的变化过程呢？为什么人们通常看不到这些变化？怎样才能观察到这些变化过程呢？其实，这在传统组织学中早有先例，人们从骨髓涂片的杂乱细胞群中就观察到红细胞系、粒单细胞系、淋巴细胞系及其变化规律。那么，肝细胞、心肌细胞、肾细胞、肺细胞、神经细胞乃至人体所有细胞，是否也都有相应的细胞系和类似的变化规律呢？

一个范式的观察者，不是那种只能看普通观察者之所看，只能报告普通观察者之所报告的人，二是那种能在熟悉的对象中看见别人前所未见的东西的人。这是因为任何观察都渗透着理论。观察者的观察活动必然植根于特定的认识背景之中，先前对观察对象的认识影响着观察过程。从骨髓涂片中之所以能看出各种血细胞系是因为在观察之前，我们就对血细胞有如下设定：①血细胞是有生有灭的；②骨髓涂片里存在这种生灭过程；③这种过程是可以被观察到的。这些预先设定，分别涉及动态观念、随机性和时空转换三个方面的问题。此外，从骨髓涂片中看出各种血细胞系，还有一个重要的经验性法则，即递次相似法则。递次相似法则又可用更精细化的模糊聚类方法来代替，以用作对观察结果更精确的分析。

（一）动态观念

"万物皆动"是既古老又现代的科学格言。"存在也是过程"的动态观念是新世纪思维革命的重要方面。胚胎学较好地体现了动态变化的观念，特别是早期胚胎发育中胚胎细胞不断演化，胚胎结构不断形成又消失；而到了组织学，似乎在胚胎发育某一时刻形成的细胞、组织、结构就不再变化（胚成论）。实则不然，出生后人体对胚体中进行的细胞、结构演化变动模式既有继承，也有抛弃。从骨髓涂片研究血细胞发生的前提是认知血细胞有生成、死亡的过程。那么，肝细胞和肝小叶、肺泡上皮细胞和肺泡、外分泌腺上皮细胞和腺泡、心肌细胞和心肌束、肾细胞和泌尿小管、神经细胞和脑皮质等，也会有类似演化与更新过程。承认这些过程存在可能性的动态观念，是研究组织动力学必须具有的基本观念。

（二）随机性

随机性是客观世界固有的基本属性。在小的时空尺度内，随机性影响具有决定性意义。主要作为复杂环境中介观存在的生命系统，有很强的外随机性，因为生命系统元素数量巨大，又有很多来自系统内部自身确定性的内随机性。希波克拉底（Hippocrates）做了人类最早的胚胎学实验。他将20个鸡蛋用5只母鸡同时开始孵化，而后每天打破一个鸡蛋，观察鸡胚发育情况。直至20天后，最后一个鸡蛋孵出小鸡。他按时间顺序整理每天的观察结果，总结出鸡胚发育过程与规律。然而，生命具有不可逆性和不可入性，如此毁灭性的实验方法所得结果并不能让人完全信服。因为，这样所观察到的第2天鸡胚的发育状态，并不是第1天观察到的那个鸡胚的第2天状态，而是另一个鸡胚的第2天的发育状态。后经无数人重复观察，不断对观察结果进行修正，才得到大家认可的关于鸡胚发育过程的近似描述。这是因为，重复试验无形中满足了大数法则，接近概率统计的确定性。用作组织学研究的组织切片就很像众多不同步发育的鸡胚发育实验。而在切片制作中，每个细胞、结构都在固定时同时死亡，所看到的组织切片中的每个细胞，都在其死亡时被"瞬间定格"。这些"瞬间定格"分别代表处于演化过程不同阶段细胞的瞬时存在状态。将这些众多不同状态，按时间顺序整理、归类、排序，就可得出细胞演化的整个动力学过程。组织动力学家与传统组织学家不同。传统组织学家偏好"求同"，极力从现存的类同个体中找出合乎要求的典型，并为此而满足；组织动力学家则偏重"求异"，其主要工作是寻觅可能存在于某组织标本中的过渡态，故永远感到不满足。因此，组织动力学家总是在近乎贪婪地搜集、观察组织标本，以寻求更多、更好的过渡态。

（三）时空转换

生命是其内在程序的时空展开过程。这里的时间与空间是指生物体的内部时间和内部空间。内部时间即生物体内部生命程序展开事件的先后次序。而生命的不可逆性和不可入性，使内部过程的时间顺序很难用外部时间标定。这就需要换用生命事件的可察迹象来排列事件的先后次序。这实际上就是简单的函数置换。若已知变化状态s是自变量时间t的函数，其他变量，如空间变量l，也是时间t的函数，则可以l置换t作为状态S的自变量。

　　这一函数置换，实现了生物形态学领域习惯称谓的时空转换。这在胚胎学中经常用到，如在胚胎发育较早期，常以体长代替孕月数，表示胚胎发育状态。在组织学中，有了"时空转换"，许多空间量纲测度，如细胞及细胞核的形状、大小、长短、距离等差别都有了时间意义，都可以用来表征细胞演化进程。其他测度，如细胞特有成分的多少、细胞质与细胞核的嗜碱性/嗜酸性强度、细胞衰老指标等，也都可以代替时间作为判定细胞长幼序的依据。如此一来，所观察的标本中满目尽见移行变化，到处是过程的片段。骨髓涂片中，血细胞演化系主要就是依据细胞形状、细胞核质比、细胞质与细胞核的嗜碱性/嗜酸性强度及细胞质内特殊颗粒多少等参量来判定的。同理，也可以此来观测、判定心肌细胞系和肝细胞系等。

（四）模糊聚类分析

　　从骨髓切片或涂片中，运用判定红细胞系和白细胞系演化进程所遵循的递次相似法则时，如果评判指标较少，单凭经验就可以完成。但当所依据的评判指标众多时，特别是各指标又缺乏均衡性，单凭经验就显得困难。模糊聚类分析，可使递次相似法则更精细、更规范，细胞精确和模糊的特征参量，通过数据标准化，标定相似系数，建立模糊相似矩阵。在此基础上，根据一定的隶属度来确定其隶属关系。聚类分析的基本思想，就是用相似性尺度来衡量事物之间的亲疏程度，并以此来实现分类。模糊聚类分析方法，为组织动力学判定细胞系提供了有效的数学工具。

著者在观察中对研究对象认知的顿悟，正是在动态观念、随机性和时空转换预先的理性背景下发生的。三者也是整理观察结果的指导思想，可看作组织动力学的三个基本理念。

四、框架与范畴

对于归纳性科学的研究方法，卡尔·皮尔逊总结为：①仔细而精确地分类事实，观察它们的相关和顺序；②借助创造性想象发现科学定律；③自我批判和对所有正常构造的心智来说是同等有效的最后检验。有人更简单归结为搜集事实和排列次序两件事。据此，著者对已获得的大量图片资料，依据上述理念与方法归纳整理，得到人体结构的动态框架。

组织动力学（histokinetics），按字面意思理解是研究机体组织发生、发展、消亡、相互转化的科学，但更准确的理解应该是organization dynamics，是研究正常机体自组织过程及其规律的科学，包括细胞动力学和各器官系统组织动力学，后者涵盖各种器官、结构、组织的形成、维持、转化与衰亡等演化规律。组织动力学的逻辑框架主要由细胞、细胞系、结构、器官和机体5个基本范畴构建而成。

（一）细胞

细胞是组成人体系统的基本元素，是机体生命的基本单位，也是组织动力学研究的基本对象。组织动力学认为，细胞是有生命的活体，其生命特征包括繁殖、新陈代谢、运动和死亡。

1. **细胞繁殖**　细胞繁殖是细胞生命的本质属性，是细胞群体生存的根本性条件。细胞分裂繁殖取决于细胞核。细胞分裂能力取决于超循环生命分子复合体自复制、自组织能力。人和高等动物的细胞分裂是直接分裂，早期、中期和晚期直接分裂的方式和效率明显不同。早期直接分裂，由一个细胞分裂形成众多子代细胞；中期直接分裂，由一个母细胞分裂产生数个子细胞；晚期直接分裂，是一个母细胞一般产生两个子细胞，多为隔膜型与横缢型直接分裂。

2. **细胞新陈代谢**　新陈代谢是细胞的又一本质属性。新陈代谢是细胞个体生存的根本性条件，是生命分子复合体超循环系统运转时需要物质、能量、信息交换的必然。为获得生存条件，细胞具有侵略性，可侵蚀或侵吞别的细胞或细胞残片，通常是低分化细胞侵蚀或侵吞高分化细胞。细胞又有感应性，细胞要获得营养物质、避开有害物质，必须感应这些物质的存在，还必须不断与外界进行信息交流。细胞还具有适应性，需要与环境进行稳定有序交换、互应、互动，包括细胞组分之间彼此合作与竞争、互应与互动。

3. **细胞运动**　运动也是动物细胞的本质特征。运动是与细胞繁殖和维持新陈代谢密切相关的细胞功能。细胞运动包括细胞生长性位移、被动运动和主动运动,伴随细胞分裂增殖,细胞位置发生改变,可谓细胞的生长性位移,是最普遍的细胞运动。血细胞随血流移动属被动运动,细胞趋化移动则为主动运动。细胞主动运动的主导者是细胞核,神经细胞运动更是如此。

4. **细胞死亡**　细胞死亡的一般定义是细胞解体,细胞生命停止。细胞死亡也是细胞的本质属性。细胞的自然死亡是超循环分子生命复合体生命原动力衰竭的结果。一般细胞死亡可分细胞衰亡和细胞夭亡两大类。细胞衰亡是演化成熟细胞自然衰老死亡;细胞夭亡是细胞接受机体内部死亡信息,未及演化成熟而早亡,或是在物理、化学及生物危害因子作用下导致的细胞早亡。

(二)细胞系

细胞系(cell line)是借用细胞培养中的一个术语,原指一类在体外培养中可以较长时间分裂传代的细胞。组织动力学中,细胞系是指特定干细胞及其无性繁殖所产生的后代细胞的总体。传统组织学也偶用此术语,如红细胞系、粒细胞系、淋巴细胞系等,但对组成大多数器官结构的细胞群体多用组织来描述。组织(tissue)原意为织物,意指构成机体的材料。习惯将组织定义为"细胞和细胞间质组成",这一定义模糊了细胞的主体性。另有将组织定义为"一种或几种细胞集合体",这又忽略了细胞群内细胞的时空次序，这样的组织实际缺乏组织性。传统组织概念传达的信息量很小，其概念效能随着机体结构的微观研究日益深入而逐渐降低。组织并非一个很完善的专业概念，首先，其没有明确的时空界定；其次，其内涵与外延都不严整；再者，其解理能力较弱。在细胞与器官两个实体结构系统层次之间，夹之以不具体的、系统性极弱的结构层次，显得明显不对称。僵化、静态的组织概念严重阻碍显微形态学研究的深入开展。而细胞系，是一个内涵较丰富、有较明确的时空四维界定的概念，所指的是有一定亲缘关系的细胞社会群体。一个细胞系就是一个细胞家族，是细胞社会的最基本组织形式。同一细胞系里的细胞，相互之间都有不同的时空及世代亲缘关系。

（三）结构

这里专指亚器官结构。结构是细胞系的存在形式与形成物，大致可分6类。

1. 细胞团和细胞索　细胞系无性增殖产生的后代细胞群称为细胞克隆。细胞团和细胞索是细胞克隆的初级形成物。细胞团是细胞克隆在较自由空间的最基本存在形式，细胞索则是细胞克隆在横向空间受限时的存在形式。

2. 囊和管　是细胞克隆的次级形成物。囊是细胞团中心细胞死亡的结果，管则是细胞索中心细胞死亡而形成的。中心细胞死亡是由机体发育程序决定的，而且是通过细胞自组织法则调控的结果，而且生存条件被剥夺也起重要作用。

3. **板和网**　是细胞团、细胞索形成的囊和管因其他细胞参与致细胞群体形态显著改变而成。细胞板相互连接成网，如肝板和犬肾上腺髓质。

4. **细胞束**　受牵拉应力作用，细胞呈长柱状、长梭形，细胞群形成梭形束状结构，如心肌束、骨骼肌束、平滑肌束等。

5. **腱、软骨和骨**　这些结构的细胞之间有大量间质成分。骨则是由骨细胞与固体间质构成的骨单位这种特殊结构组成的。

6. **脑和神经**　脑内神经细胞以其特有的突触连接方式及细胞间桥共同组成神经网，神经是神经细胞从中枢神经系统向靶器官迁移的通道。

（四）器官

器官是机体的一级组件，具有特定的形态、结构和功能。器官的大小、位置和结构模式由遗传决定，成体的器官组织场胚胎期已形成器官雏形。成体的器官也有组织场（organizing field）。成体器官组织场是居住细胞与微环境相互作用的结果，由物理因素、化学因素和生物因素组成。成体器官组织场承袭其各自的胚胎场而来。场效应主要表现为诱导干细胞演化形成特定细胞。成体的器官组织场，除保留雏形器官原有干细胞来源途径，还常增加另外的多种干细胞来源途径。在各种生理与病理条件下，机体能更经济地调动适宜的干细胞资源，以保证这些结构的完整性和正常功能。

（五）机体

机体是由不同器官组成的整体。其整体性不只在于中枢神经系统与内分泌系统指挥和调控下的功能统一性，还在于由干细胞的流通与配送实现的全身结构统一性。血源性干细胞借血流这种公交性渠道到达各器官，经双向选择成为该器官的干细胞；中枢神经系统通过外周神经这种专线运送干细胞直达各器官，为其提供大量干细胞；淋巴系统是干细胞回流的管道系统，逃逸、萃聚或出胞的裸核循淋巴管，经淋巴结逐级组织相容性检查并扩增后补充机体干细胞总库，或就近迁移并补充局部干细胞群。如此，机体才成为真正意义上的结构和功能统一的整体。

五、规划与憧憬

是否将所积累的资料与思考公开发表，我犹豫再三。每想到用如此普通、如此简单的研究方法要解决那么多具有挑战性的问题，得出如此众多颠覆性的结论，提出如此多的新概念与新观点，内心总觉唐突。几经踌躇，终在我父亲一生务实、创新精神的激励下，决心以"图说组织动力学"为丛书名陆续出版。这是因为我相信"事实是科学家的空气"这句箴言。我所提供的全部是亲自观察拍摄的真实图像，都是第一手的原始照片。对于不愿接受组织动力学理念的显微形态学研究者，一些资料可填补传统组织学中某些空缺的细节描述。要知道，其中一些图像被发现的概率极小，它们是通过大海捞针式的工作才被捕获到的！对于愿意探索组织动力学的读者，若能起到抛砖引玉的作用，引起更多学者注意和讨论，也算是我对从事过的专业所能尽的一点心意。

本书以模型动物组织动力学为参照，汇集人和多种哺乳动物的组织动力学资料，内容包括多种动物细胞动力学和各种器官、结构、组织的形成、维持、转化与衰亡等演化规律，但尽量以正常成人细胞、结构、器官层次的自组织过程为主，以医学应用为归宿。

图说是一种新文体，意思是以图说话。但本书不是普通的组织图谱，而是用一组图说明一段情节，相关情节组合在一起构成一个演化过程。图片所含信息量大，再辅以图片注解，形象易懂。图像显示结构层次多、形态复杂。为便于理解，本书采用多种符号标示观察目标：★表示结构；※表示细胞群或多核细胞等；不同方向的实箭头指示细胞、细胞器、层状或条索状结构及小腔隙等；虚箭头表示细胞迁移方向或细胞流方向；不同序号①、②、③……表示相关联的结构、细胞或结构层次等。

现有资料涉及全身各主要器官系统，但不是全部。血液和骨骼在组织学中已有初步的动力学研究，故暂不列入。因组织标本来源繁杂，染色质量不一，致使图像质量也良莠不齐。现择其图像较清晰，说明问题较系统、较充分的部分收编成册，首批包括《图说心脏组织动力学》《图说血管组织动力学》《图说内分泌系统组织动力学》《图说神经系统组织动力学》《图说耳和眼组织动力学》《图说消化系统组织动力学》《图说呼吸系统组织动力学》《图说泌尿系统组织动力学》《图说生殖系统组织动力学》《图说细胞动力学》，共计10卷。

组织动力学是一门新的学科，主要研究机体内细胞、组织之间的演化动力学过程。组织动力学沿用了不少传统组织学的概念、名词，但将组织动力学内容完全纳入从宏观到微观的还原分析路线而来的传统组织学的静态结构框架实为不妥，会造成内部逻辑混乱而不能自洽。因为传统组织学崇尚的是概念明晰（其实很难做到），而组织动力学要处理的多为模糊对象。从逻辑上讲，组织动力学与从微观到宏观的人体发生学关系密切，组织动力学可以看作胚胎学各论的延伸。这种思想在我们编著的《人体组织学》（2002年郑州大学出版社出版）中已有提及。该书中增加了不少研究组织动力学的内容，但仍被误当作描述人体构造材料学的普通组织学。因此，将研究人体结构系统维生期的组织动力学过程的学科独立出来是顺理成章的。这也为容纳更多对人体结构的系统学研究内容留有更大空间，为人体结构数字化开辟道路。从这个意义上讲，人体组织学刚从潜科学转为显科学，是一个襁褓中的婴儿，又如一个蕴藏丰富的矿藏尚待开发。可见，认为组织学已经衰退、已无可作为的悲观看法，若是针对传统组织学而言是可以理解的，而对于组织动力学来说则是杞人忧天。组织动力学研究，不但有利于科学人体观的建立，而且必将对原有临床病理和治疗理论基础带来巨大冲击，并迎来临床基础研究的新高潮。传统组织学曾经在探究人体结构奥秘的过程中取得辉煌成就，许多成果已载入生物医学发展史册，至今仍普惠于人类。目前，在学习人体结构的初级阶段，传统组织学仍有一定的认识功能。但传统组织学名实不符，宜正名为显微解剖学，将其纳入人体解剖学更为合理。

建立组织动力学这一新的学科是一项宏大的工程，是需要千百万人的积极参与才能完成的艰巨任务，困难是不言而喻的。首先，图到用时方恨少，一动手编写，才发现现有资料并不十分完备。若全部按组织动力学要求重新制作并观察不同种属、不同品系、不同个体所有器官有代表性部位的连续切片，其工作量十分浩大，绝非少数人之力所能完成。现有组织学标本重复性较高，要寻找所预期的有价值的观察目标十分困难。而且所求索图像的意义越大，遇到的概率越小。这种资料搜集是一种永无止境的工作。其次，缺少讨论群体，有价值的学术思想往往是在激烈争论中产生并成熟的。组织动力学涉及医学生物学许多重大问题，又有许多新思想、新概念，正需要医学形态学广大师生与科研工作者、系统科学家、生物学家、细胞生物学家、生理学家及相关临床专家的共同参与、争论和批评，才能逐步明晰与完善。

在等待本书出版期间，显微形态学领域又取得了许多重要科研成果。干细胞研究更加深入，成体器官多发现有各自的干细胞，干细胞概念就是组织动力学的基石。特别是最近又发现许多器官干细胞巢和侧群细胞，更巩固了组织动力学的基础，因为组织动力学就是研究干细胞到成熟实质细胞的演化过程。成体器官干细胞与干细胞巢的证实有力地推动了组织动力学研究，组织动力学已经走上不可逆转的发展道路。相信组织动力学研究热潮不久就会到来，一门更成熟、更丰富、更严谨的组织动力学必将出现。

作者自知学识粗浅，勉力而成，书中谬误与疏漏在所难免，恳请广大读者不吝批评指教。

史学义

2013年12月于河南郑州

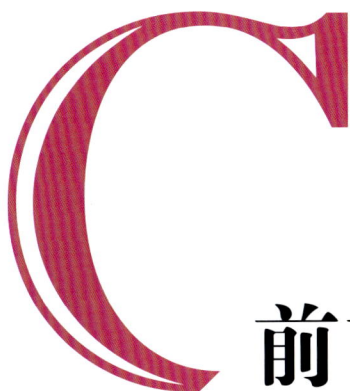

前言

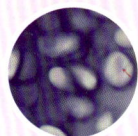

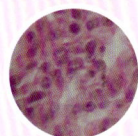

　　近年来，有关肺内上皮细胞与间充质细胞转化的研究为呼吸系统组织动力学研究提供了有力支持。肺实质是由呼吸上皮自上而下延展和间质干细胞自下而上自组织两种生长势共同构建而成，两种生长势的锋面多变而复杂，使人难以分辨。Ⅰ型肺泡上皮细胞是呼吸上皮细胞系的演化终态，触氧面即肺系统的吸引子，也是呼吸上皮细胞系的死亡面。导气部呼吸上皮细胞演化来源之一是支气管平滑肌，这是继消化道黏膜肌之后，支持"平滑肌是次级干细胞库"命题的又一例证。气管呼吸上皮由呼吸上皮细胞系构成。气管软骨系统维生期分别由内侧的软骨膜细胞–软骨细胞演化系和外侧的平滑肌细胞–软骨细胞演化系实现外加性生长。软骨细胞以多种直接分裂方式增殖，则实现所谓内积性生长。软骨细胞仅次于心肌细胞与肝细胞，适宜观察直接分裂过程。气管软骨作为自组织系统，其组织场中心是既无张应力、又无压应力的零应力环面，软骨组织场由包括两种应力梯度和相关的理化因子梯度构成，零应力面就是气管软骨系统的吸引子，也就是软骨细胞的死亡面。结合软骨生物力学和软骨组织工程研究进展，软骨有望成为系统研究组织动力学的范例。

　　嗅黏膜由脑细胞经无髓神经纤维迁移构建而成，这是组织动力学另一个重大命题"脑细胞参与脑外器官构建"首个得到学术界一定程度认可的实例，为广泛存在神经参与器官实质构建研究开辟了道路。

本书得以完成首先感谢我的导师吴景兰教授，是吴教授引导我进入组织学与胚胎学这一有很大发展空间的学术领域；感谢付士显教授帮我突破理论与实践之间的屏障，并走上从对组织学标本的实际观察中研究组织学的道路；感谢原河南医科大学党委书记宗安民教授对组织动力学研究的关注和热情帮助；感谢任知春、阎爱华高级实验师对有关实验研究的参与和帮助；感谢刘国红老师参与整理本卷部分资料。感谢王一菱、乐晓萍、张娓高级实验师提供丰富的观察标本；感谢我的爱人张清莲女士及子女们对此书的关注与全力支持。

本书得以出版，首先有赖国家出版基金的资助，感谢国家新闻出版广电总局有关领导与专家；同时得到了郑州大学和郑州大学出版社有关领导的关注与支持。感谢郑州大学出版社有关编辑、复审、终审和校对工作者的辛勤工作。特别感谢郑州大学出版社杨秦予副总编辑对此创新项目的选定、策划和组织方面所做的艰苦努力及其在全书出版的各项工作中付出辛勤而精细的劳作。

作者

2014年1月

目录

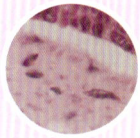

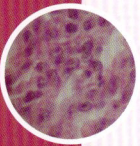

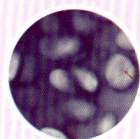

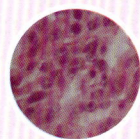

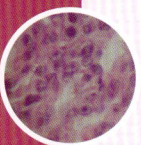

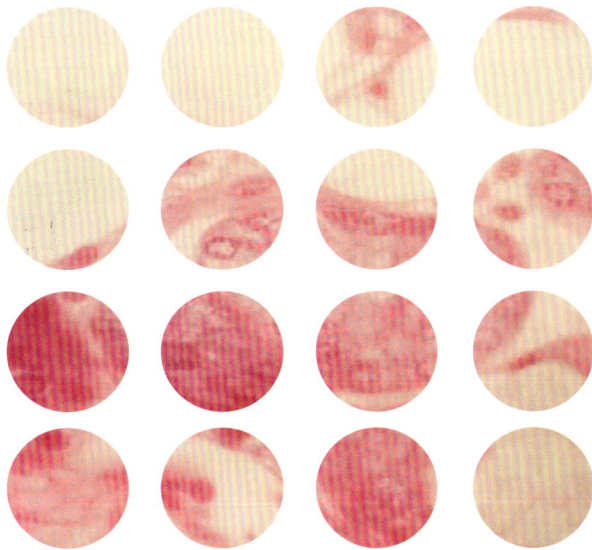

第一章
鼻组织动力学

嗅觉器官是少数得到学术界公认的脑组织外延形成物，喙侧神经细胞流更是传统组织学中少有的细胞动态描述，特别是近年嗅神经鞘干细胞治疗神经损伤成功，使嗅黏膜和嗅神经成为医学生物学研究热点。本章重点阐述人鼻嗅黏膜的组织动力学过程。

一、人嗅黏膜异质性

嗅黏膜因细胞层多寡不同而显得厚薄不一（图1-1～图1-3）。嗅黏膜因细胞演化程度不同而有低演化与高演化之分，低演化嗅黏膜细胞核呈显著嗜碱性（图1-4、图1-5）；高演化嗅黏膜细胞核呈显著嗜酸性（图1-6、图1-7）。

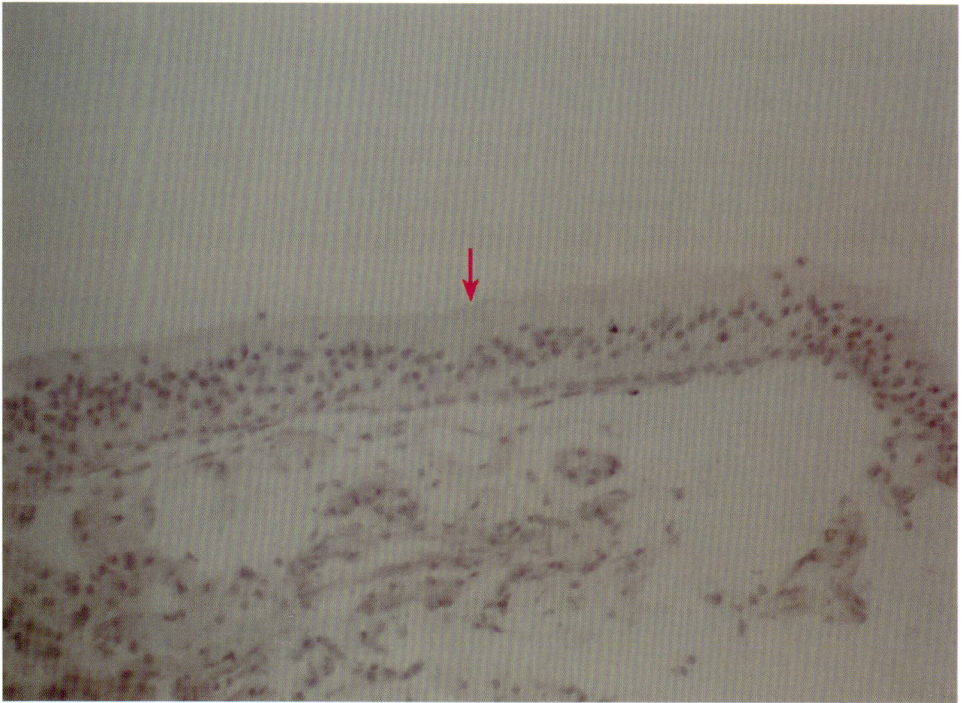

■ 图1-1　人嗅黏膜异质性（1）

苏木素-伊红染色　×100
↓ 示薄嗅黏膜。

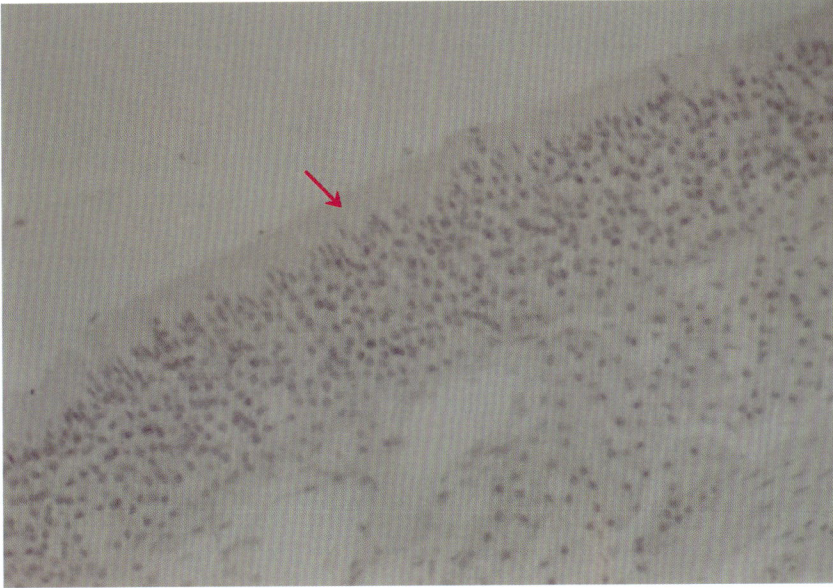

图1-2　人嗅黏膜异质性（2）

苏木素-伊红染色　×100

示较厚嗅黏膜。

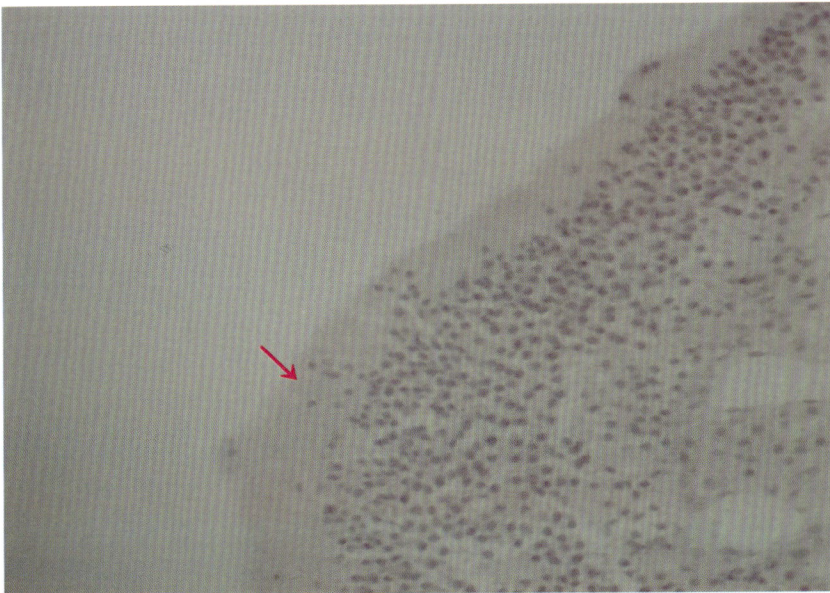

图1-3　人嗅黏膜异质性（3）

苏木素-伊红染色　×100

示厚嗅黏膜。

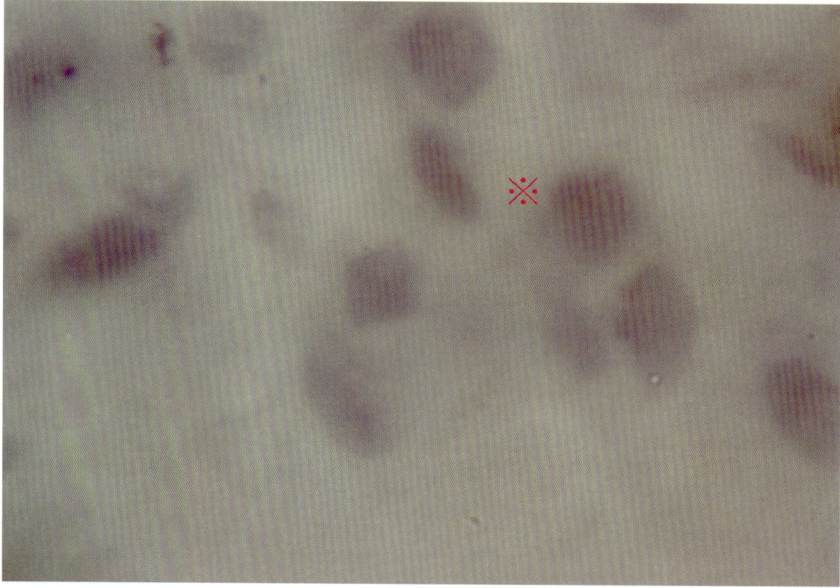

■ 图1-4　人嗅黏膜异质性（4）

苏木素-伊红染色　×1 000

※示大部分细胞演化程度较低的嗅黏膜。

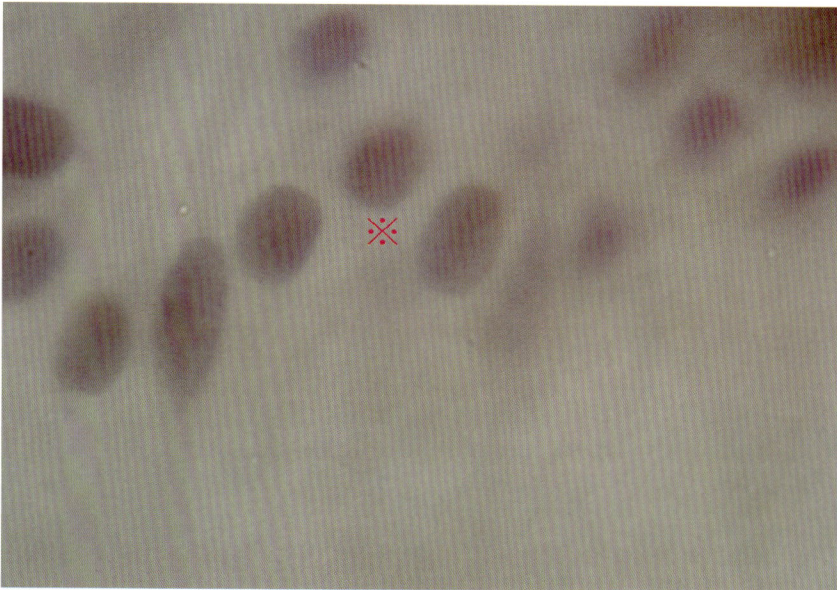

■ 图1-5　人嗅黏膜异质性（5）

苏木素-伊红染色　×1 000

※示大部分细胞演化程度较低的嗅黏膜。

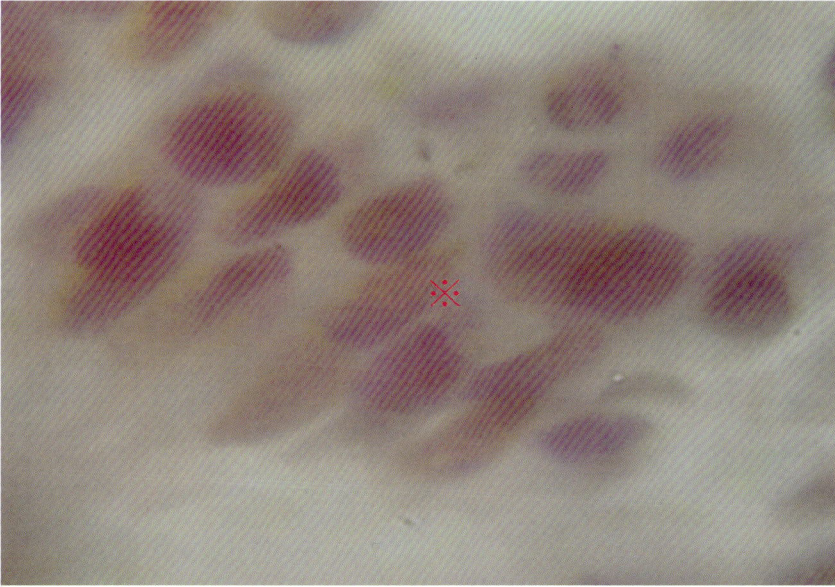

■ 图1-6　人嗅黏膜异质性（6）

苏木素-伊红染色　×1 000

※示大部分细胞演化程度较高的嗅黏膜。

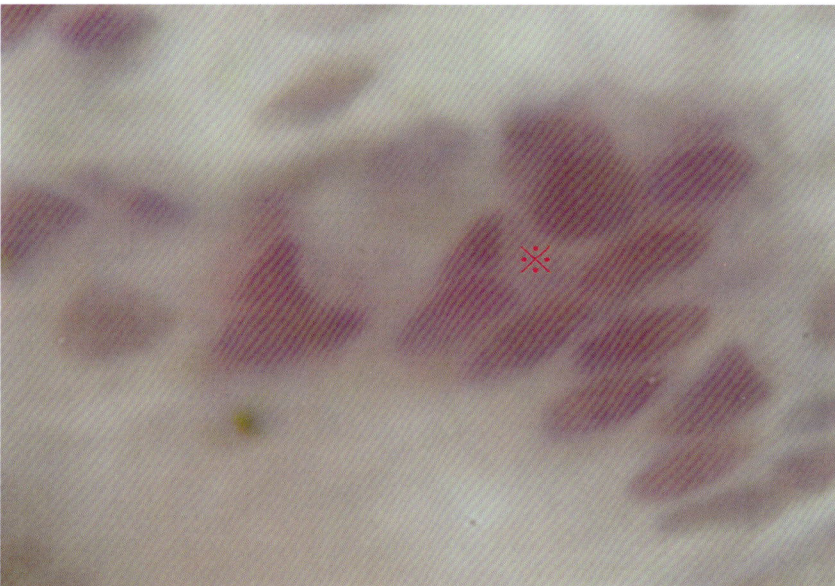

■ 图1-7　人嗅黏膜异质性（7）

苏木素-伊红染色　×1 000

※示大部分细胞演化程度较高的嗅黏膜。

二、人嗅黏膜结构动力学

（一）嗅黏膜细胞迁移与演化

嗅黏膜细胞来源于嗅丝神经束，一些部位嗅黏膜基层与黏膜下层并无明显分界（图1-8、图1-9）。嗅黏膜是神经组织的衍生物，嗅神经束细胞从基底迁入嗅黏膜（图1-10、图1-11），进而向上迁移到嗅黏膜中层及上层（图1-12），迁移过程伴随细胞由低到高的演化过程（图1-13～图1-15），低演化细胞也可成群向上迁移（图1-16）。迁移到嗅黏膜上层的细胞多为流线型，起初以嗅觉灵敏的低演化细胞为主（图1-17、图1-18），而后低演化细胞减少，嗅觉迟钝的高演化细胞增多（图1-19、图1-20），以至大多嗅细胞为高演化细胞（图1-21、图1-22）。

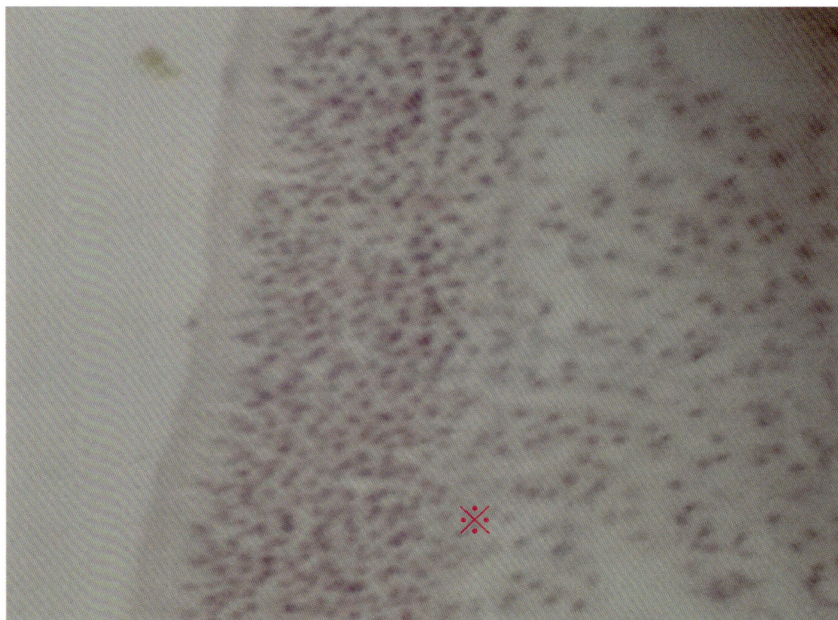

■ 图1-8　人嗅黏膜结构动力学（1）

苏木素-伊红染色　×100

※示嗅黏膜与黏膜下层分界不清。

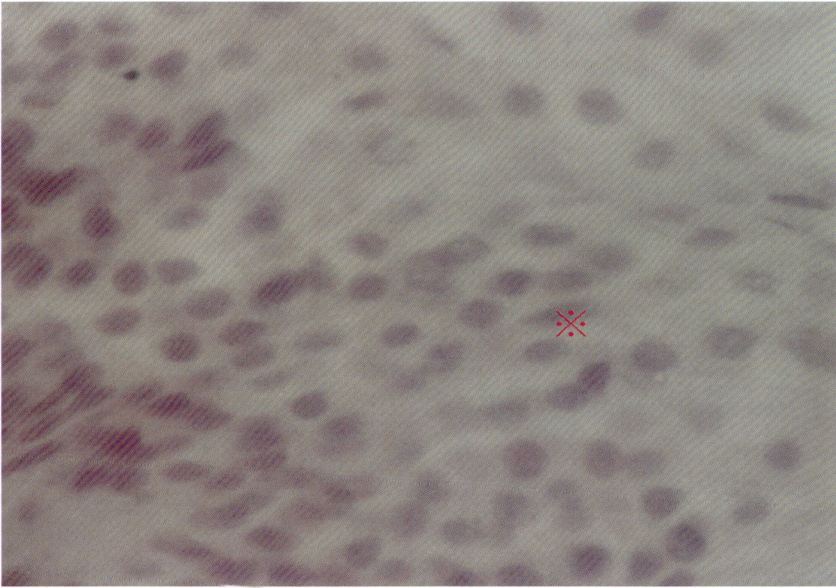

■ 图1-9　人嗅黏膜结构动力学（2）

苏木素-伊红染色　×400

※示嗅黏膜与黏膜下层分界不清。

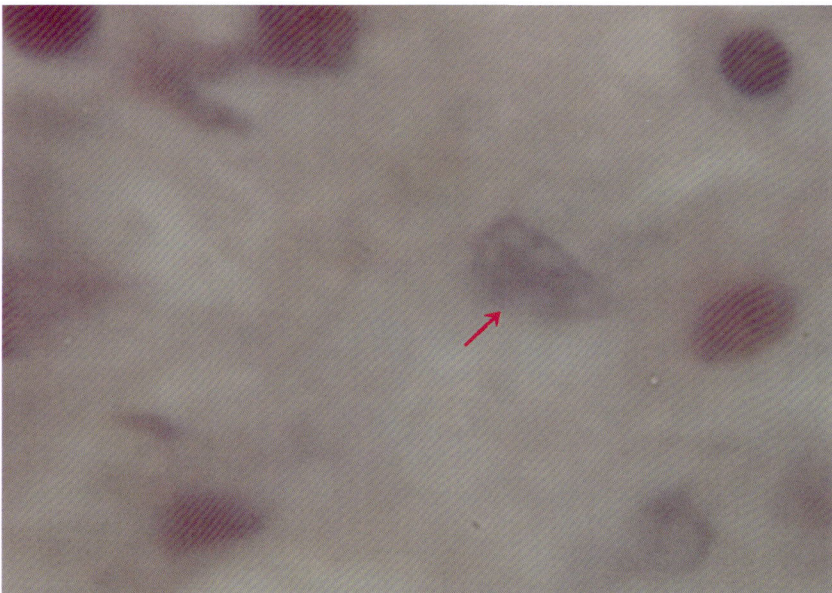

■ 图1-10　人嗅黏膜结构动力学（3）

苏木素-伊红染色　×1 000

↗示从黏膜下向嗅黏膜迁移的神经束细胞。

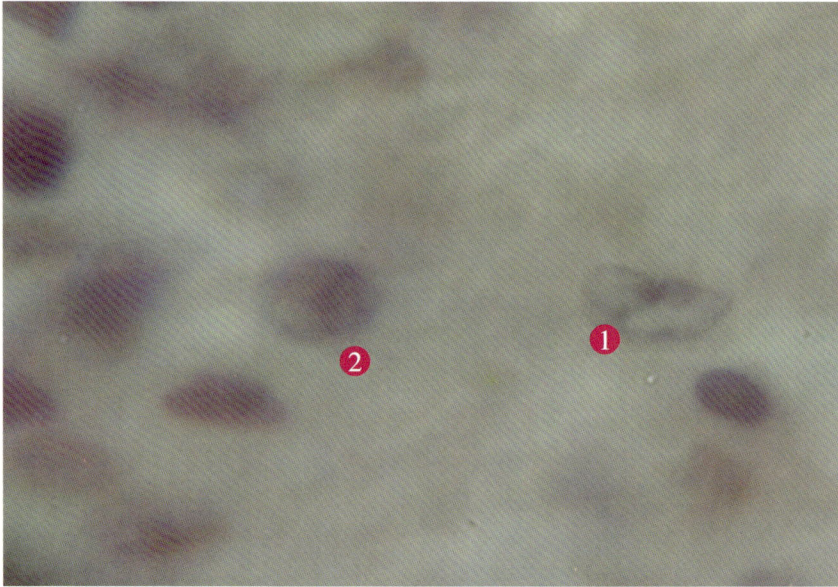

■ 图1-11　人嗅黏膜结构动力学（4）

苏木素-伊红染色　×1 000

❶示从黏膜下向嗅黏膜迁移的神经束细胞；❷示进入嗅黏膜伴随演化的干细胞。

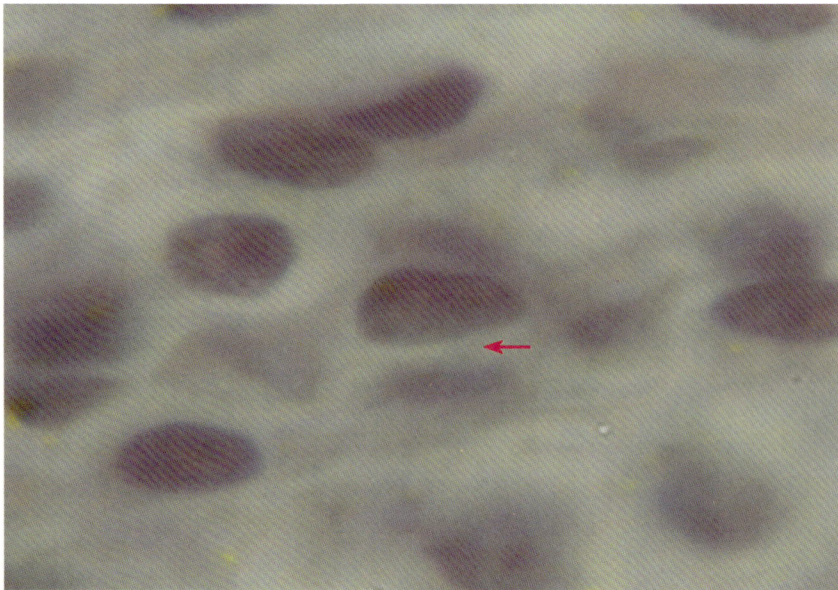

■ 图1-12　人嗅黏膜结构动力学（5）

苏木素-伊红染色　×1 000

← 示从嗅黏膜基底向上迁移的细胞流。

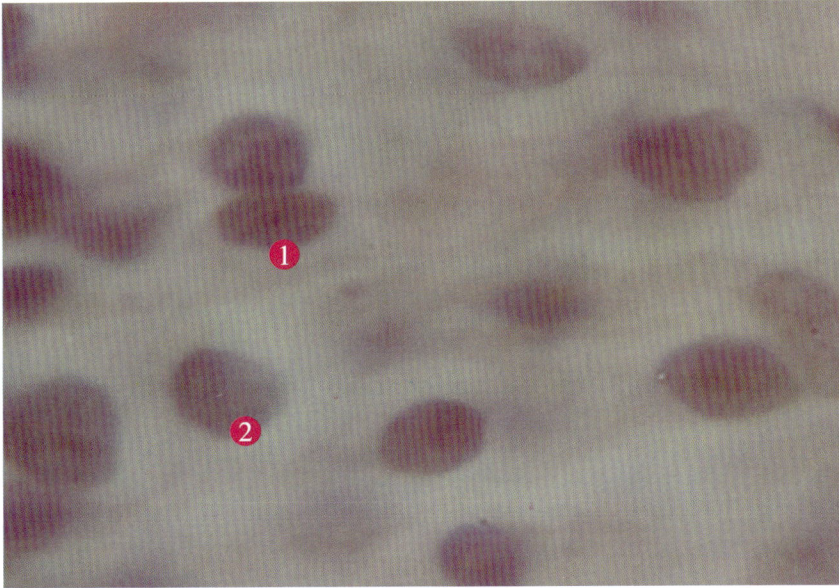

■ 图1-13　人嗅黏膜结构动力学（6）

苏木素-伊红染色　×1 000

❶示高演化迁移细胞；❷示低演化迁移细胞。

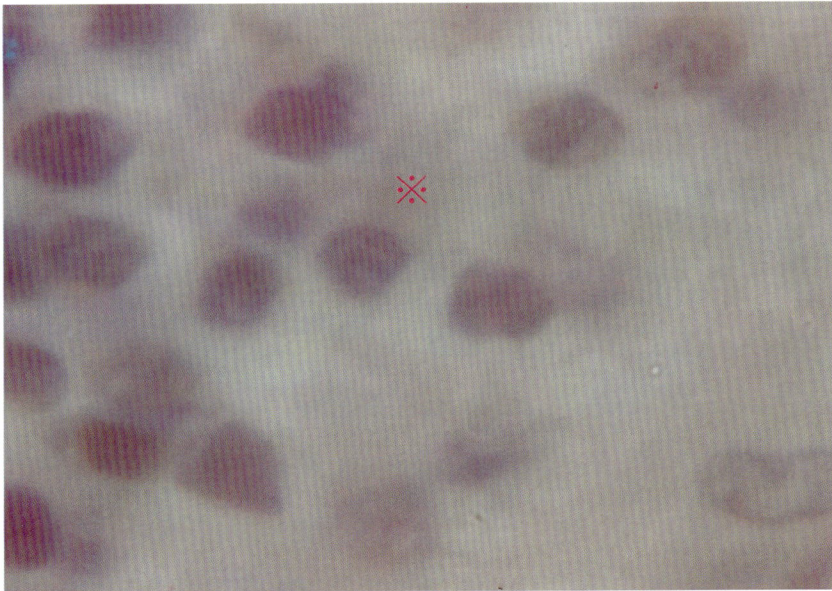

■ 图1-14　人嗅黏膜结构动力学（7）

苏木素-伊红染色　×1 000

※示演化程度不同的嗅黏膜细胞。

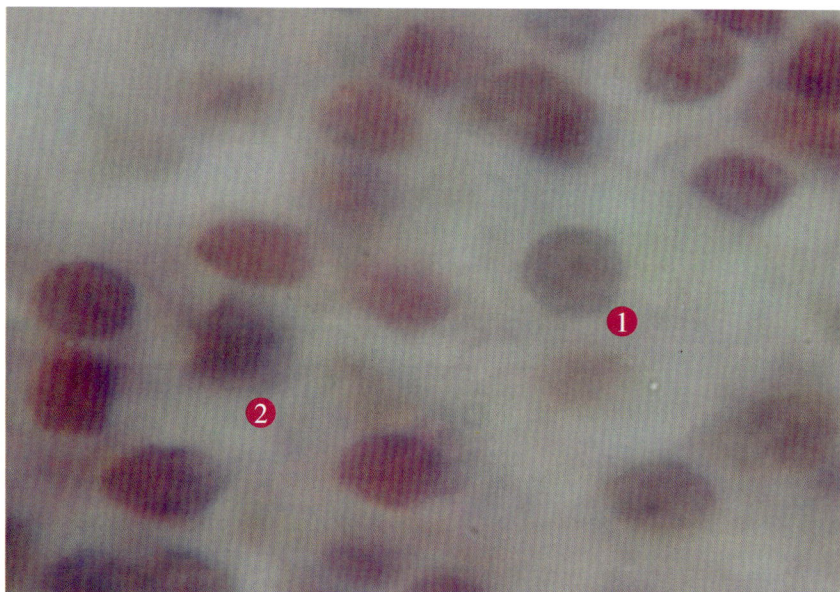

■ 图1-15　人嗅黏膜结构动力学（8）

苏木素-伊红染色　×1 000

❶示迁移到嗅黏膜中层的低演化细胞；❷示迁移到嗅黏膜上层的低演化细胞。

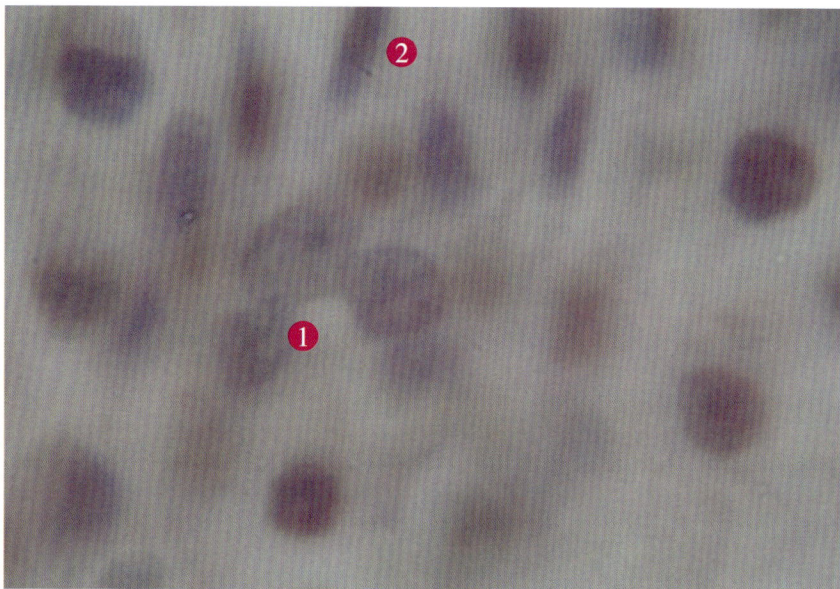

■ 图1-16　人嗅黏膜结构动力学（9）

苏木素-伊红染色　×1 000

❶示迁移到嗅黏膜中层的低演化细胞群；❷示迁移到嗅黏膜上层的低演化流线型细胞。

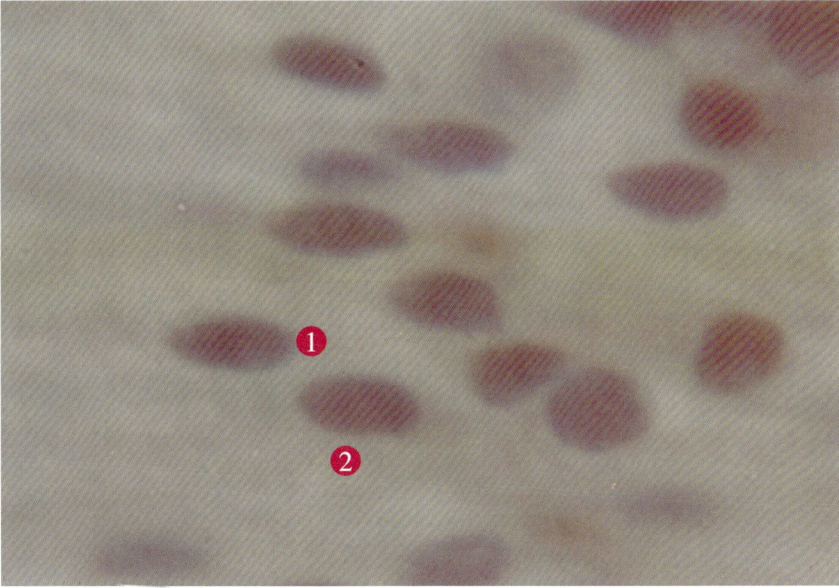

■ 图1-17　人嗅黏膜结构动力学（10）

苏木素-伊红染色　×1 000

❶示迁移到嗅黏膜顶层的低演化流线型细胞；❷示迁移到嗅黏膜上层的高演化流线型细胞。

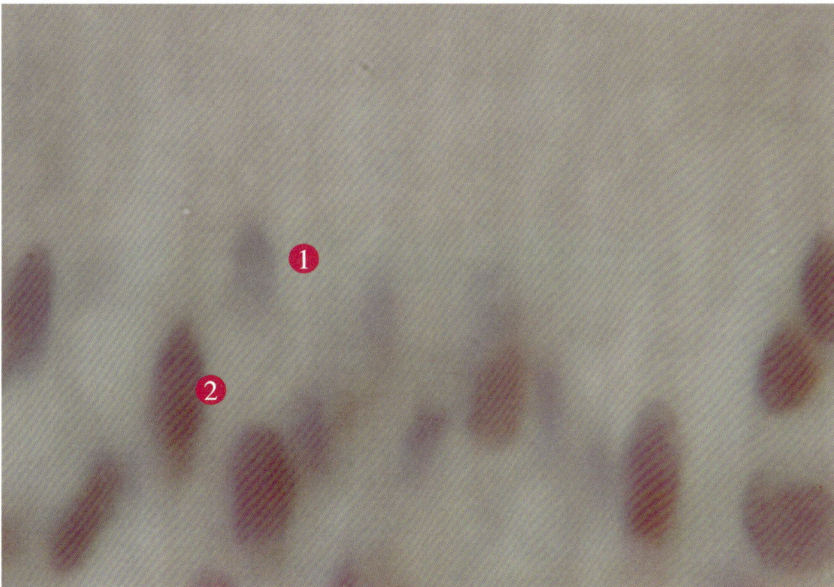

■ 图1-18　人嗅黏膜结构动力学（11）

苏木素-伊红染色　×1 000

❶示迁移到嗅黏膜顶层的低演化流线型细胞；❷示迁移到嗅黏膜上层的高演化流线型细胞。

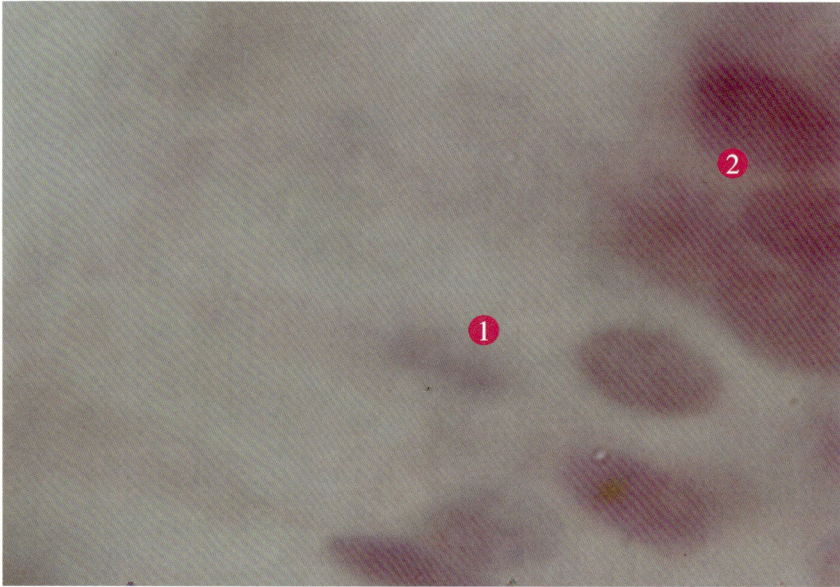

■ 图1-19　人嗅黏膜结构动力学（12）

苏木素-伊红染色　×1 000

❶示嗅黏膜顶层的低演化流线型细胞因进一步演化而减少；
❷示嗅黏膜上层的高演化流线型细胞增多。

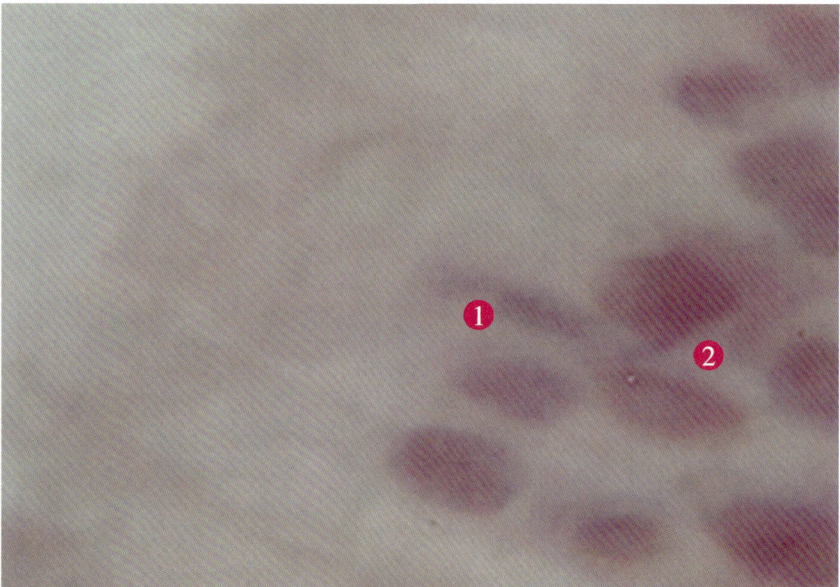

■ 图1-20　人嗅黏膜结构动力学（13）

苏木素-伊红染色　×1 000

❶示嗅黏膜顶层的低演化流线型细胞因退化而减少；❷示嗅黏
膜上层的高演化流线型细胞增多。

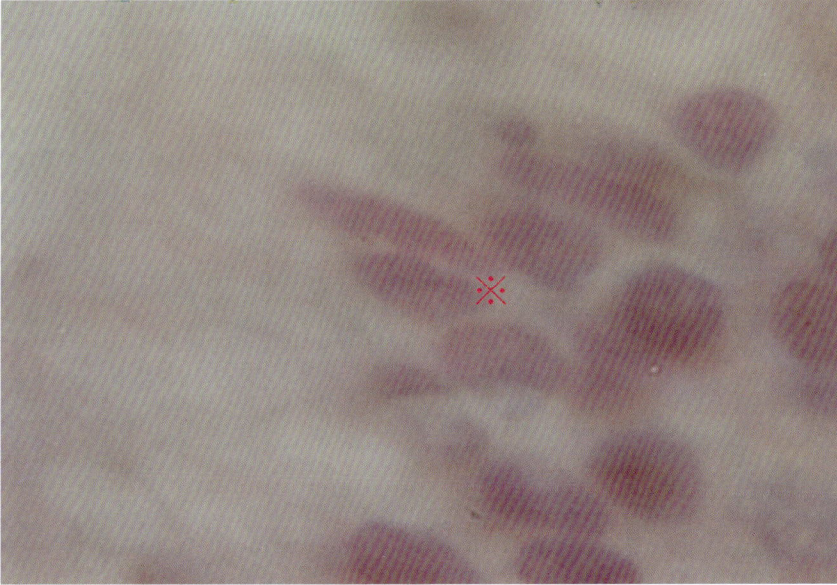

图1-21　人嗅黏膜结构动力学（14）
苏木素–伊红染色　×1 000
※示嗅黏膜顶层与上层大部分为高演化细胞。

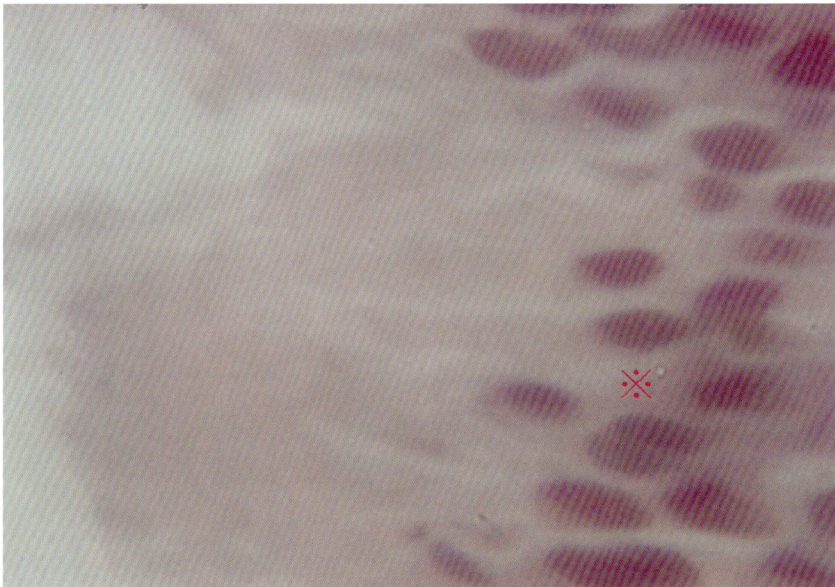

图1-22　人嗅黏膜结构动力学（15）
苏木素–伊红染色　×1 000
※示嗅黏膜顶层与上层大部分为高演化细胞。

（二）嗅　芽

　　嗅黏膜嗅毛毡表层可见少数低演化细胞（图1-23），这些细胞是由嗅黏膜上层迁移而来（图1-24、图1-25），有时可见多个低演化细胞迁至嗅毛毡表层（图1-26、图1-27）。从嗅黏膜上层向上迁移细胞与到达嗅毛毡表层的细胞共同构成一种芽状结构，可称之为嗅芽（图1-28、图1-29），迁移细胞也可呈多行排列，使嗅芽成为更复杂的结构形式（图1-30、图1-31），迁至嗅芽顶端的低演化细胞可逐渐演化为高演化细胞（图1-32）。有些部位嗅黏膜可见群发嗅芽（图1-33）或频发的嗅芽样结构（图1-34），这些结构可能代表嗅觉灵敏区。

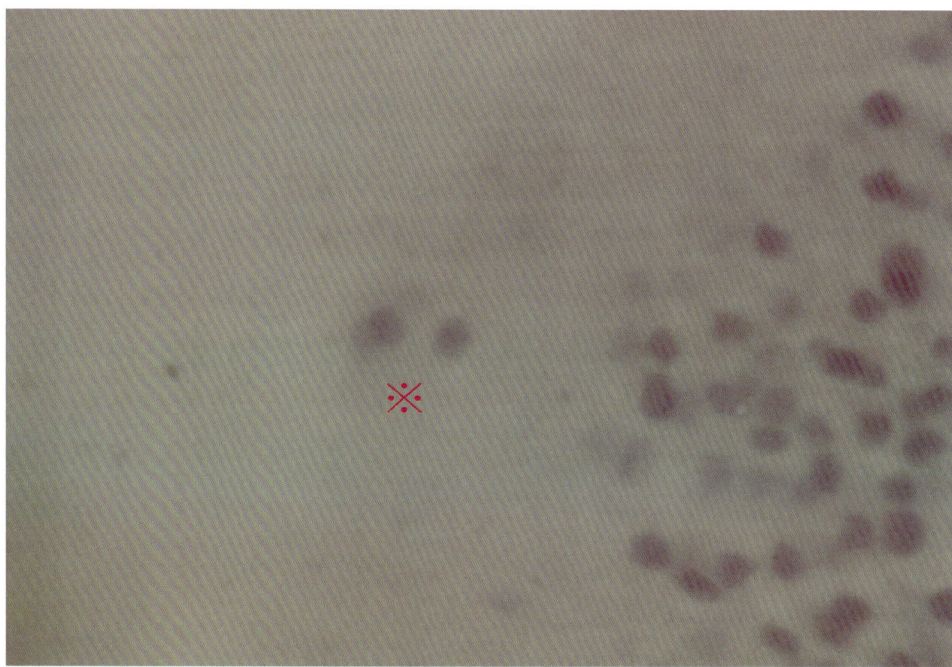

■ **图1-23　人嗅芽（1）**
苏木素-伊红染色　×400
※示少数低演化细胞存在于嗅毛毡表层。

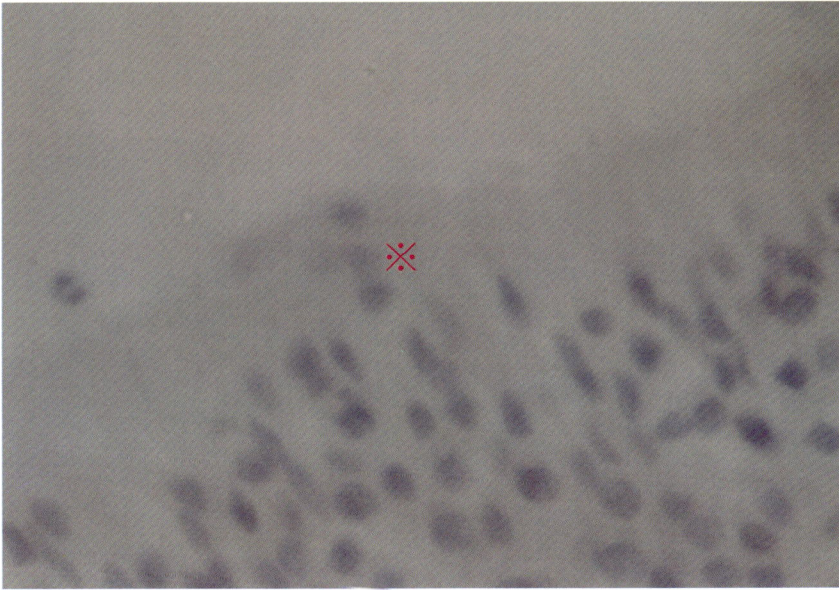

■ 图1-24　人嗅芽（2）

苏木素-伊红染色　×400

※示少数低演化细胞上迁至嗅毛毡表层。

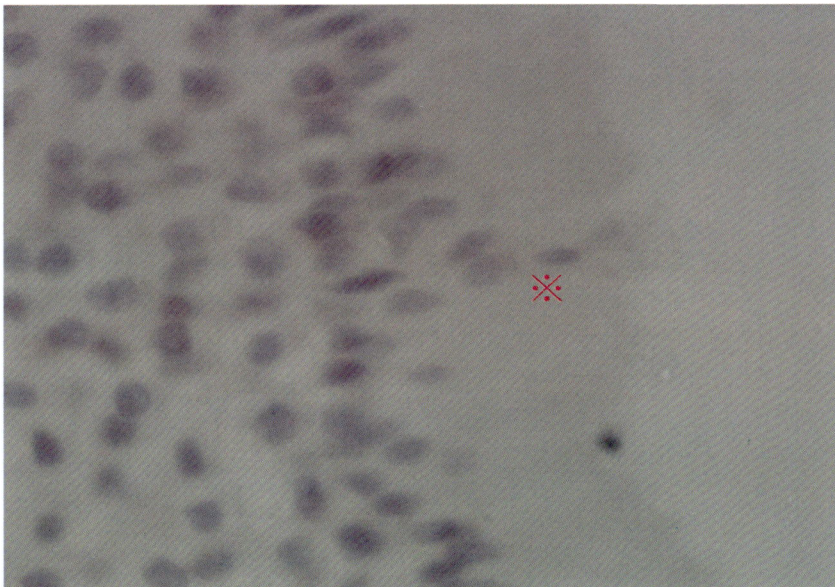

■ 图1-25　人嗅芽（3）

苏木素-伊红染色　×400

※示少数低演化细胞将要上迁至嗅毛毡表层。

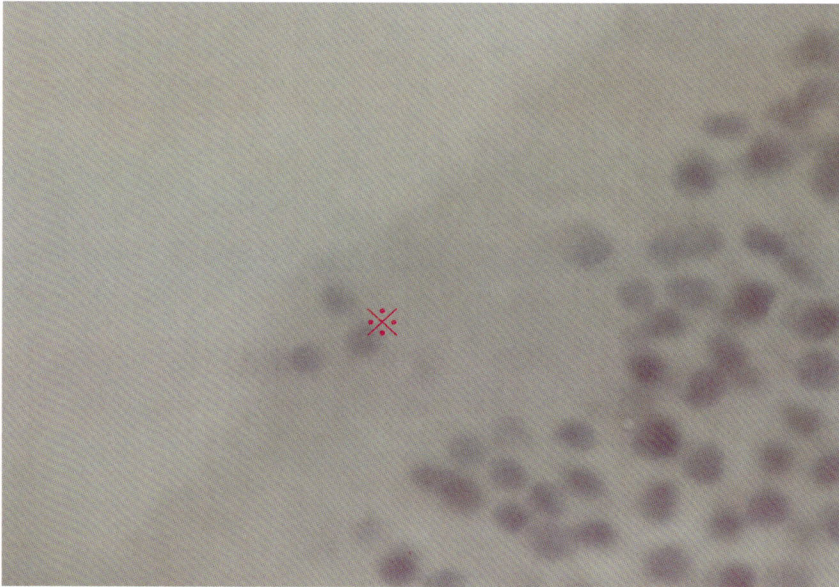

■ 图1-26 人嗅芽（4）

苏木素-伊红染色 ×400

※示多个低演化细胞上迁至嗅毛毡表层。

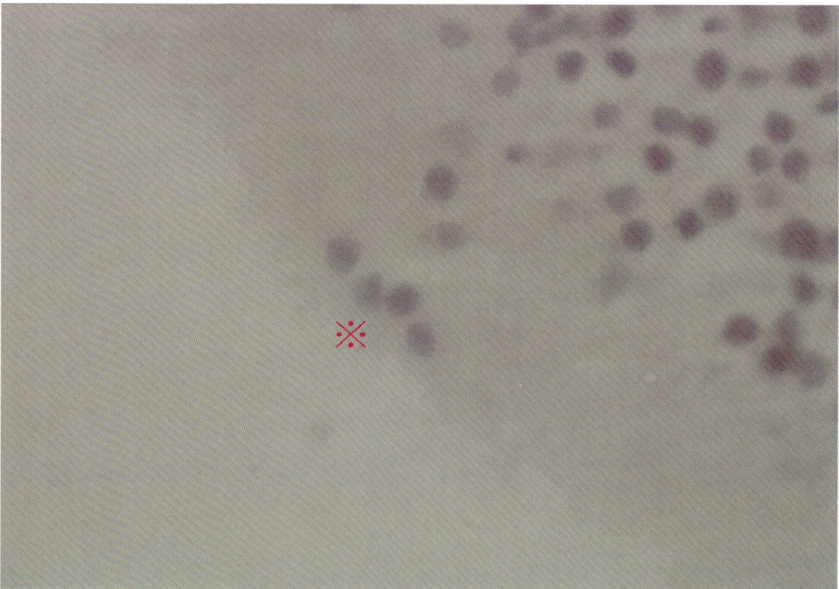

■ 图1-27 人嗅芽（5）

苏木素-伊红染色 ×400

※示多个低演化细胞将要上迁至嗅毛毡表层。

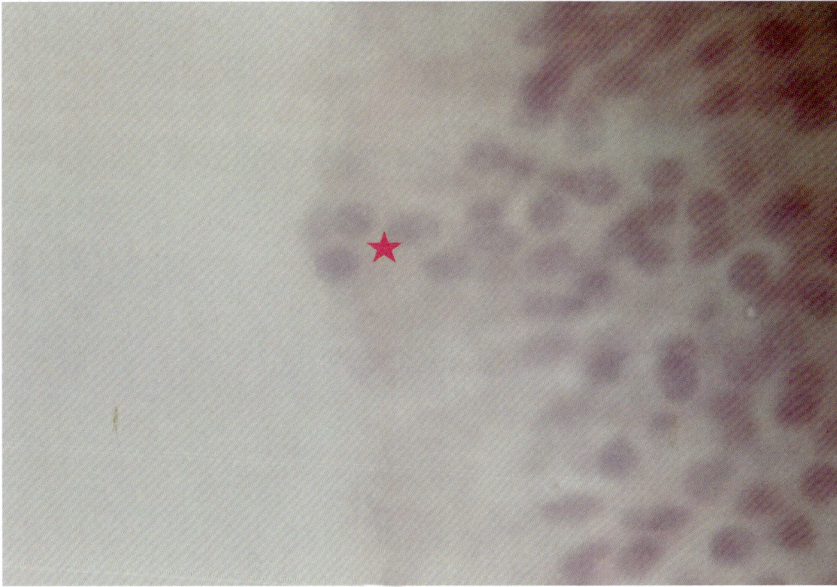

■ 图1-28　人嗅芽（6）
苏木素-伊红染色　×400
★ 示一个较简单的嗅芽结构。

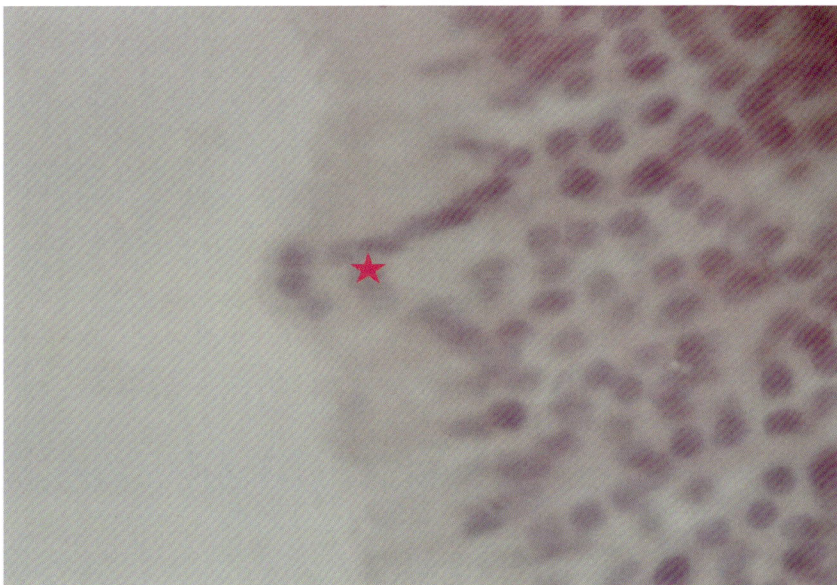

■ 图1-29　人嗅芽（7）
苏木素-伊红染色　×400
★ 示一个较复杂的嗅芽结构。

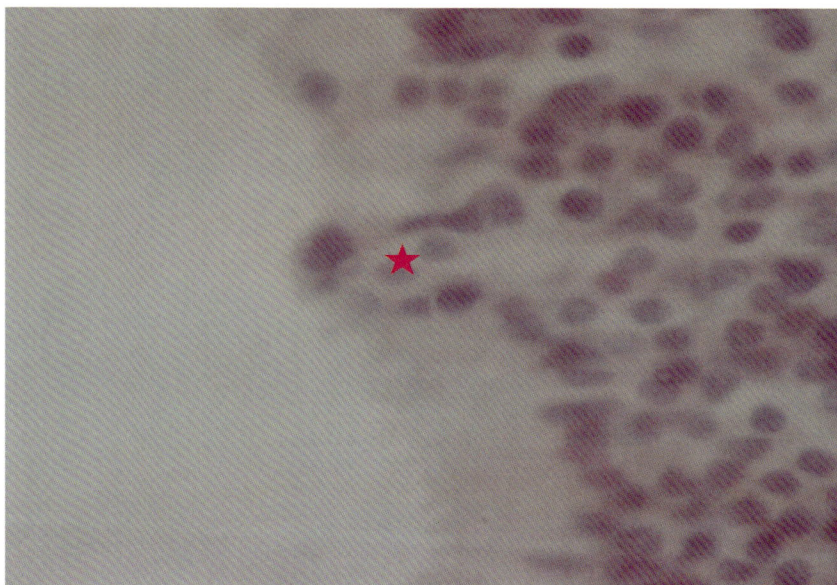

■ 图1-30　人嗅芽（8）

苏木素-伊红染色　×400

★示一个更复杂的嗅芽结构。

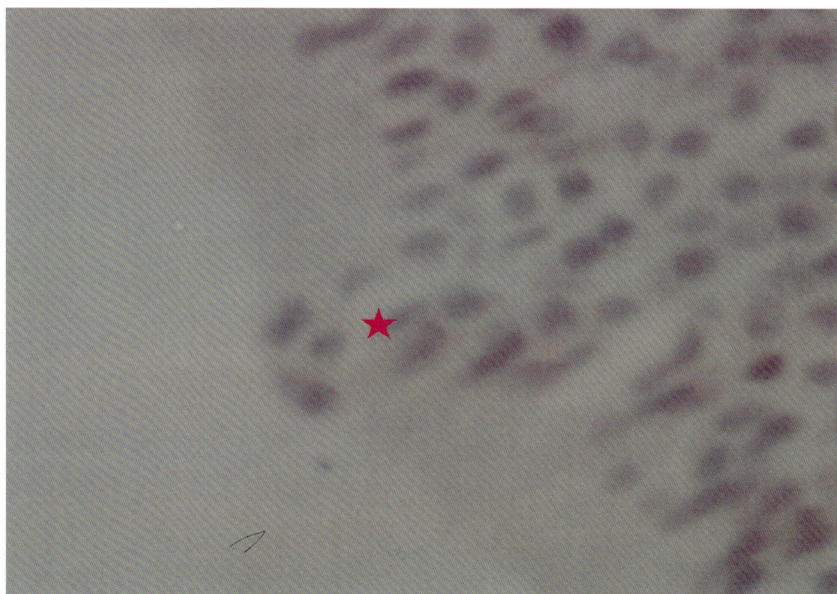

■ 图1-31　人嗅芽（9）

苏木素-伊红染色　×400

★示一个较大更复杂的嗅芽结构。

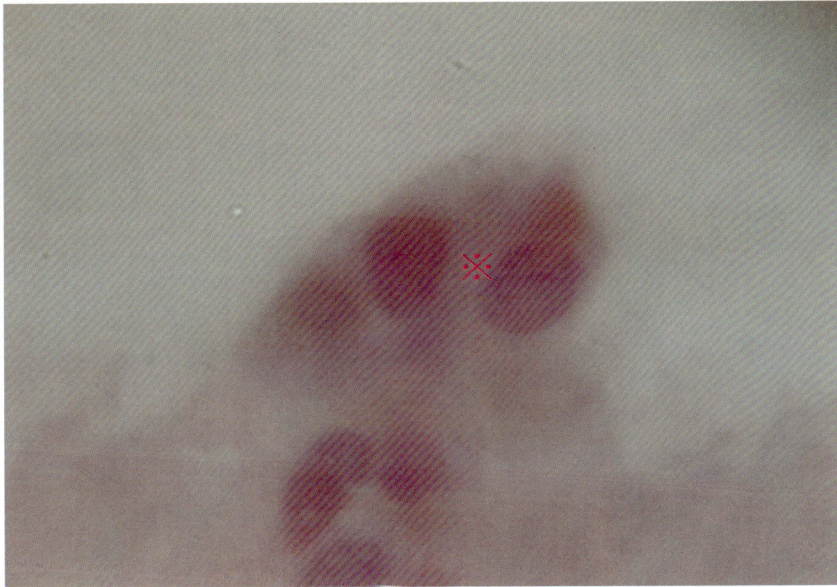

■ 图1-32　人嗅芽（10）

苏木素–伊红染色　×1 000

※示嗅芽低演化细胞过渡为高演化细胞。

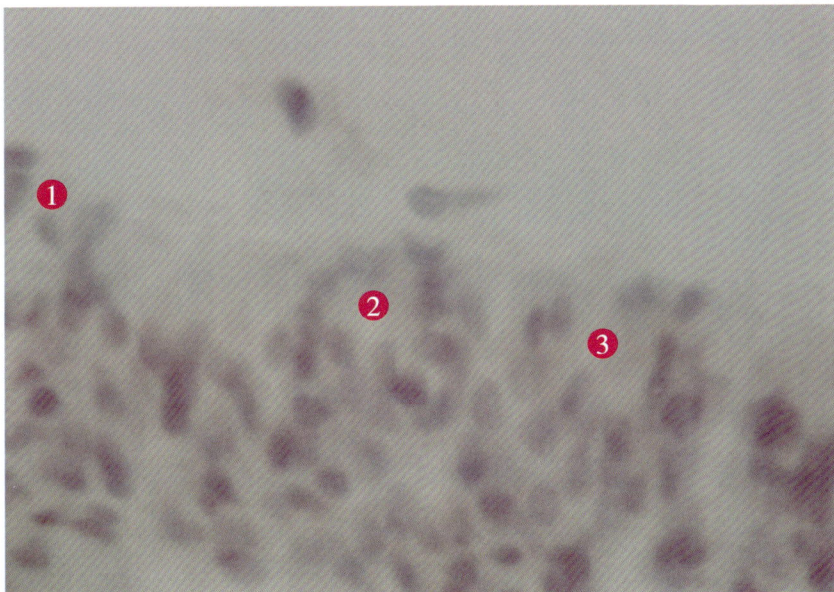

■ 图1-33　人嗅芽（11）

苏木素–伊红染色　×400

❶、❷和❸示群发嗅芽结构。

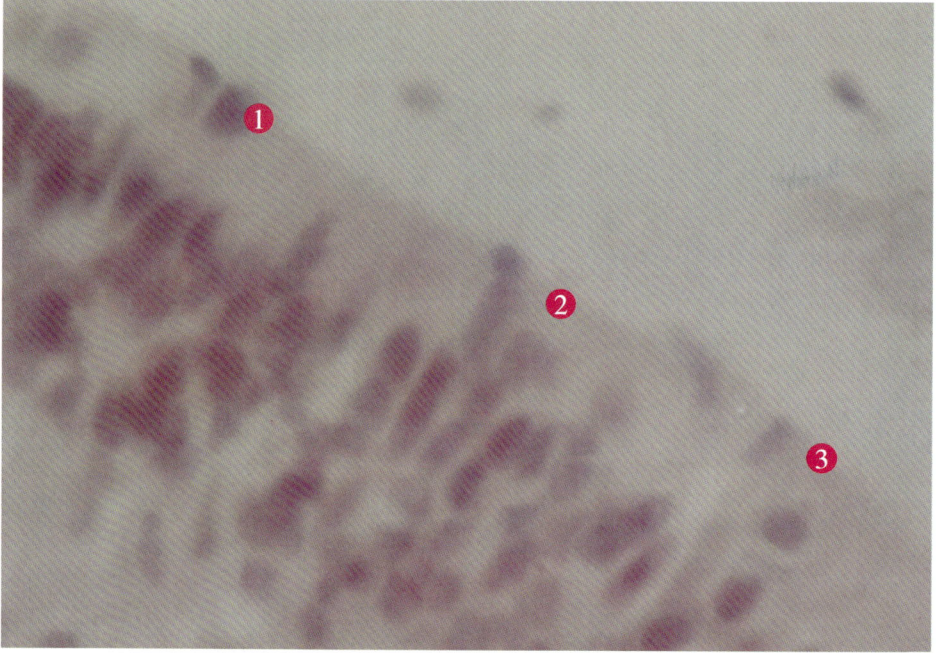

图1-34 人嗅芽（12）

苏木素-伊红染色 ×400

❶、❷和❸示散在嗅芽样细胞。

（三）嗅 蕾

嗅黏膜下层有时可见类似舌黏膜味蕾样透明细胞区，可名之嗅蕾（图1-35、图1-36），有时具有嗅腺的结构特征（图1-37、图1-38），嗅蕾也可向上迁移到嗅黏膜中层至上层（图1-39、图1-40），可作为向上层补充较幼稚细胞的一种方式。

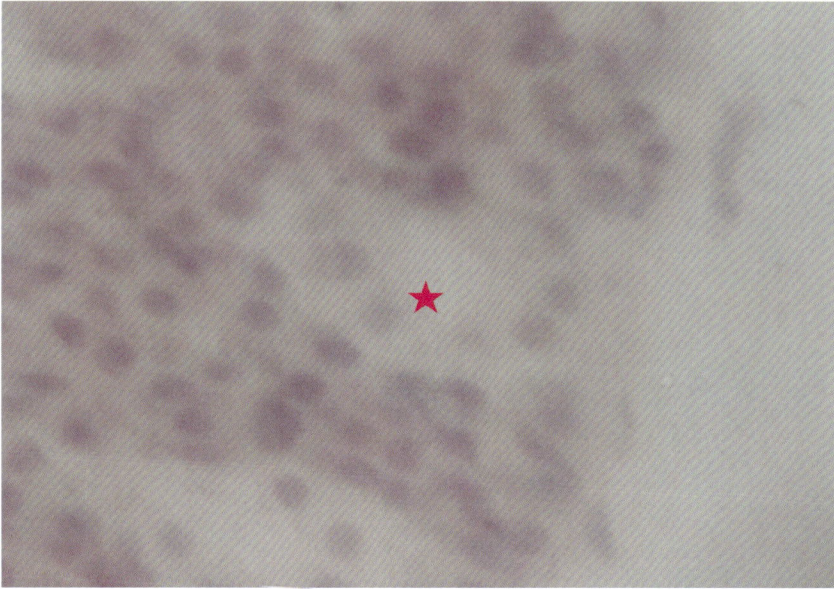

■ 图1-35 人嗅蕾（1）
苏木素-伊红染色 ×400
★示嗅黏膜下层的一个嗅蕾。

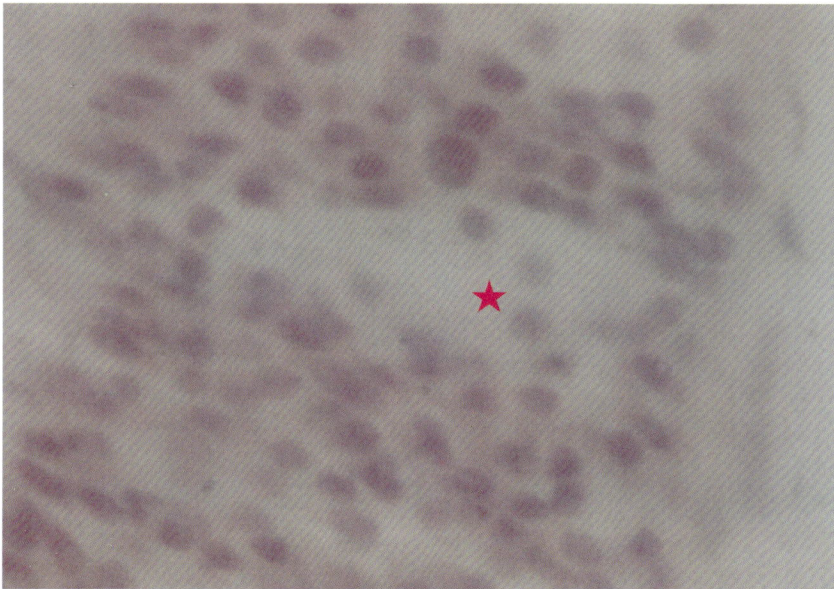

■ 图1-36 人嗅蕾（2）
苏木素-伊红染色 ×400
★示嗅黏膜下层的一个嗅蕾。

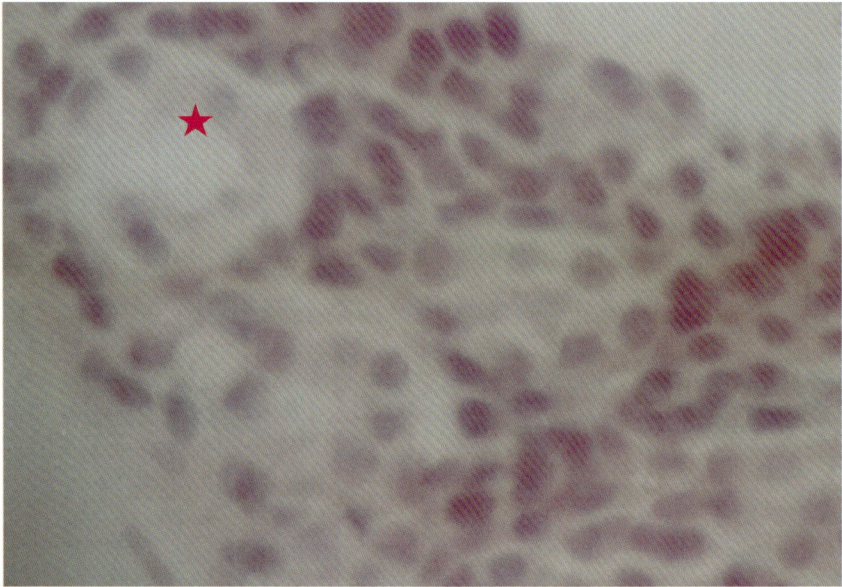

■ 图1-37　人嗅蕾（3）

苏木素-伊红染色　×400

★ 示嗅黏膜下层类似嗅腺结构的嗅蕾。

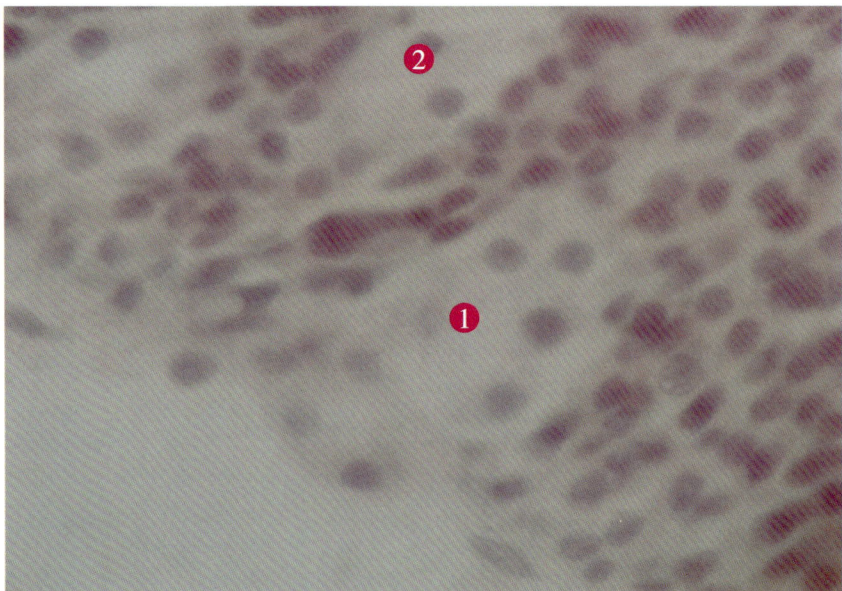

■ 图1-38　人嗅蕾（4）

苏木素-伊红染色　×400

❶示嗅黏膜下层类似嗅腺结构的嗅蕾；❷示嗅黏膜中层嗅蕾。

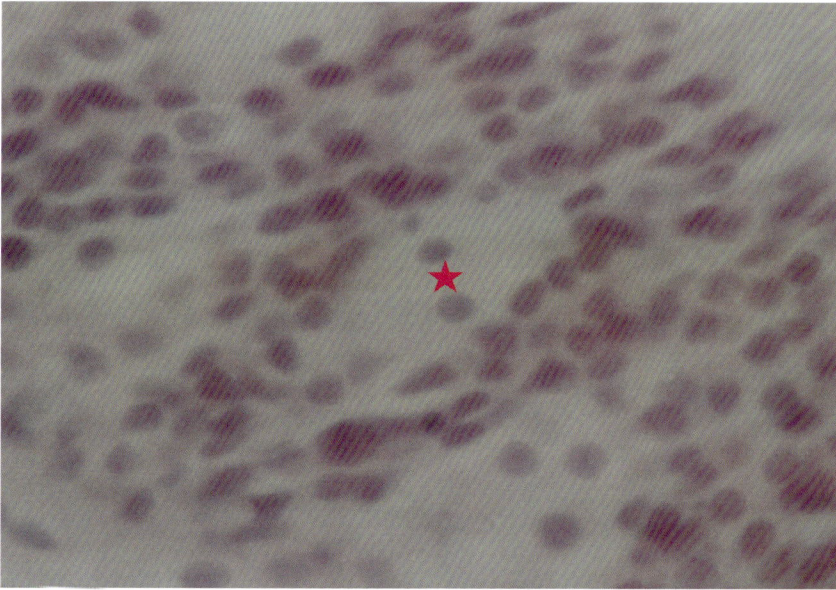

■ 图1-39 人嗅蕾（5）

苏木素-伊红染色　×400

★示嗅黏膜中层的一个嗅蕾。

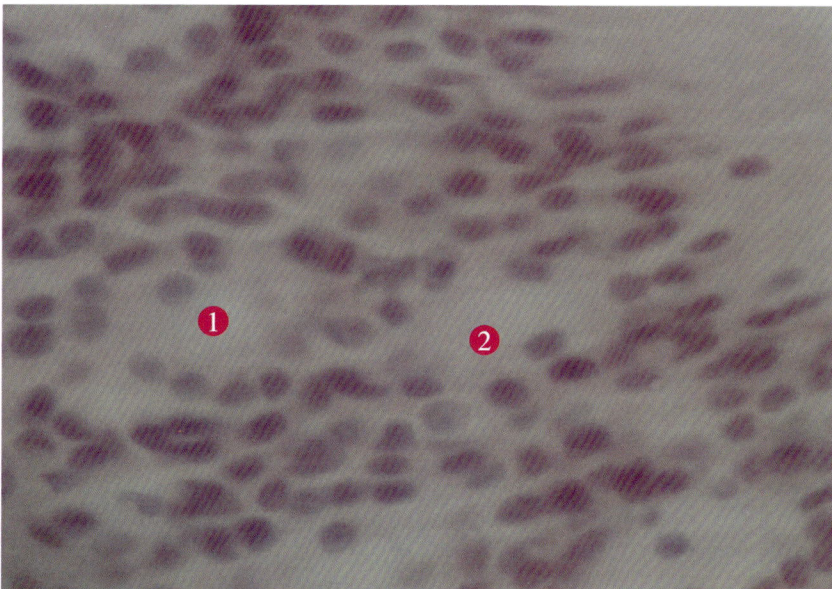

■ 图1-40 人嗅蕾（6）

苏木素-伊红染色　×400

❶示嗅黏膜中层嗅蕾；❷示嗅黏膜上层嗅蕾。

三、嗅神经束与嗅腺演化

嗅黏膜干细胞由大脑嗅球以无髓神经纤维方式迁移而来（图1-41、图1-42），嗅腺也由神经源干细胞经过渡性细胞演化为成嗅腺细胞后形成（图1-43），成嗅腺细胞可增殖聚集成团（图1-44），分泌物聚积其间演化形成嗅腺分泌部（图1-45～图1-47）。横断面更便于观察嗅神经束以总体嬗变方式演化形成嗅腺腺泡（图1-48、图1-49）。

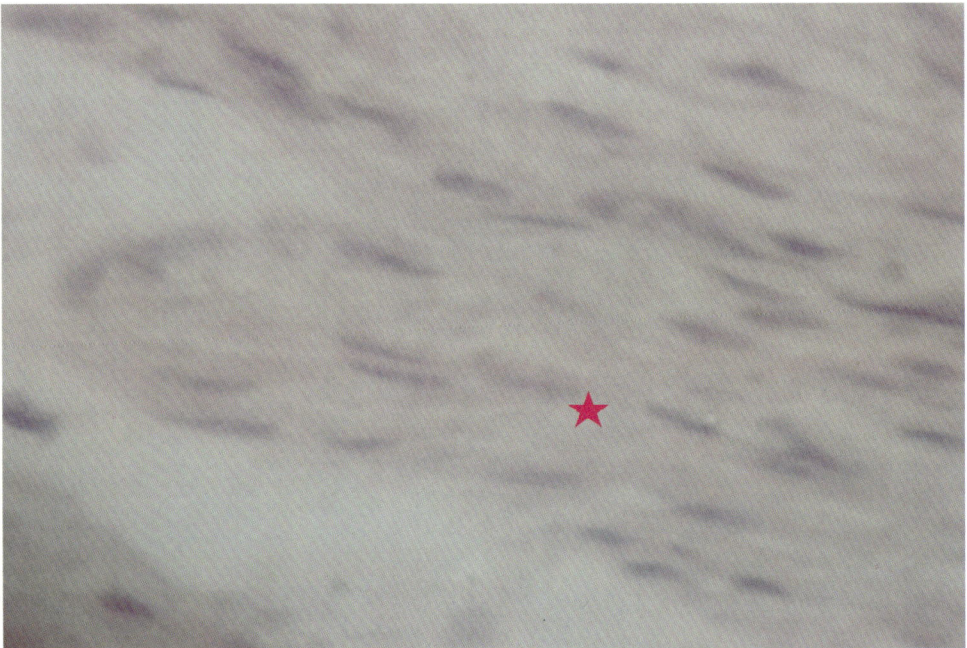

■ 图1-41　人嗅神经束（1）
苏木素–伊红染色　×400
★示一小嗅神经束纵切面。

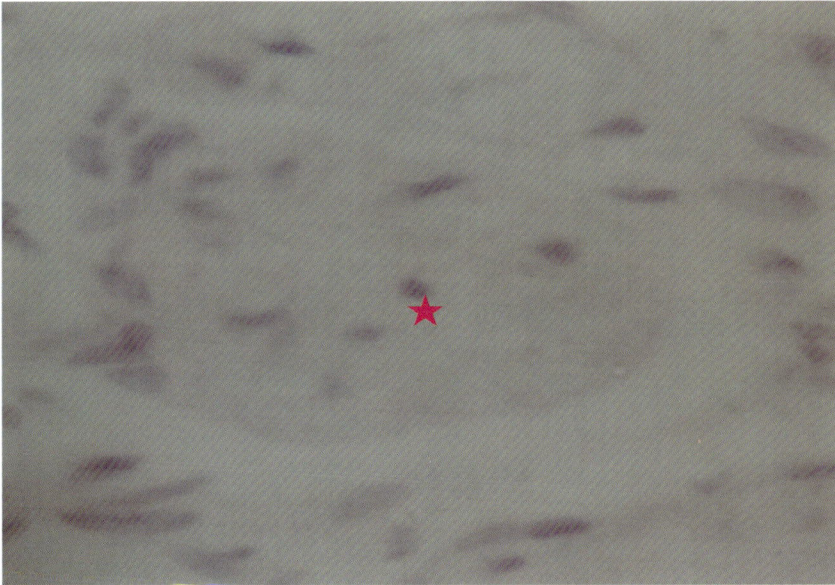

■ 图1-42　人嗅神经束（2）
苏木素-伊红染色　×400
★ 示嗅神经束横断面。

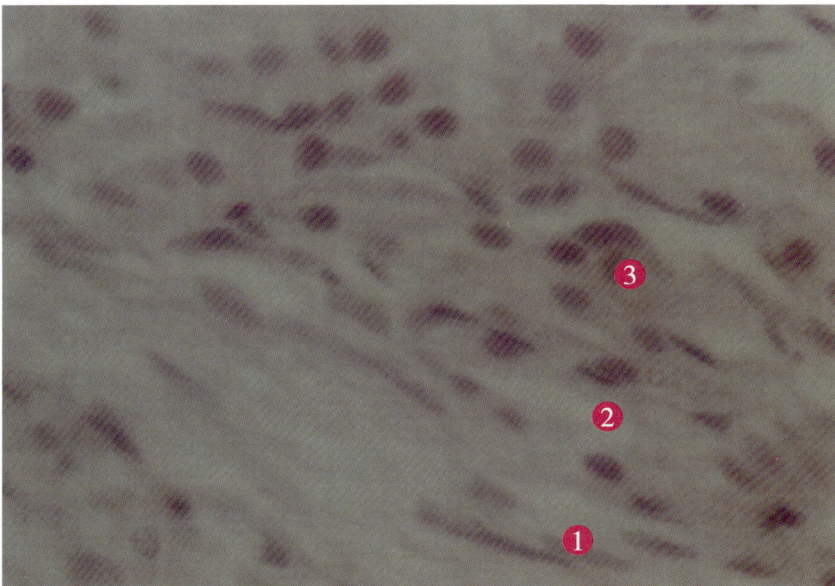

■ 图1-43　人嗅神经束演化
苏木素-伊红染色　×400
❶示流线型嗅神经束细胞；❷示钝圆化过渡性细胞；❸示成嗅
腺细胞。

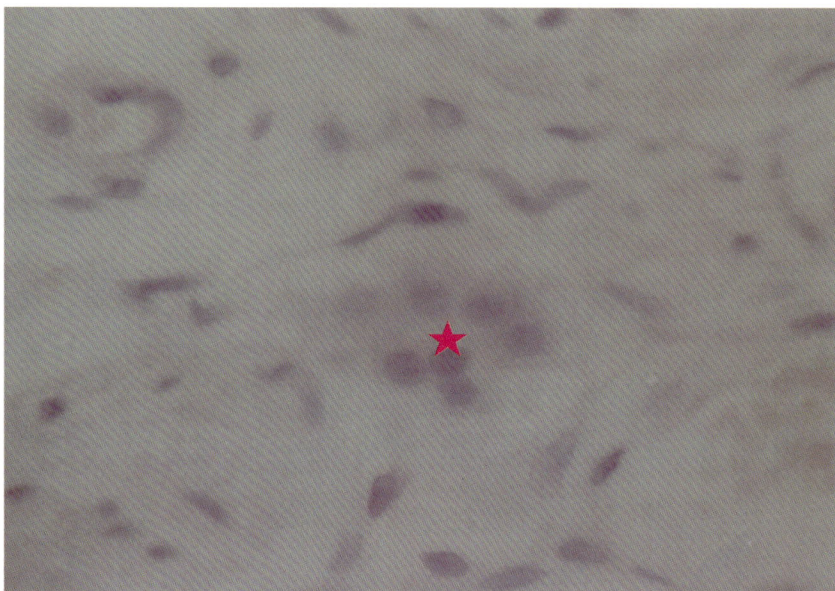

■ 图1-44　人嗅腺演化（1）

苏木素-伊红染色　×400

★ 示成嗅腺细胞团。

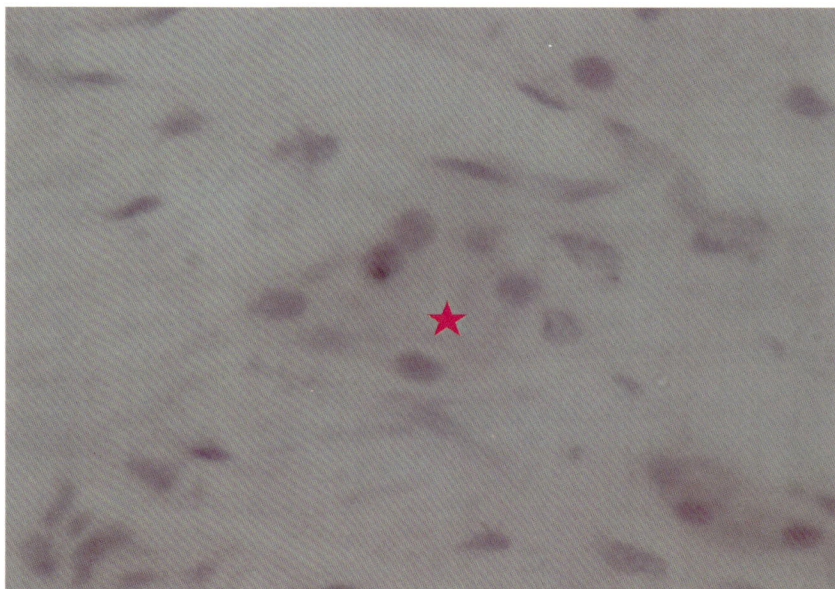

■ 图1-45　人嗅腺演化（2）

苏木素-伊红染色　×400

★ 示成嗅腺细胞团。

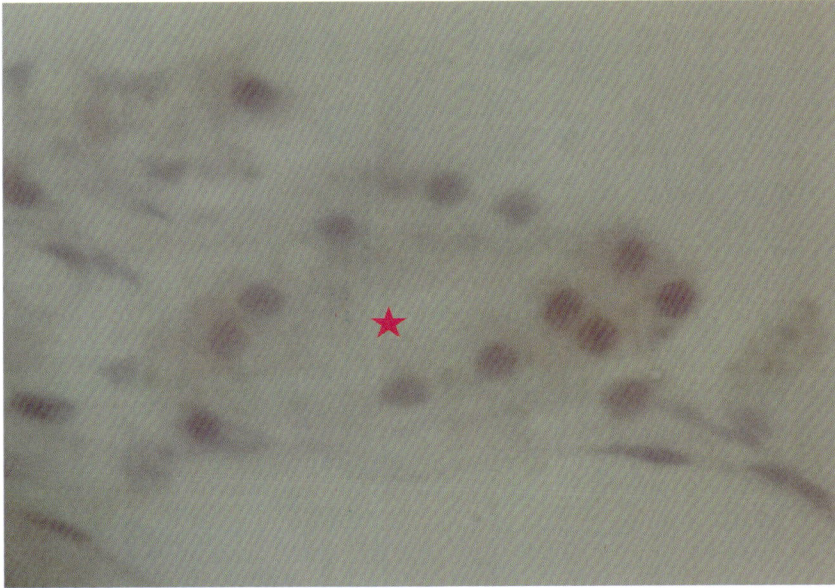

■ 图1-46 人嗅腺演化（3）
苏木素-伊红染色 ×400
★ 示早期嗅腺。

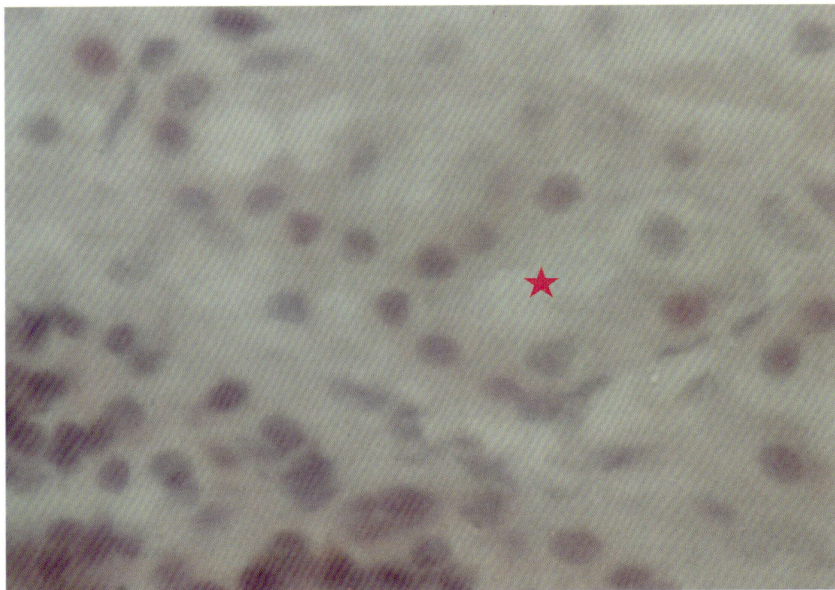

■ 图1-47 人嗅腺演化（4）
苏木素-伊红染色 ×400
★ 示成熟嗅腺。

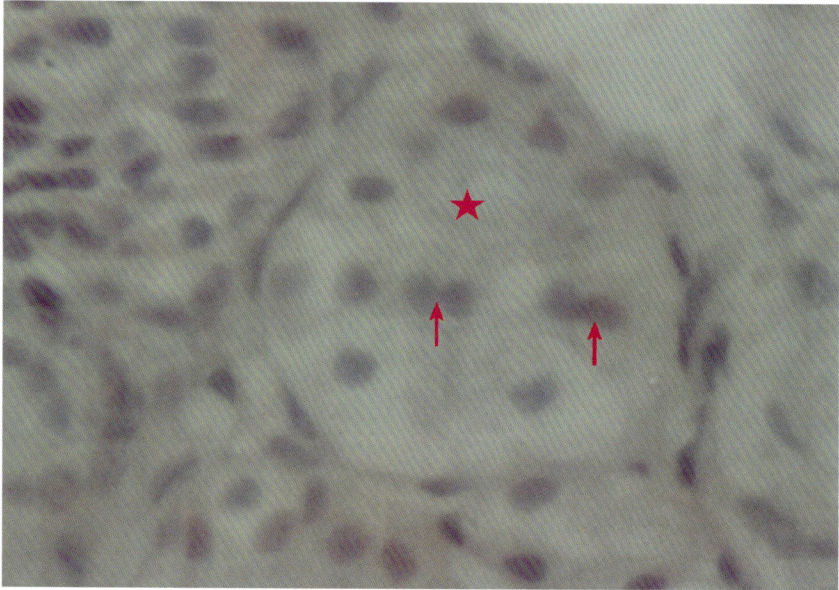

■ 图1-48　人嗅腺演化（5）

苏木素-伊红染色×400

★示嬗变演化中的嗅神经束；↑示两个过渡性细胞直接分裂。

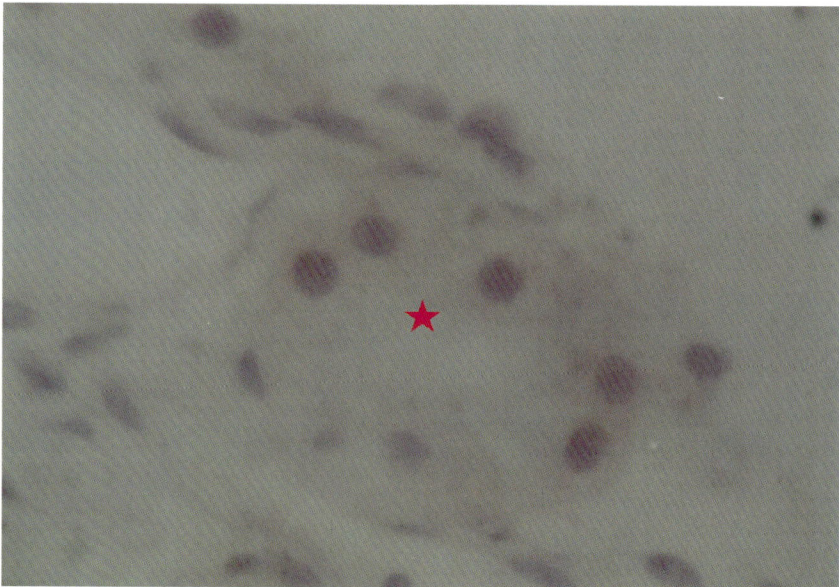

■ 图1-49　人嗅腺演化（6）

苏木素-伊红染色　×400

★示嗅神经束嬗变形成嗅腺腺泡。

小　结

嗅黏膜细胞来源于嗅丝神经束，嗅神经细胞从基底迁入嗅黏膜，进而向上迁移到嗅黏膜中层及上层，迁移过程伴随细胞由低到高的演化过程。迁移到嗅黏膜上层的细胞多为流线型，大多数细胞由低演化细胞逐渐成为高演化细胞。嗅黏膜上层细胞继续向上迁移可形成穿越嗅毛毡直达表层的嗅芽结构，嗅芽聚集区可能代表嗅觉灵敏区。嗅黏膜下层有时可见类似舌黏膜味蕾样结构，透明细胞组成的嗅蕾也可向上迁移到嗅黏膜中、上层，也可为上层补充较幼稚细胞。嗅黏膜干细胞由大脑嗅球以无髓神经纤维方式迁移而来，嗅腺也由神经源干细胞经过渡性细胞演化为成嗅腺细胞后形成，成嗅腺细胞可增殖聚集成团，分泌物聚积其间演化形成嗅腺分泌部。嗅神经束也可以总体嬗变方式演化形成嗅腺腺泡。

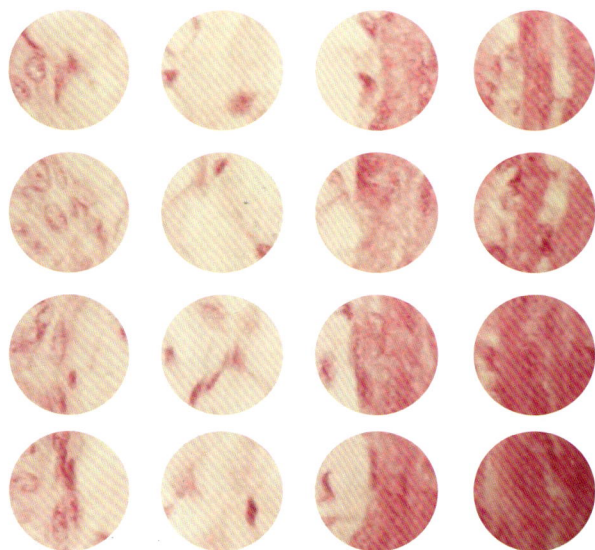

第二章
喉组织动力学

　　喉是发音器官；与发音的音调和音色密切相关的是声带。本章重点描述声带组织动力学过程。声带通常分为膜部和软骨部两部分，其实二者之间明显存在过渡区，于此按膜部、移行部和软骨部分别描述其组织动力学特点。

一、人声带膜部组织动力学

声带膜部被覆复层扁平上皮，厚薄不一，基底面多平齐（图2-1、图2-2），部分上皮基底面有较多上皮嵴，表面有极薄角化层（图2-3）。上皮下间质干细胞经不同程度透明化的过渡性细胞参入上皮基底层（图2-4、图2-5），也可不经透明化直接参入基底层（图2-6）。通过伴随演化的同步生长性位移，基底层细胞上移为棘层细胞，进而成为扁平层细胞，扁平层细胞核仁嗜酸化是细胞开始衰退的标志（图2-7、图2-8），也可见细胞核褪色与核固缩等细胞衰老特征，最表层细胞可有轻度角化，细胞核嗜酸化（图2-9、图2-10）。

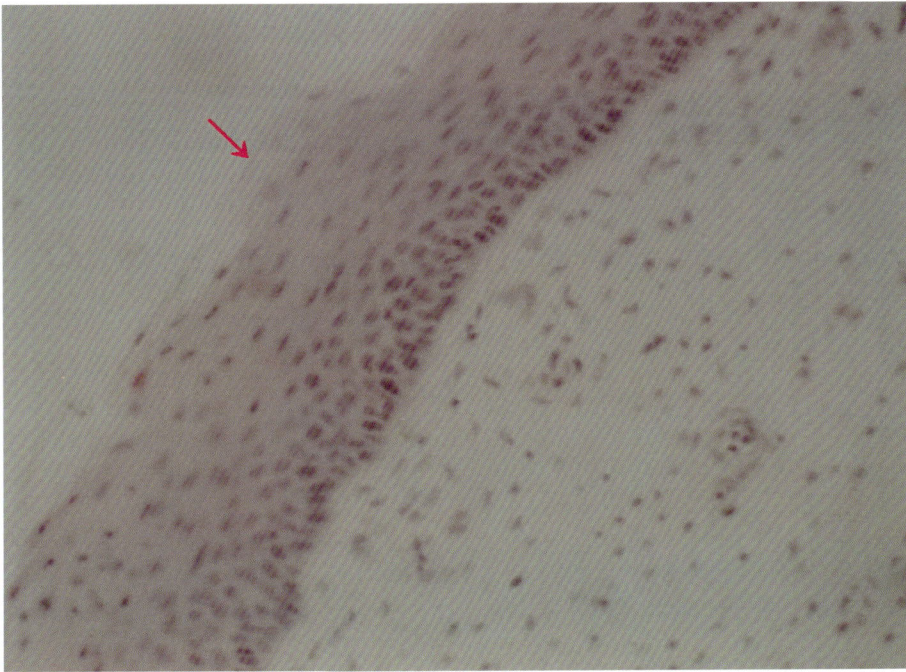

■ 图2-1 人声带膜部黏膜上皮（1）

苏木素-伊红染色 ×100

↘ 示声带膜部基底面平齐的厚复层扁平上皮。

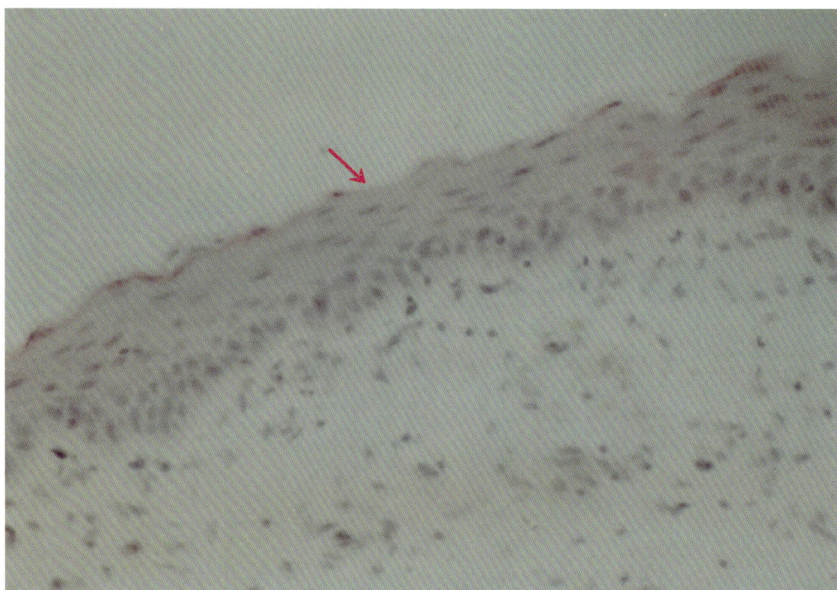

■ **图2-2　人声带膜部黏膜上皮（2）**

苏木素-伊红染色　×100

示声带膜部较薄，极轻微角化，基底面基本平齐的复层扁平上皮。

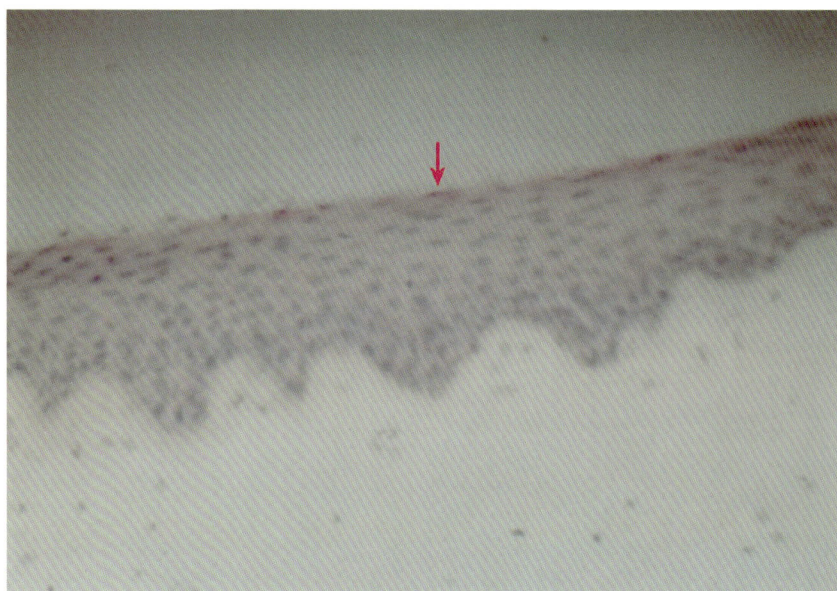

■ **图2-3　人声带膜部黏膜上皮（3）**

苏木素-伊红染色　×100

示声带膜部较薄，轻度角化复层扁平上皮。

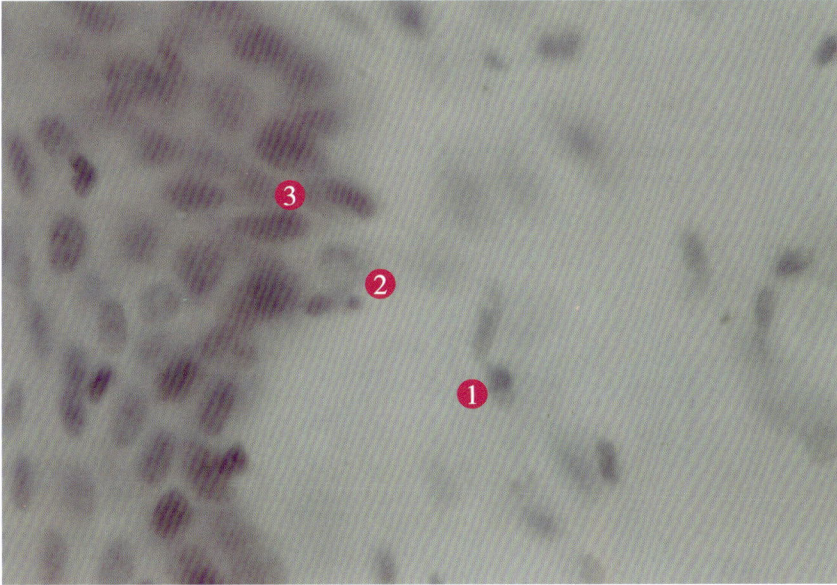

■ 图2-4　人声带膜部组织动力学（1）

苏木素-伊红染色　×400

❶示间质干细胞；❷示将参入上皮的透明化干细胞；❸示基底层细胞。

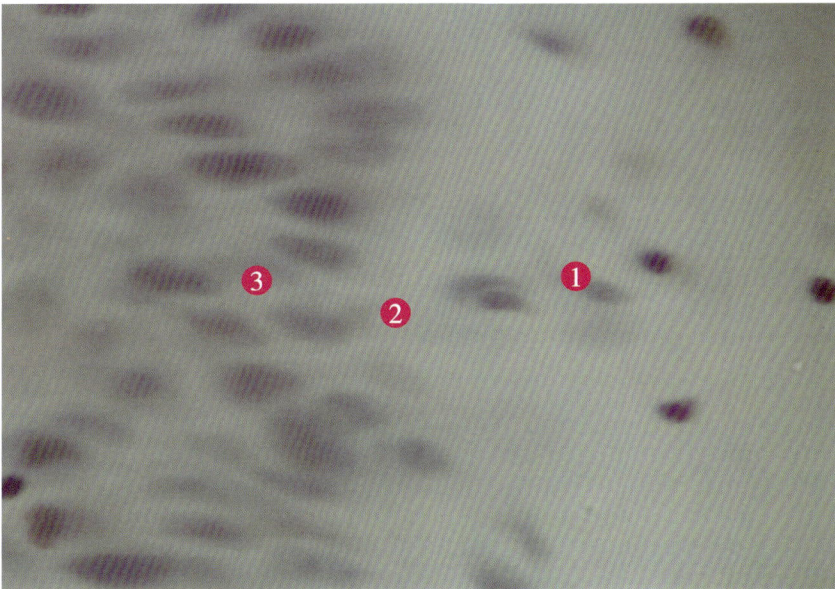

■ 图2-5　人声带膜部组织动力学（2）

苏木素-伊红染色　×400

❶示间质干细胞；❷示初步过渡性细胞；❸示基底层细胞。

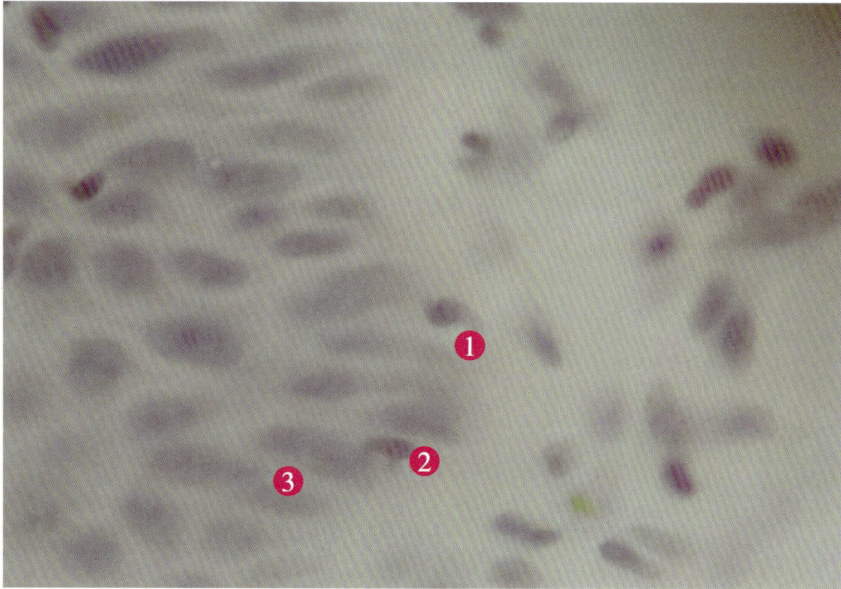

■ 图2-6　人声带膜部组织动力学（3）

苏木素–伊红染色　×400

❶示将参入上皮的间质干细胞；❷示已进入上皮的干细胞；
❸示基底层细胞。

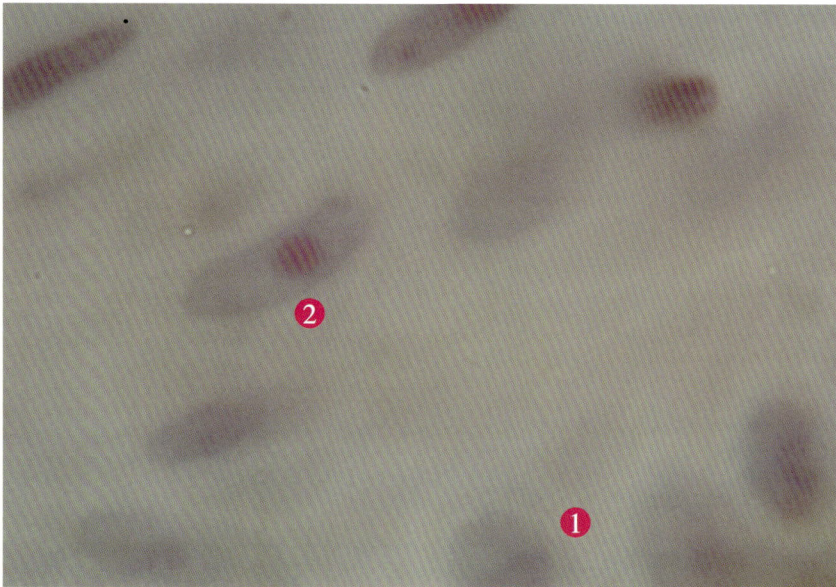

■ 图2-7　人声带膜部组织动力学（4）

苏木素–伊红染色　×1 000

❶示棘层细胞；❷示核仁嗜酸化的扁平细胞。

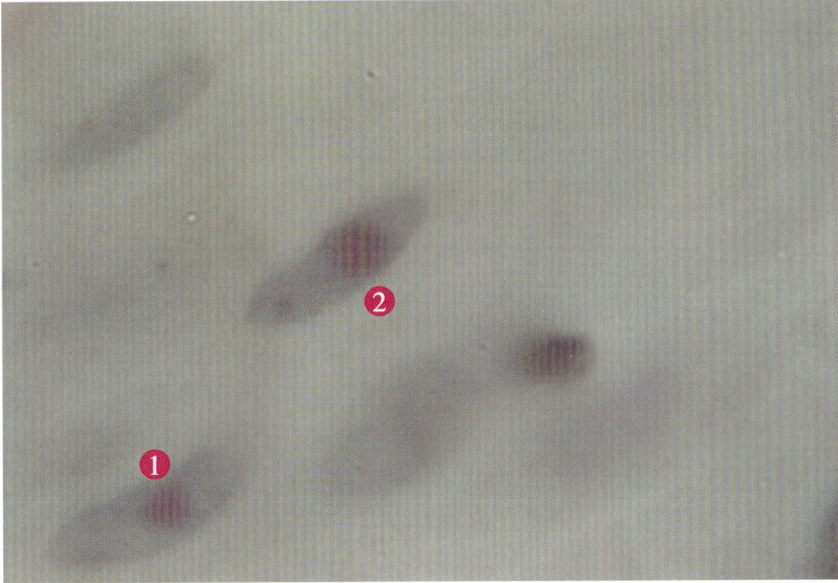

■ 图2-8　人声带膜部组织动力学（5）

苏木素–伊红染色　×1 000

❶和❷示核仁嗜酸化的扁平细胞。

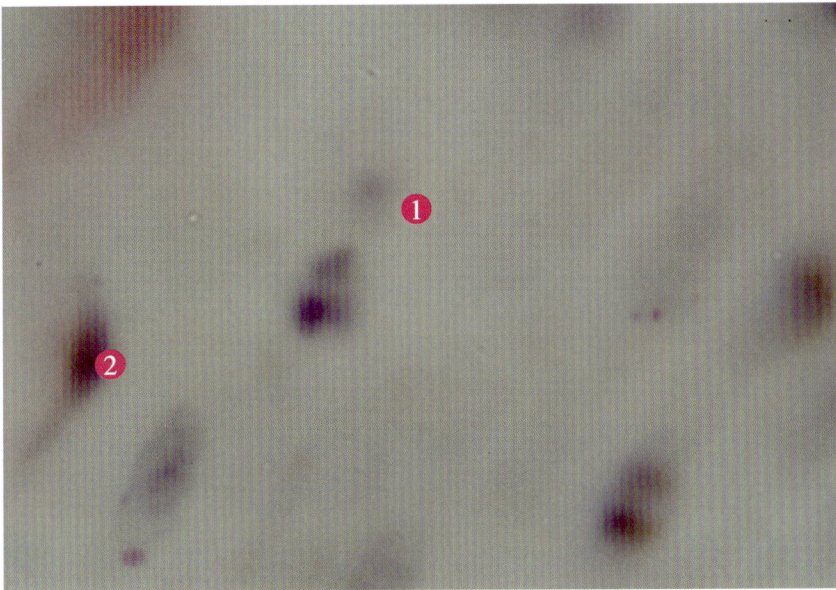

■ 图2-9　人声带膜部组织动力学（6）

苏木素–伊红染色　×1 000

❶示近表层上皮细胞核脱色；❷示表层上皮细胞核嗜酸化。

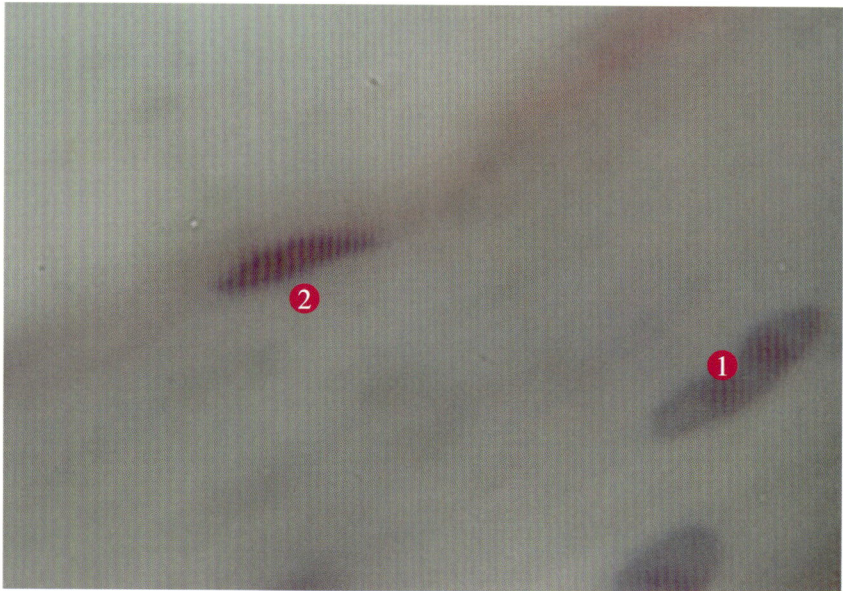

■ 图2-10　人声带膜部组织动力学（7）

苏木素-伊红染色　×1 000

❶示近表层上皮细胞核仁嗜酸化；❷示表层上皮细胞角质化，
细胞核嗜酸化。

二、人声带移行部组织动力学

　　声带膜部与软骨部之间有明显移行特征，黏膜上皮表现最明显，由膜
部的复层扁平上皮经复层立方上皮、复层柱状上皮逐步演变为软骨部的复
层梭形上皮（图2-11、图2-12）。移行部上皮不像膜部复层扁平上皮细
胞那样成层同步向上生长性位移，而是出现不同步的细胞个体迁移，细胞
多呈流线型（图2-13），以细胞核嗜酸化为指标的细胞演化程度差异明显
（图2-14、图2-15），上皮顶层细胞呈立方形，由低演化细胞变为高演化
细胞（图2-16、图2-17），顶层细胞由柱状细胞过渡为软骨部特有的梭形
细胞（图2-18）。

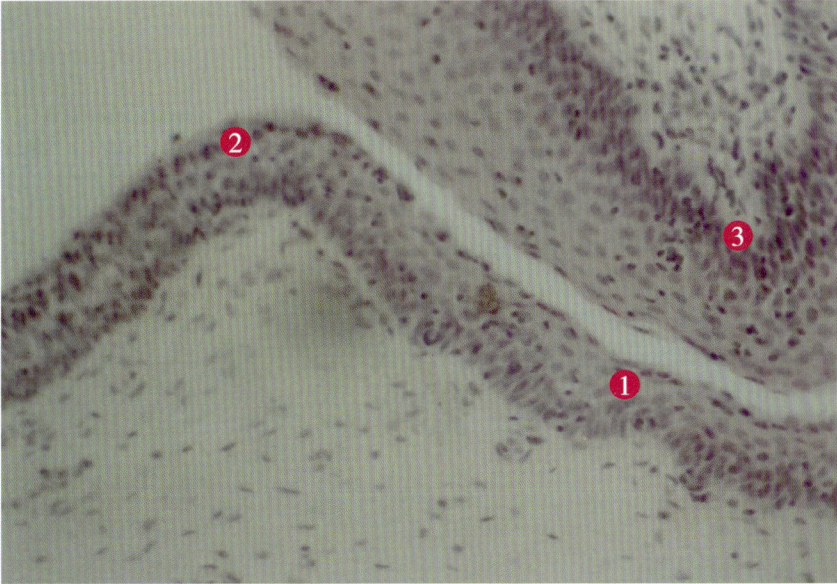

■ 图2-11　人声带移行部黏膜上皮（喉室侧）
苏木素-伊红染色　×100
❶示复层扁平上皮；❷示复层立方上皮；❸示室襞。

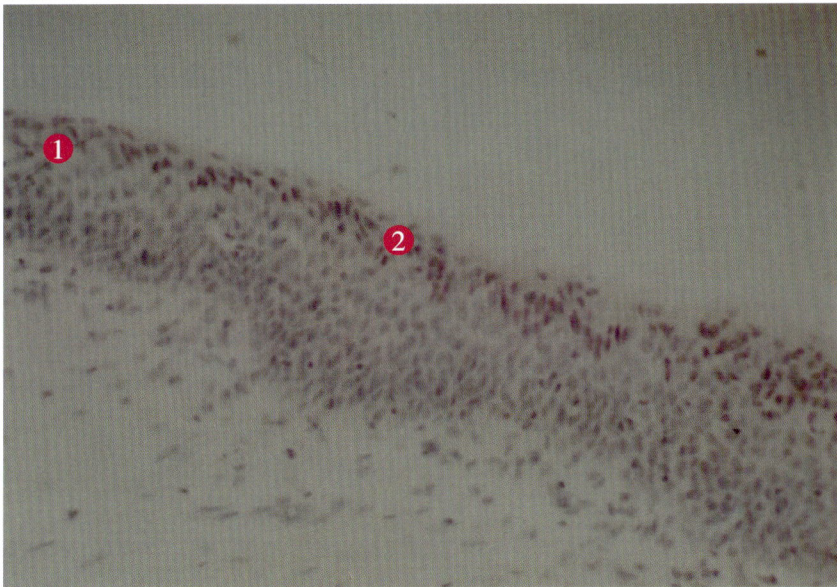

■ 图2-12　人声带移行部黏膜上皮（气道侧）
苏木素-伊红染色　×100
❶示复层扁平上皮；❷示复层立方上皮。

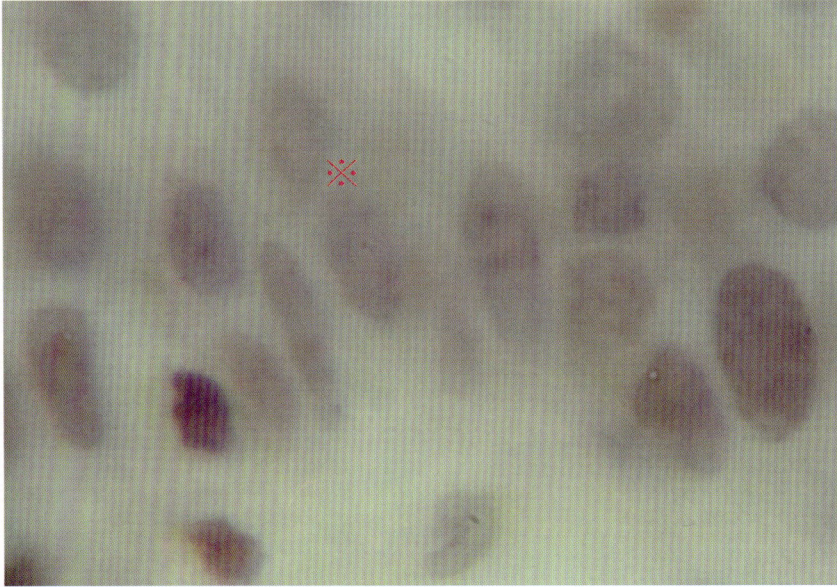

■ 图2-13　人声带移行部组织动力学（1）

苏木素–伊红染色　×1 000

※示上皮细胞多呈流线型。

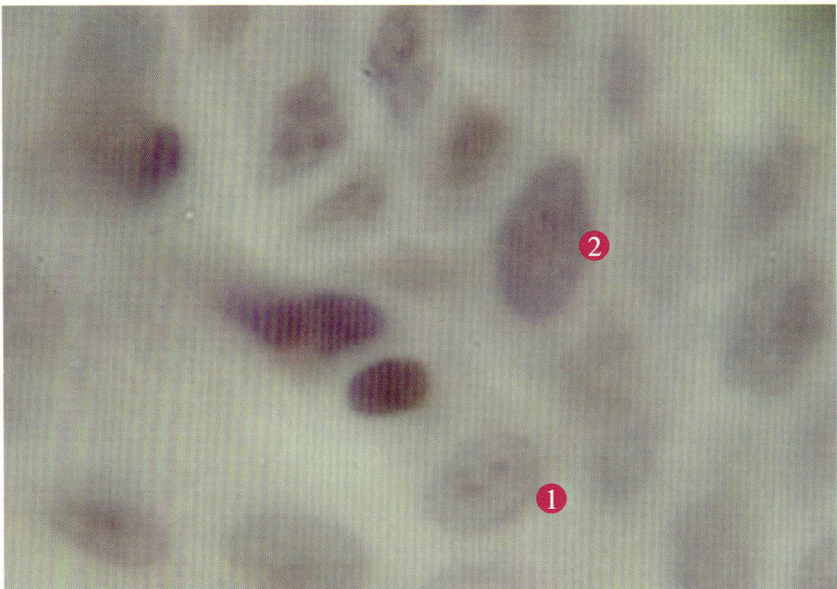

■ 图2-14　人声带移行部组织动力学（2）

苏木素–伊红染色　×1 000

❶示低演化上皮细胞；❷示高演化上皮细胞。

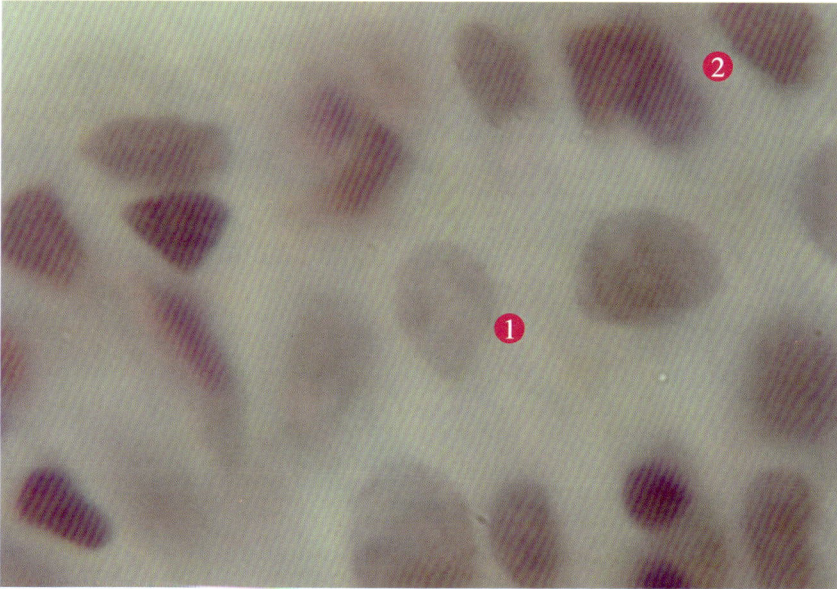

■ 图2-15 人声带移行部组织动力学（3）

苏木素-伊红染色 ×1 000

❶示低演化上皮细胞；❷示高演化上皮细胞。

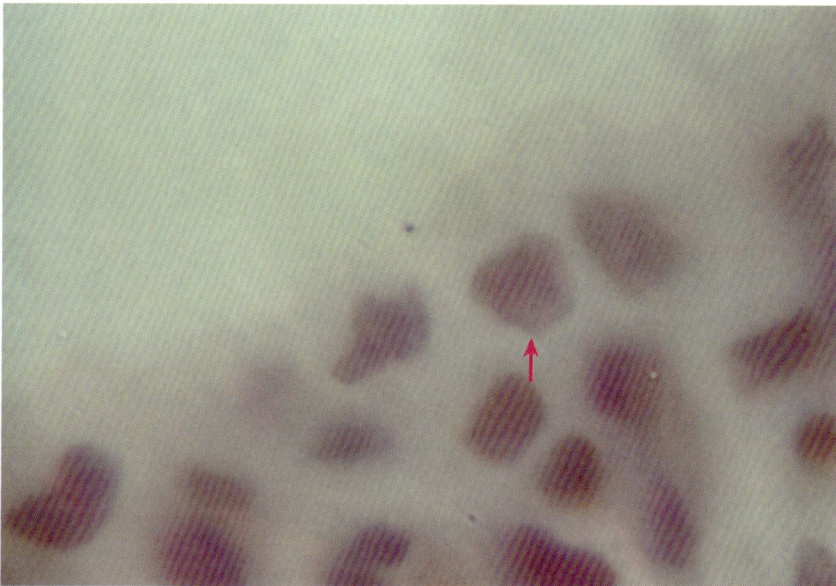

■ 图2-16 人声带移行部组织动力学（4）

苏木素-伊红染色 ×1 000

↑示低演化顶层立方上皮细胞。

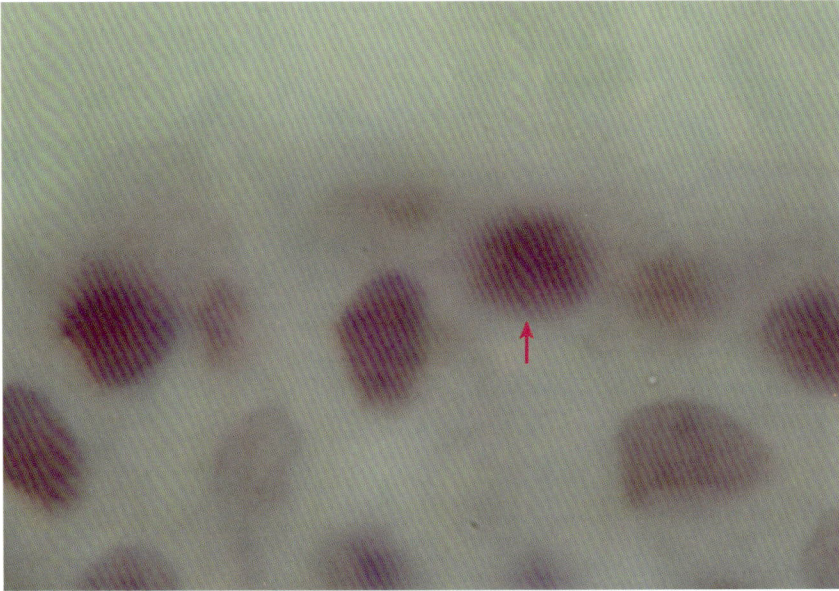

■ **图2-17　人声带移行部组织动力学（5）**

苏木素-伊红染色　×1 000

↑ 示高演化顶层立方上皮细胞。

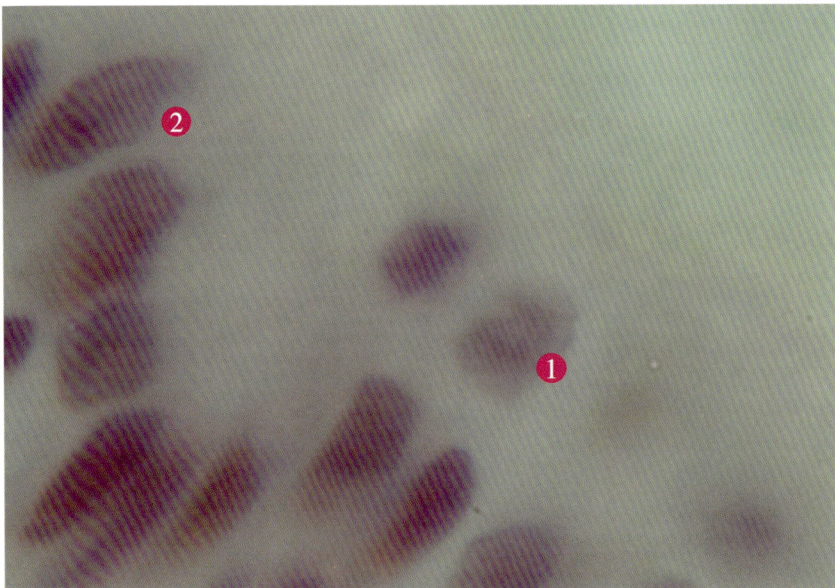

■ **图2-18　人声带移行部组织动力学（6）**

苏木素-伊红染色　×1 000

❶示上皮顶层柱状细胞；❷示上皮顶层梭状细胞。

三、人声带软骨部组织动力学

（一）声带软骨部黏膜组织动力学

1. 上皮细胞的迁移与演化　声带软骨部黏膜上皮是厚薄不一的复层梭形上皮（图2-19、图2-20）。基底部也可见间质干细胞经透明化的过渡性细胞演化形成上皮细胞并参入基底层（图2-21～图2-23），其出现频率高于移行部，更高于声带膜部。有时可见间质干细胞群越过相当宽的透明区带演化形成透明的上皮细胞群，整合参入上皮基底层（图2-24、图2-25）。

声带软骨部黏膜上皮细胞比移行部更具个体迁移能力，以流线型从基底逐渐迁移（图2-26～图2-28），直到上皮顶层仍保持流线型，只是演化程度逐渐由低到高（图2-29、图2-30）。间质干细胞也可不经透明化直接参入上皮基底层（图2-31～图2-33），也可向上迁移，微环境适合随时可演化形成上皮细胞（图2-34），未能形成上皮细胞的干细胞上移到顶层，以不同演化程度的干细胞释出上皮外（图2-35）。将声带软骨部黏膜上皮名之假复层纤毛柱状上皮显然名实不符，上皮细胞高低不同是其上移运动的结果，并非所有上皮细胞都固着于基膜，顶层细胞也非柱状，而是流线型，故称之复层梭形上皮较为合理。

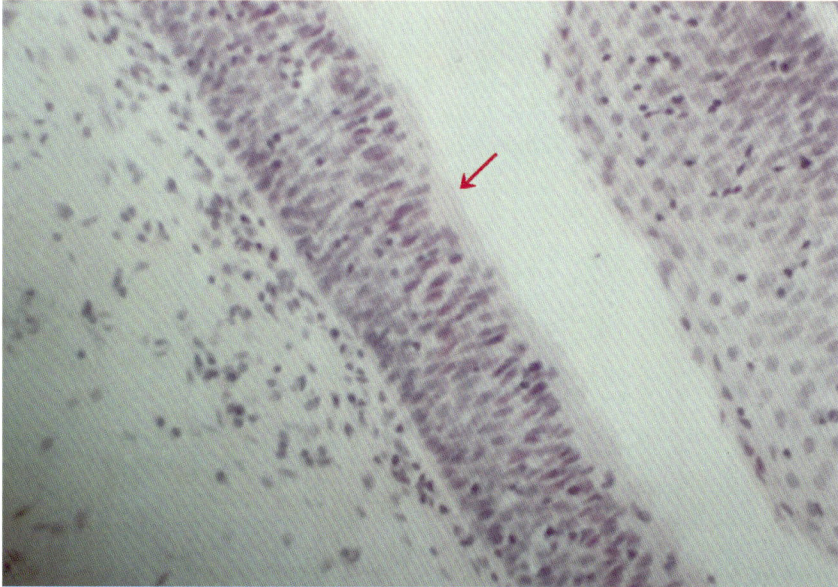

■ **图2-19 人声带软骨部黏膜（喉室侧）**

苏木素-伊红染色 ×100

示声带软骨部较厚复层梭形上皮。

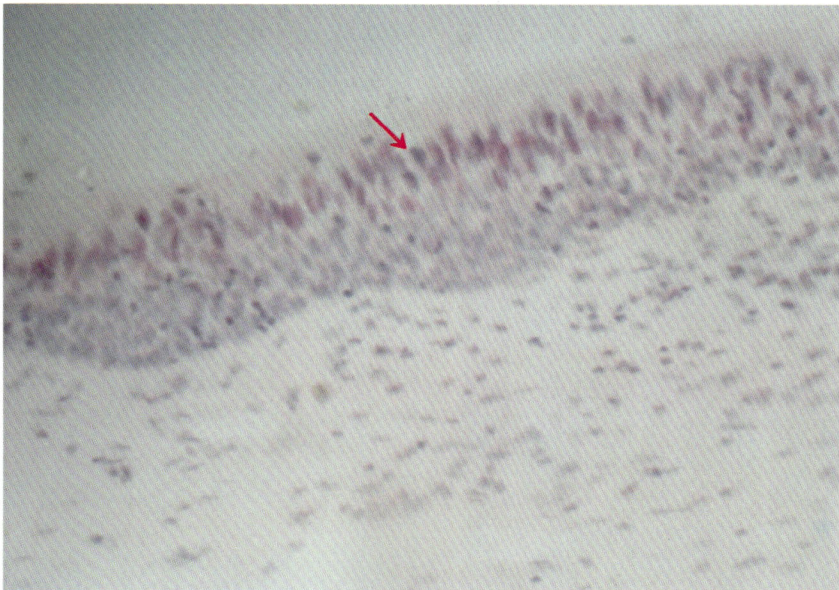

■ **图2-20 人声带软骨部黏膜（气道侧）**

苏木素-伊红染色 ×100

示声带软骨部较薄复层梭形上皮。

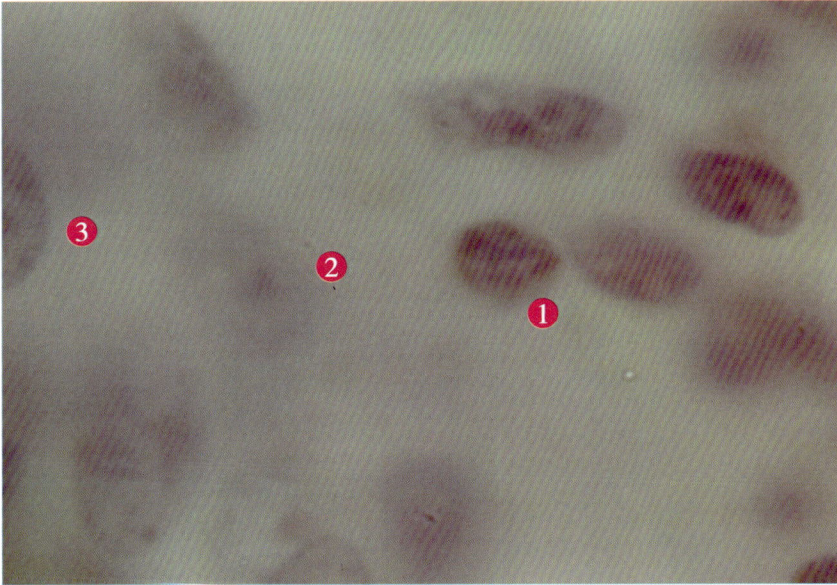

■ 图2-21　人声带软骨部上皮细胞迁移与演化（1）
苏木素-伊红染色　×1 000
❶示间质干细胞；❷示干细胞透明化；❸示基底层细胞。

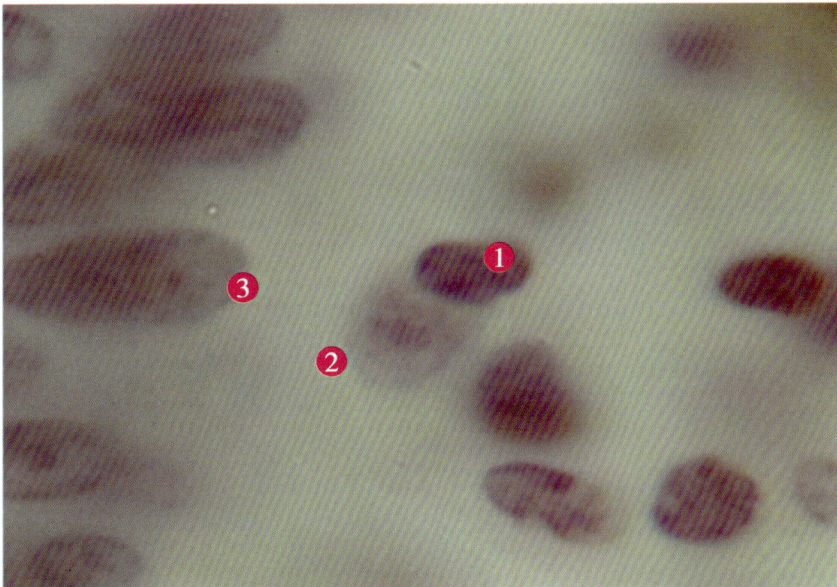

■ 图2-22　人声带软骨部上皮细胞迁移与演化（2）
苏木素-伊红染色　×1 000
❶示间质干细胞；❷示干细胞透明化；❸示基底层细胞。

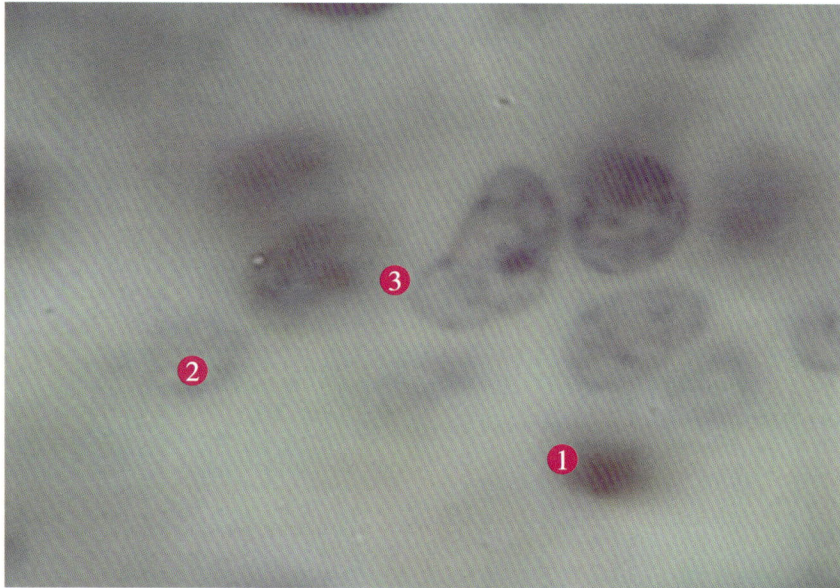

■ 图2-23　人声带软骨部上皮细胞迁移与演化（3）

苏木素-伊红染色　×1 000

❶示间质干细胞；❷示干细胞透明化；❸示基底层细胞。

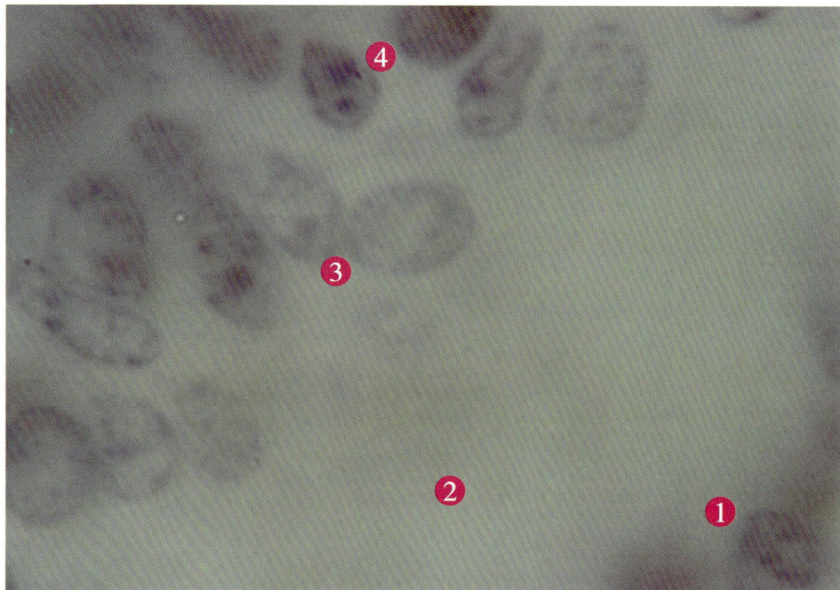

■ 图2-24　人声带软骨部上皮细胞迁移与演化（4）

苏木素-伊红染色　×1 000

❶示间质干细胞；❷示透明区；❸示干细胞透明化；❹示基底层细胞。

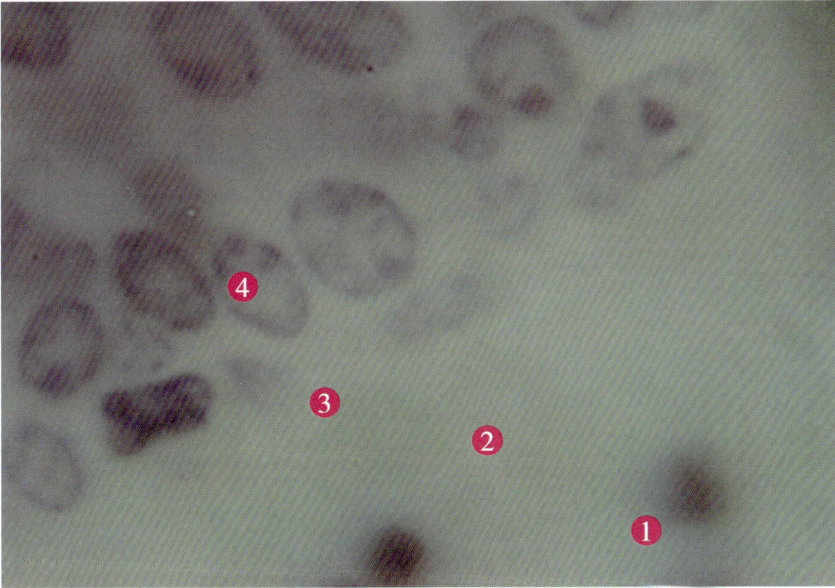

■ 图2-25　人声带软骨部上皮细胞迁移与演化（5）

苏木素-伊红染色　×1 000

❶示间质干细胞；❷示透明区；❸示透明化干细胞；❹示基底层细胞。

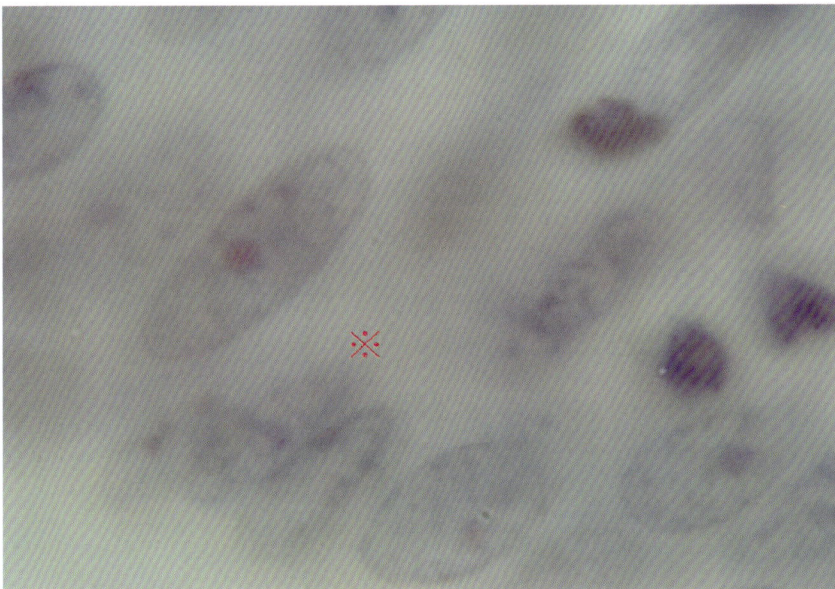

■ 图2-26　人声带软骨部上皮细胞迁移与演化（6）

苏木素-伊红染色　×1 000

※示声带软骨部上皮基底层细胞多呈流线型。

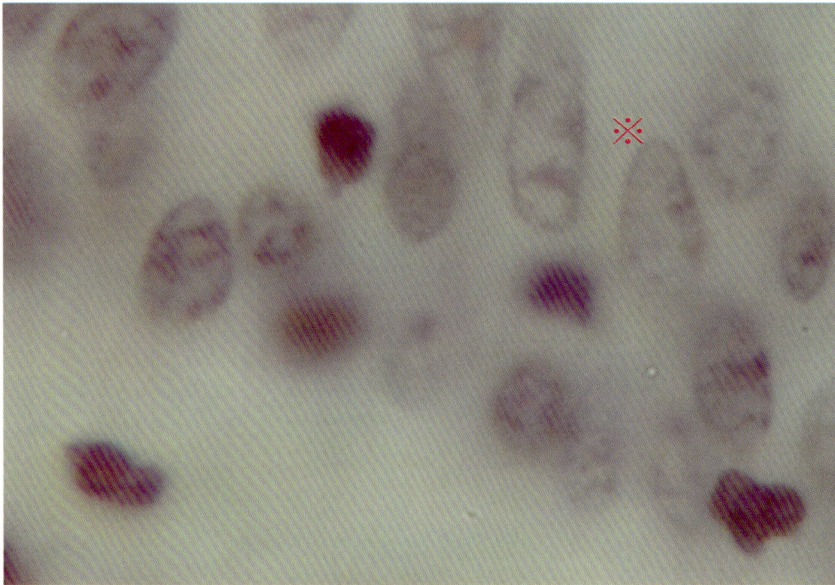

图2-27　人声带软骨部上皮细胞迁移与演化（7）

苏木素-伊红染色　×1 000

※示声带软骨部上皮下层细胞多呈流线型。

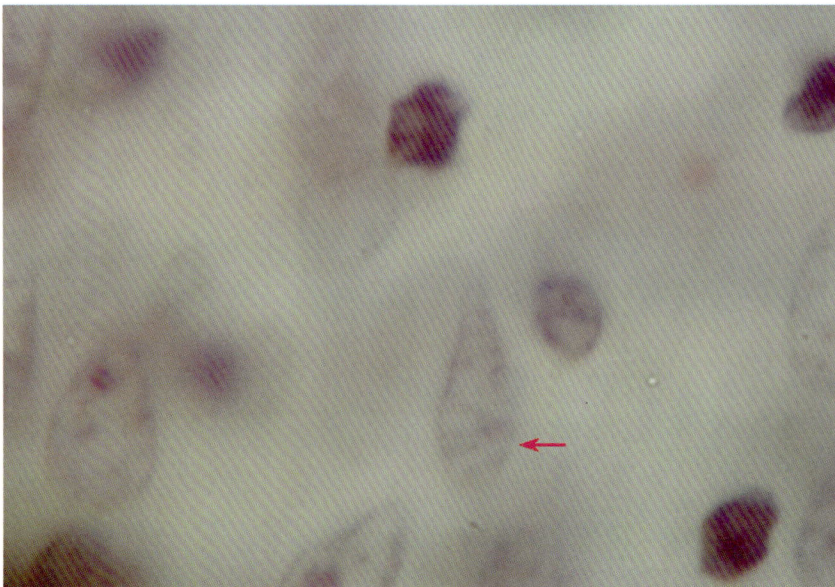

图2-28　人声带软骨部上皮细胞迁移与演化（8）

苏木素-伊红染色　×1 000

← 示声带软骨部上皮中层流线型细胞。

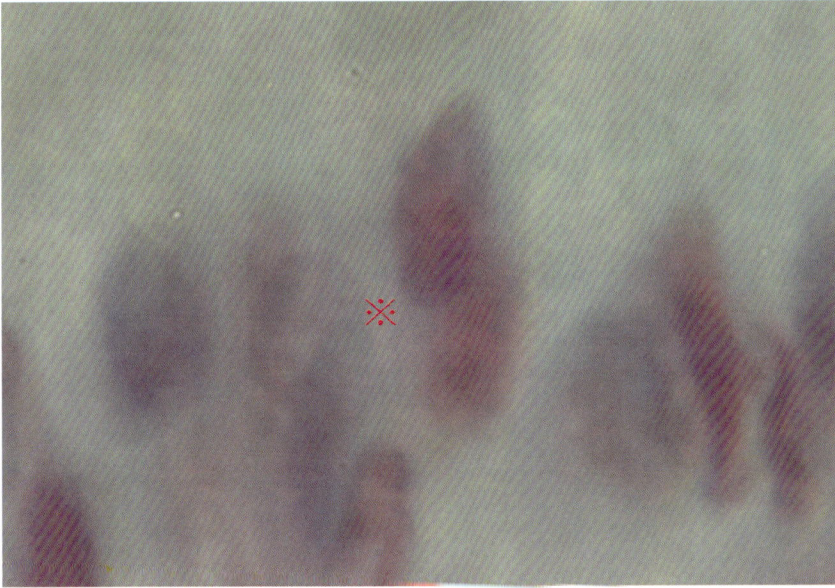

■ 图2-29　人声带软骨部上皮细胞迁移与演化（9）
苏木素–伊红染色　×1 000
※示声带软骨部上皮顶层低演化与高演化相间的流线型细胞。

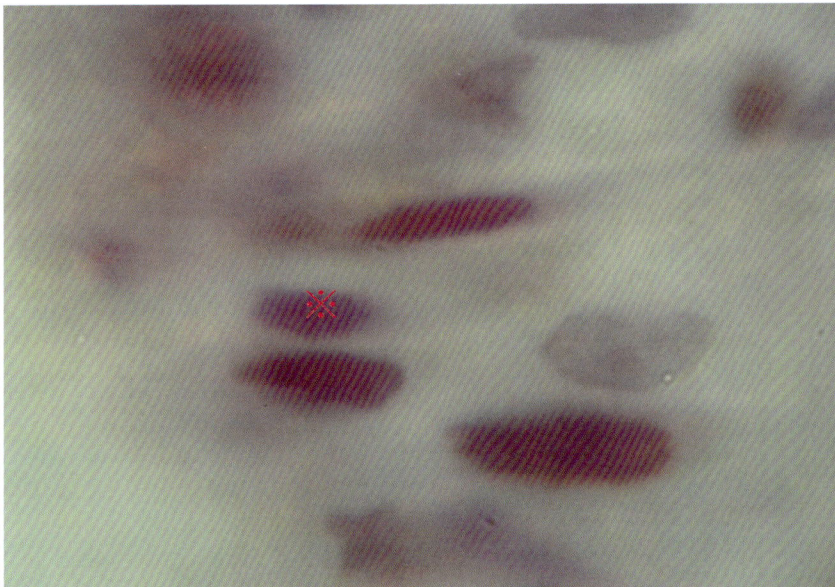

■ 图2-30　人声带软骨部上皮细胞迁移与演化（10）
苏木素–伊红染色　×1 000
※示声带软骨部上皮顶层高演化流线型细胞增多。

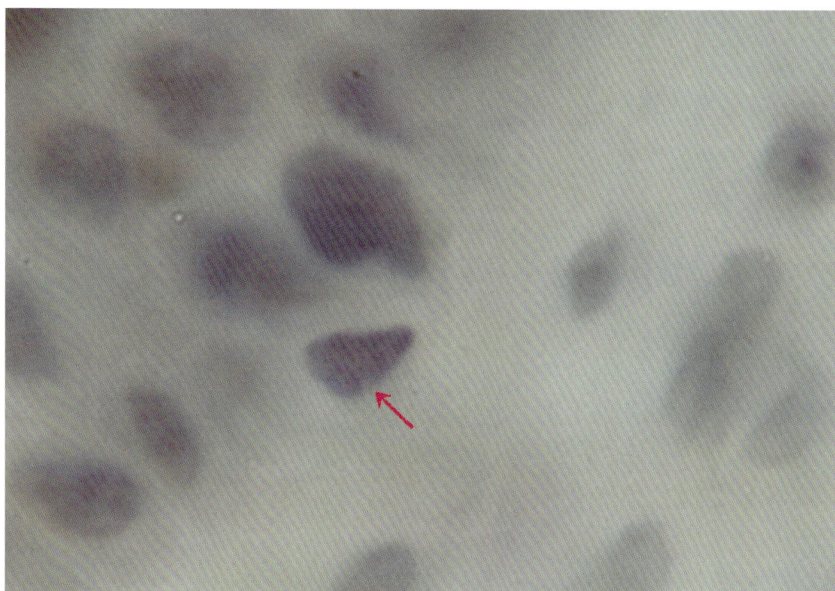

图2-31　人声带软骨部上皮细胞迁移与演化（11）
苏木素-伊红染色　×1 000
↗ 示将参入上皮基底层的未透明化干细胞。

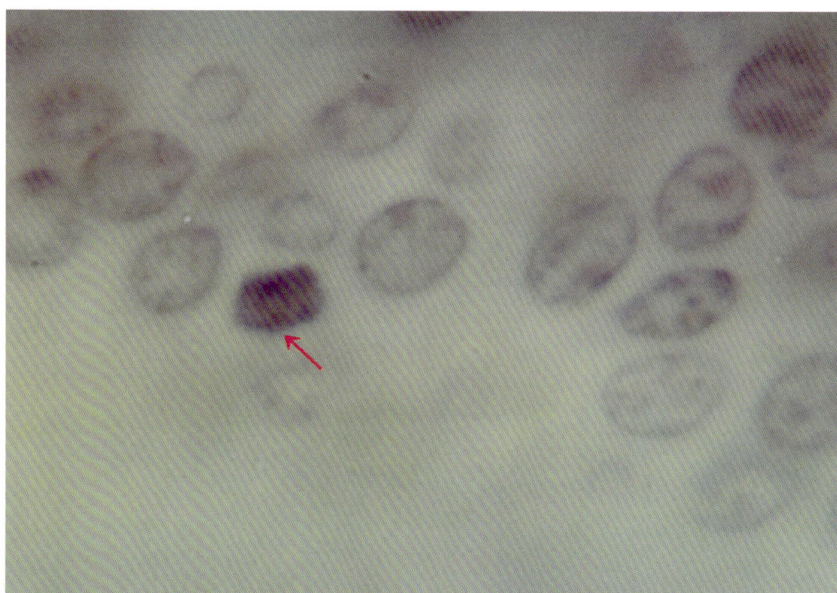

图2-32　人声带软骨部上皮细胞迁移与演化（12）
苏木素-伊红染色　×1 000
↗ 示将参入上皮基底层的未透明化干细胞。

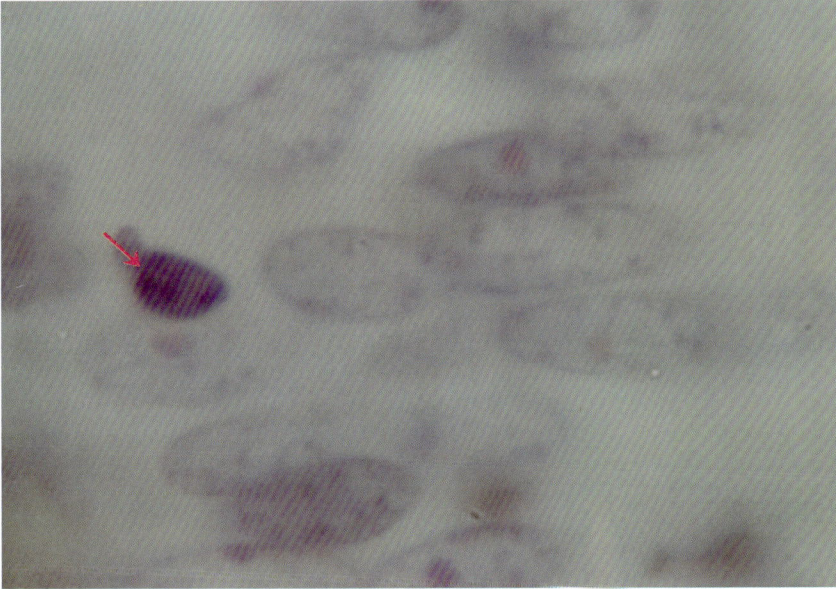

■ 图2-33　人声带软骨部上皮细胞迁移与演化（13）
苏木素–伊红染色　×1 000
↘示参入上皮底层的未透明化干细胞。

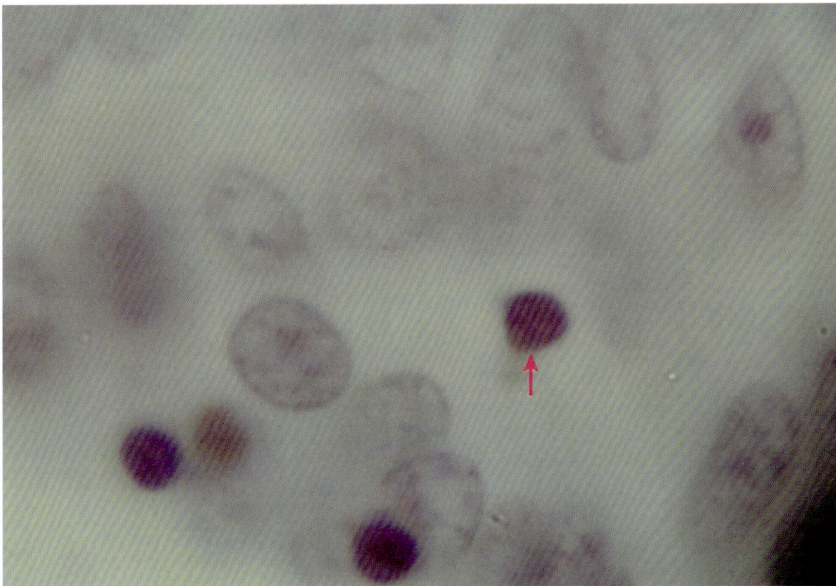

■ 图2-34　人声带软骨部上皮细胞迁移与演化（14）
苏木素–伊红染色　×1 000
↑示上皮中层的未透明化干细胞。

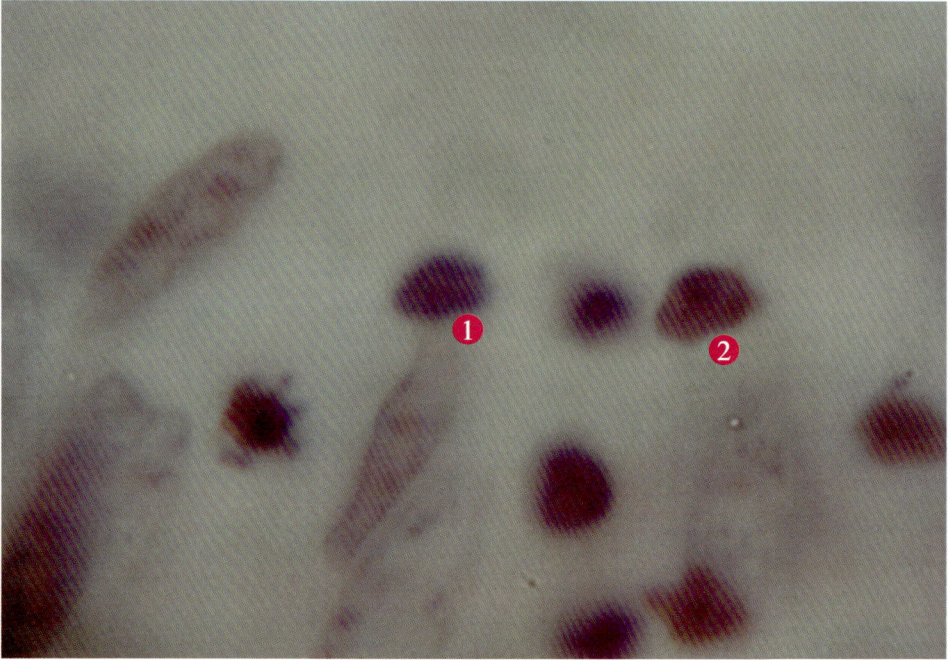

■ **图2-35 人声带软骨部上皮细胞迁移与演化（15）**

苏木素-伊红染色　×1 000

❶示上皮顶层低演化干细胞；❷示上皮顶层高演化干细胞。

2. 声带黏膜细胞直接分裂　声带黏膜间质干细胞可见直接分裂（图2-36、图2-37），上皮细胞及进入上皮的干细胞也可见直接分裂象（图2-38、图2-39）。

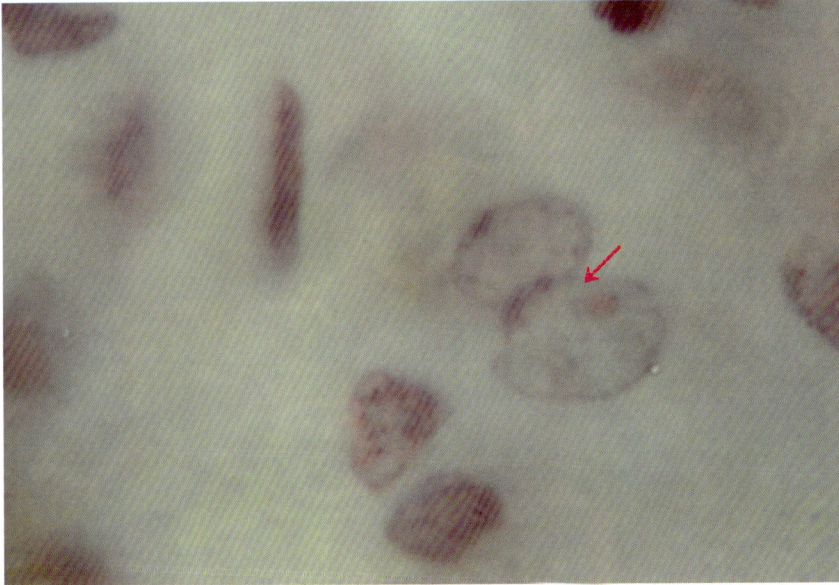

■ 图2-36　人声带黏膜细胞直接分裂（1）
苏木素-伊红染色　×1 000
示上皮下间质透明化干细胞对称性直接分裂。

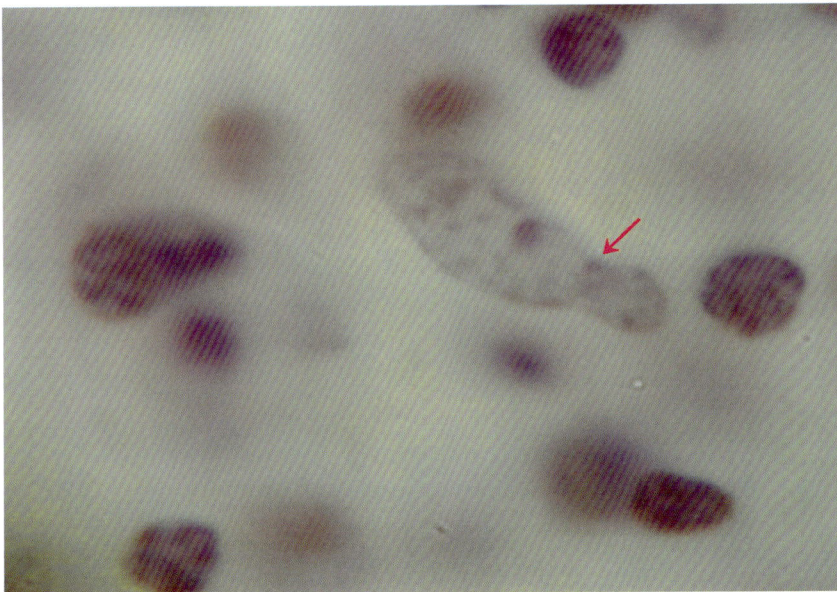

■ 图2-37　人声带黏膜细胞直接分裂（2）
苏木素-伊红染色　×1 000
示上皮下间质透明化干细胞不对称性直接分裂。

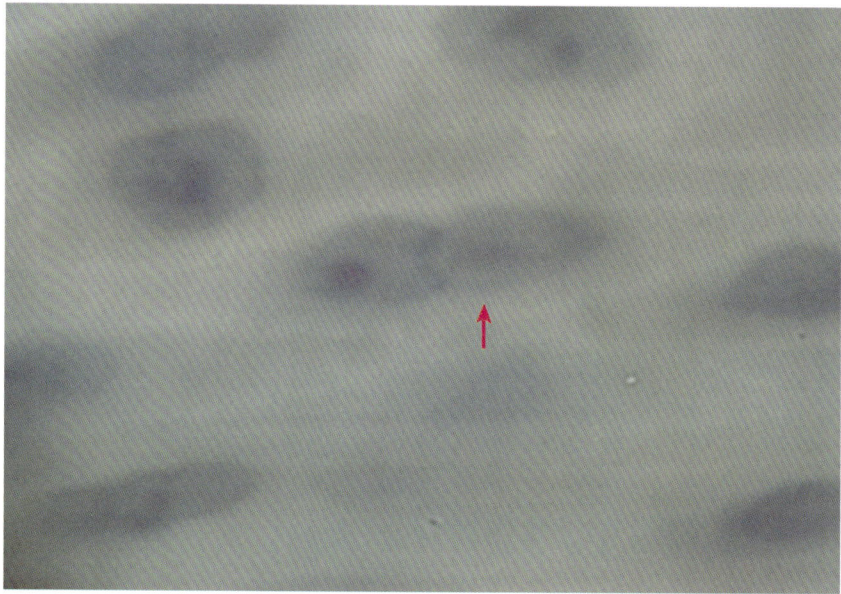

■ 图2-38 人声带黏膜细胞直接分裂（3）

苏木素-伊红染色 ×1 000

↑示上皮细胞横隔式直接分裂。

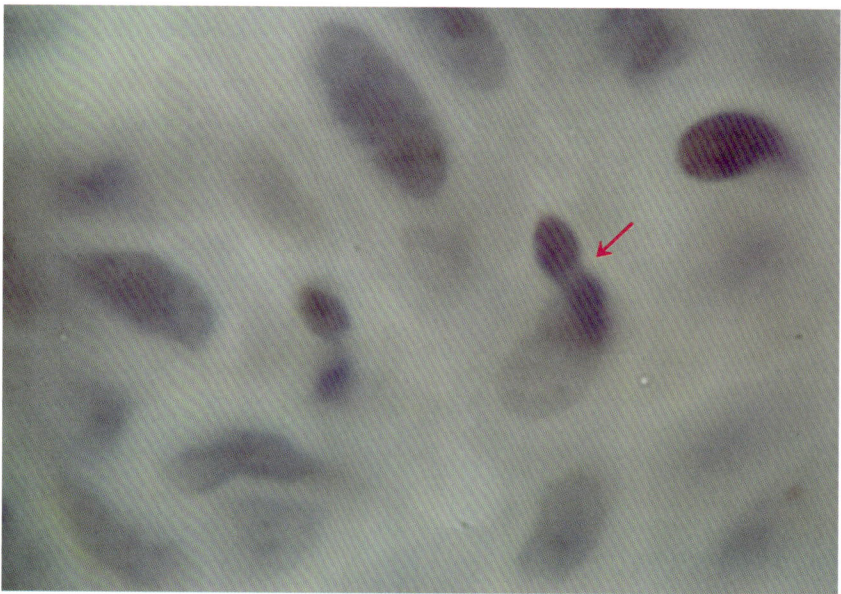

■ 图2-39 人声带黏膜细胞直接分裂（4）

苏木素-伊红染色 ×1 000

↙示上皮内干细胞直接分裂。

3. 淋巴滤泡与上皮细胞演化 声带软骨部黏膜上皮演化除来自间质的干细胞外，上皮下淋巴滤泡也是其干细胞的重要来源（图2-40），其实部分间质干细胞也是由淋巴源干细胞弥散演化而来。淋巴滤泡内淋巴细胞也是演化程度不同的细胞群，其中就有多潜能干细胞（图2-41、图2-42），邻近上皮基底层的淋巴源干细胞，也可经过渡性细胞演化上皮细胞并参入基底层（图2-43～图2-45），而有时淋巴组织与上皮组织紧挨在一起，其间只有很不明显的交界（图2-46、图2-47），这意味着同时有大批干细胞演化形成上皮细胞，甚至可见超厚上皮部分脱落形成游离的上皮组织块（图2-48），脱落的上皮组织块可逐渐溶解，而残留的上皮形成有待平复的缺陷（图2-49）。

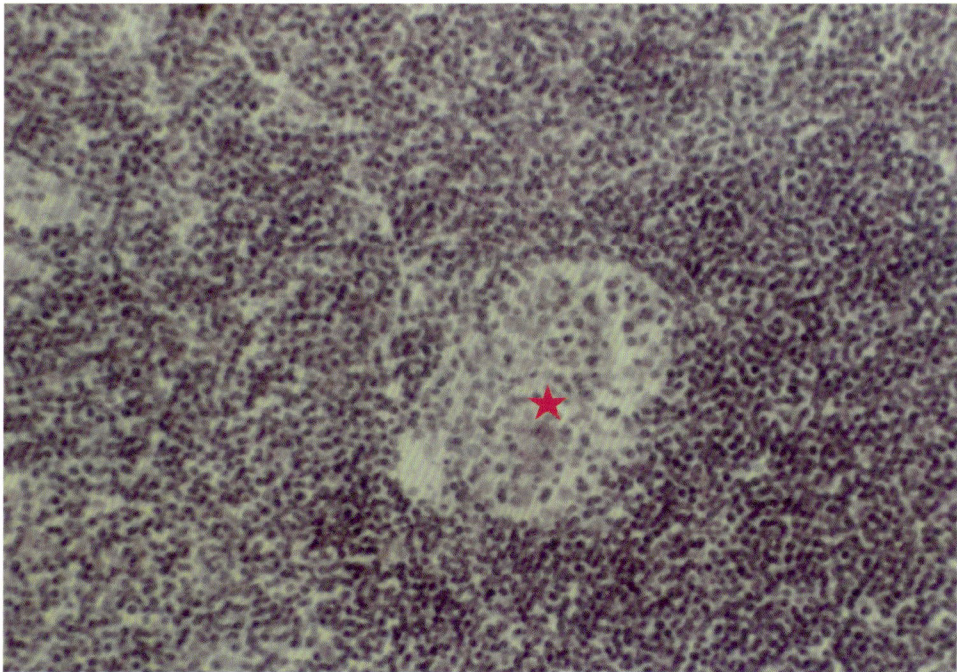

■ 图2-40 人淋巴滤泡与声带软骨部上皮细胞演化（1）

苏木素-伊红染色 ×100

★示声带软骨部上皮下淋巴滤泡生发中心。

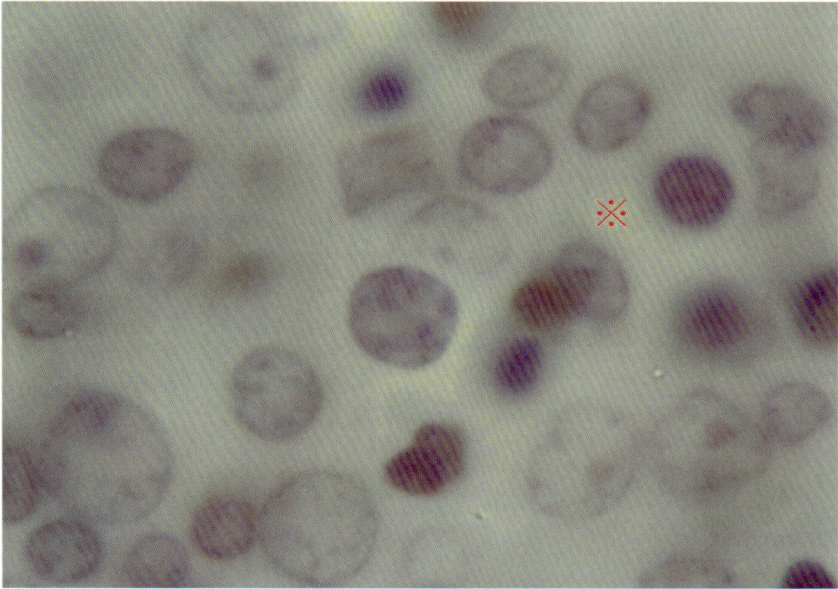

■ 图2-41　人淋巴滤泡与声带软骨部上皮细胞演化（2）
苏木素-伊红染色　×1 000
※示淋巴滤泡内淋巴细胞异质性，明暗淋巴细胞混杂分布。

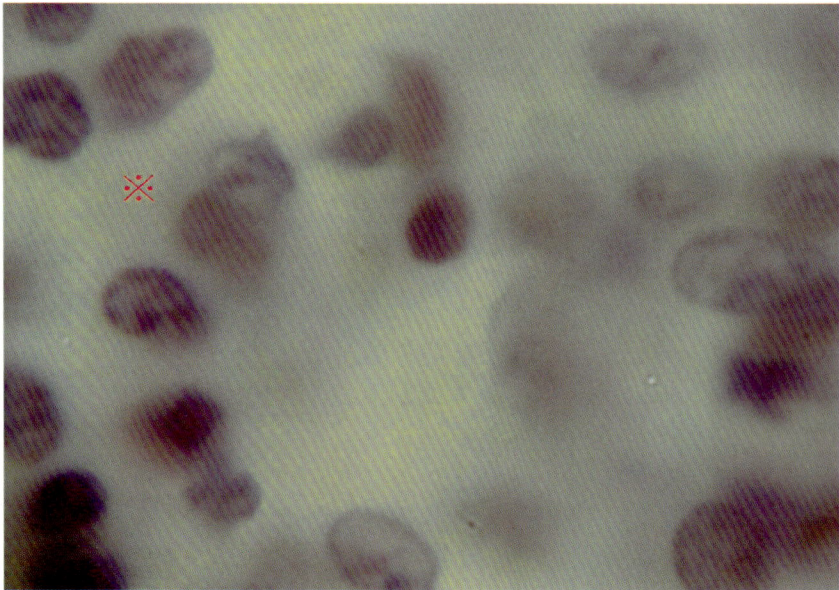

■ 图2-42　人淋巴滤泡与声带软骨部上皮细胞演化（3）
苏木素-伊红染色　×1 000
※示淋巴滤泡内淋巴细胞异质性，淋巴细胞演化程度明显差异。

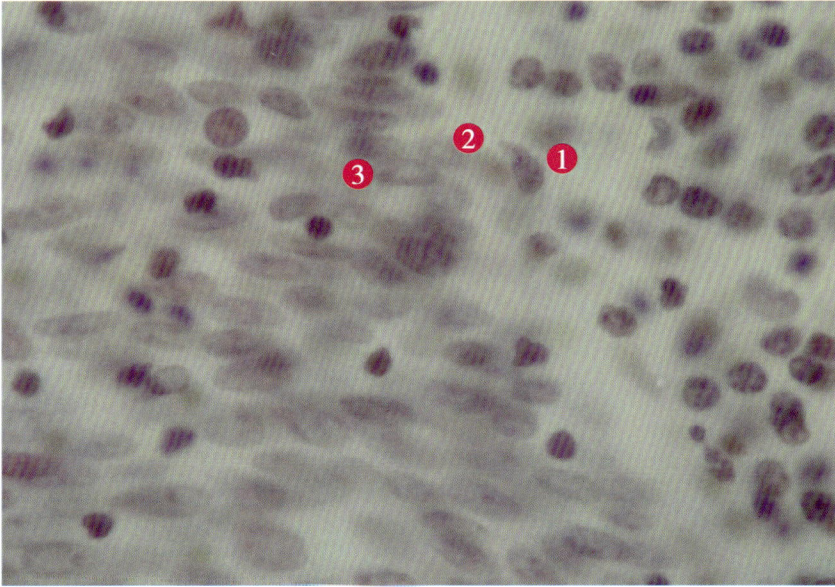

■ 图2-43 人淋巴滤泡与声带软骨部上皮细胞演化（4）

苏木素–伊红染色 ×400

❶示淋巴源干细胞；❷示过渡性细胞；❸示上皮细胞。

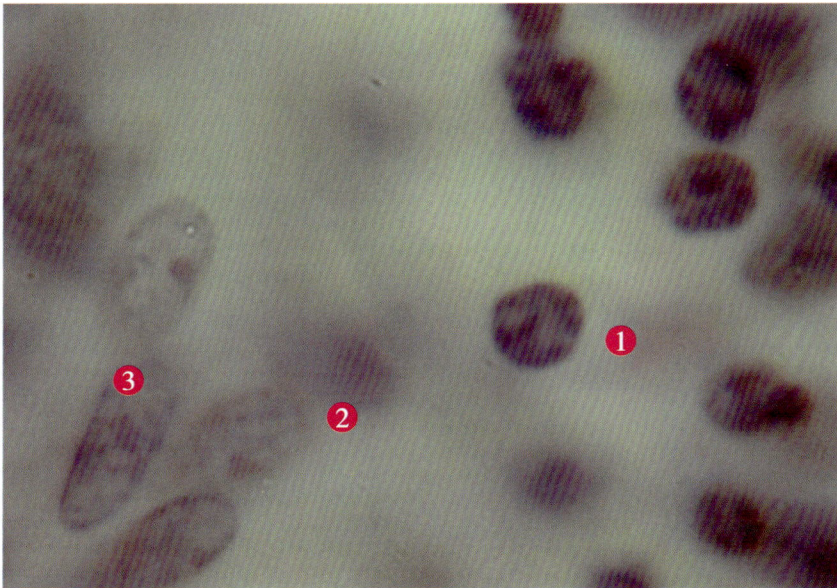

■ 图2-44 人淋巴滤泡与声带软骨部上皮细胞演化（5）

苏木素–伊红染色 ×1 000

❶示淋巴源干细胞；❷示过渡性细胞；❸示上皮细胞。

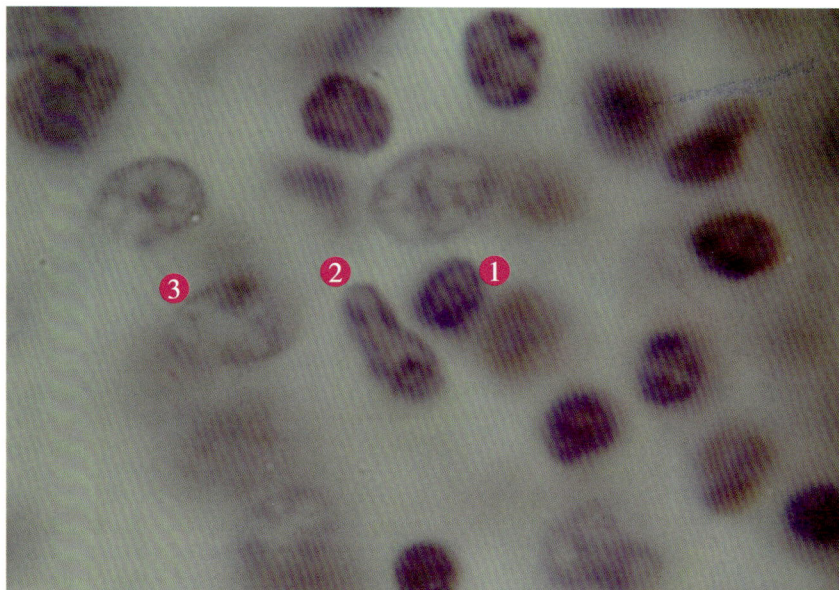

■ 图2-45　人淋巴滤泡与声带软骨部上皮细胞演化（6）

苏木素-伊红染色　×1 000

❶示淋巴源干细胞；❷示过渡性细胞；❸示上皮细胞。

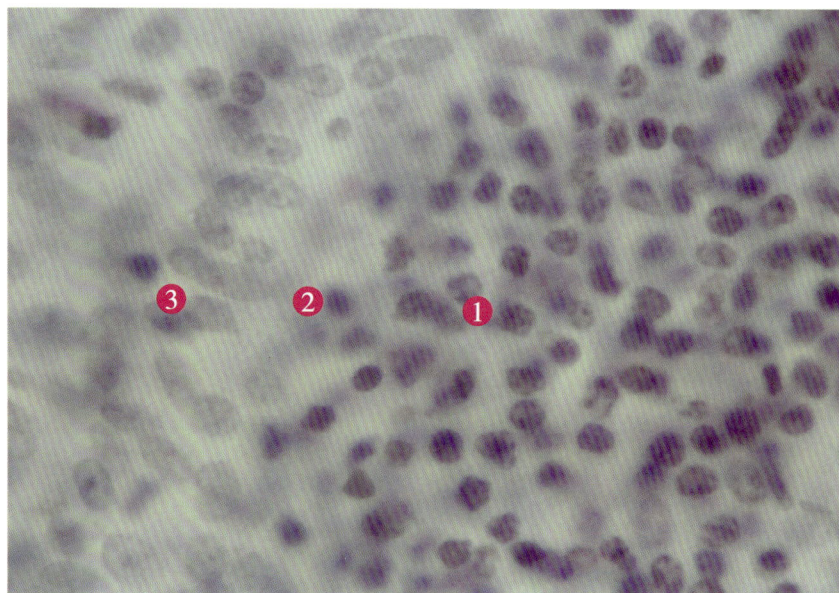

■ 图2-46　人淋巴滤泡与声带软骨部上皮细胞演化（7）

苏木素-伊红染色　×400

❶示淋巴组织；❷示交界带；❸示上皮组织。

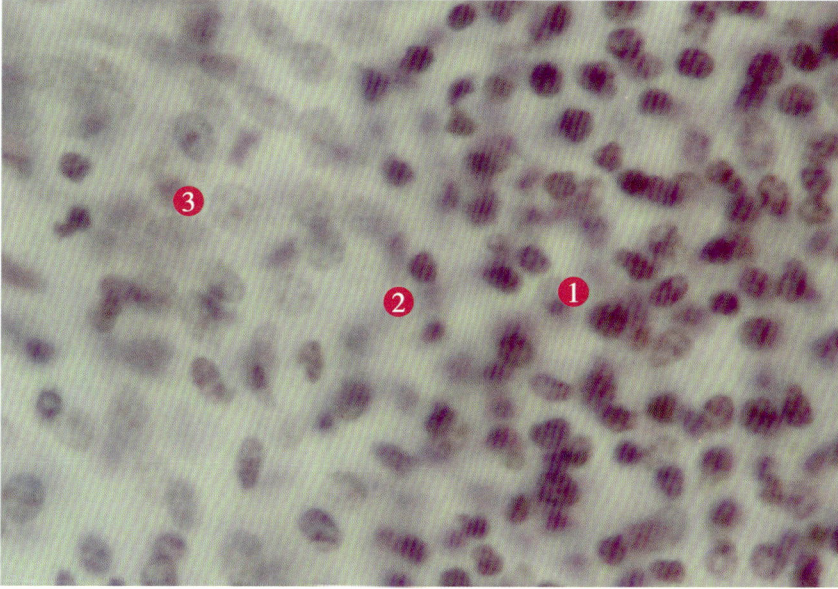

■ 图2-47 人淋巴滤泡与声带软骨部上皮细胞演化（8）

苏木素-伊红染色 ×400

❶示淋巴组织；❷示交界带；❸示上皮组织。

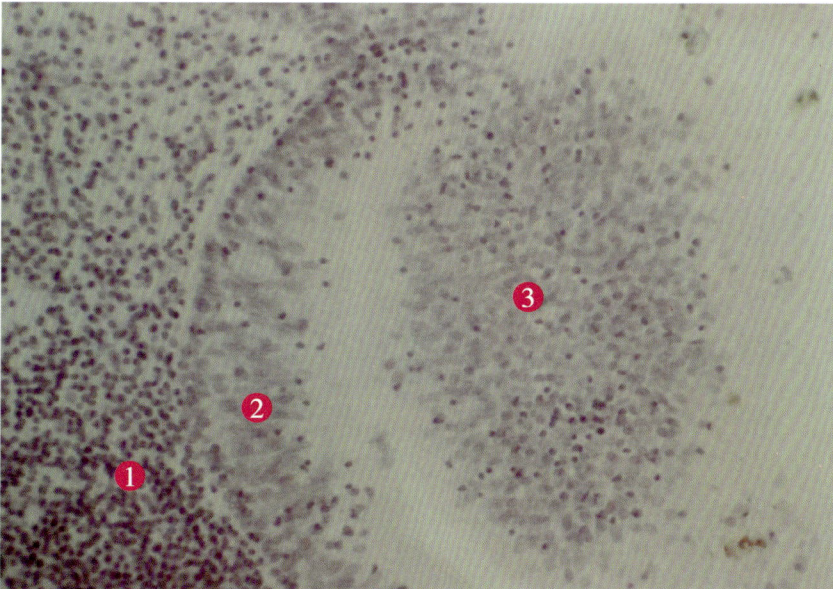

■ 图2-48 人淋巴滤泡与声带软骨部上皮细胞演化（9）

苏木素-伊红染色 ×100

❶示淋巴组织；❷示残留上皮；❸示脱落上皮组织块。

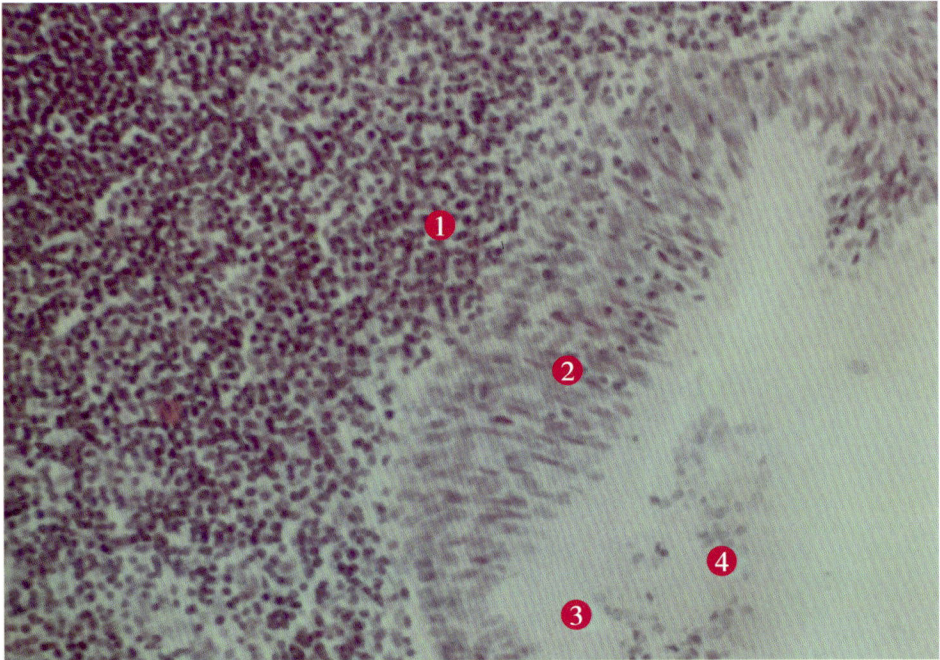

■ 图2-49　人淋巴滤泡与声带软骨部上皮细胞演化（10）

苏木素-伊红染色　×100

❶示淋巴组织；❷示上皮残留部；❸示脱落的上皮组织块；
❹示脱落的上皮组织块残余。

（二）喉腺组织动力学

喉腺腺泡与导管也均源自间质干细胞（图2-50）。

1. 喉腺腺泡组织动力学　间质干细胞演化增殖形成成喉腺细胞团（图2-51），成喉腺细胞团扩大、中空成为早期喉腺腺泡（图2-52、图2-53），相邻小腺泡的间隔溶解消失，可形成大腺泡（图2-54），较早喉腺腺泡为浆液性腺泡（图2-55），而后少数腺细胞黏液性化（图2-56），大多腺细胞黏液性化，则成为黏液性腺泡（图2-57、图2-58）。

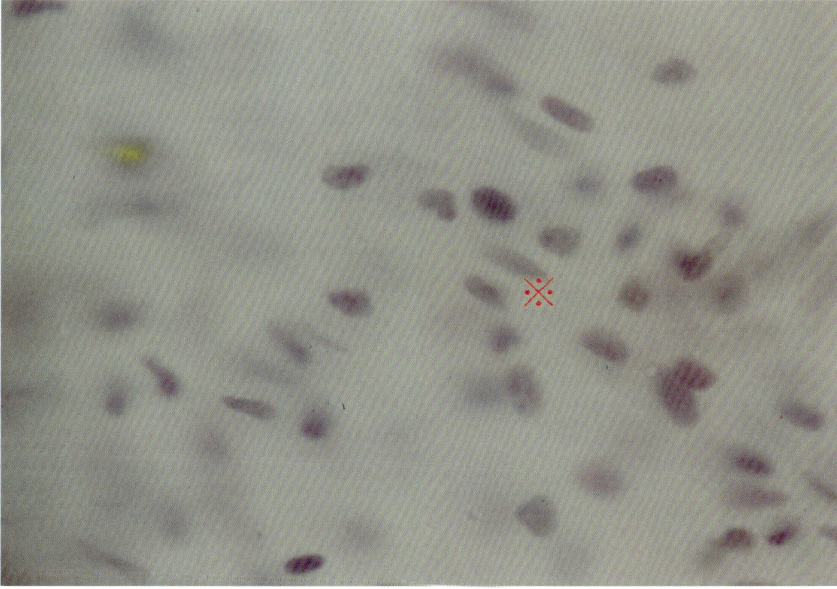

■ 图2-50　人喉间质干细胞群

苏木素-伊红染色　×400

※示异质性的间质干细胞群。

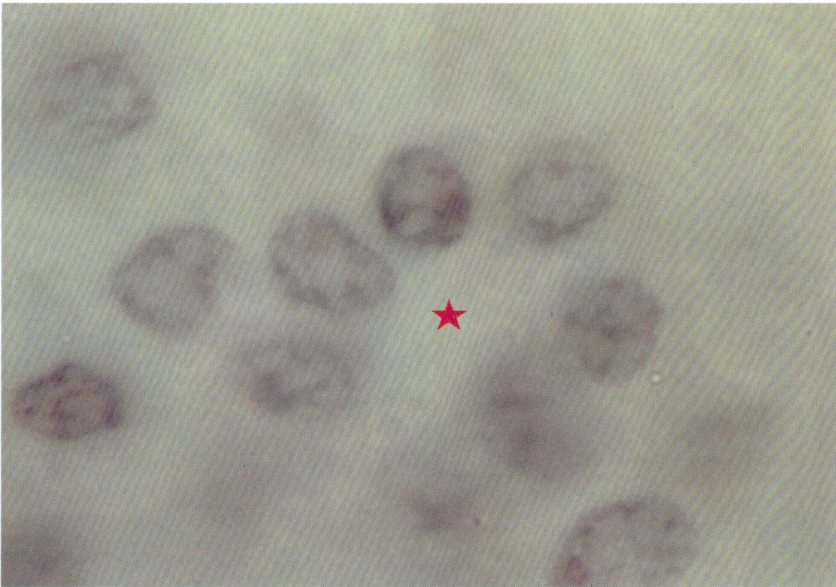

■ 图2-51　人喉腺腺泡组织动力学（1）

苏木素-伊红染色　×1 000

★示成喉腺细胞团。

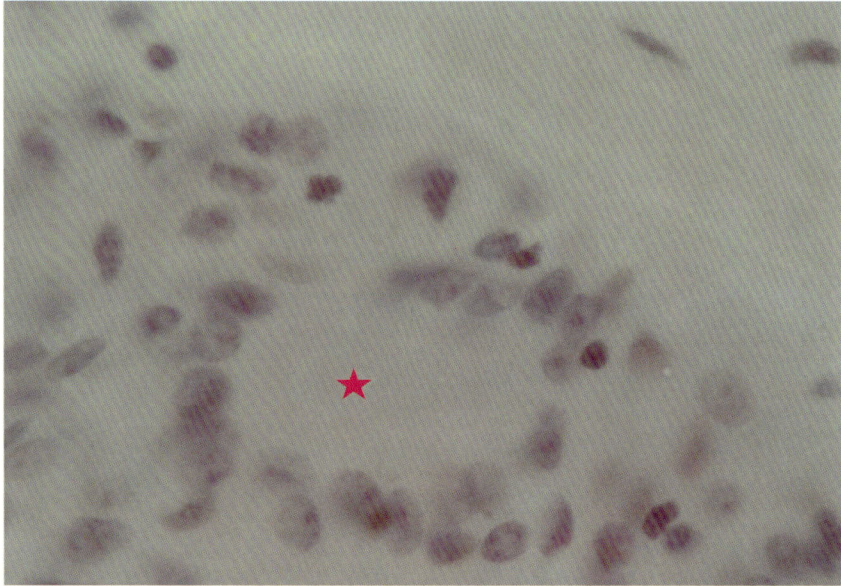

图2-52 人喉腺腺泡组织动力学（2）

苏木素-伊红染色 ×400

★示早期喉腺腺泡。

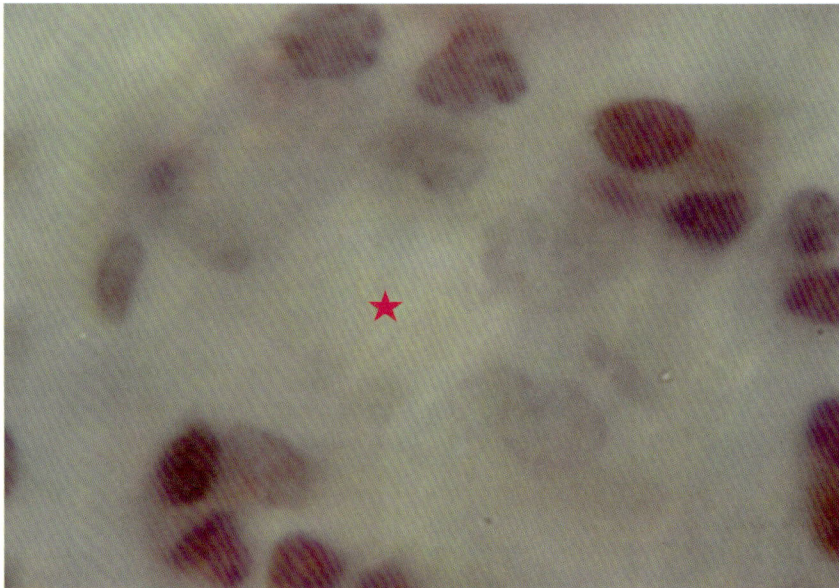

图2-53 人喉腺腺泡组织动力学（3）

苏木素-伊红染色 ×1 000

★示内蚀扩大的早期喉腺腺泡。

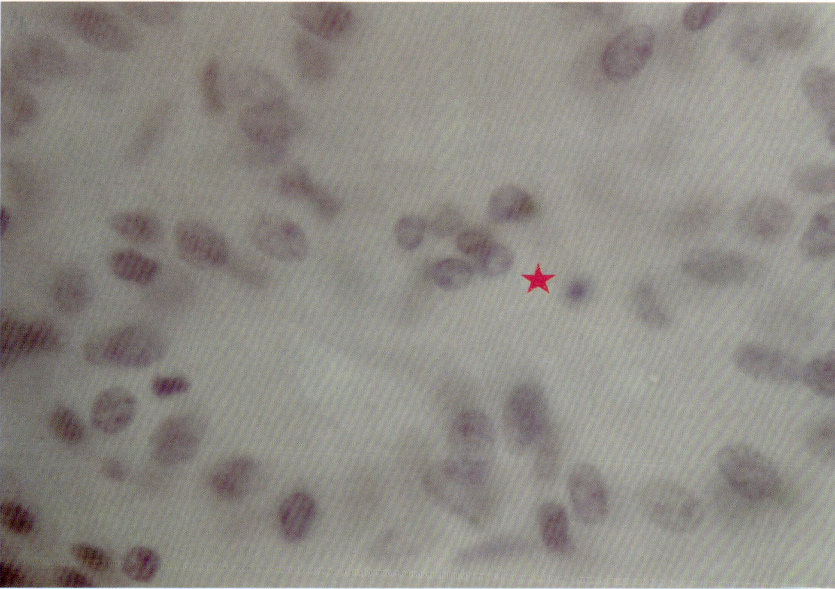

■ 图2-54 人喉腺腺泡组织动力学（4）
苏木素-伊红染色 ×400
★ 示相邻小腺泡间隔溶解将要形成的大腺泡。

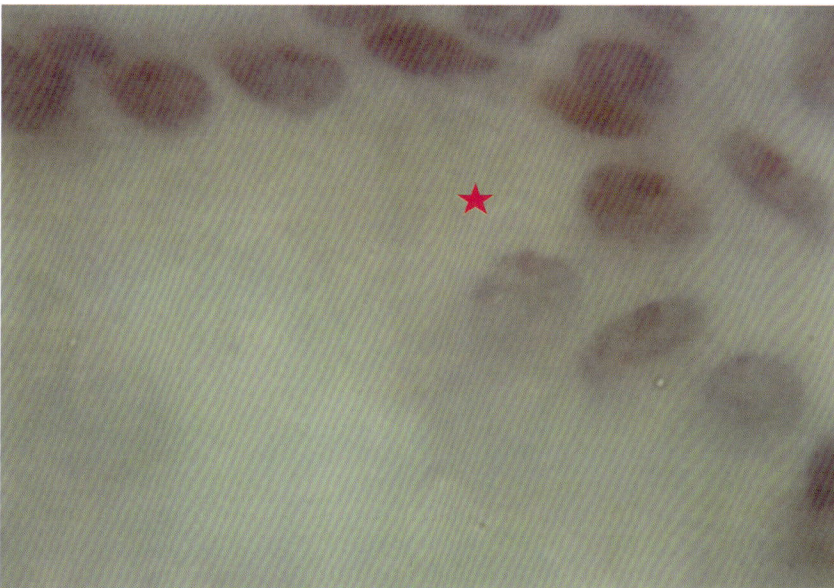

■ 图2-55 人喉腺腺泡组织动力学（5）
苏木素-伊红染色 ×1 000
★ 示腺细胞重排的较大浆液性腺泡。

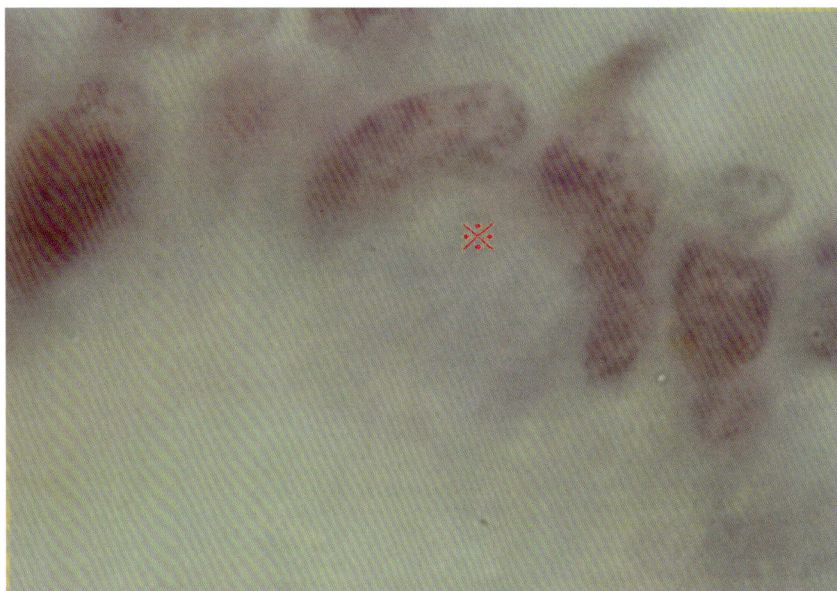

图2-56　人喉腺腺泡组织动力学（6）

苏木素-伊红染色　×1 000

※示两个相邻的开始黏液化的腺细胞。

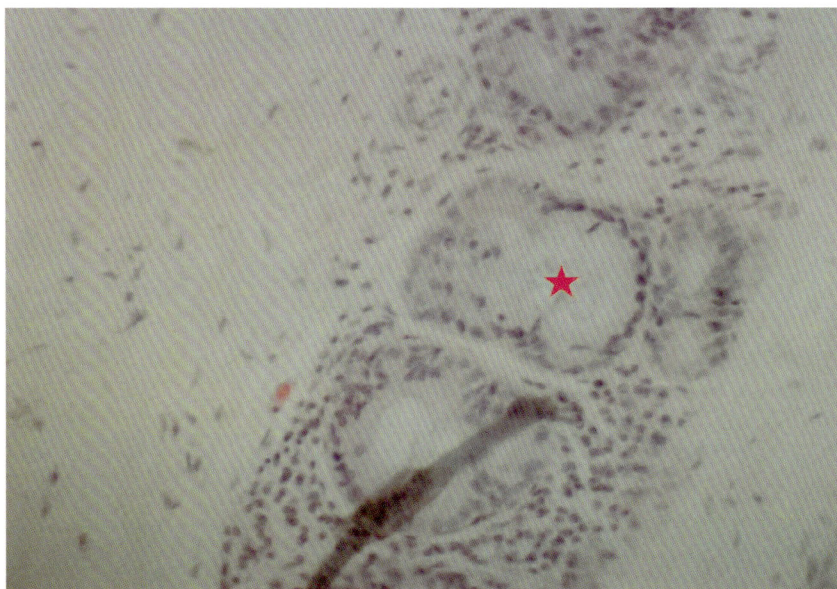

图2-57　人喉腺腺泡组织动力学（7）

苏木素-伊红染色　×100

★示小的黏液性腺泡。

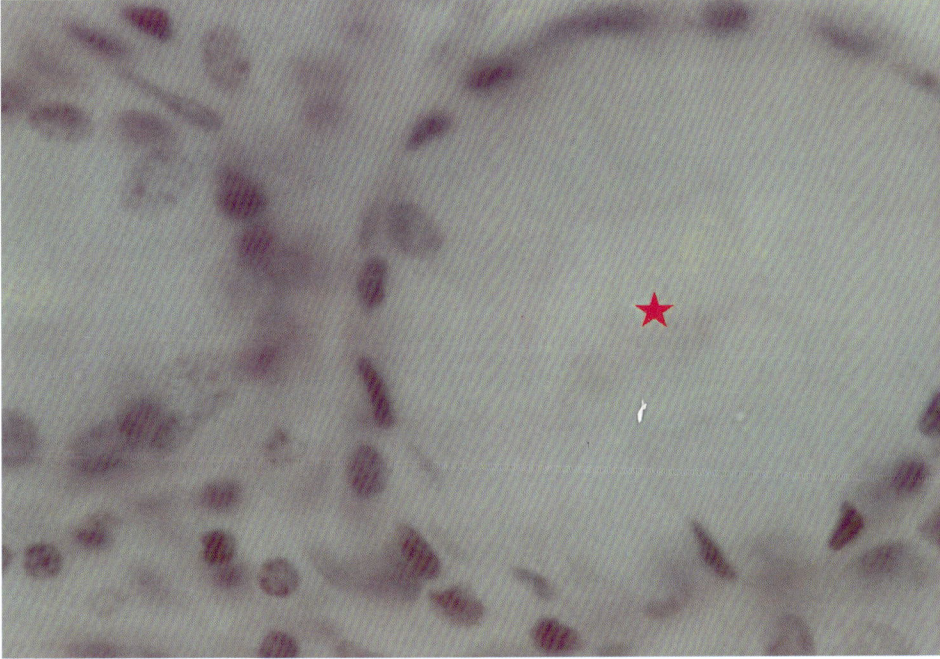

■ 图2-58　人喉腺腺泡组织动力学（8）

苏木素-伊红染色　×400

★示大的黏液性腺泡。

2．**喉腺导管组织动力学**　喉腺导管成自中空的较粗大成喉腺细胞索（图2-59），细胞索继续内蚀中空，管腔扩大（图2-60），内蚀中空延伸，则使之与腺泡及相邻管腔连通（图2-61）。

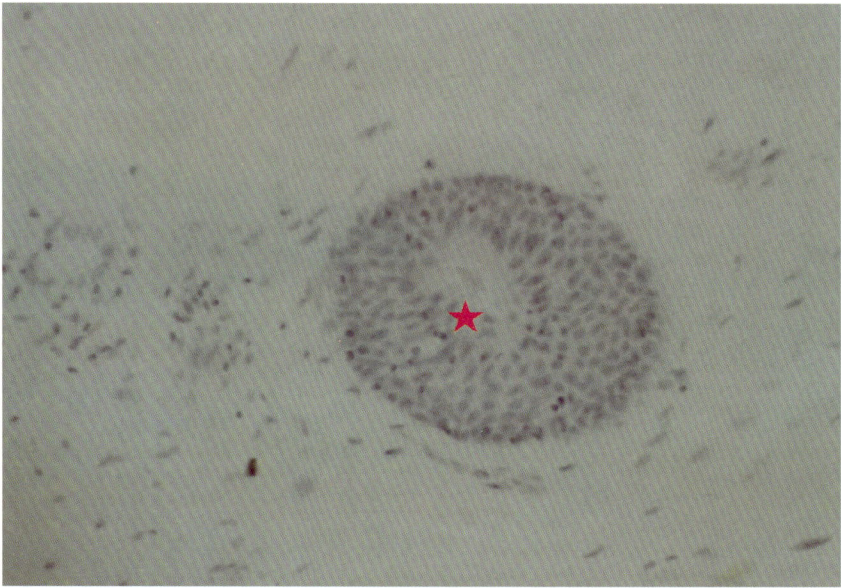

■ 图2-59　人喉腺导管组织动力学（1）

苏木素-伊红染色　×100

★示开始中空的较大成喉腺细胞索。

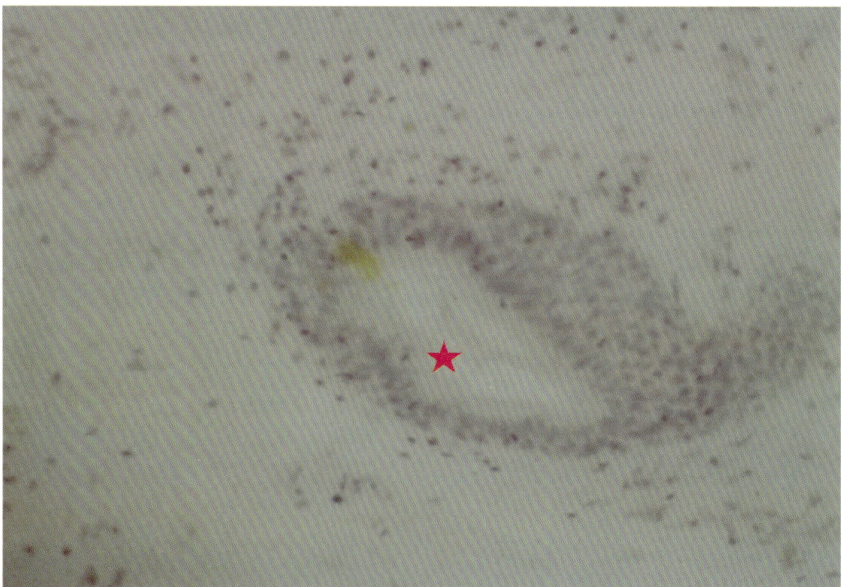

■ 图2-60　人喉腺导管组织动力学（2）

苏木素-伊红染色　×100

★示继续内蚀中空，管腔扩大。

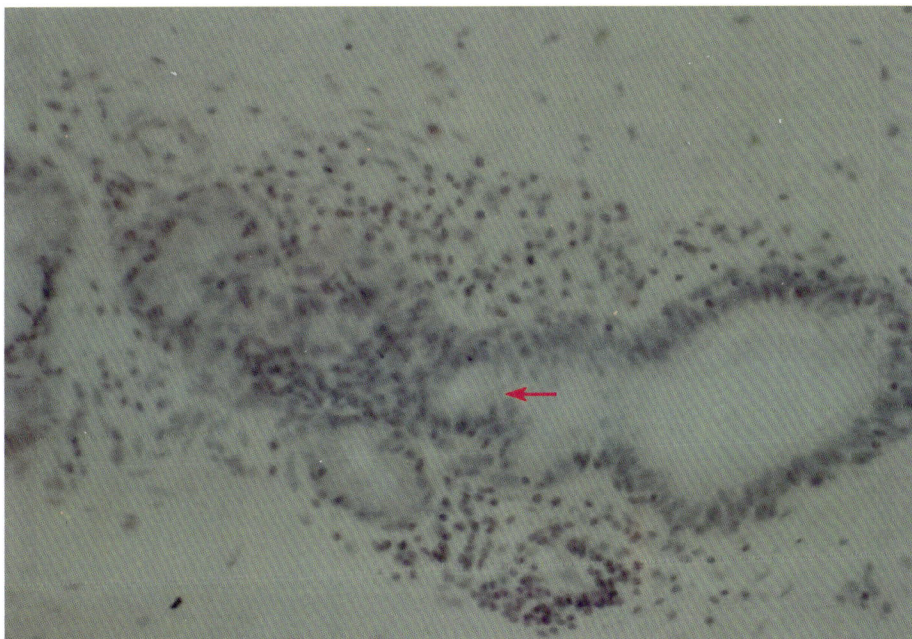

■ 图2-61　人喉腺导管组织动力学（3）

苏木素–伊红染色　×100

← 示内蚀中空延伸使管腔连通。

小　结

　　声带膜部被覆厚薄不一的复层扁平上皮，基底面多平齐，部分有上皮嵴，表面可有极薄角化层。上皮下间质干细胞通过不同程度透明化的过渡性细胞参入上皮基底层，也可不经透明化直接参入基底层，通过伴随演化的逐层生长性位移。声带膜部与软骨部之间有明显移行特征，黏膜上皮移行表现最明显，由膜部的复层扁平上皮经复层立方上皮、复层柱状上皮逐步演变为软骨部的复层梭形上皮。声带软骨部黏膜上皮是厚薄不一的复层梭形上皮。基底部也可见间质干细胞经透明化的过渡性细胞演化形成上皮细胞并参入基底层，其出现频率高于移行部，更高于声带膜部。声带软骨部黏膜上皮细胞以流线型体型从基底逐渐迁移，直到上皮顶层仍保持流线型，演化程度逐渐由低到高。声带黏膜间质干细胞与上皮细胞均可见直接分裂。上皮下淋巴滤泡也是其干细胞的重要来源，邻近上皮基底层的淋巴源干细胞也可经过渡性细胞演化为上皮细胞，并参入基底层，有时大批干细胞直接演化形成上皮细胞。间质干细胞演化增殖形成的成喉腺细胞团中空成为喉腺腺泡，喉腺腺泡可由浆液性腺泡演变为黏液性腺泡。较大成喉腺细胞团中空、相互通连形成喉腺导管。

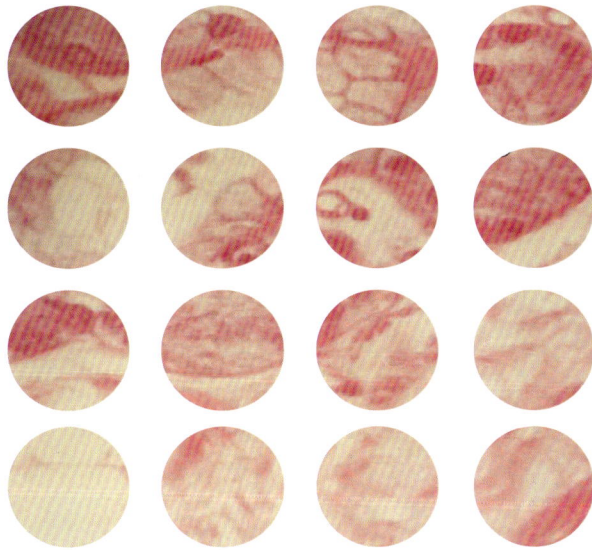

第三章
气管组织动力学

气管组织动力学包括气管黏膜组织动力学、气管腺组织动力学、气管软骨组织动力学和气管平滑肌组织动力学。

一、气管黏膜组织动力学

气管黏膜组织动力学涉及呼吸上皮细胞系、呼吸上皮细胞直接分裂和呼吸上皮演化的来源三个方面。

（一）呼吸上皮细胞系

呼吸上皮细胞是一元的，均由呼吸上皮干细胞演化而来，由基底到顶层呈现逐步演化并向上迁移的过程，故称为呼吸上皮细胞系。小白鼠气管呼吸上皮基底层立方细胞向上迁移呈流线型，并伴随细胞核一定程度的嗜酸化（图3-1）。豚鼠气管呼吸上皮基底层立方细胞也见呈流线型向上迁移（图3-2、图3-3），流线型中层细胞继续向上迁移到顶层（图3-4）。杯状细胞是呼吸上皮细胞系的终态细胞，高度杯状细胞化的呼吸上皮顶层几乎全是杯状细胞（图3-5），甚至上皮中层也多有杯状细胞（图3-6）。人呼吸上皮基底层也为立方细胞，圆形或椭圆形细胞核由深染变为浅染，基底层上方细胞向上迁移，呈流线型（图3-7、图3-8）。起初顶层细胞均为纤毛柱状细胞（图3-9），而后逐渐出现少数杯状细胞（图3-10），开始杯状细胞核位于细胞下部，仍为圆球形（图3-11），或长椭圆形（图3-12、图3-13），后因分泌物聚积细胞核上端显示由浅到深的压痕（图3-14、图3-15），继而压成上宽梯形（图3-16），甚至高元宝形（图3-17），也有杯状细胞核保持长杆状直至固缩（图3-18），随着分泌物排出长杆状杯状细胞核固缩进而溶解（图3-19、图3-20）。还有的杯状细胞核直接被压到杯底，呈月牙形（图3-21），随后以月牙形核固缩溶解（图3-22、图3-23）。有时干细胞进入呼吸上皮作为备用（图3-24），未能演化的干细胞也可经顶层排出（图3-25）。

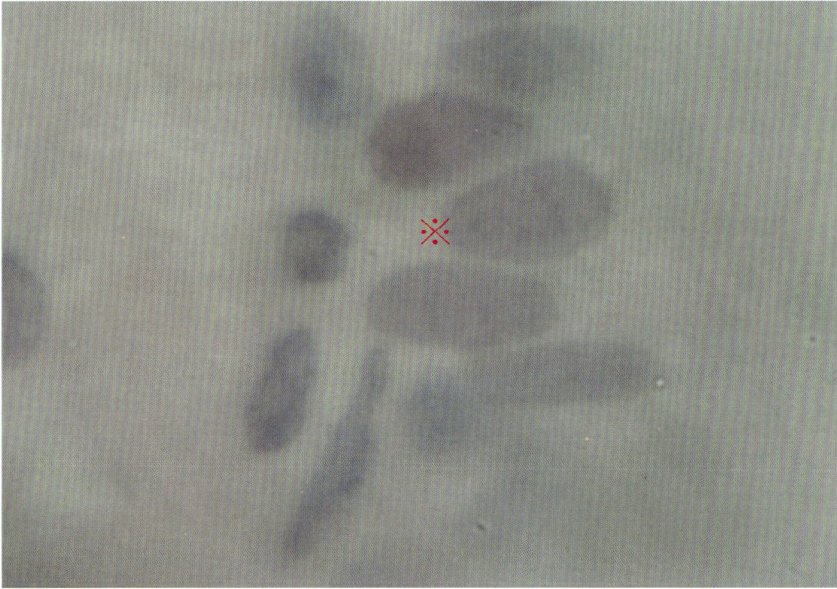

图3-1 小白鼠呼吸上皮细胞系

苏木素-伊红染色 ×1 000

※示气管呼吸上皮基底层上方细胞向上迁移呈流线型，并伴随细胞核一定程度的嗜酸化。

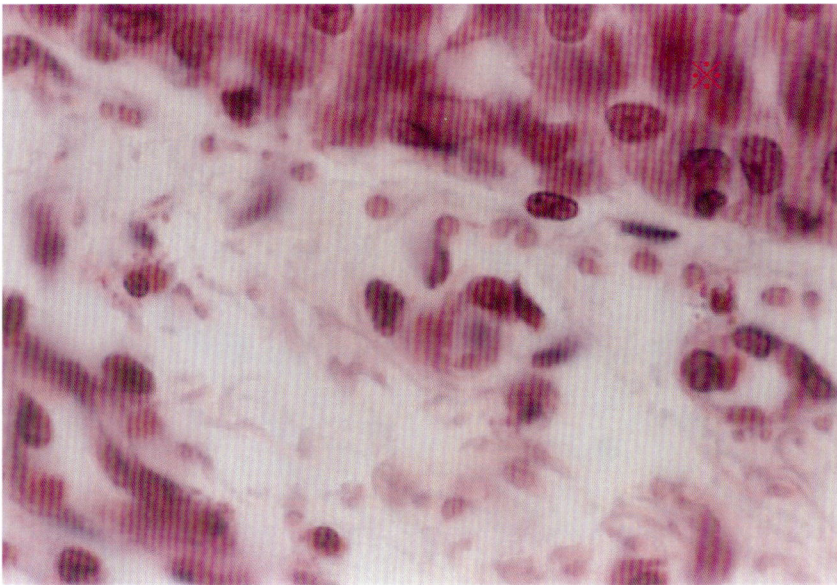

图3-2 豚鼠呼吸上皮细胞系（1）

苏木素-伊红染色 ×400

※示气管呼吸上皮基底层上方细胞向上迁移呈流线型。

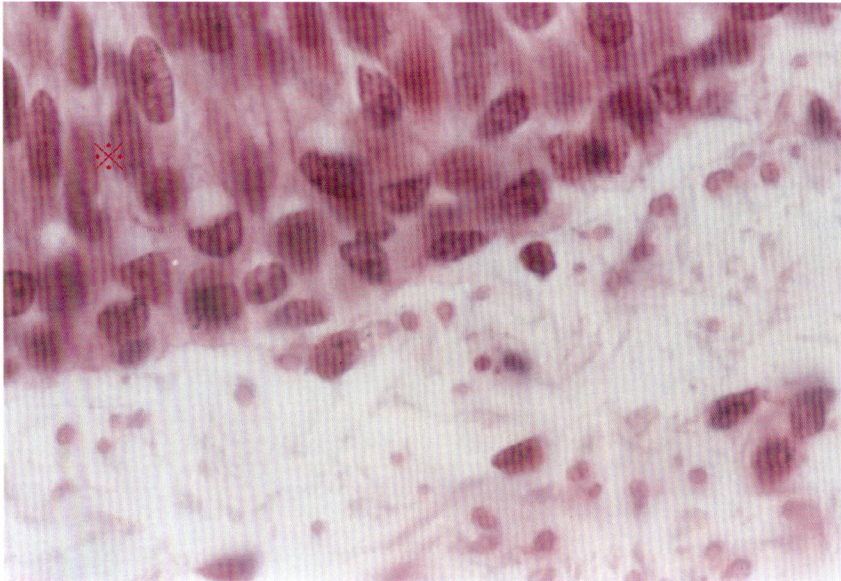

■ 图3-3　豚鼠呼吸上皮细胞系（2）
苏木素–伊红染色　×400
※示迁移至中层的气管流线型呼吸上皮细胞。

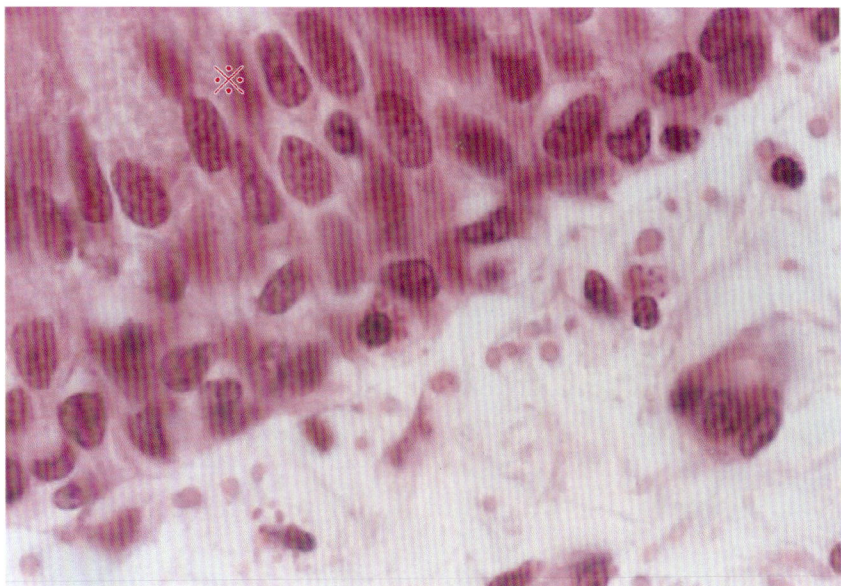

■ 图3-4　豚鼠呼吸上皮细胞系（3）
苏木素–伊红染色　×400
※示迁移至上层的气管流线型呼吸上皮细胞。

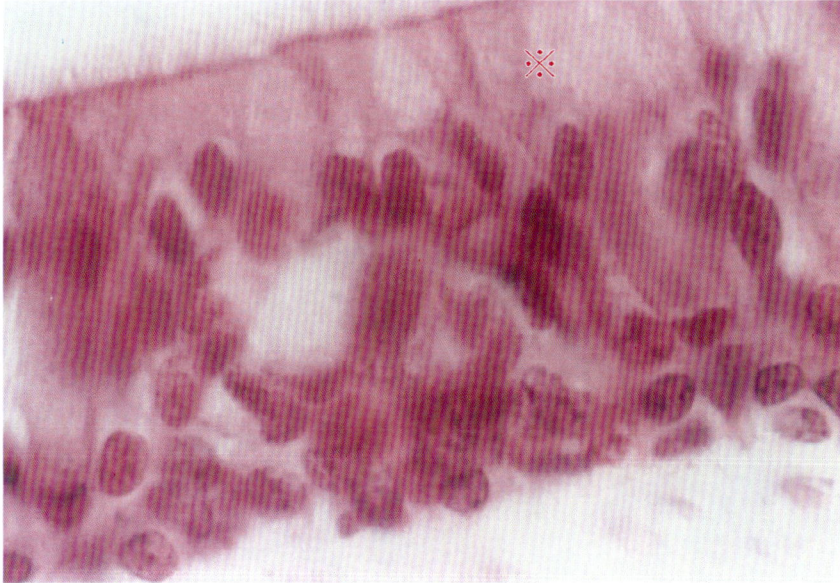

■ 图3-5　豚鼠呼吸上皮细胞系（4）
苏木素–伊红染色　×400
※示呼吸上皮高演化区顶层几乎全部杯状细胞化。

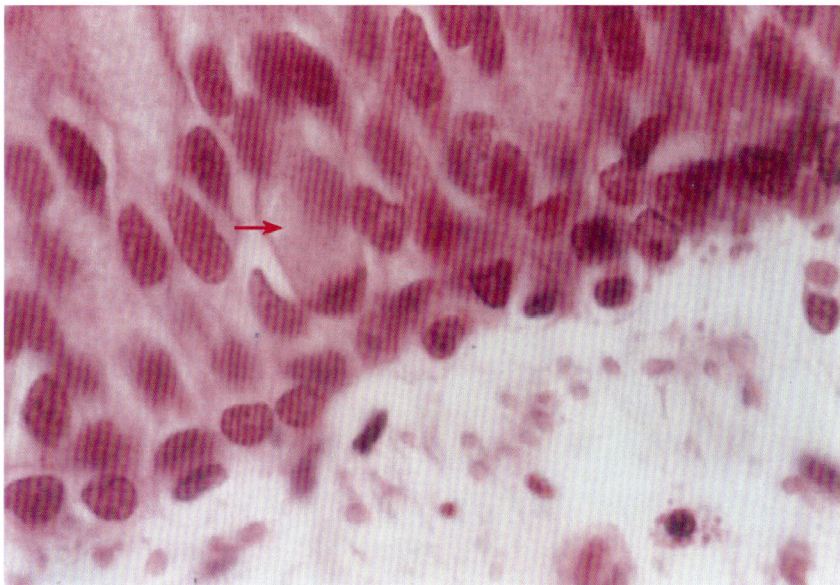

■ 图3-6　豚鼠呼吸上皮细胞系（5）
苏木素–伊红染色　×400
→示呼吸上皮高演化区深层细胞杯状细胞化。

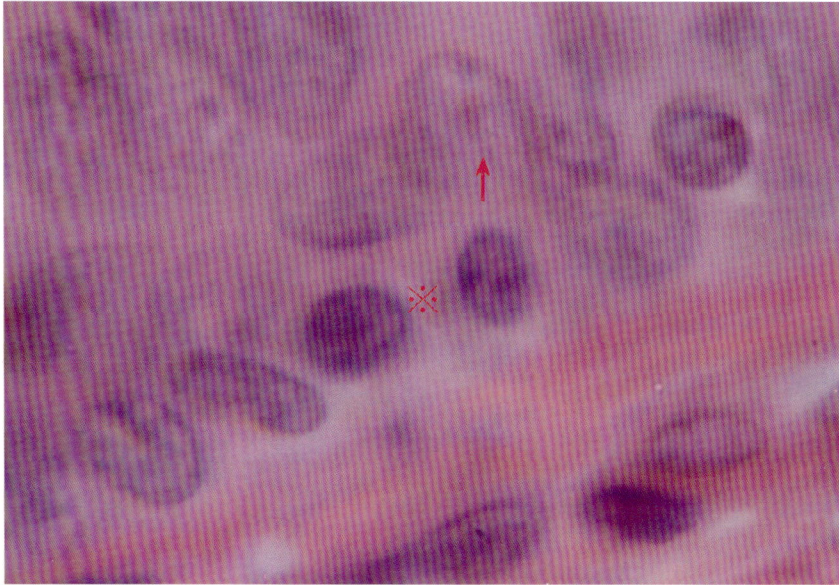

■ 图3-7　人呼吸上皮细胞系（1）

苏木素-伊红染色　×1 000

　　※示气管呼吸上皮基底层立方细胞；↑示基底层上方细胞向上迁移。

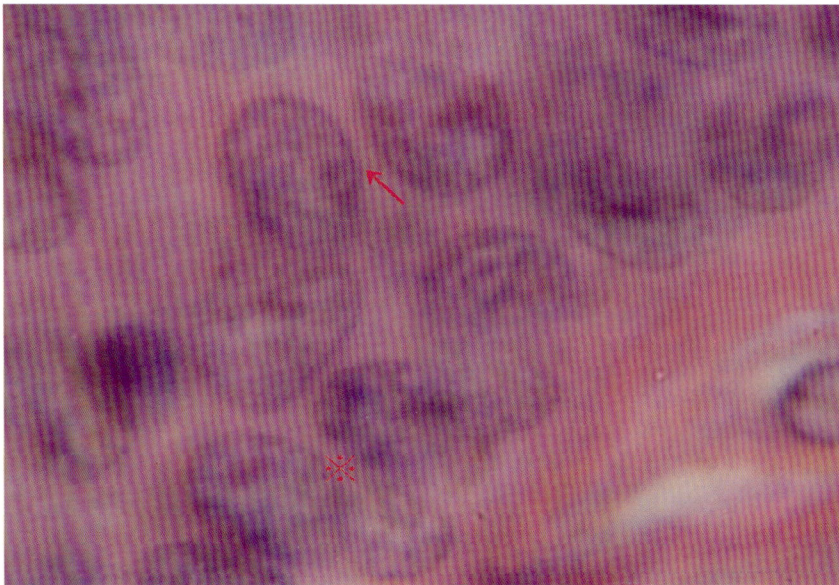

■ 图3-8　人呼吸上皮细胞系（2）

苏木素-伊红染色　×1 000

　　※示气管呼吸上皮基底层立方细胞圆形或椭圆形细胞核；↖示基底层上方细胞向上迁移。

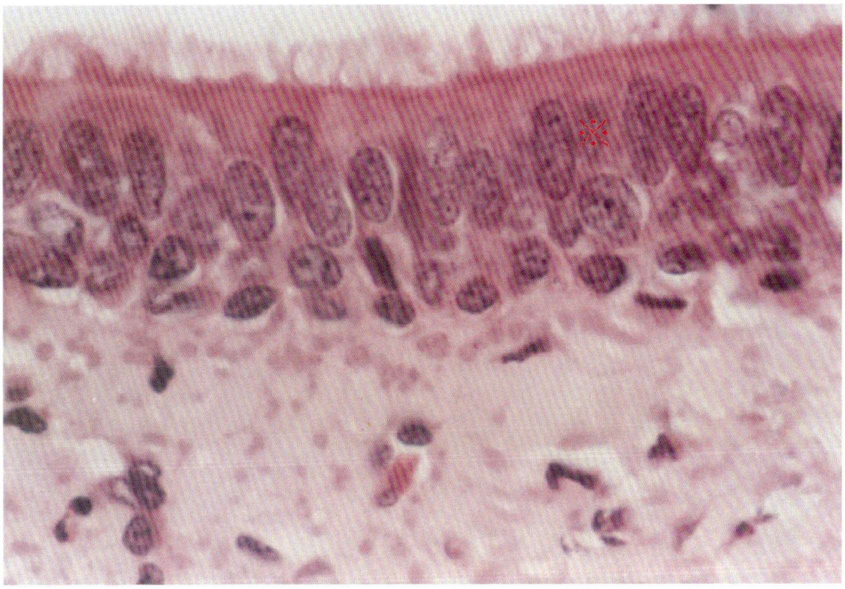

■ 图3-9　人呼吸上皮细胞系（3）
苏木素-伊红染色　×400
※示气管呼吸上皮顶层多为纤毛柱状细胞。

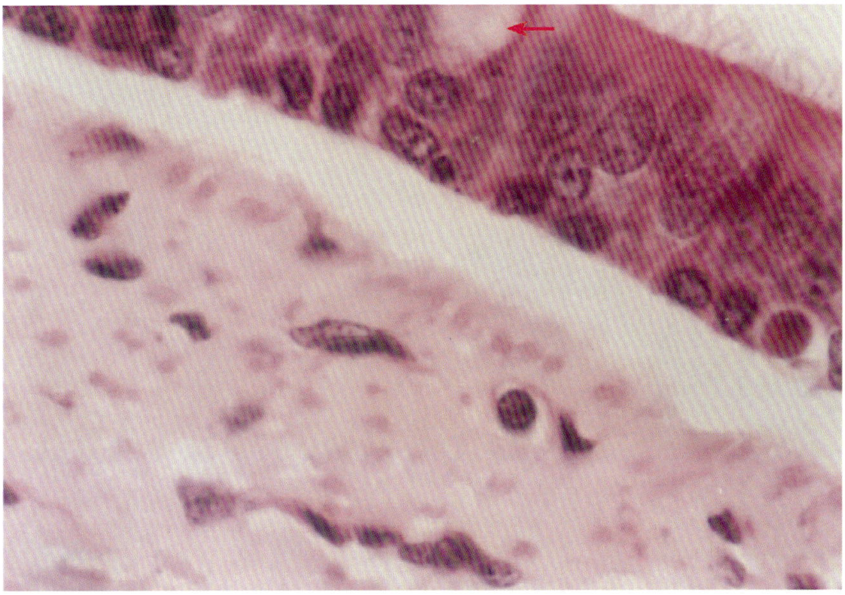

■ 图3-10　人呼吸上皮细胞系（4）
苏木素-伊红染色　×400
←示气管呼吸上皮顶层杯状细胞。

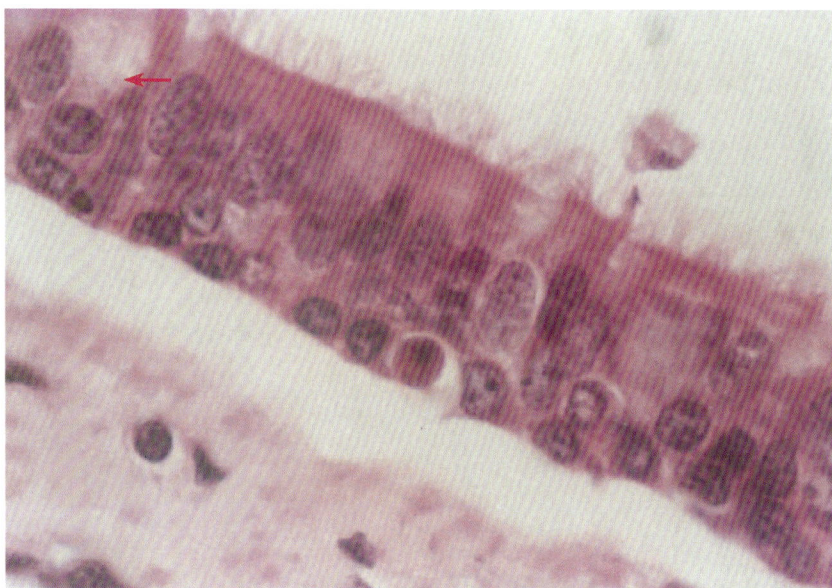

■ 图3-11　人呼吸上皮细胞系（5）

苏木素-伊红染色　×400

← 示气管呼吸上皮圆形核杯状细胞。

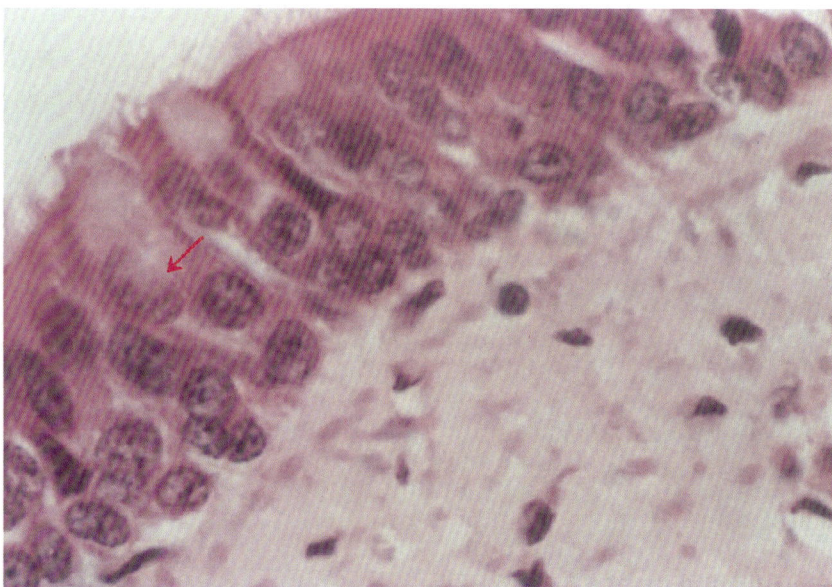

■ 图3-12　人呼吸上皮细胞系（6）

苏木素-伊红染色　×400

↙ 示气管呼吸上皮长核杯状细胞。

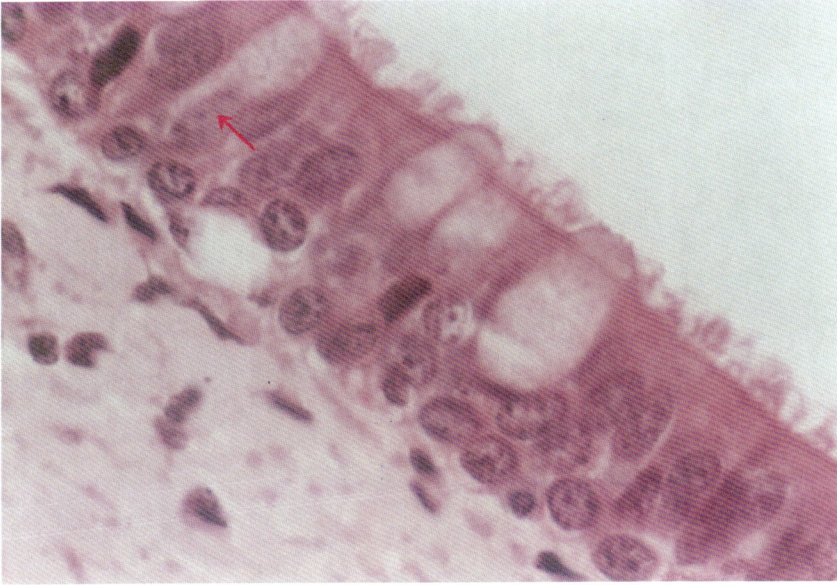

■ 图3-13 人呼吸上皮细胞系（7）
苏木素-伊红染色 ×400
↖ 示气管呼吸上皮长核杯状细胞。

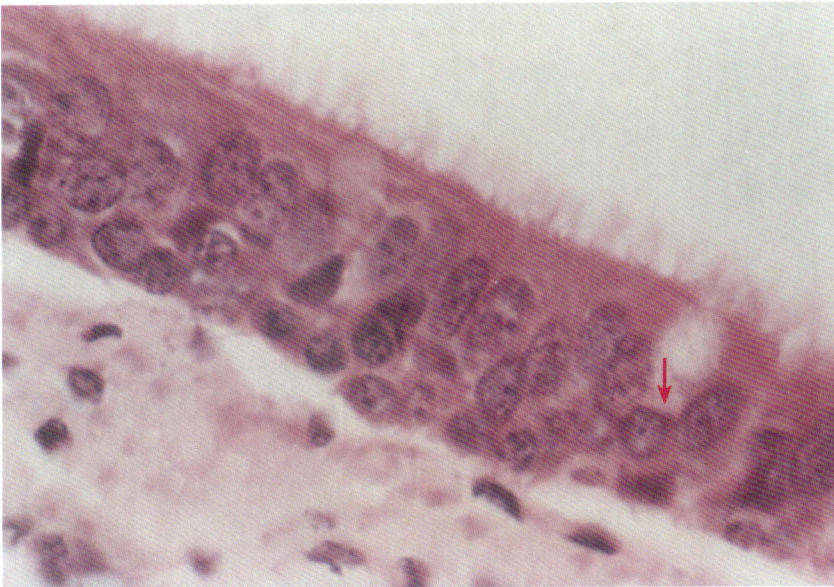

■ 图3-14 人呼吸上皮细胞系（8）
苏木素-伊红染色 ×400
↓ 示杯状细胞核上端被压平。

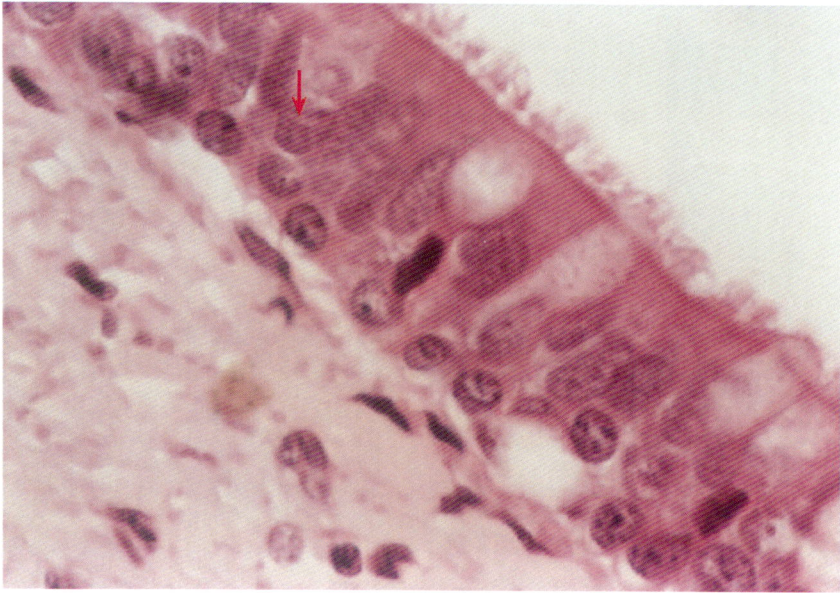

■ 图3-15　人呼吸上皮细胞系（9）

苏木素-伊红染色　×400

↓ 示杯状细胞核上端明显压痕。

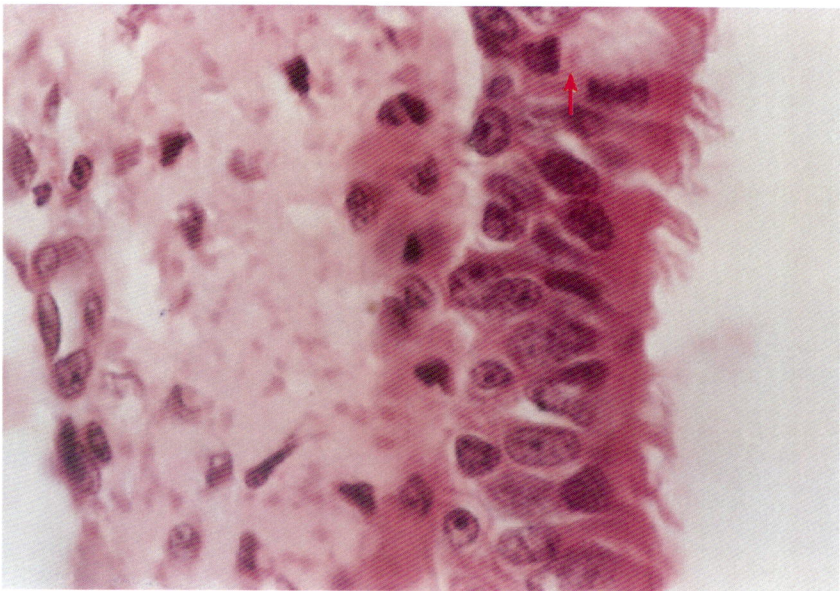

■ 图3-16　人呼吸上皮细胞系（10）

苏木素-伊红染色　×400

↑ 示呼吸上皮矮柱状核杯状细胞。

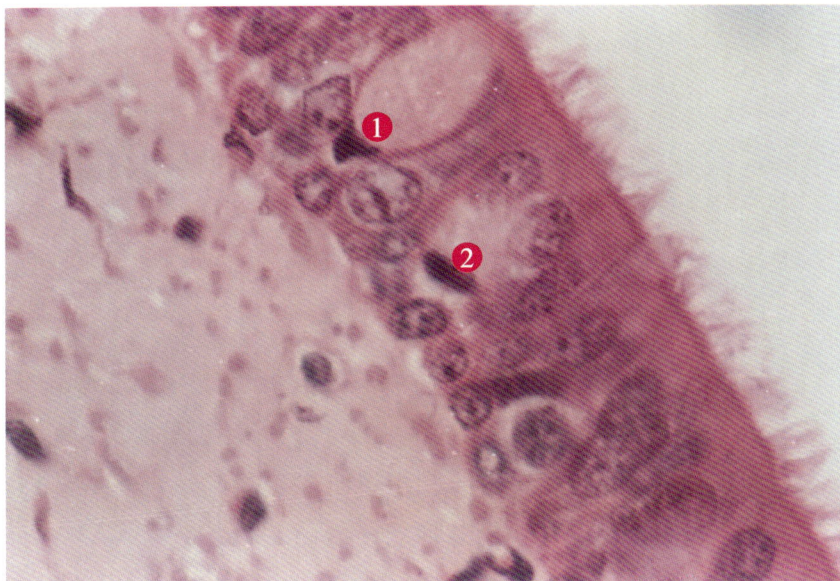

■ 图3-17　人呼吸上皮细胞系（11）

苏木素-伊红染色　×400

❶示固缩的梯形核杯状细胞；❷示固缩横椭圆形核的杯状细胞。

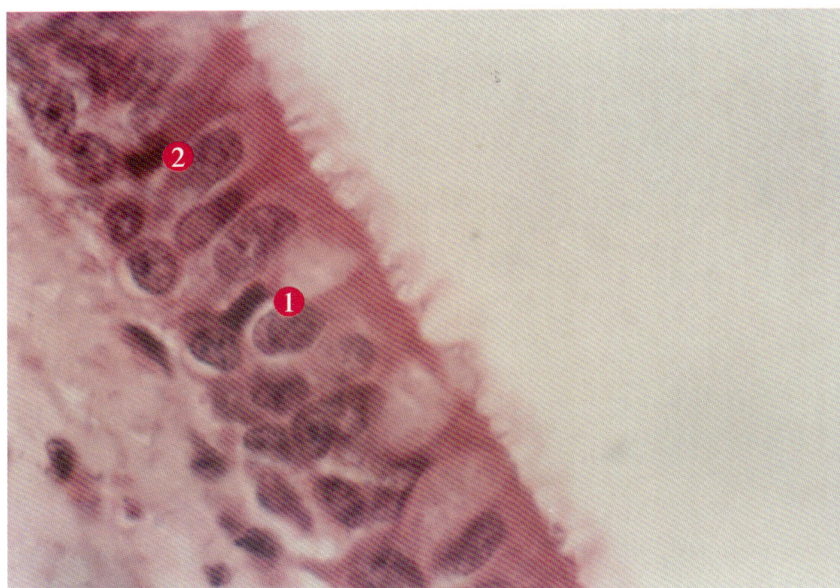

■ 图3-18　人呼吸上皮细胞系（12）

苏木素-伊红染色　×400

❶示固缩的杯状细胞核；❷示残留固缩的杯状细胞核。

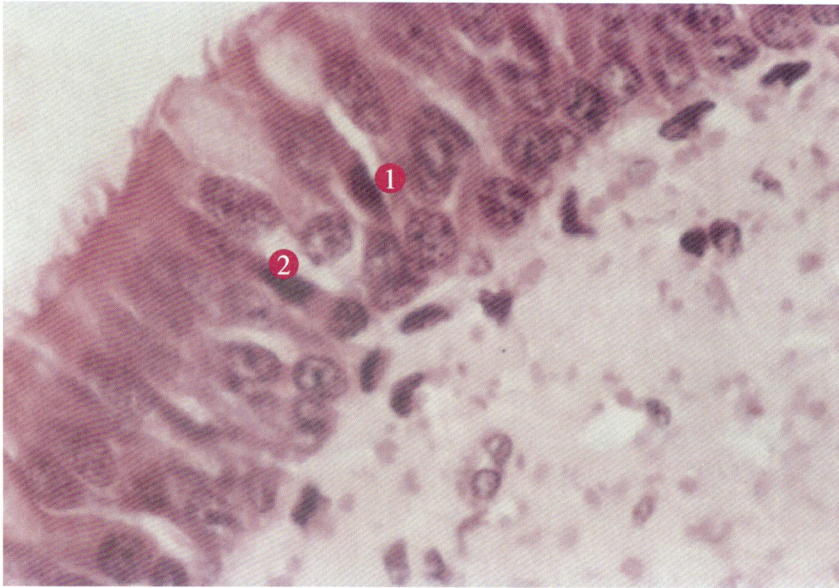

■ 图3-19　人呼吸上皮细胞系（13）

苏木素–伊红染色　×400

❶示固缩的杯状细胞核；❷示残留固缩的杯状细胞核。

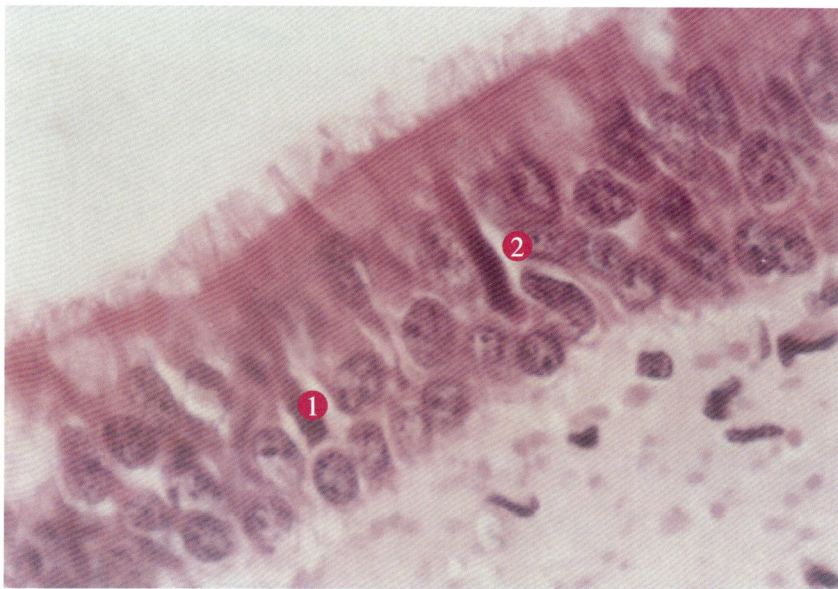

■ 图3-20　人呼吸上皮细胞系（14）

苏木素–伊红染色　×400

❶和❷示残留固缩的杯状细胞核。

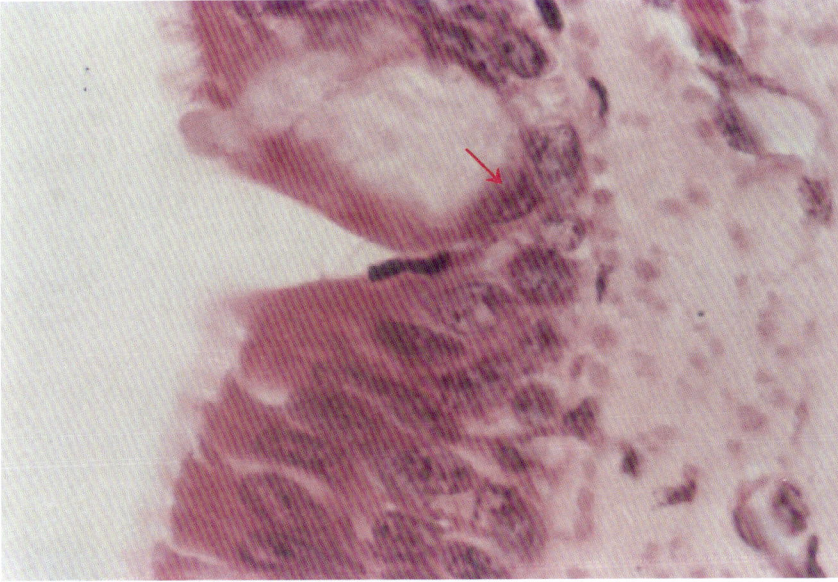

■ 图3-21　人呼吸上皮细胞系（15）

苏木素-伊红染色　×400

↙ 示呼吸上皮月牙形核杯状细胞。

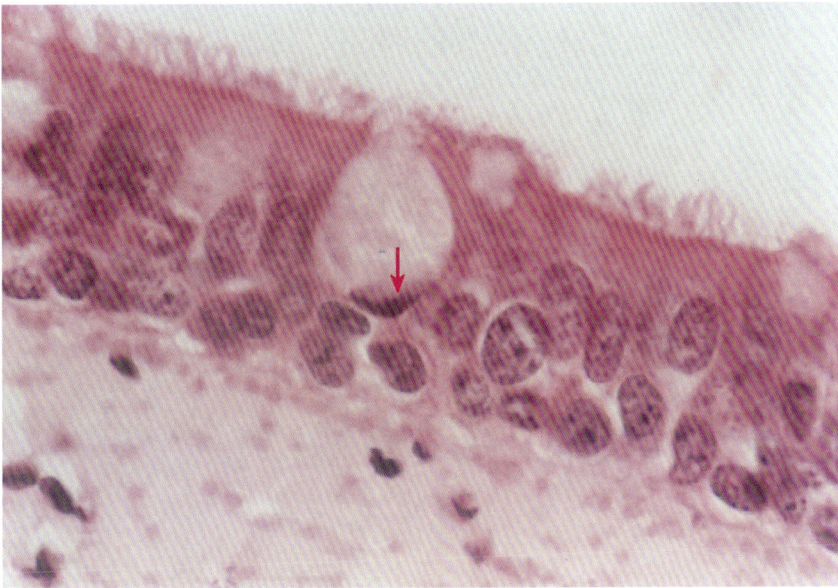

■ 图3-22　人呼吸上皮细胞系（16）

苏木素-伊红染色　×400

↓ 示固缩月牙形核杯状细胞。

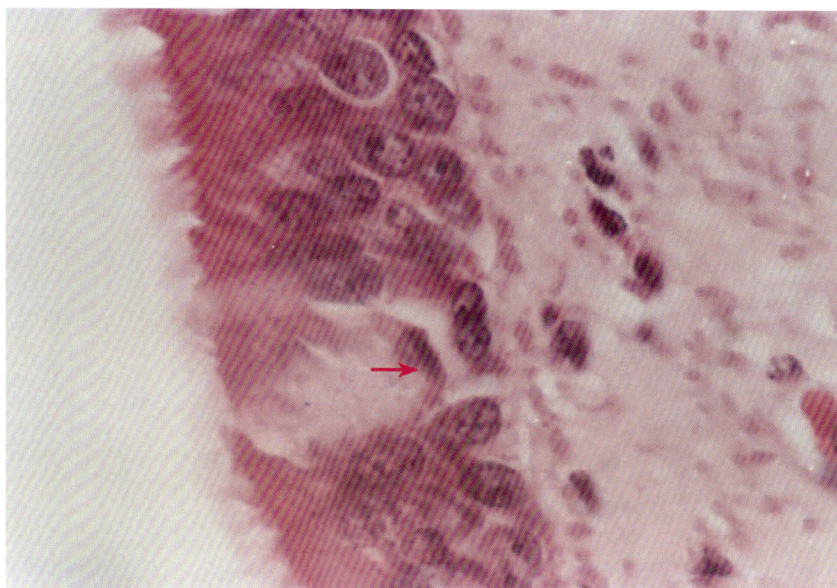

■ 图3-23　人呼吸上皮细胞系（17）

苏木素-伊红染色　×400

➡️ 示开始消溶的杯状细胞月牙形固缩核。

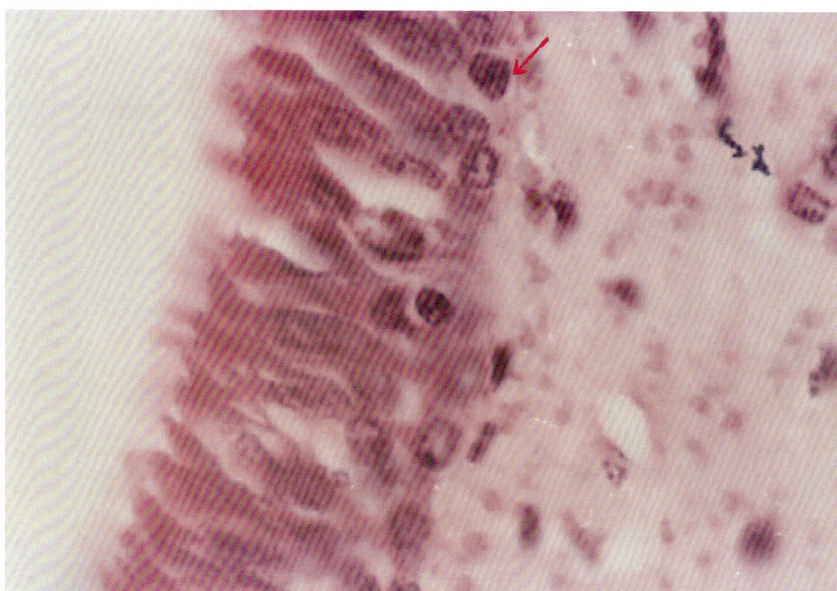

■ 图3-24　人呼吸上皮细胞系（18）

苏木素-伊红染色　×400

↙️ 示进入呼吸上皮基底层的干细胞。

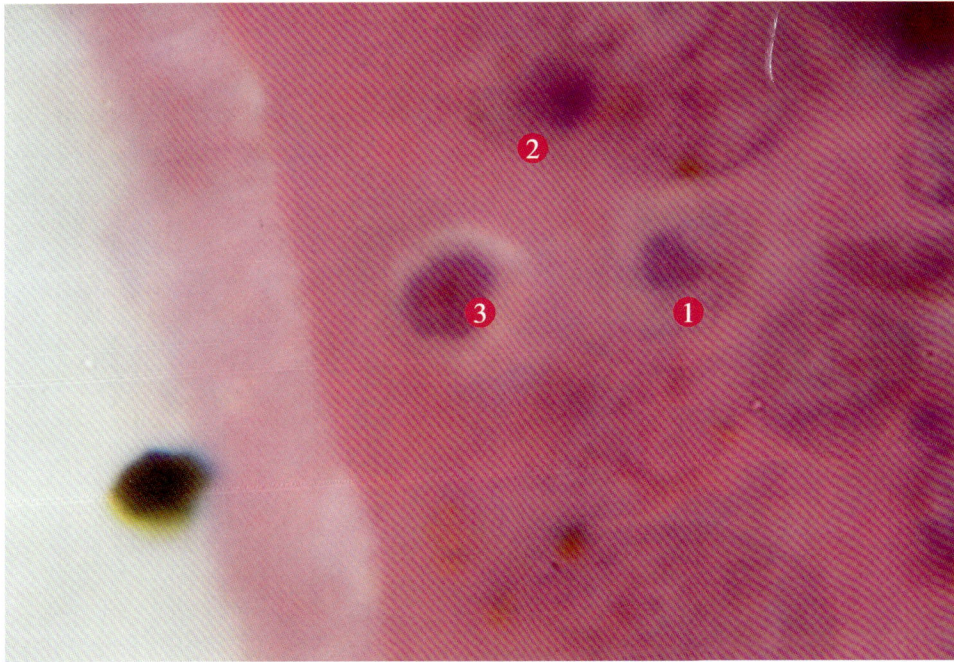

■ 图3-25 人呼吸上皮细胞系（19）

苏木素–伊红染色 ×1 000

❶、❷和❸示到达呼吸上皮顶层演化程度不同的干细胞。

（二）呼吸上皮细胞直接分裂

气管呼吸上皮细胞直接分裂多见横隔式（图3-26～图3-28），也可见斜隔式（图3-29）和纵隔式（图3-30）。呼吸上皮内偶见多隔式直接分裂形成的细胞克隆（图3-31）。

81

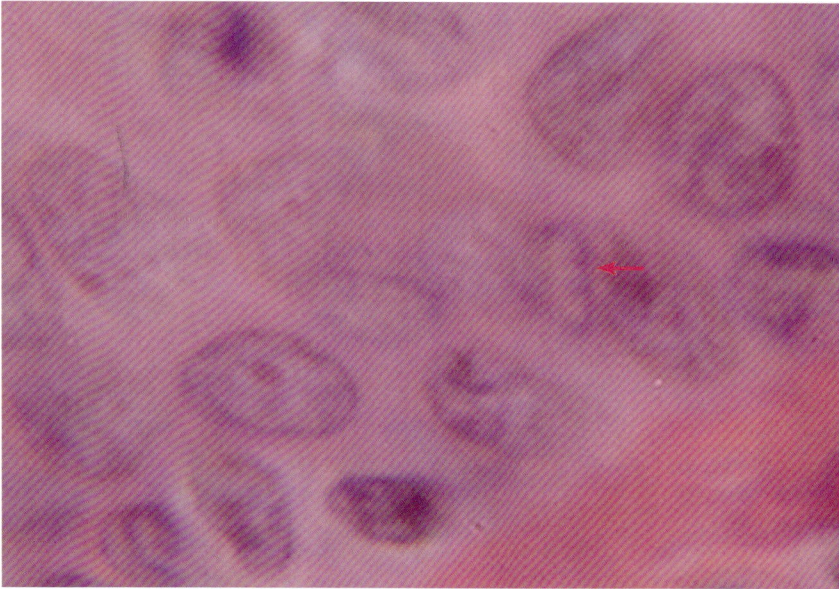

图3-26 人呼吸上皮细胞直接分裂（1）

苏木素-伊红染色 ×1 000

← 示横隔式直接分裂。

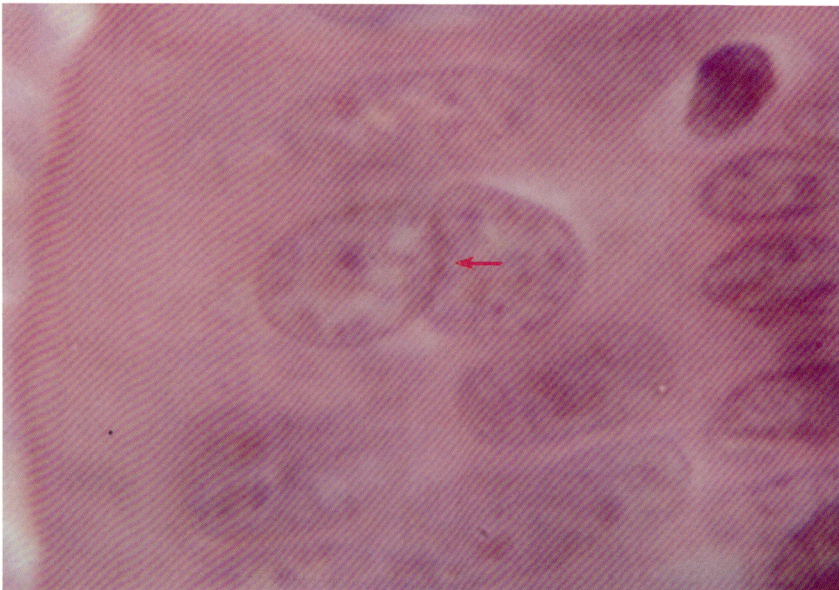

图3-27 人呼吸上皮细胞直接分裂（2）

苏木素-伊红染色 ×1 000

← 示横隔式直接分裂。

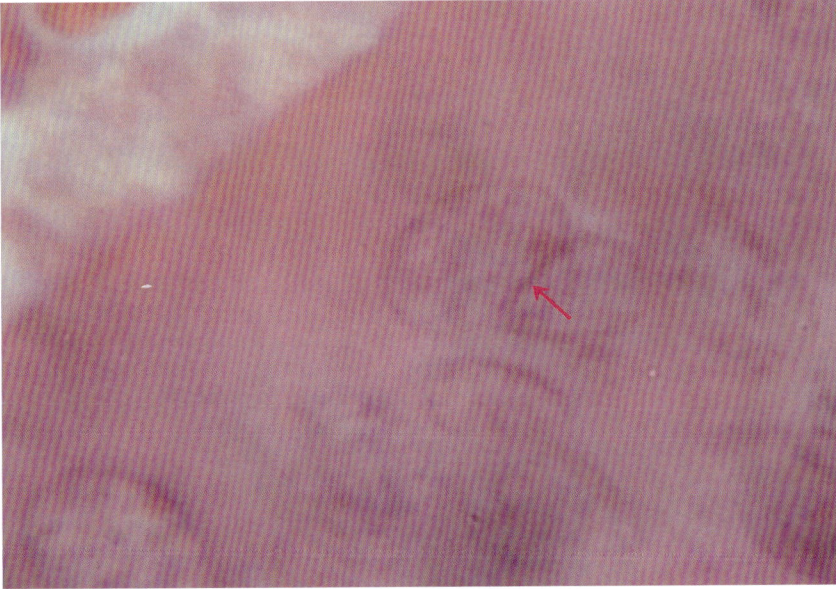

■ 图3-28　人呼吸上皮细胞直接分裂（3）
　　苏木素–伊红染色　×1 000
　　↖ 示横隔式直接分裂。

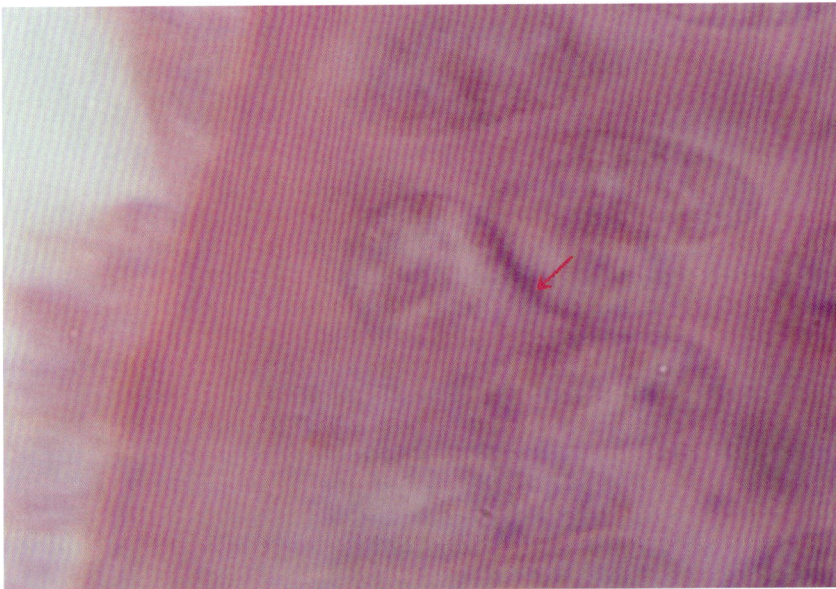

■ 图3-29　人呼吸上皮细胞直接分裂（4）
　　苏木素–伊红染色　×1 000
　　↙ 示斜隔式直接分裂。

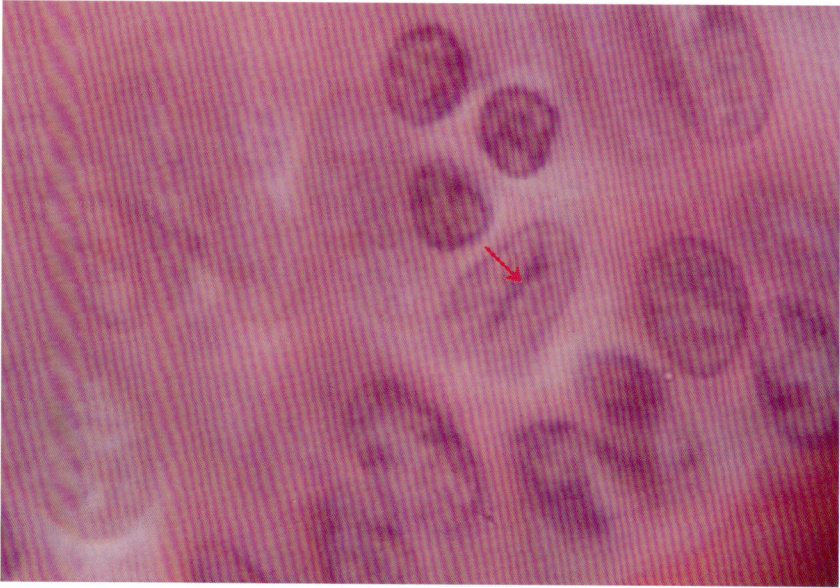

■ 图3-30　人呼吸上皮细胞直接分裂（5）
苏木素－伊红染色　×1 000
↘ 示纵隔式直接分裂。

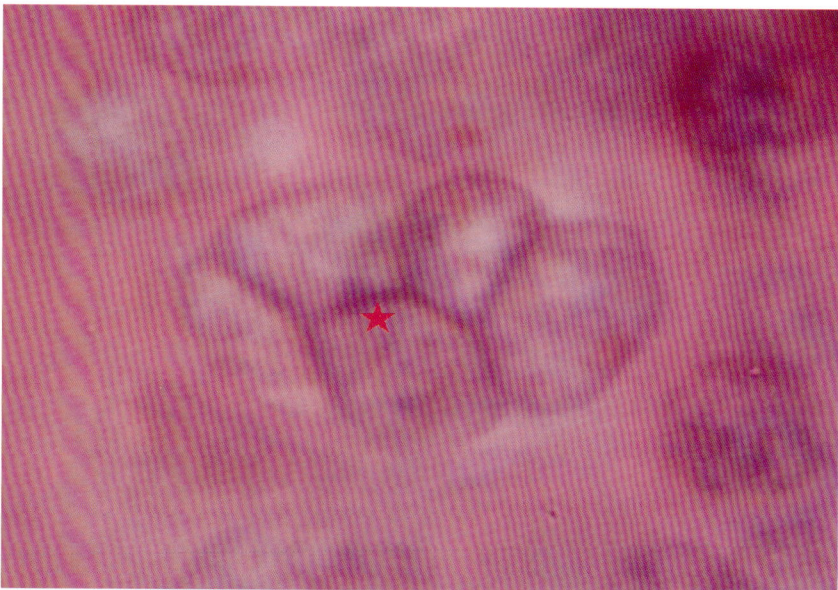

■ 图3-31　人呼吸上皮细胞直接分裂（6）
苏木素－伊红染色　×1 000
★ 示上皮内多隔式直接分裂形成的细胞克隆。

（三）呼吸上皮细胞的演化来源

1. 小白鼠呼吸上皮细胞演化来源　小白鼠呼吸上皮来源于间质干细胞。小白鼠呼吸上皮基膜不明显，间质干细胞由卧姿转为立姿，直接参入上皮基底层（图3-32、图3-33），有时可见流向上皮基底层的间质干细胞流线（图3-34）。

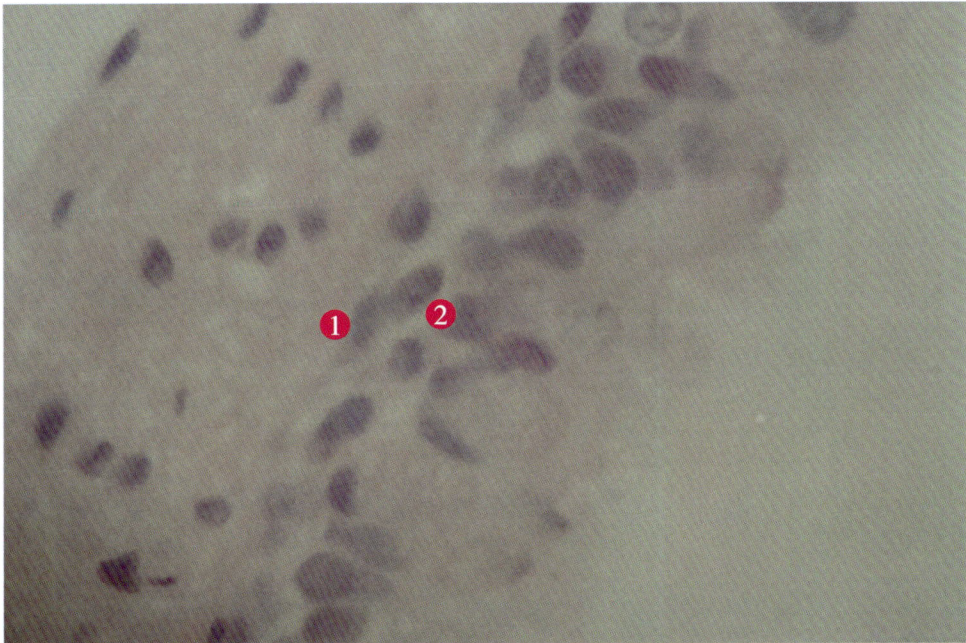

■ 图3-32　小白鼠间质干细胞-呼吸上皮细胞演化系（1）
苏木素-伊红染色　×400
❶示卧姿间质干细胞；❷示转位中的上皮干细胞。

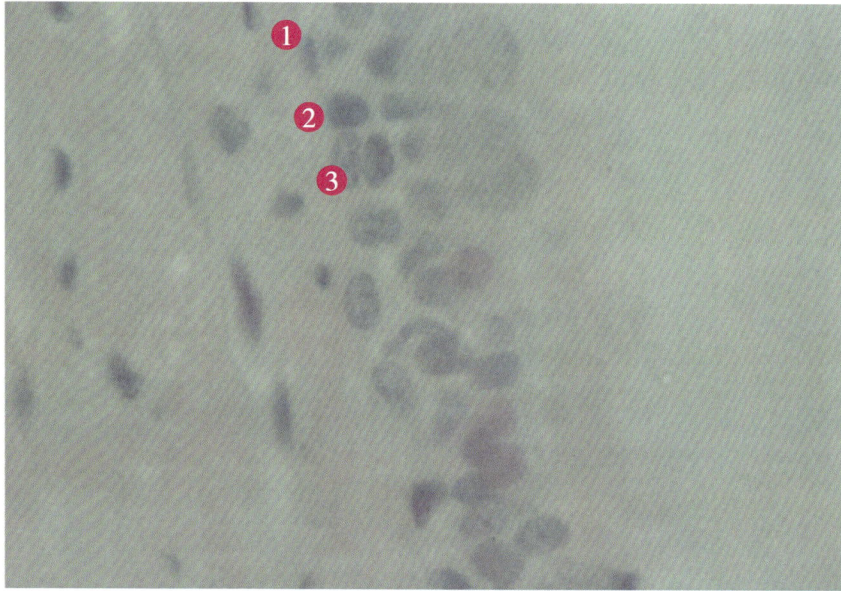

■ **图3-33　小白鼠间质干细胞-呼吸上皮细胞演化系（2）**

苏木素-伊红染色　×400

❶示卧姿间质干细胞；❷示立姿基底层上皮细胞；❸示卧姿基底层上皮细胞。

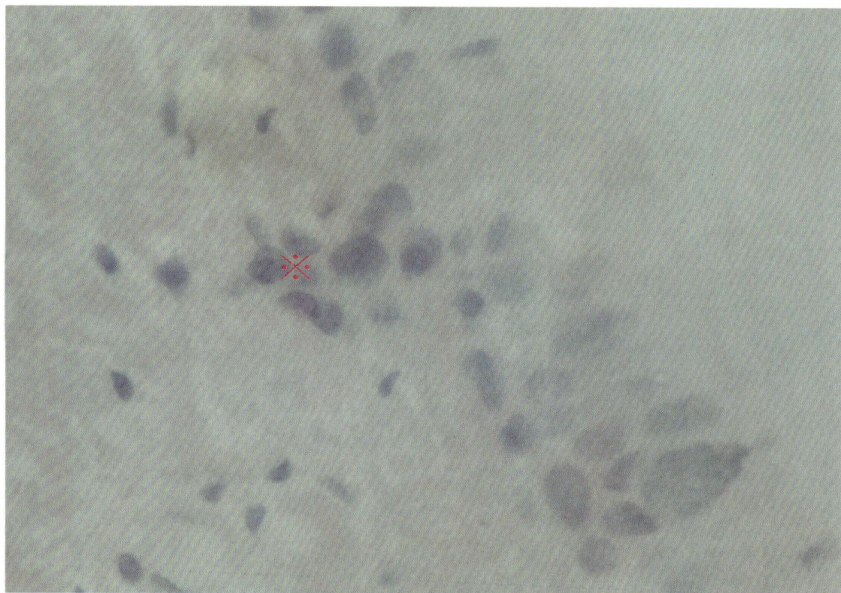

■ **图3-34　小白鼠间质干细胞-呼吸上皮细胞演化系（3）**

苏木素-伊红染色　×400

※示向上迁移的间质干细胞簇。

2. 豚鼠呼吸上皮细胞演化来源 豚鼠呼吸上皮细胞也来源于间质干细胞，豚鼠呼吸上皮基膜也较薄弱，间质干细胞较易进入上皮基底层（图3-35、图3-36），有的黏膜皱襞处上皮基膜缺如，间质干细胞更易参入上皮基底层（图3-37），也可成群跨越基膜进入上皮基底层（图3-38～图3-40）。

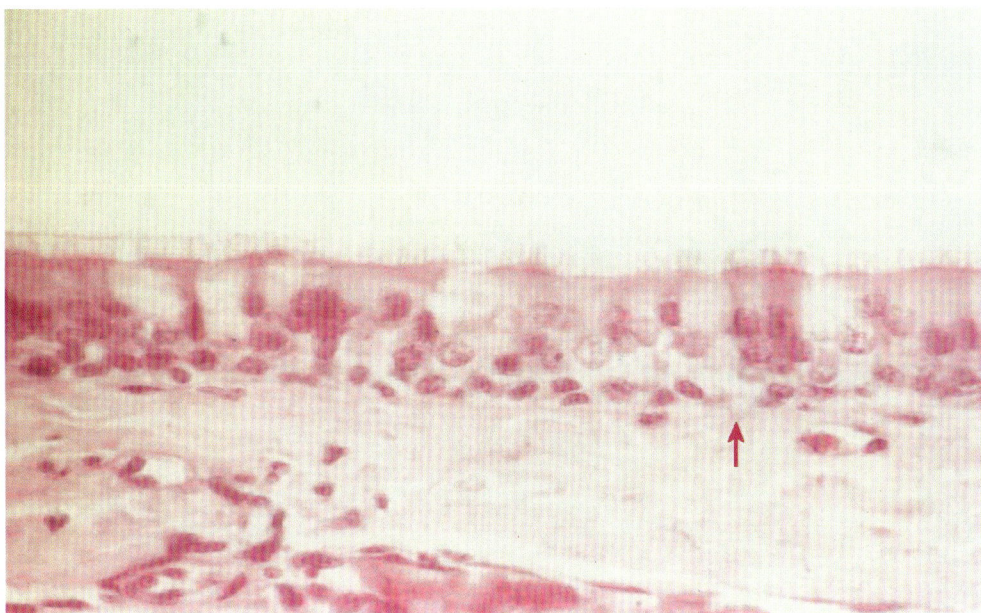

■ **图3-35 豚鼠间质干细胞–呼吸上皮细胞演化系（1）**
苏木素–伊红染色   ×200
↑示间质干细胞与上皮基底层细胞之间基膜不明显。

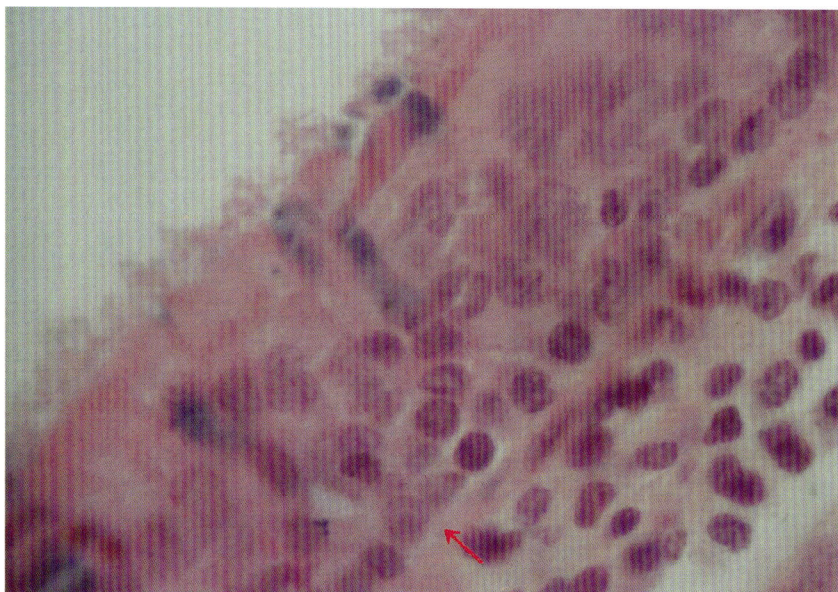

■ **图3-36 豚鼠间质干细胞-呼吸上皮细胞演化系（2）**
苏木素-伊红染色 ×400
示上皮基膜薄弱处。

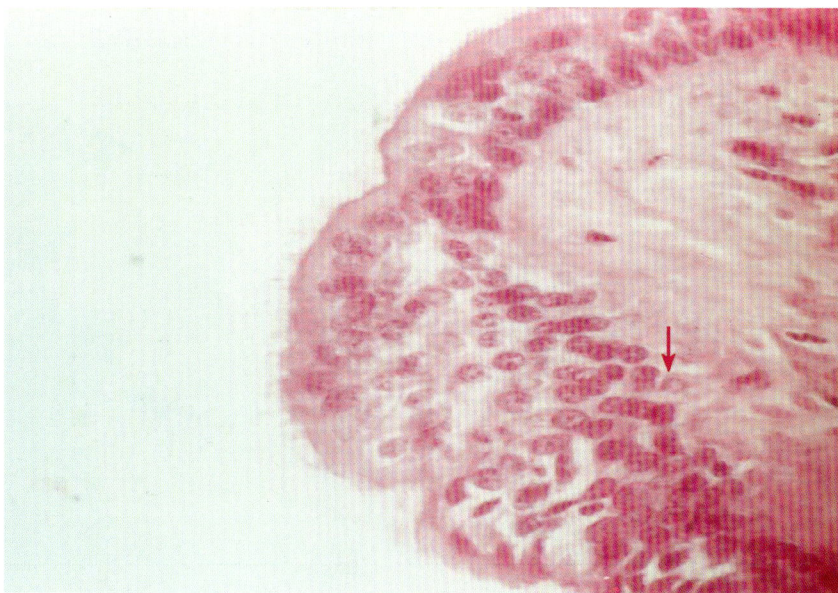

■ **图3-37 豚鼠间质干细胞-呼吸上皮细胞演化系（3）**
苏木素-伊红染色 ×200
示黏膜皱襞呼吸上皮基底层细胞与间质干细胞之间无明显基膜存在。

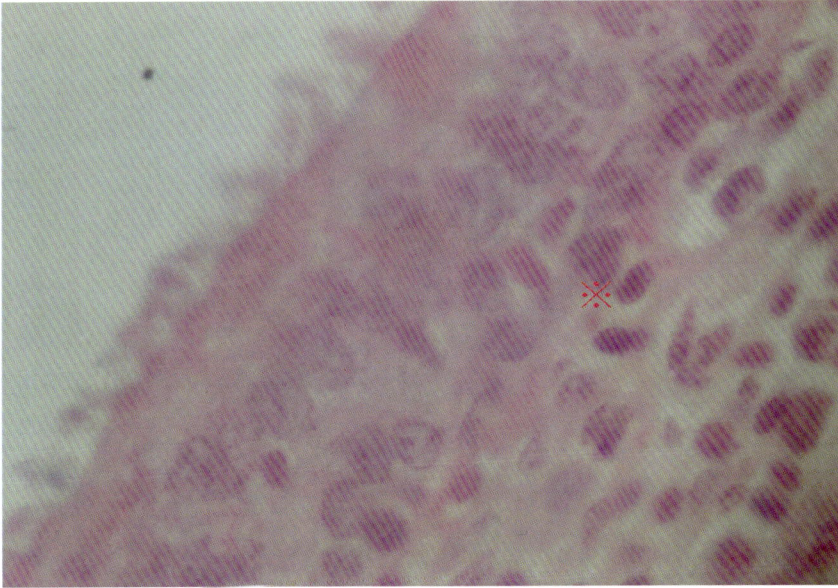

■ 图3-38　豚鼠间质干细胞–呼吸上皮细胞演化系（4）

苏木素–伊红染色　×400

※示跨基膜干细胞群。

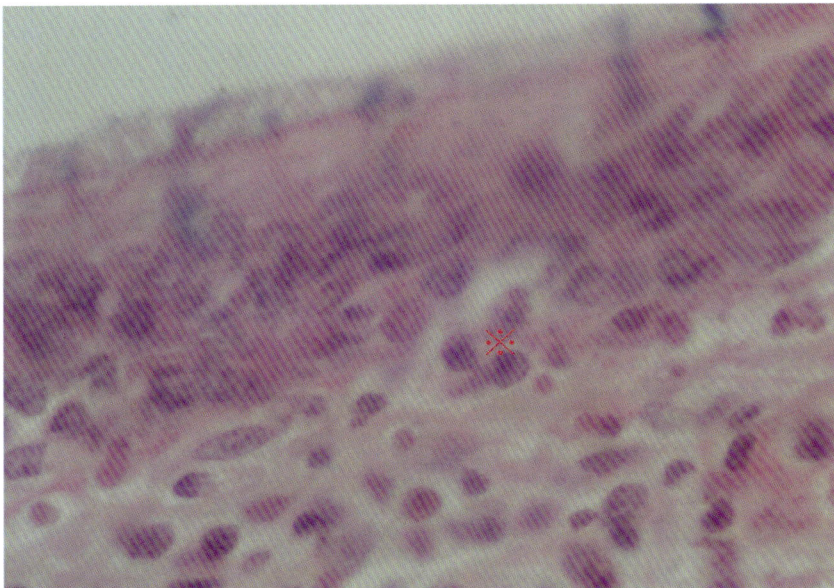

■ 图3-39　豚鼠间质干细胞–呼吸上皮细胞演化系（5）

苏木素–伊红染色　×400

※示跨基膜干细胞群。

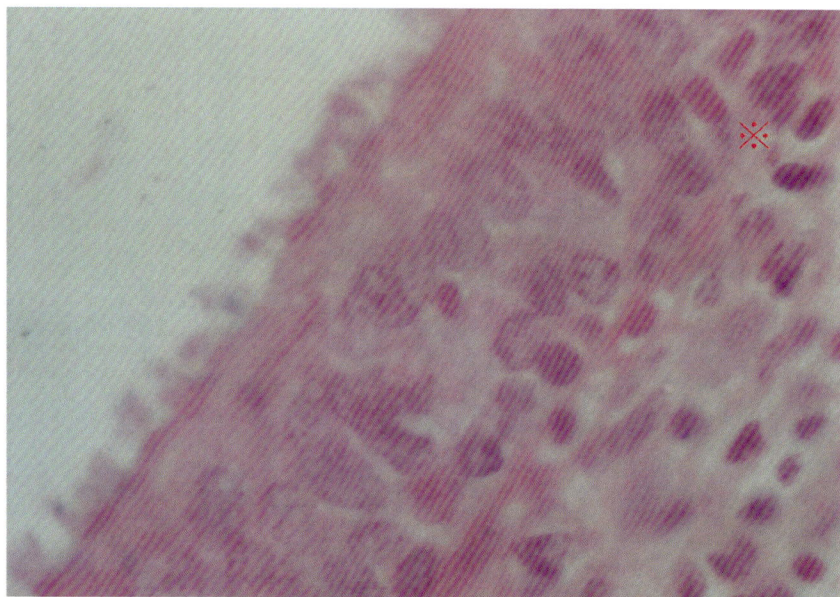

■ 图3-40 豚鼠间质干细胞-呼吸上皮细胞演化系（6）

苏木素-伊红染色　×400

※示跨基膜干细胞群。

3．人呼吸上皮细胞演化来源　人呼吸上皮细胞演化来源有间质源干细胞和淋巴源干细胞，与神经源干细胞也有密切关系。

（1）间质源干细胞-呼吸上皮细胞演化　人呼吸上皮基膜普遍较厚（图3-41），但也有较薄弱处（图3-42），间质干细胞可单个穿过基膜缺口，参入上皮基底层（图3-43、图3-44），也可见间质干细胞流序贯穿过基膜缺口（图3-45）或成排穿越基膜（图3-46），进入上皮基底层。人呼吸上皮基膜下间质干细胞也可成群上皮化，原有基膜逐渐溶解，成群并入上皮层，后在其外侧生成新的基膜（图3-47、图3-48）。

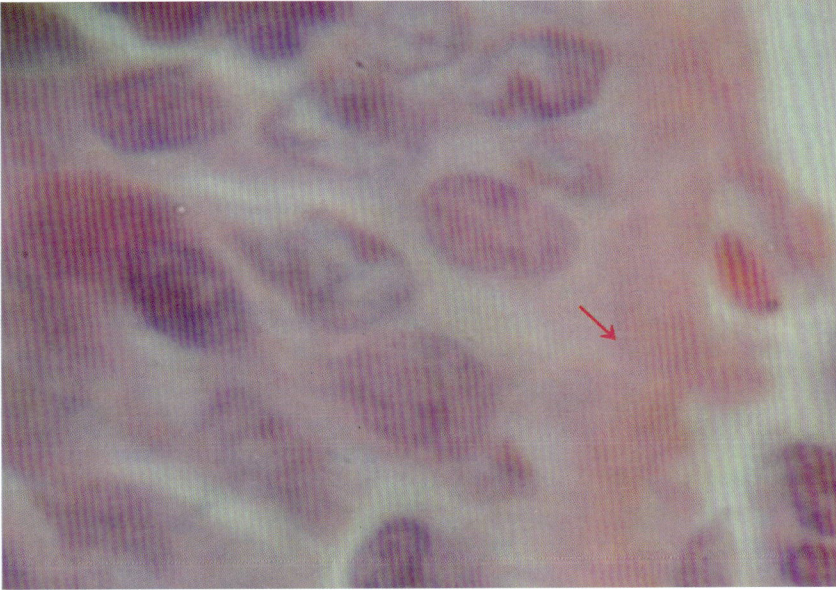

■ 图3-41　人呼吸上皮基膜（1）
苏木素-伊红染色　×1 000
示人呼吸上皮厚基膜。

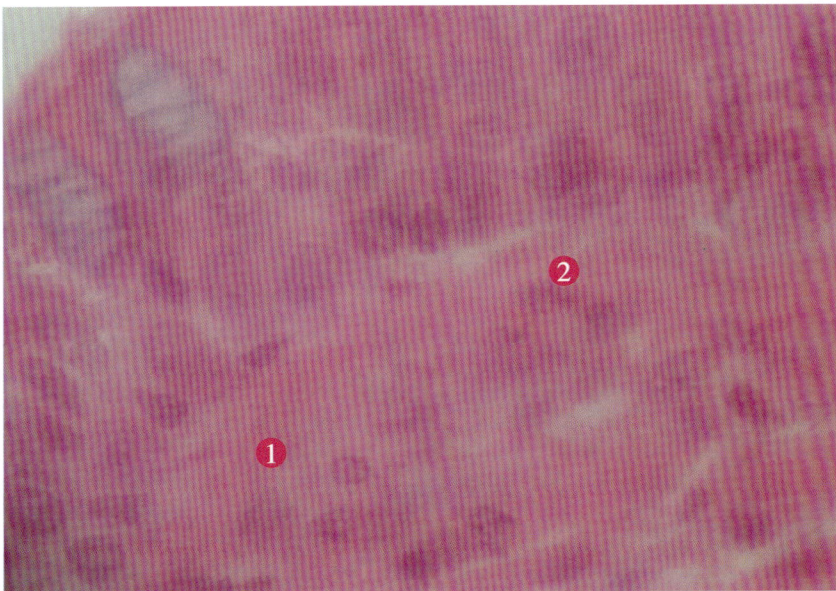

■ 图3-42　人呼吸上皮基膜（2）
苏木素-伊红染色　×400
❶示厚基膜；❷示基膜薄弱处。

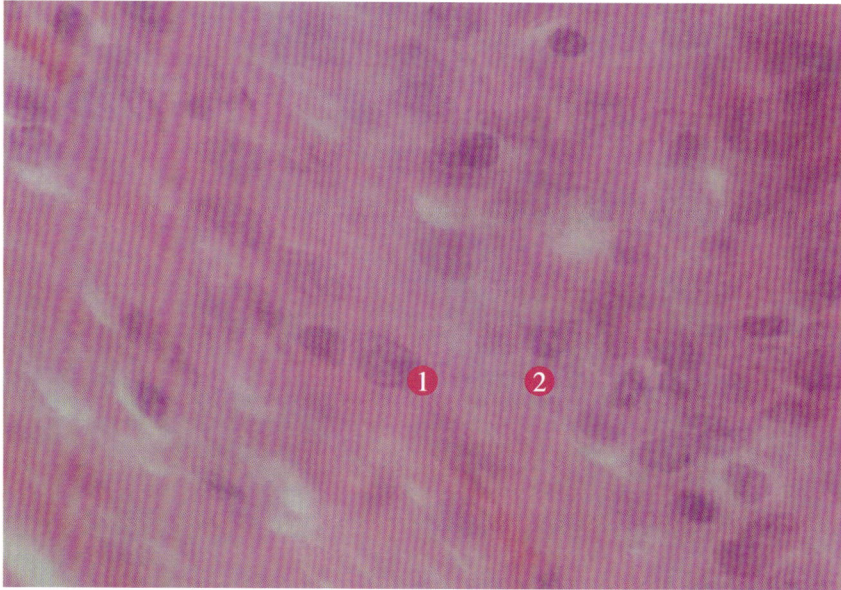

■ 图3-43　人间质干细胞-呼吸上皮细胞演化系（1）

苏木素-伊红染色　×400

❶示将穿过基膜缺口的间质干细胞；**❷**示将参入基底膜的干细胞。

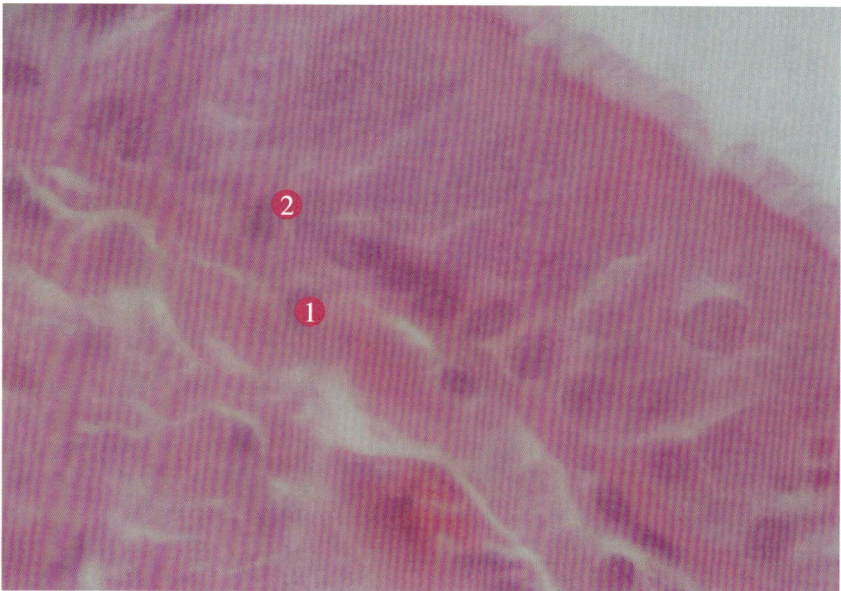

■ 图3-44　人间质干细胞-呼吸上皮细胞演化系（2）

苏木素-伊红染色　×400

❶示将穿过基膜缺口的间质干细胞；**❷**示已穿过基膜缺口的干细胞。

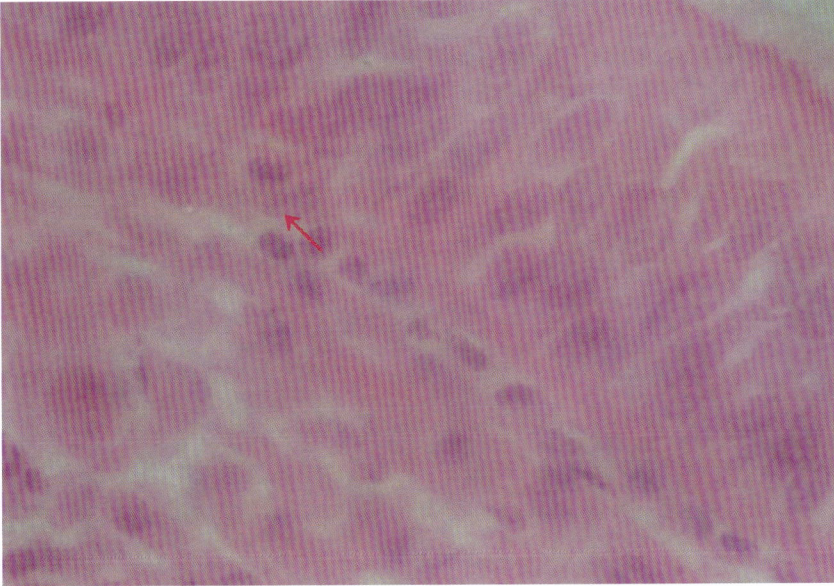

■ 图3-45　人间质干细胞–呼吸上皮细胞演化系（3）

苏木素–伊红染色　×400

示序贯穿越基膜缺口的间质干细胞流。

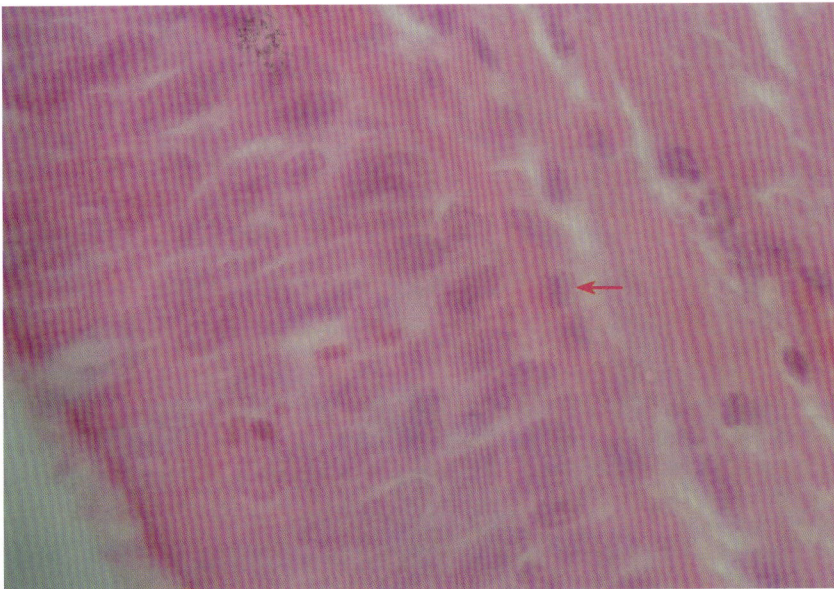

■ 图3-46　人间质干细胞–呼吸上皮细胞演化系（4）

苏木素–伊红染色　×400

示即将穿过基膜的一排间质干细胞。

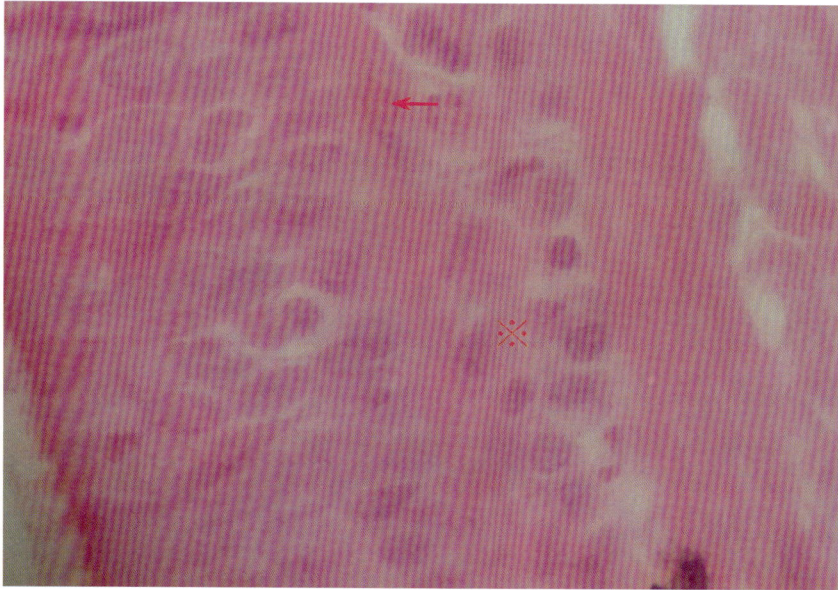

■ 图3-47 人间质干细胞-呼吸上皮细胞演化系（5）

苏木素-伊红染色 ×400

← 示即将穿过基膜的几个间质干细胞；※ 示上皮化的间质干细胞群。

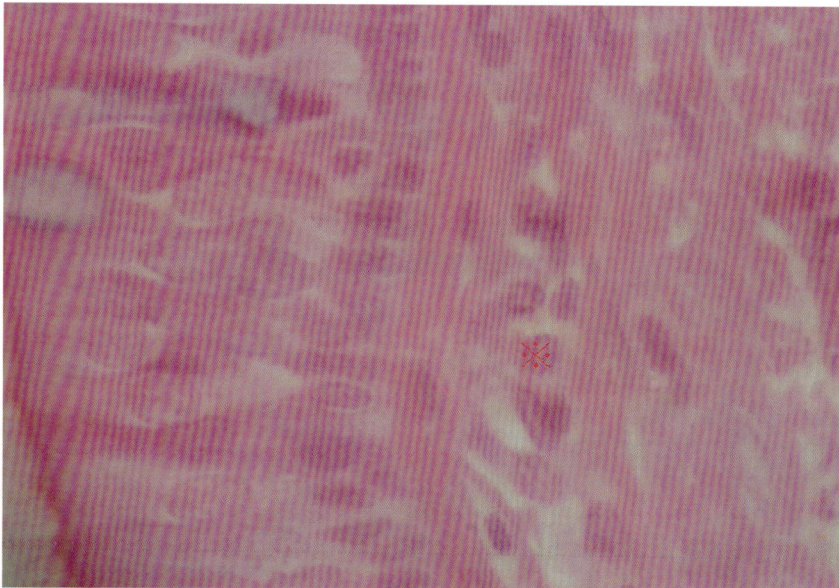

■ 图3-48 人间质干细胞-呼吸上皮细胞演化系（6）

苏木素-伊红染色 ×400

※ 示上皮化的间质干细胞群。

（2）淋巴源干细胞–呼吸上皮细胞演化　有时人的呼吸上皮附近可见淋巴滤泡（图3–49），淋巴源干细胞可弥散到上皮下（图3–50），淋巴源干细胞可移动并整合入上皮基底层（图3–51、图3–52）。

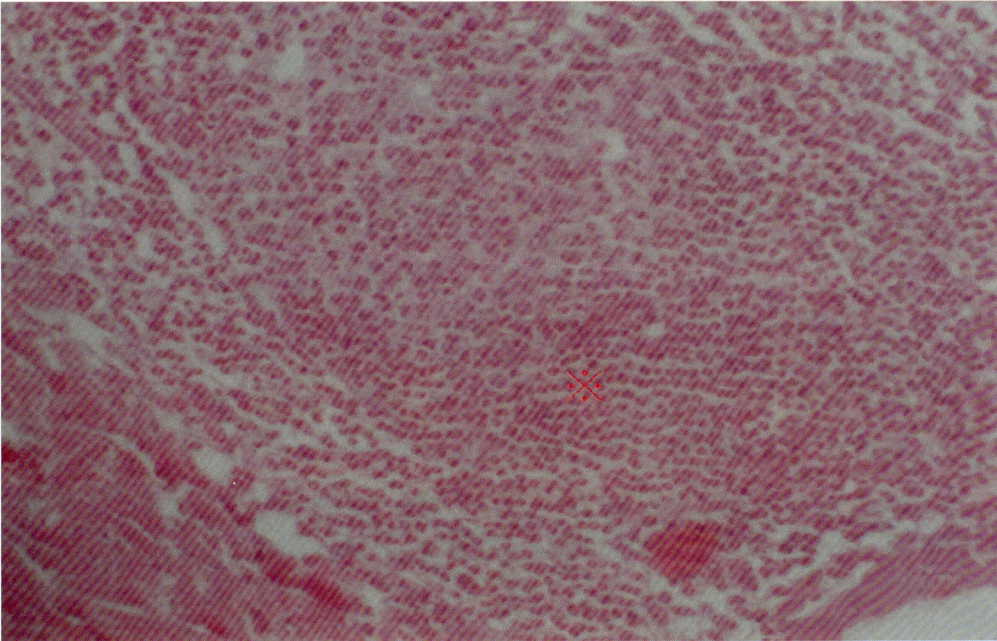

■ 图3–49　人淋巴源干细胞–呼吸上皮细胞演化系（1）

苏木素–伊红染色　×100

※示上皮周围淋巴滤泡。

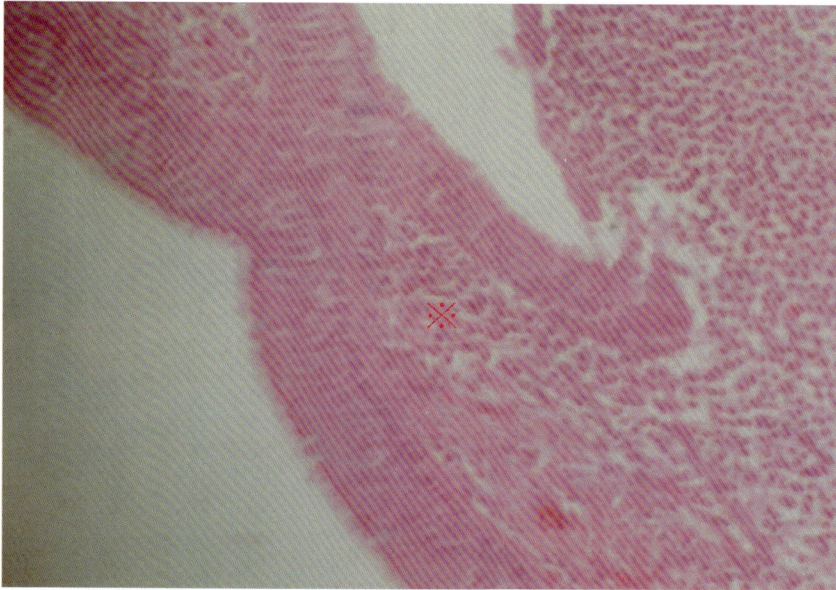

■ 图3-50　人淋巴源干细胞-呼吸上皮细胞演化系（2）
苏木素-伊红染色　×100
※示上皮下淋巴细胞群。

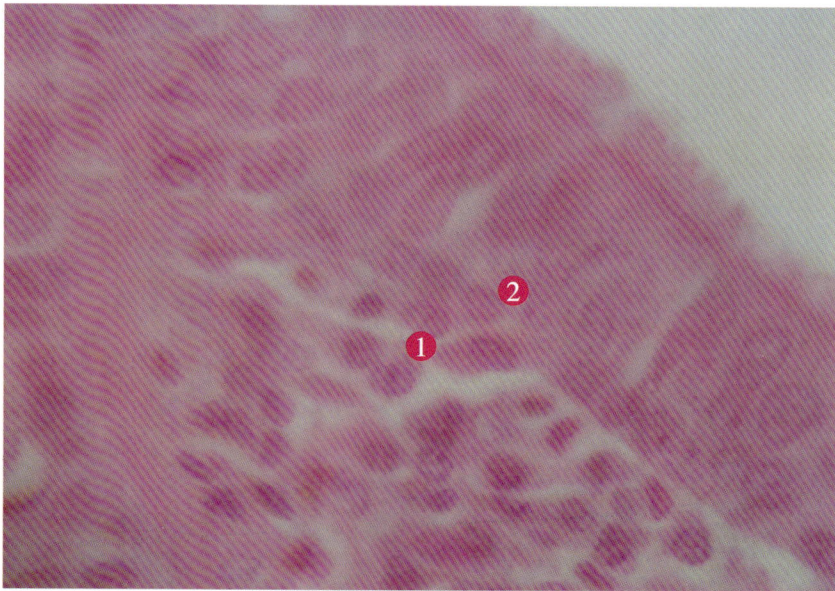

■ 图3-51　人淋巴源干细胞-呼吸上皮细胞演化系（3）
苏木素-伊红染色　×400
❶示淋巴源干细胞；❷示呼吸上皮基底层细胞。

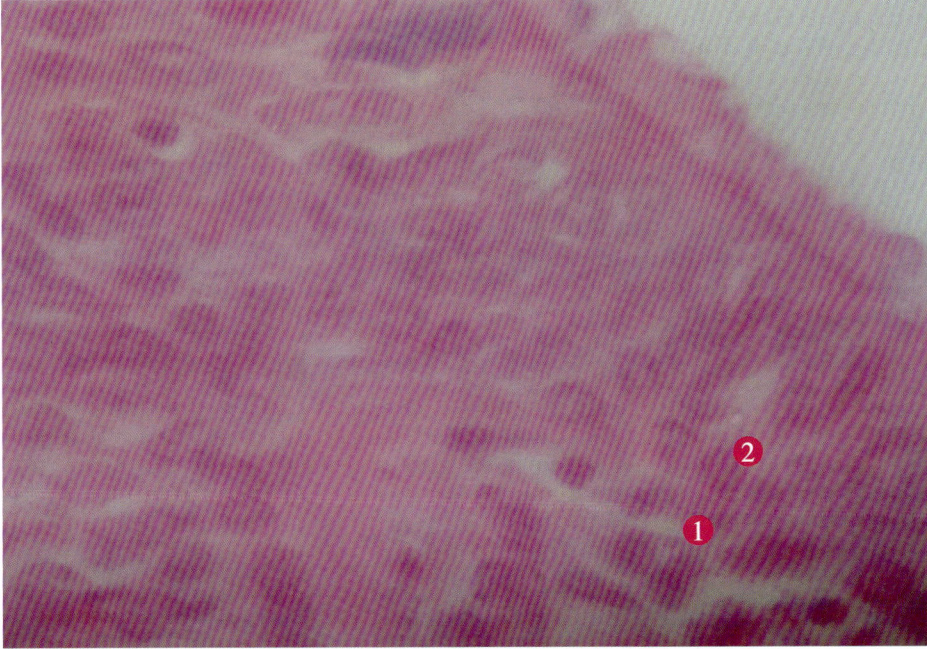

■ 图3-52 人淋巴源干细胞-呼吸上皮细胞演化系（4）

苏木素-伊红染色 ×400

❶示淋巴源干细胞；❷示呼吸上皮基底层细胞。

（3）神经源干细胞演化 人气管黏膜下层常见小神经束（图3-53），小神经束可整体嬗变形成其他结构（图3-54），神经束细胞也可离散生成间质干细胞（图3-55、图3-56）。

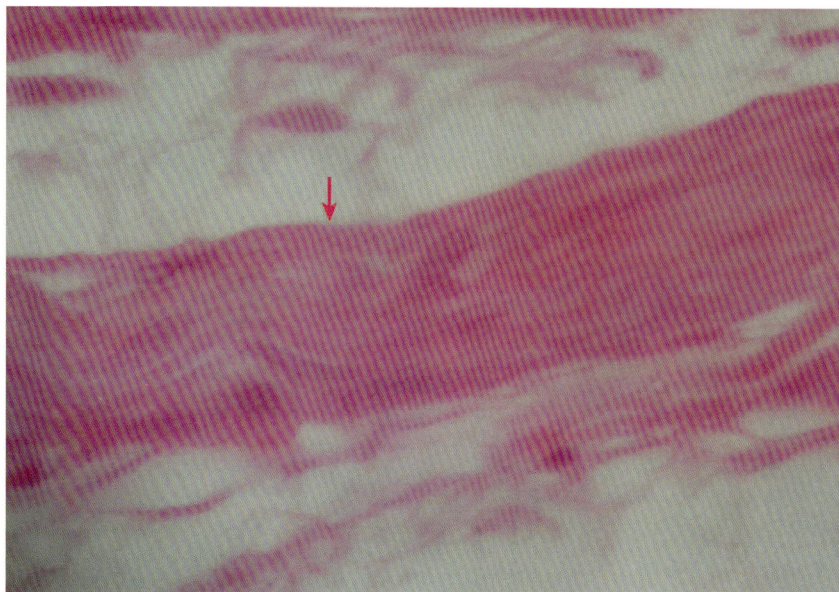

■ 图3-53 人气管壁神经束（1）
苏木素-伊红染色   ×400
↓ 示呼吸上皮下初始态神经束。

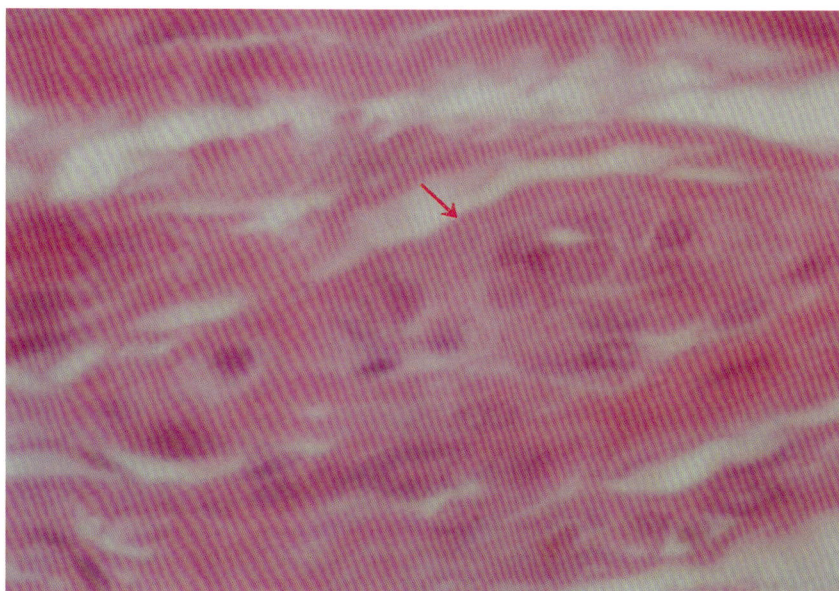

■ 图3-54 人气管壁神经束（2）
苏木素-伊红染色   ×400
↗ 示呼吸上皮下演化的神经束。

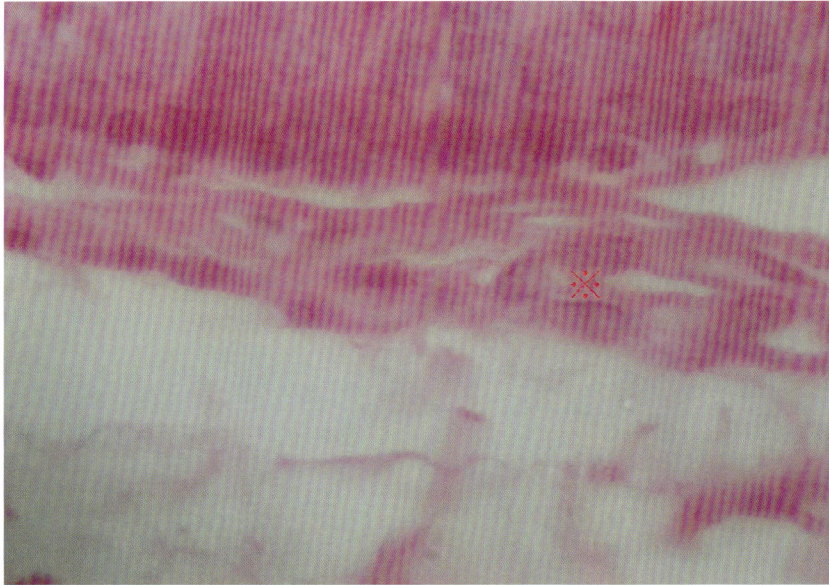

■ 图3-55　人气管神经源干细胞演化（1）
苏木素–伊红染色　×400
※示神经束细胞演化形成的间质干细胞群。

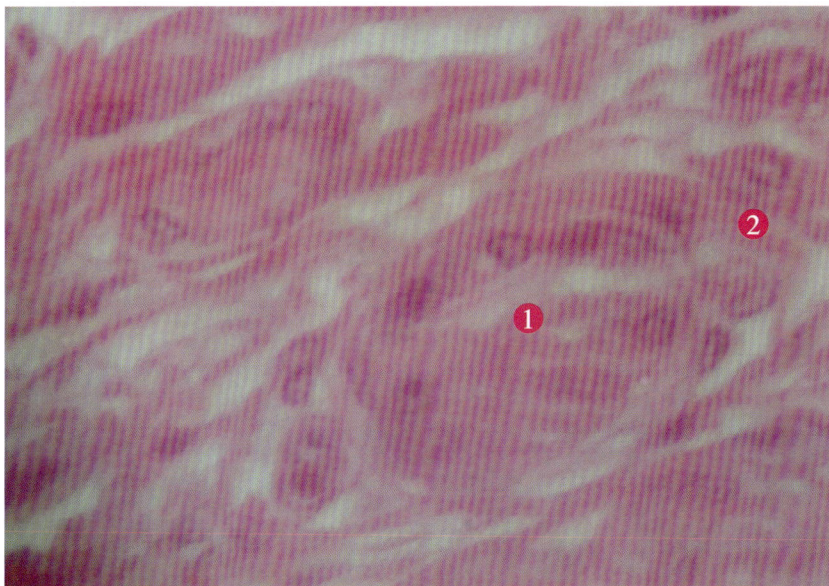

■ 图3-56　人气管神经源干细胞演化（2）
苏木素–伊红染色　×400
❶示演化的神经束；❷示神经束细胞离散形成间质干细胞。

二、气管腺组织动力学

包括气管腺腺泡组织动力学和气管腺导管组织动力学。

（一）气管腺腺泡组织动力学

气管腺位于黏膜下层（图3-57），气管腺腺泡也源自间质干细胞（图3-58），间质细胞增生聚集成团（图3-59、图3-60），间质干细胞团演化成为成气管腺细胞团（图3-61），其间分泌物聚积即成为浆液性腺泡（图3-62），浆液性腺泡逐渐演化（图3-63），而后少数浆液性腺细胞黏液化，黏液性腺细胞逐渐增多而占优势，成为混合性腺泡，残留的浆液性细胞群呈半月形，称为浆液性半月（图3-64～图3-66），有些混合性腺泡绝大多数是黏液性腺细胞，仅有极少数浆液性腺细胞残留（图3-67）。

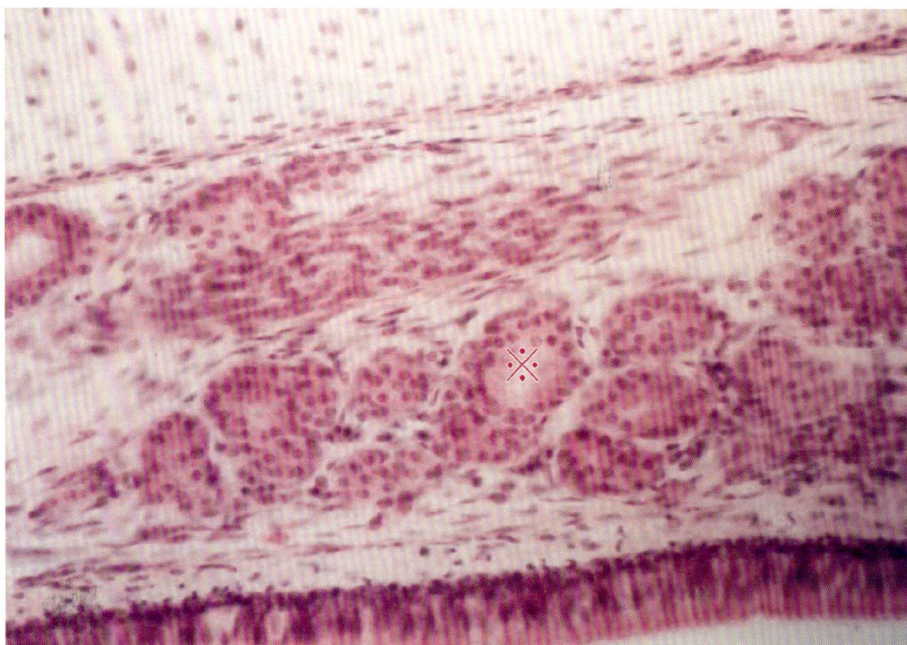

■ 图3-57 人气管腺腺泡组织动力学（1）

苏木素-伊红染色 ×100

※示气管黏膜下层内气管腺腺泡。

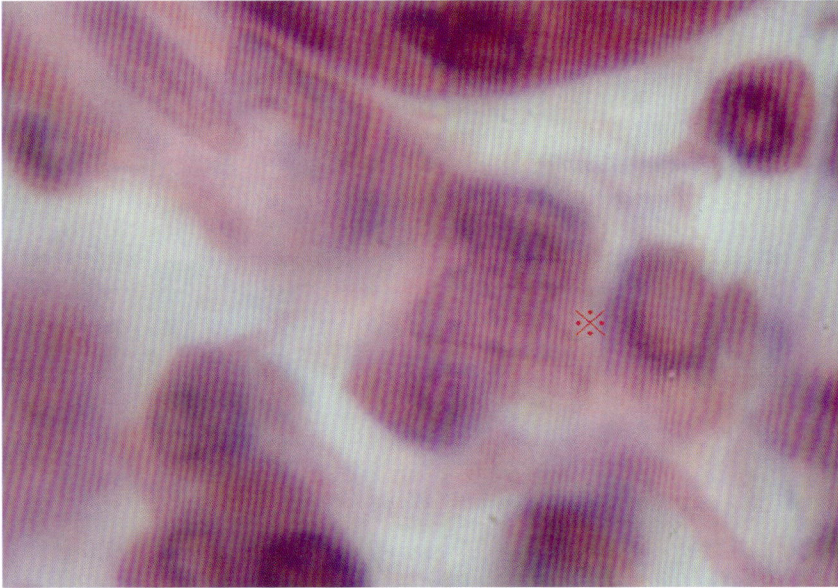

图3 58　人气管腺腺泡组织动力学（2）

苏木素–伊红染色　×1 000

※示气管黏膜下层间质干细胞。

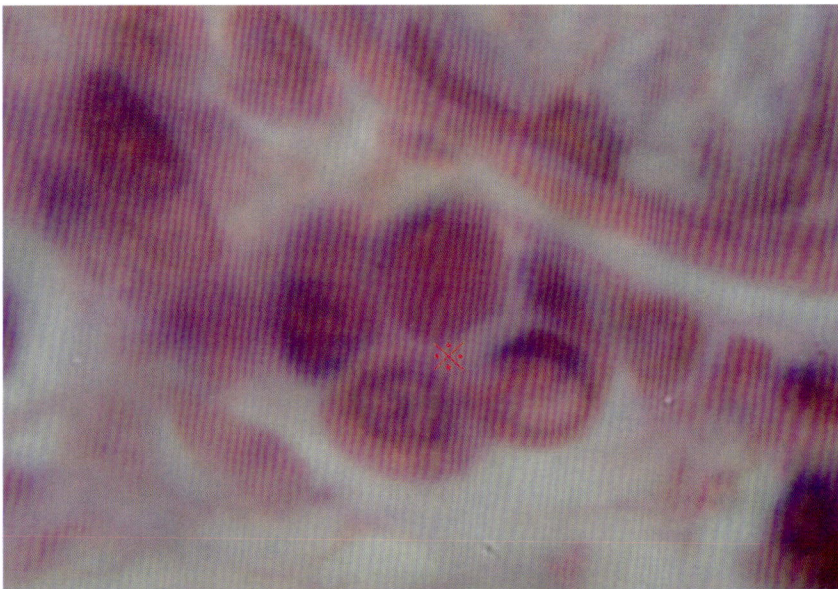

图3-59　人气管腺腺泡组织动力学（3）

苏木素–伊红染色　×1 000

※示气管黏膜下层间质干细胞群。

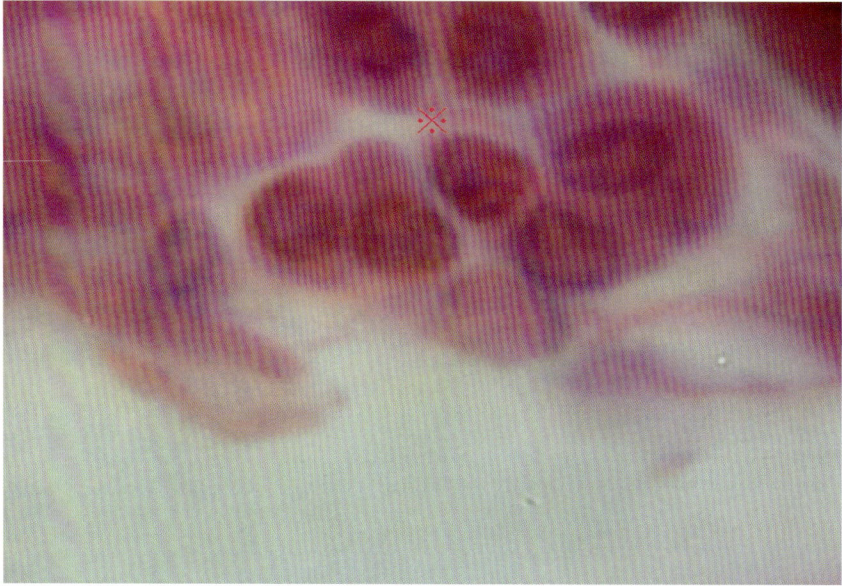

■ 图3-60 人气管腺腺泡组织动力学（4）
苏木素-伊红染色 ×1 000
※示气管黏膜下层间质干细胞群。

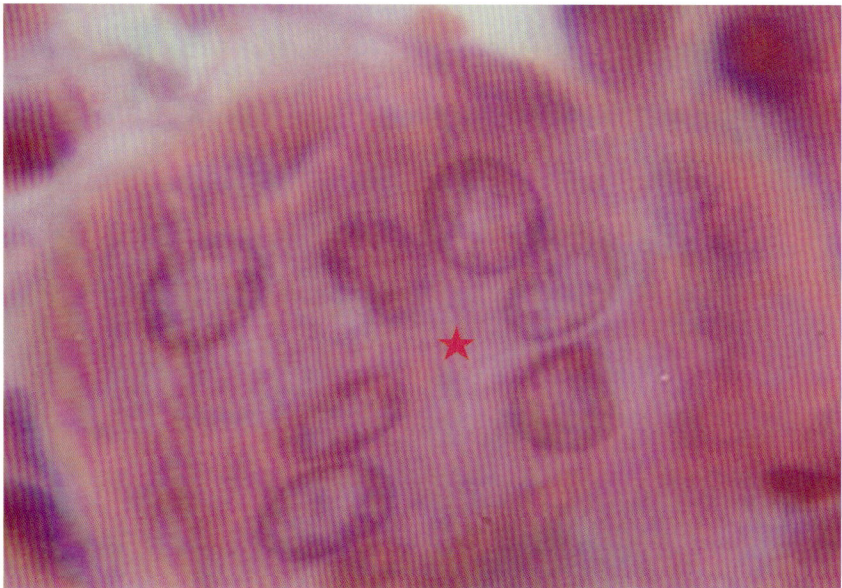

■ 图3-61 人气管腺腺泡组织动力学（5）
苏木素-伊红染色 ×1 000
★示气管黏膜下层成气管腺细胞团。

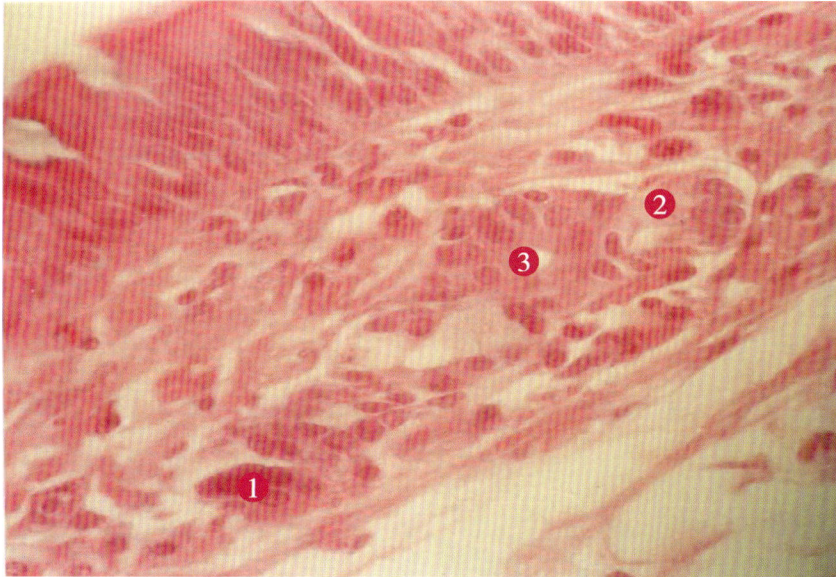

■ 图3-62　人气管腺腺泡组织动力学（6）
苏木素–伊红染色　×200
❶示小的间质干细胞团；❷示大的间质干细胞团；❸示早期浆液性腺泡。

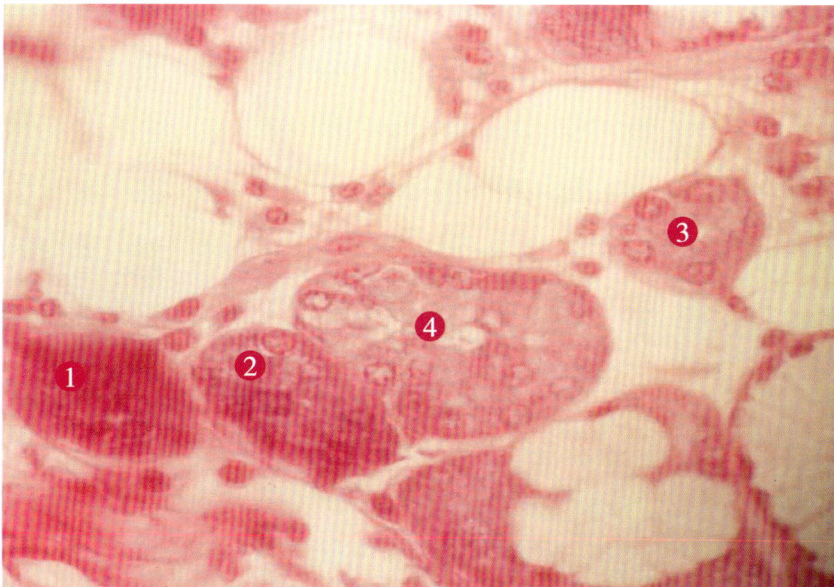

■ 图3-63　人气管腺腺泡组织动力学（7）
苏木素–伊红染色　×200
❶、❷、❸和❹示演化程度递次升高的4个浆液性腺泡。

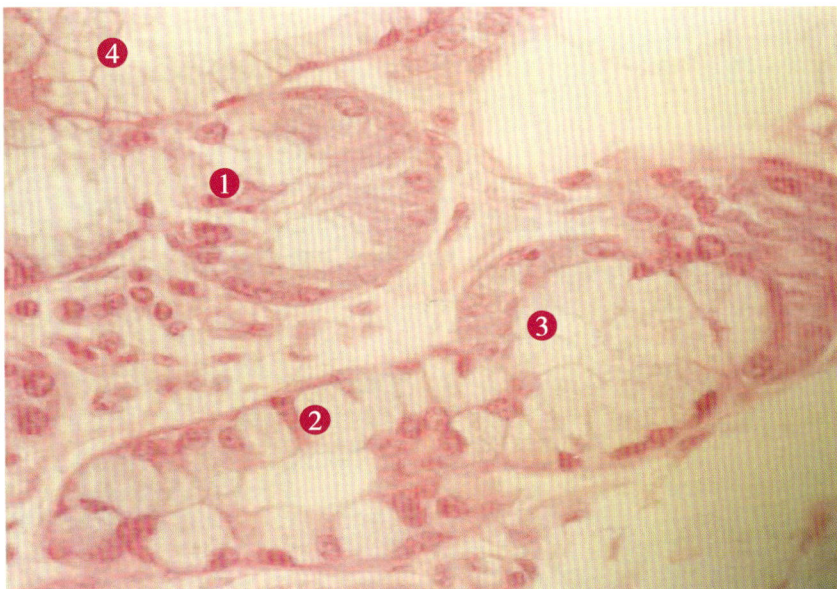

■ 图3-64　人气管腺腺泡组织动力学（8）

苏木素–伊红染色　×200

❶示少数黏液细胞的混合性腺泡；❷示较多黏液细胞的混合性腺泡；
❸示大部黏液化，留有浆液性半月的混合性腺泡；❹示纯黏液性腺泡。

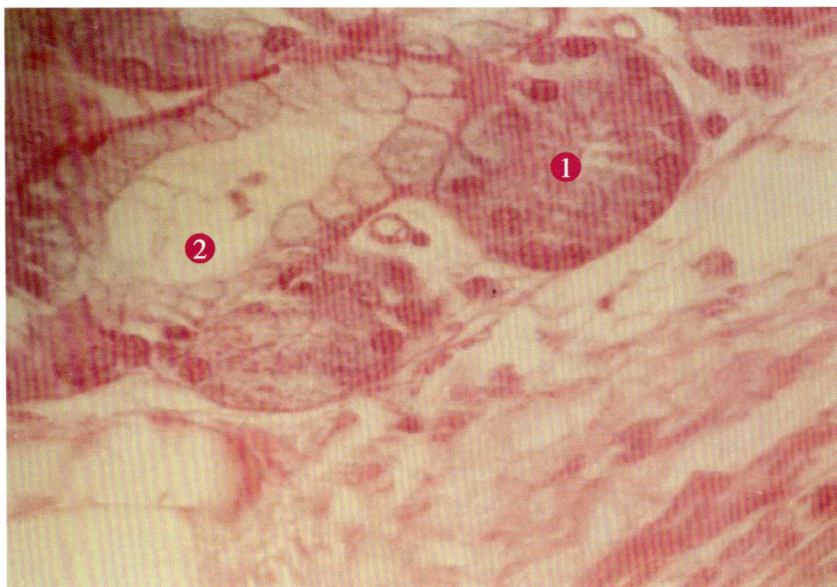

■ 图3-65　人气管腺腺泡组织动力学（9）

苏木素–伊红染色　×200

❶示纯浆液性腺泡；❷示留有浆液性半月的混合性腺泡。

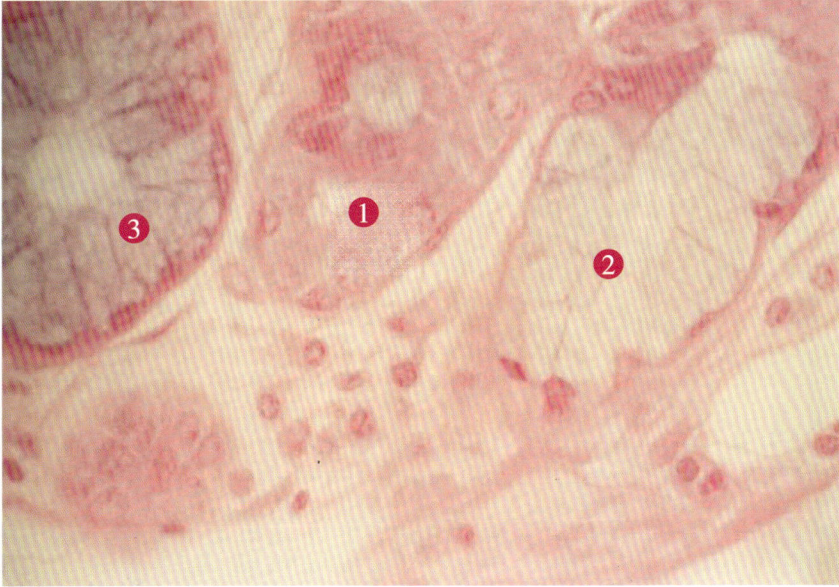

■ 图3-66　人气管腺腺泡组织动力学（10）
苏木素–伊红染色　×200

❶示刚开始黏液化的浆液性腺泡；❷示留有浆液性半月的混合性腺泡；❸示纯黏液性腺泡。

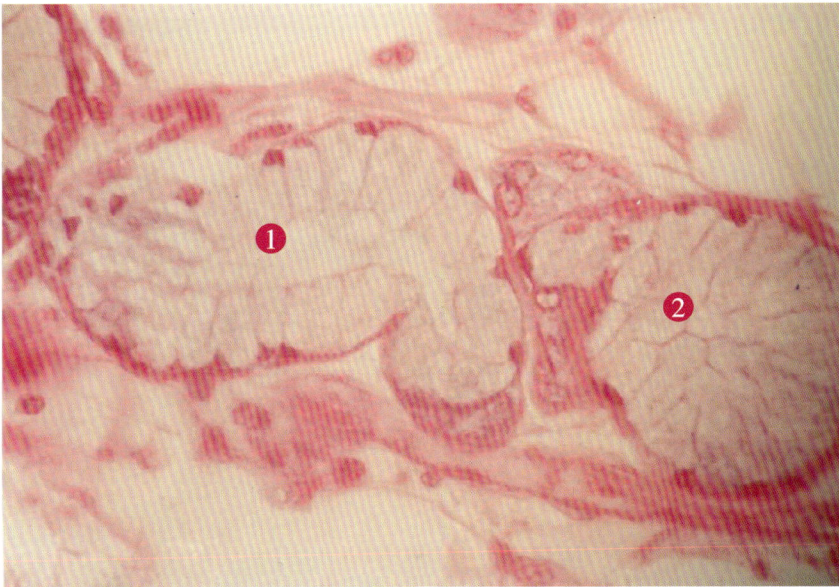

■ 图3-67　人气管腺腺泡组织动力学（11）
苏木素–伊红染色　×200

❶和❷示仅残留很少浆液性细胞的混合性腺泡。

（二）气管腺导管组织动力学

气管腺导管有两种，一是直接通连黏液性腺泡的黏液性导管，类似皮脂腺导管，导管壁为不规则复层上皮（图3-68）；另一种是呼吸上皮导管，管壁被覆呼吸上皮（图3-69）。后者常有淋巴组织包围，深面上皮常不规则，淋巴源干细胞可经过渡性细胞参入到导管上皮内（图3-70～图3-72）。

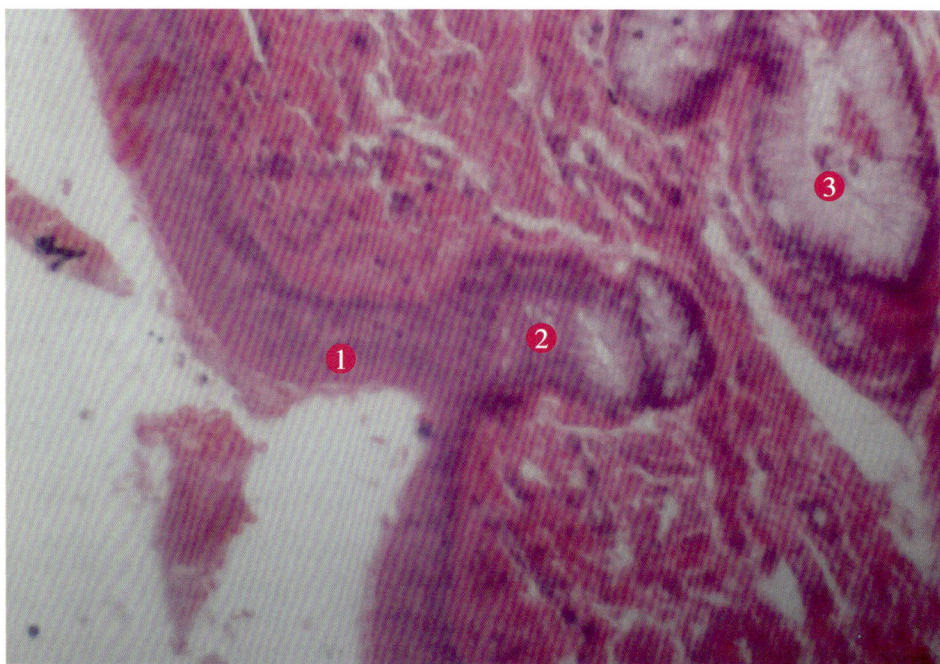

■ **图3-68　人气管腺导管组织动力学（1）**
苏木素-伊红染色　×100
❶示呼吸上皮；❷示黏液性导管；❸示黏液性腺泡。

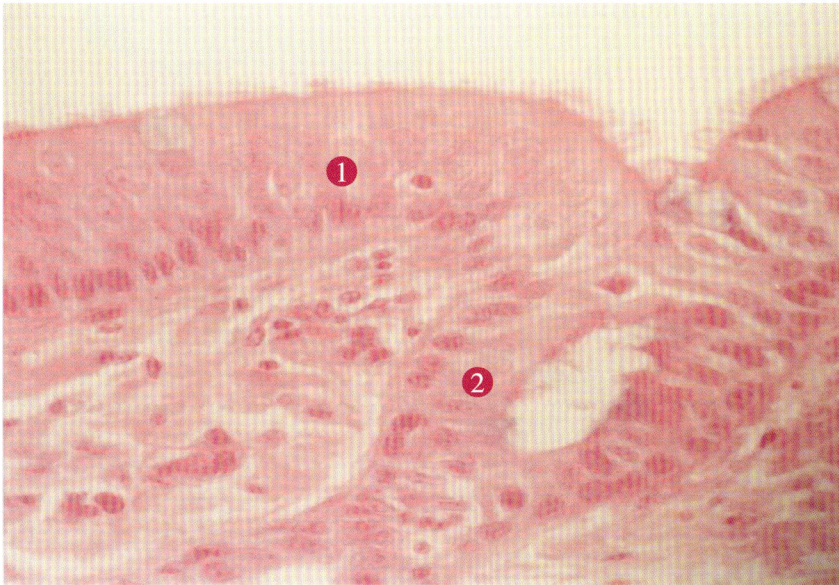

■ 图3-69　人气管腺导管组织动力学（2）
苏木素-伊红染色　×200
❶示气管呼吸上皮；❷示气管腺呼吸上皮性导管。

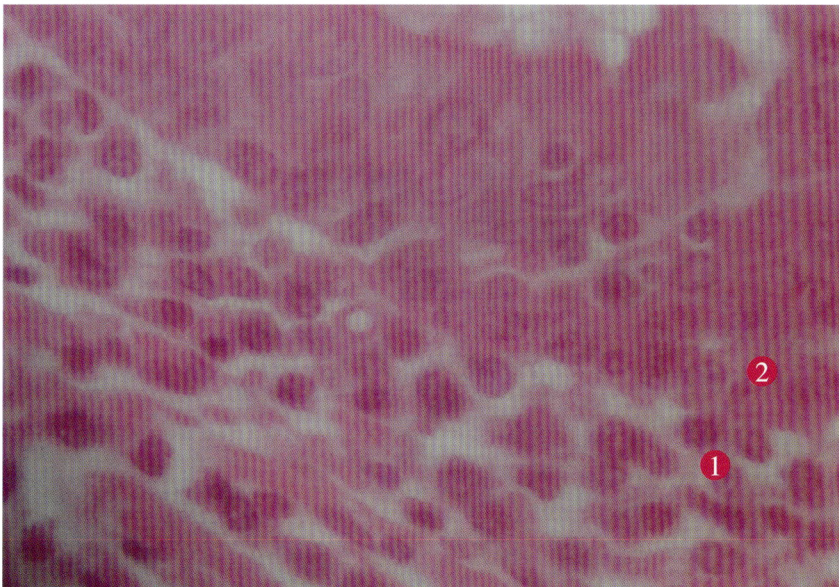

■ 图3-70　人气管腺导管组织动力学（3）
苏木素-伊红染色　×400
❶示淋巴源干细胞；❷示呼吸上皮基底层细胞。

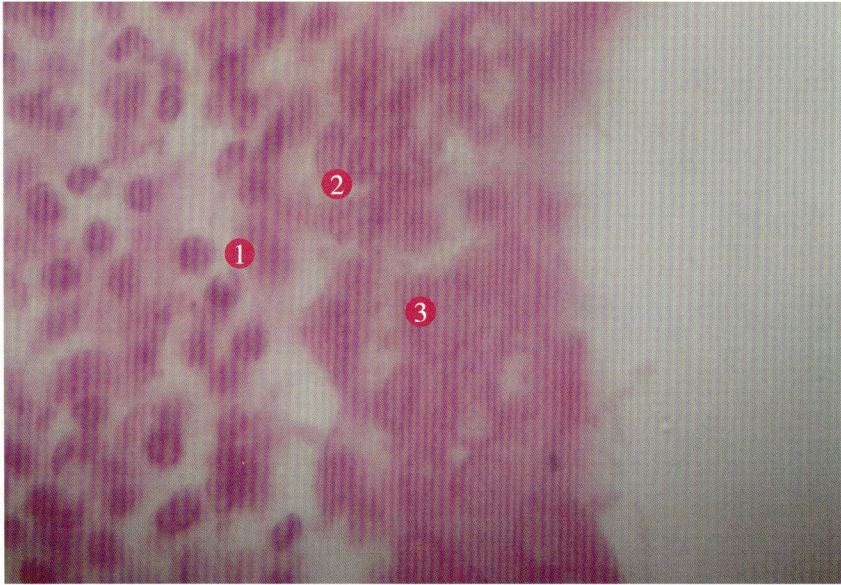

■ 图3-71 人气管腺导管组织动力学（4）
苏木素-伊红染色 ×400
❶示淋巴细胞；❷示过渡性细胞；❸示上皮细胞。

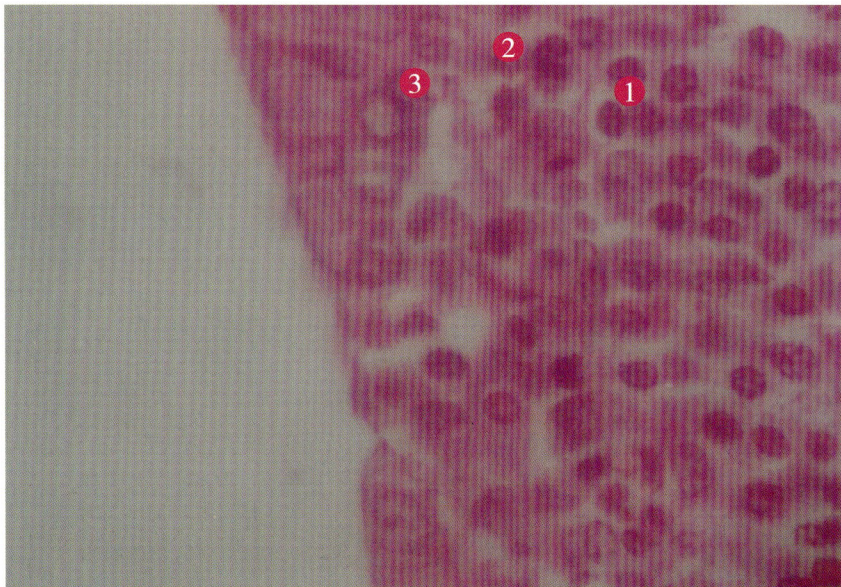

■ 图3-72 人气管腺导管组织动力学（5）
苏木素-伊红染色 ×400
❶示淋巴细胞；❷示过渡性细胞；❸示上皮细胞。

三、气管软骨组织动力学

（一）软骨细胞动力学

包括软骨细胞直接分裂、软骨陷窝分隔和软骨细胞衰亡。

1. 软骨细胞直接分裂　气管软骨是细胞更新率较高的器官，软骨细胞以直接分裂增殖，软骨细胞直接分裂多见横隔式、纵隔式、横缢型、劈裂型、撕裂型和压裂型等。

（1）横隔式核分裂　直接分裂的软骨细胞核最早在核赤道部聚集致密颗粒（图3-73、图3-74），致密颗粒相互融合形成横隔膜（图3-75、图3-76），核赤道部环形凹陷，隔膜缩小（图3-77~图3-79），横隔膜分开成两层，则原细胞核分成两个子细胞核（图3-80~图3-82），而后两个子细胞核越离越远（图3-83~图3-85）。

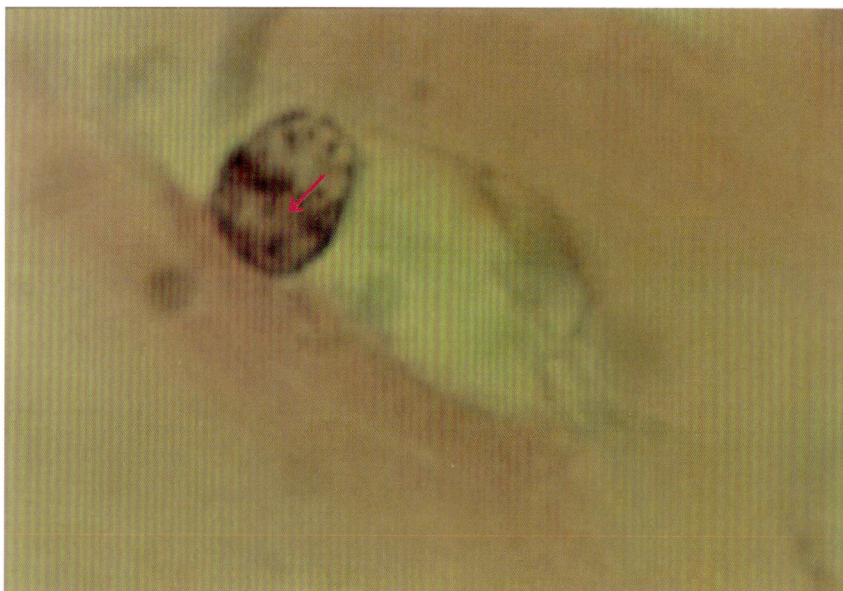

■ **图3-73　人气管软骨细胞横隔式核分裂（1）**
苏木素-伊红染色　×1 000
示软骨细胞核赤道部集聚致密颗粒。

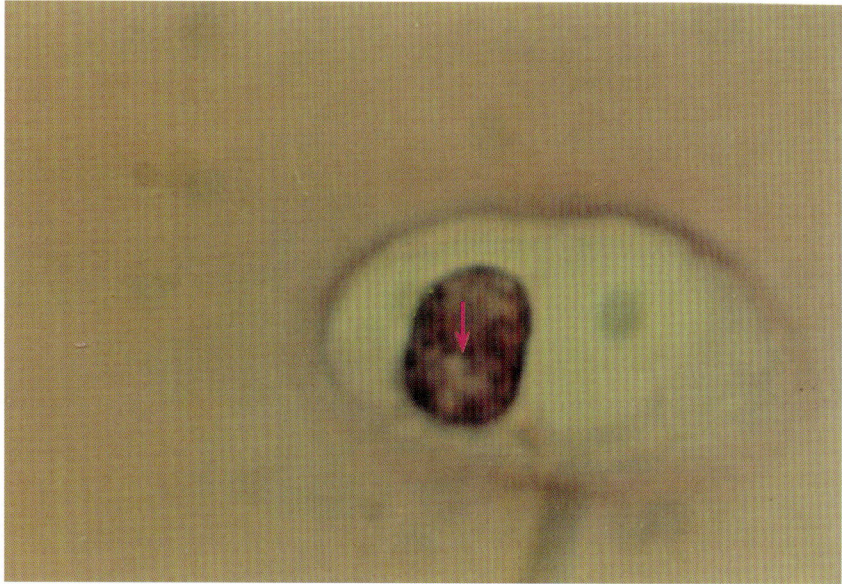

■ 图3-74　人气管软骨细胞横隔式核分裂（2）

苏木素–伊红染色　×1 000

↓示软骨细胞核集聚致密颗粒。

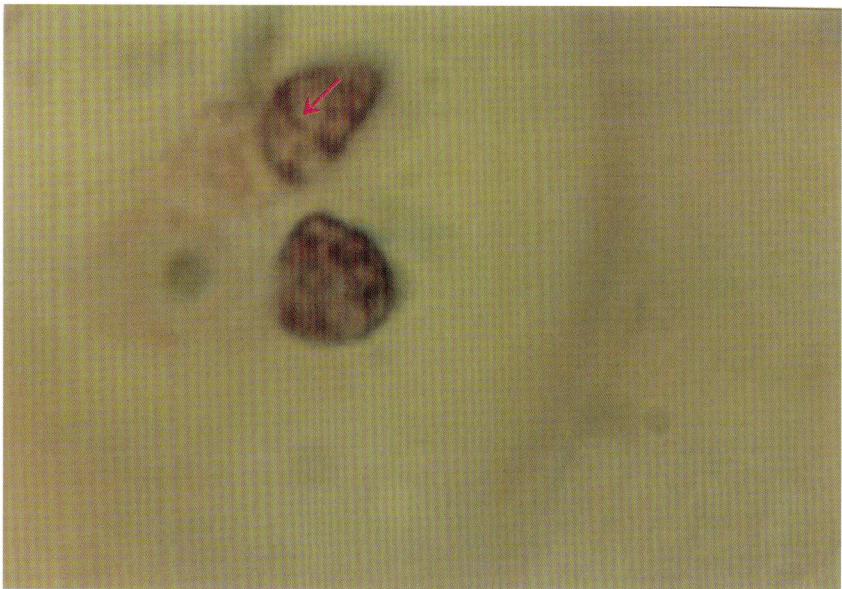

■ 图3-75　人气管软骨细胞横隔式核分裂（3）

苏木素–伊红染色　×1 000

↙示细胞核赤道部致密颗粒相互连接形成横隔膜。

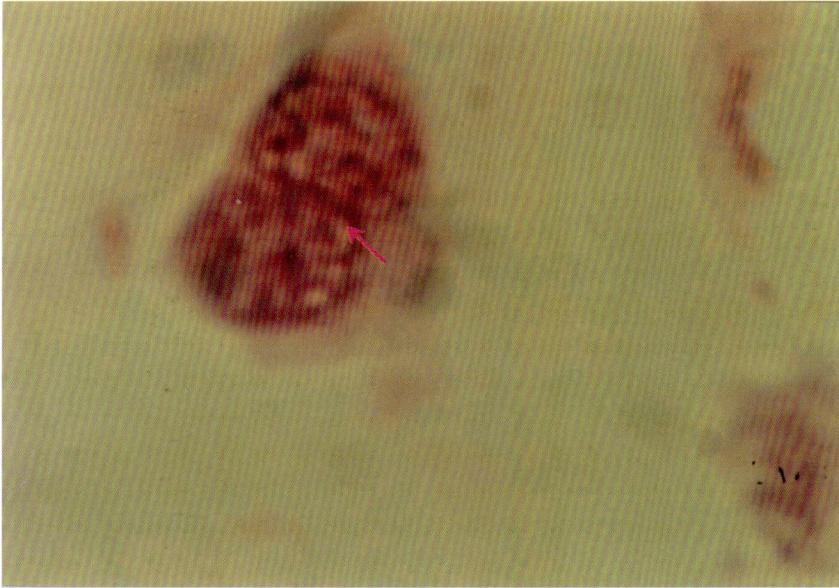

■ 图3-76　人气管软骨细胞横隔式核分裂（4）
苏木素-伊红染色　×1 000
示软骨细胞核横隔膜。

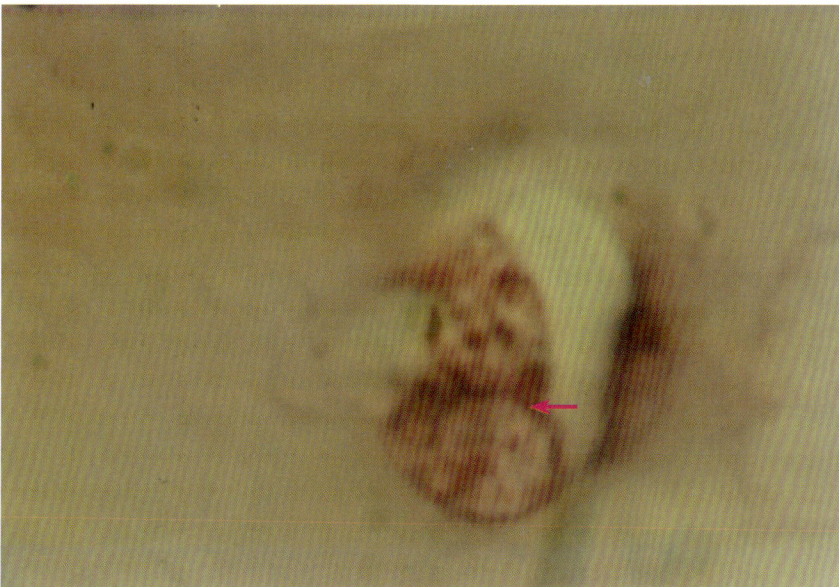

■ 图3-77　人气管软骨细胞横隔式核分裂（5）
苏木素-伊红染色　×1 000
示软骨细胞核横隔膜。

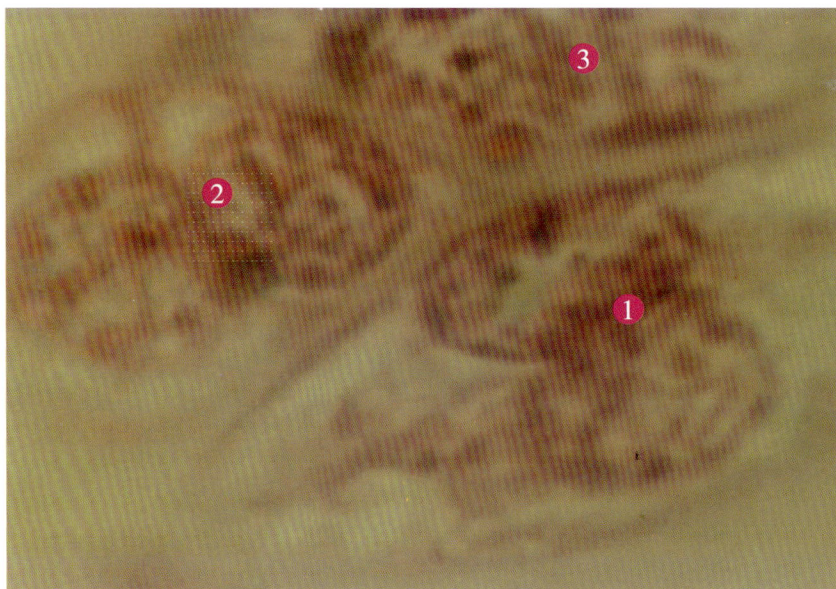

■ 图3-78　人气管软骨细胞横隔式核分裂（6）
苏木素–伊红染色　×1 000
❶示少部分横隔膜分成两层；❷示大部分横隔膜分成两层；
❸示两个子细胞核完全分开。

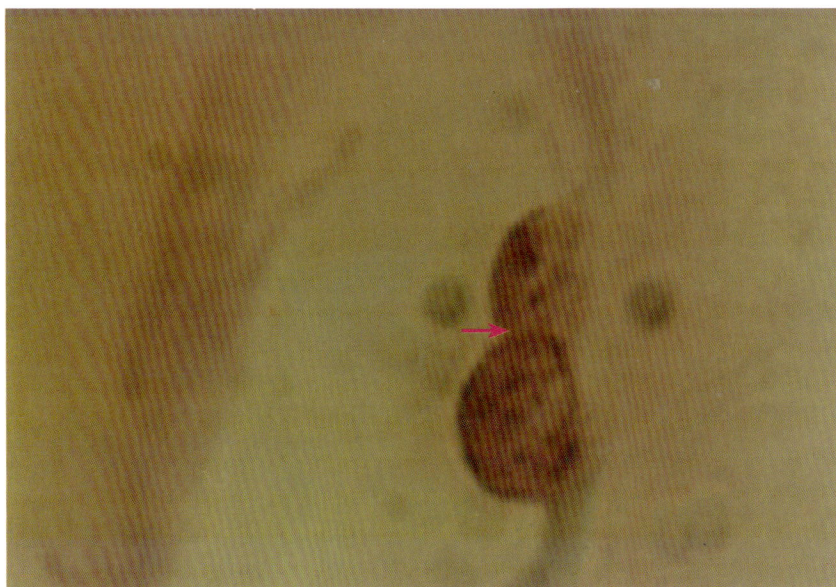

■ 图3-79　人气管软骨细胞横隔式核分裂（7）
苏木素–伊红染色　×1 000
➡ 示细胞核将从横隔膜处分开。

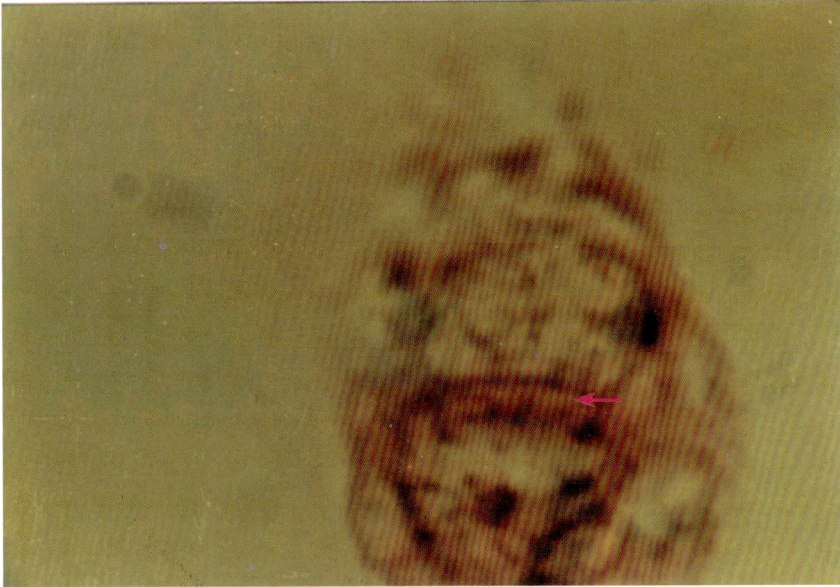

■ 图3-80　人气管软骨细胞横隔式核分裂（8）
苏木素-伊红染色　×1 000
← 示软骨细胞核横隔膜分为两层。

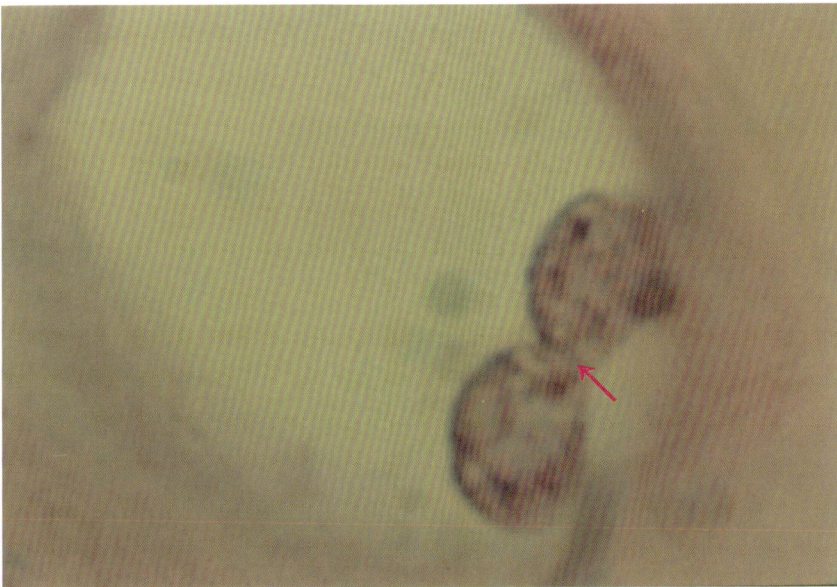

■ 图3-81　人气管软骨细胞横隔式核分裂（9）
苏木素-伊红染色　×1 000
示软骨细胞核横隔膜处缩窄。

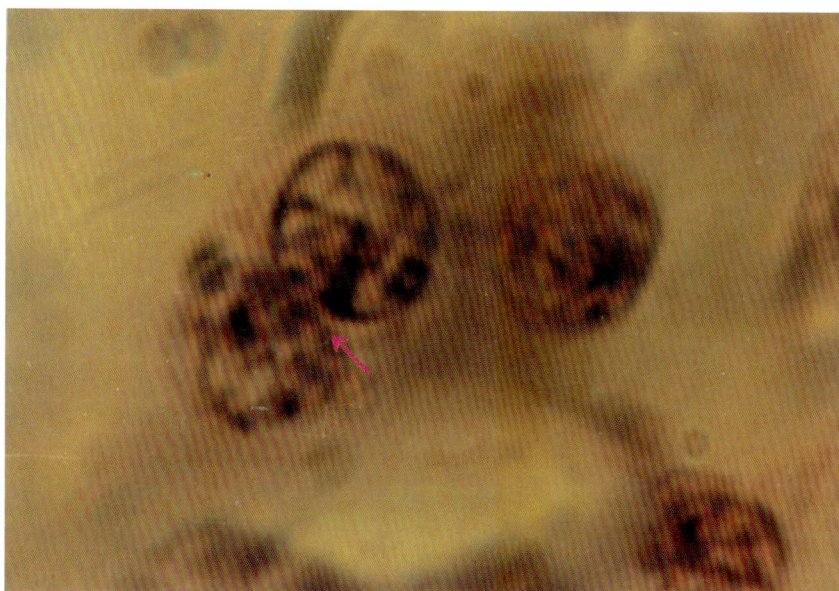

■ 图3-82　人气管软骨细胞横隔式核分裂（10）
　　　苏木素–伊红染色　×1 000
↖ 示两个子核完全分开。

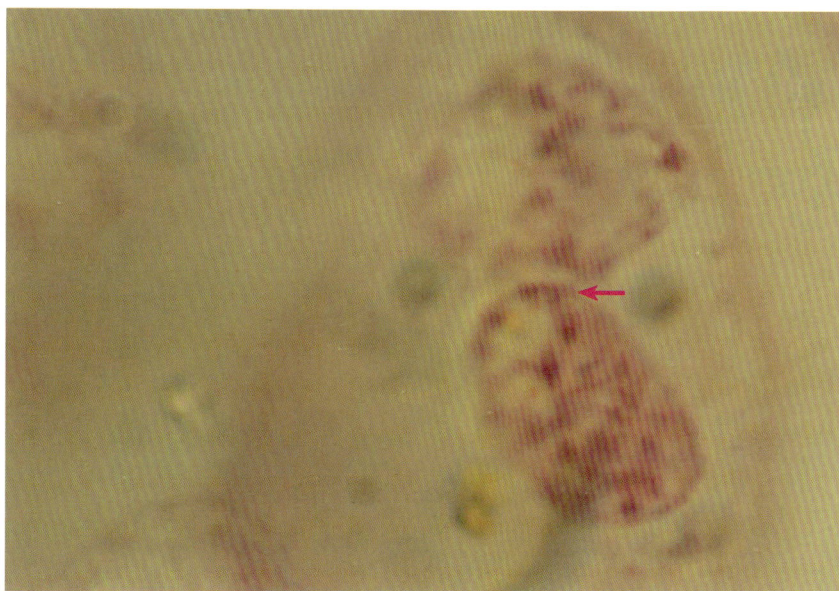

■ 图3-83　人气管软骨细胞横隔式核分裂（11）
　　　苏木素–伊红染色　×1 000
← 示两个子核之间距离增大。

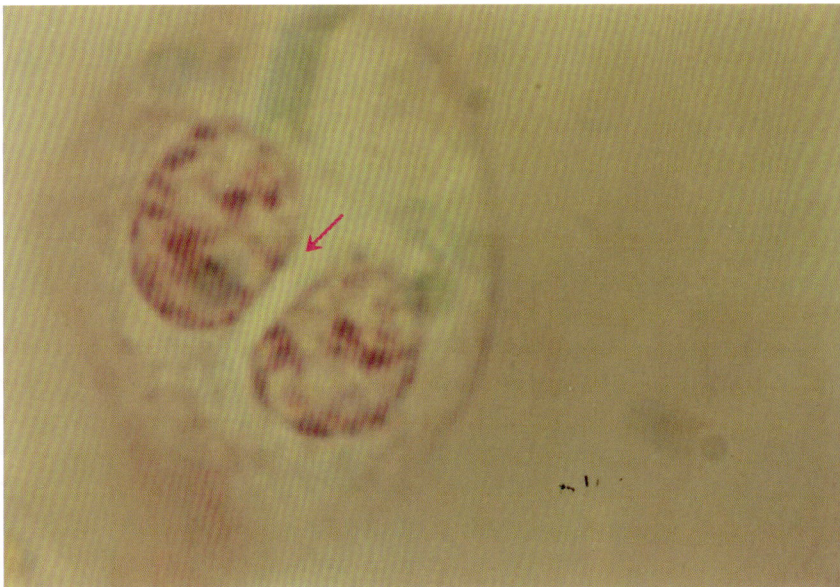

■ 图3-84　人气管软骨细胞横隔式核分裂（12）
苏木素-伊红染色　×1 000
示两个子核之间距离进一步增大。

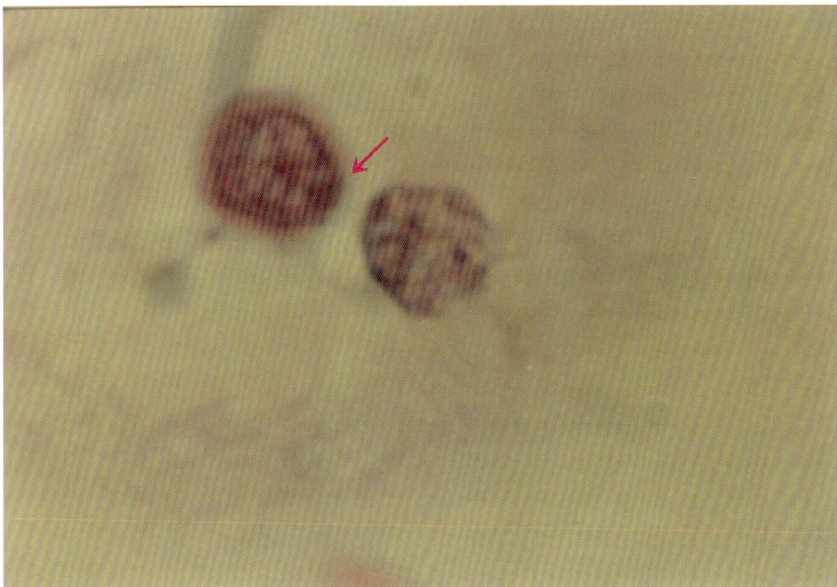

■ 图3-85　人气管软骨细胞横隔式核分裂（13）
苏木素-伊红染色　×1 000
示两个子核之间距离更进一步增大。

115

（2）纵隔式核分裂　直接分裂细胞核长轴中线形成纵隔膜（图3-86、图3-87），纵隔膜纵向分成两个子细胞核（图3-88）。

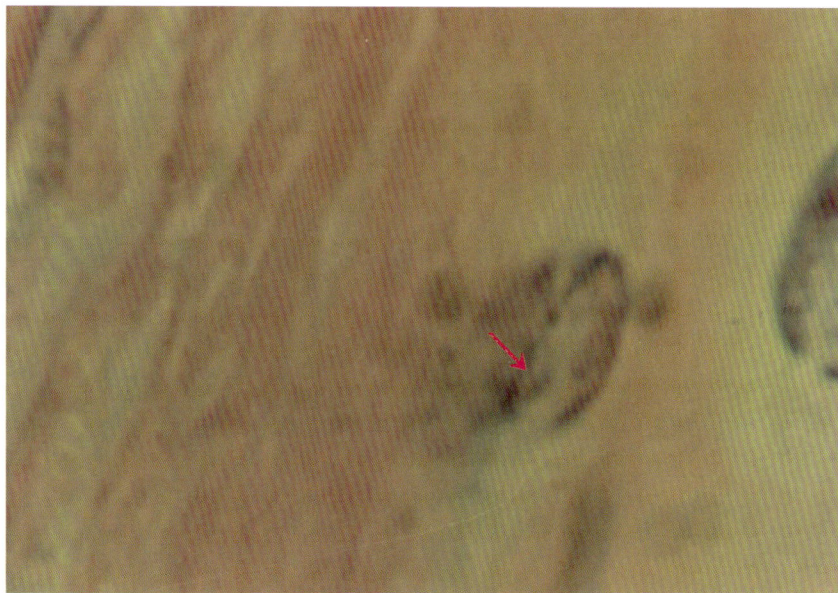

■ 图3-86　人气管软骨细胞纵隔式直接分裂（1）
苏木素-伊红染色　×1 000
示早期纵隔式核分裂，纵隔膜形成。

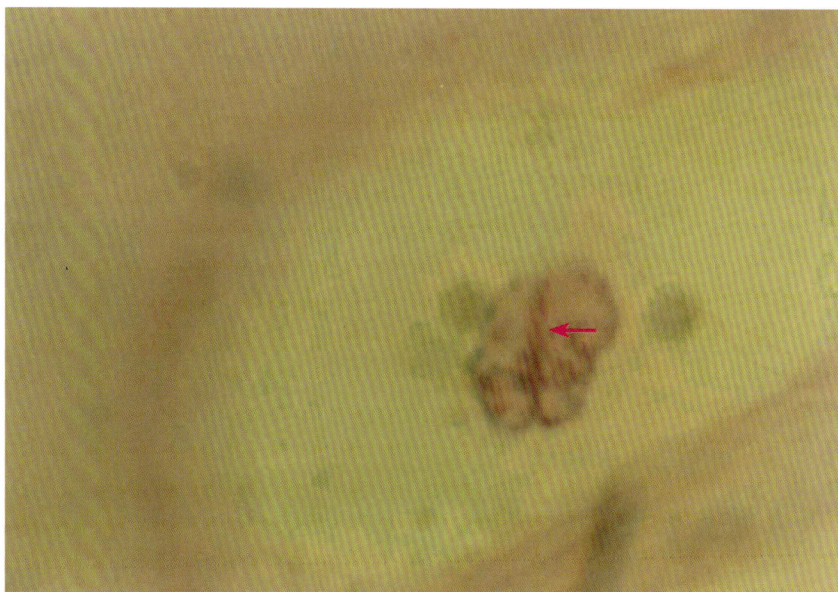

■ 图3-87　人气管软骨细胞纵隔式直接分裂（2）
苏木素-伊红染色　×1 000
示早期纵隔式核分裂，纵隔膜增厚。

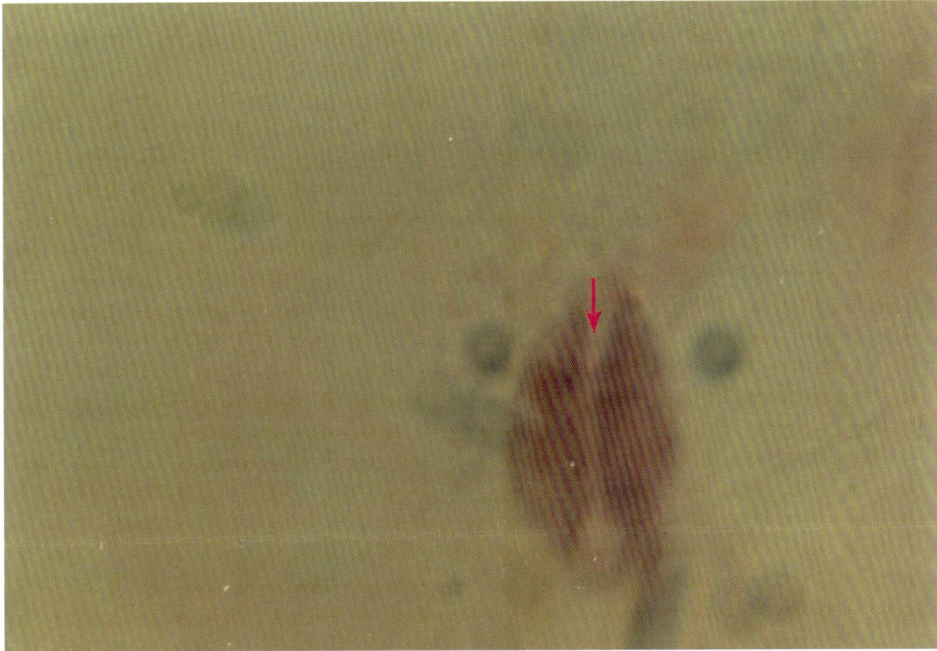

图3-88　人气管软骨细胞纵隔式直接分裂（3）

苏木素-伊红染色　×1 000

↓示晚期纵隔式核分裂，细胞核纵分为二。

（3）横缢型核分裂　最早直接分裂的软骨细胞核的赤道部出现逐渐明显的环形缢痕（图3-89～图3-91），环形缢痕逐步加深（图3-92、图3-93），致使中间连接部明显变细（图3-94～图3-96），最终连接部断离成为两个子细胞核（图3-97、图3-98），有时两个子细胞核之间仍留有细丝相连（图3-99、图3-100）。

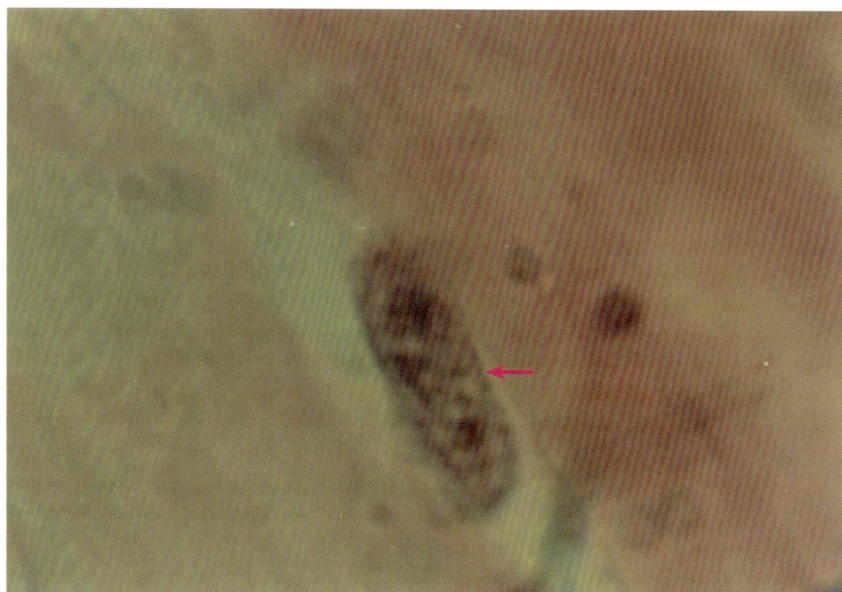

■ 图3-89　人气管软骨细胞横缢型核分裂（1）
苏木素-伊红染色　×1 000
← 示早期横缢型分裂软骨细胞核。

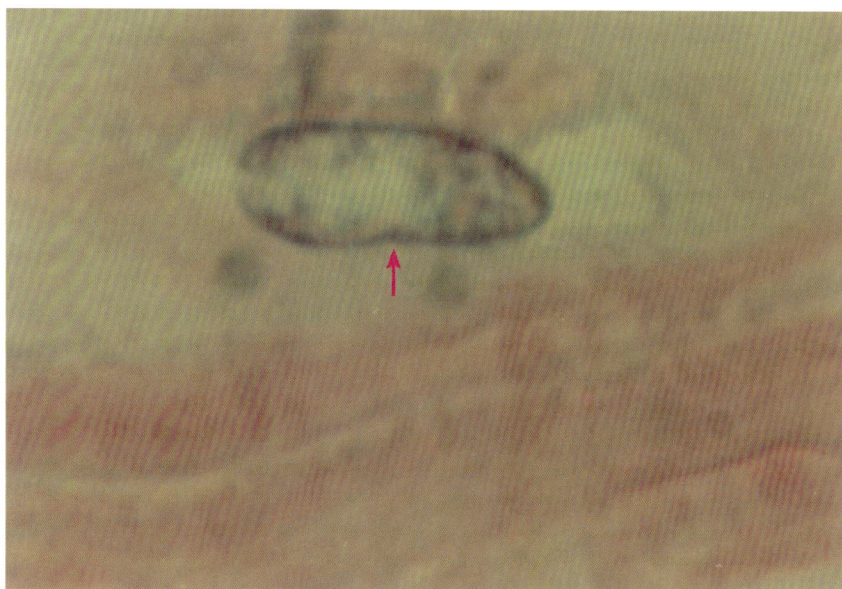

■ 图3-90　人气管软骨细胞横缢型核分裂（2）
苏木素-伊红染色　×1 000
↑ 示早期横缢型分裂软骨细胞核单侧浅缢痕。

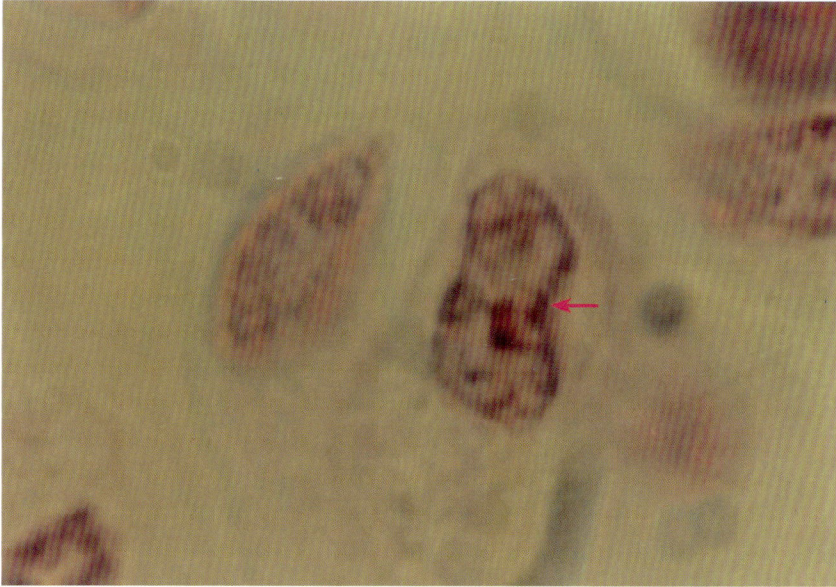

■ 图3-91 人气管软骨细胞横缢型核分裂（3）
苏木素-伊红染色 ×1 000
← 示早期横缢型分裂的软骨细胞核双侧浅缢痕。

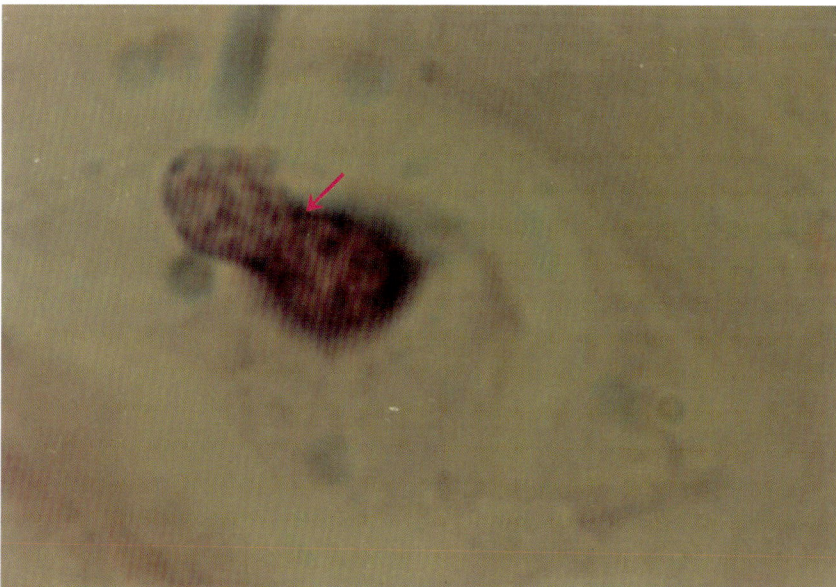

■ 图3-92 人气管软骨细胞横缢型核分裂（4）
苏木素-伊红染色 ×1 000
示早期横缢型分裂软骨细胞核双侧浅缢痕加深。

■ 图3-93　人气管软骨细胞横缢型核分裂（5）
苏木素-伊红染色　×1 000
↙ 示早期横缢型分裂软骨细胞核双侧浅缢痕加深。

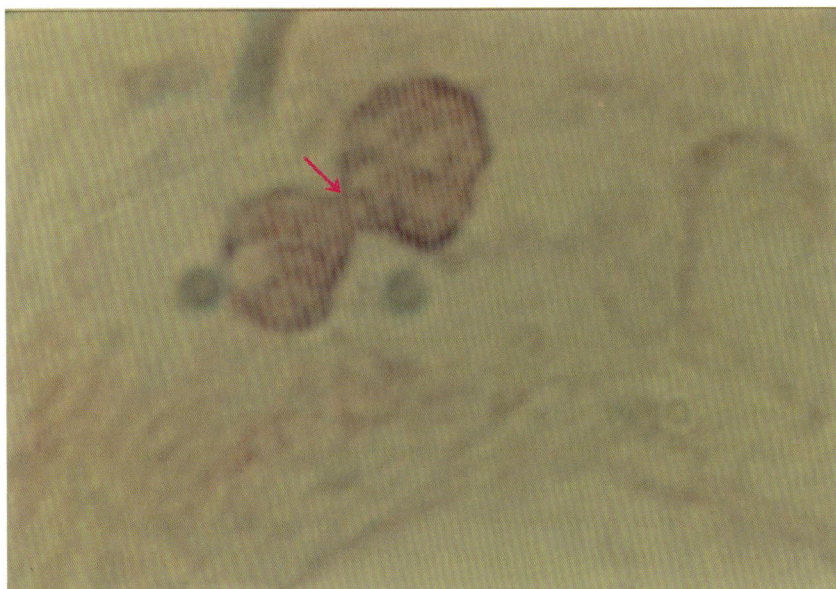

■ 图3-94　人气管软骨细胞横缢型核分裂（6）
苏木素-伊红染色　×1 000
↙ 示横缢型分裂软骨细胞核连接部缩窄。

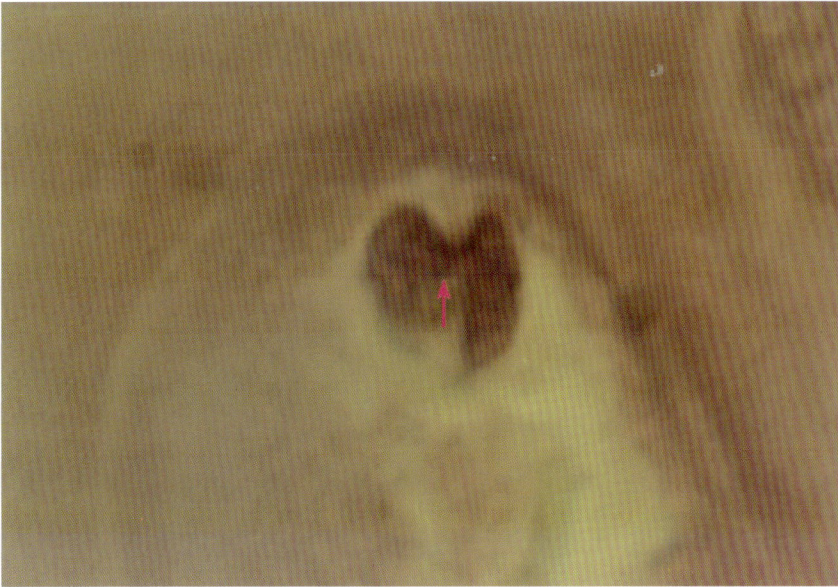

■ 图3-95　人气管软骨细胞横缢型核分裂（7）

苏木素-伊红染色　×1 000

↑ 示横缢型分裂的软骨细胞核连接部缩窄。

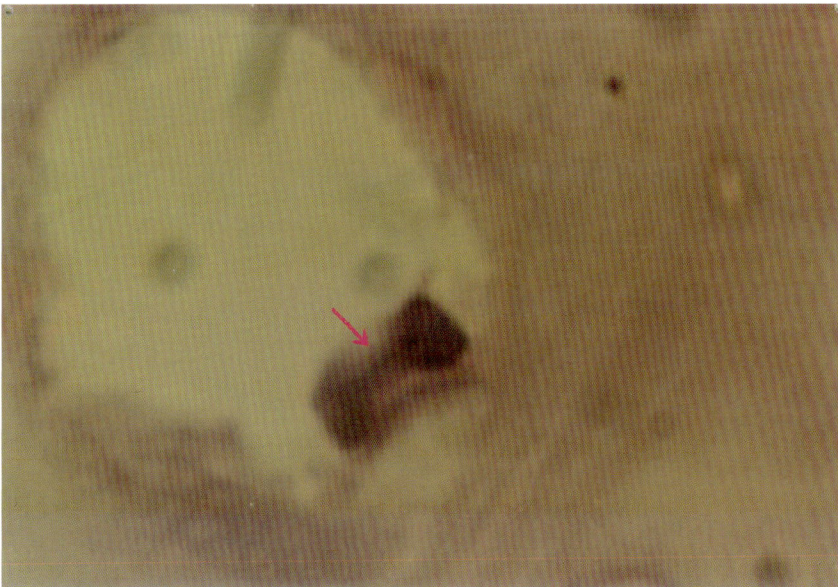

■ 图3-96　人气管软骨细胞横缢型核分裂（8）

苏木素-伊红染色　×1 000

↘ 示横缢型分裂的软骨细胞核连接部缩窄。

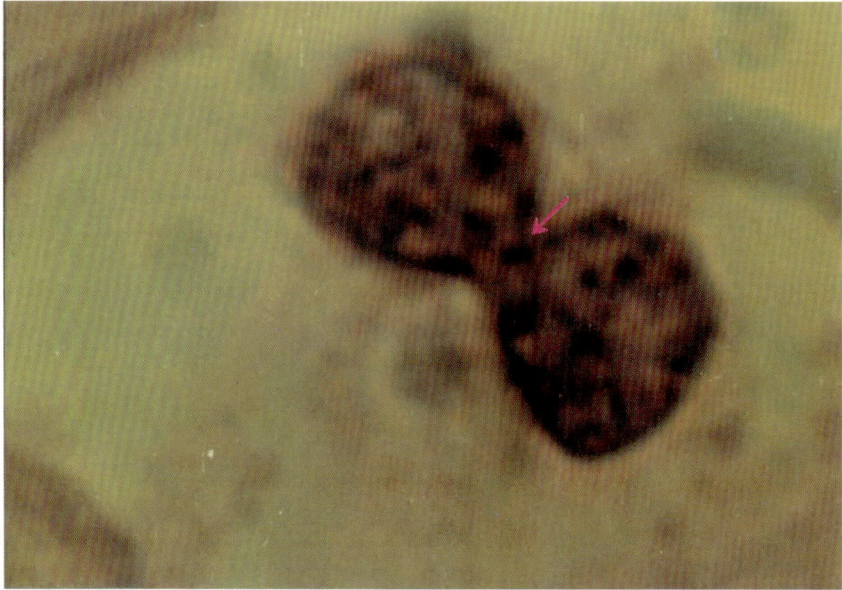

■ 图3-97　人气管软骨细胞横缢型核分裂（9）
苏木素-伊红染色　×1 000
示横缢型分裂的软骨细胞核连接部缩窄。

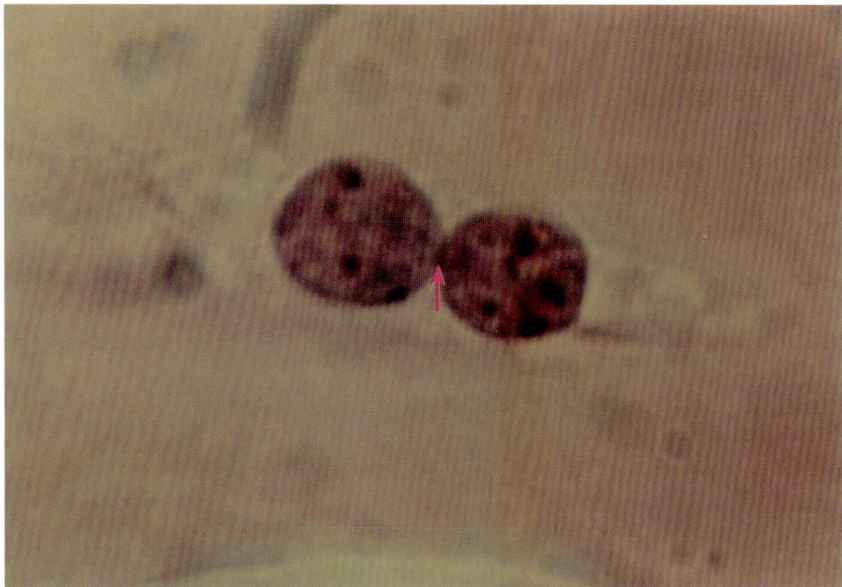

■ 图3-98　人气管软骨细胞横缢型核分裂（10）
苏木素-伊红染色　×1 000
示横缢型分裂软骨细胞核连接部将断离。

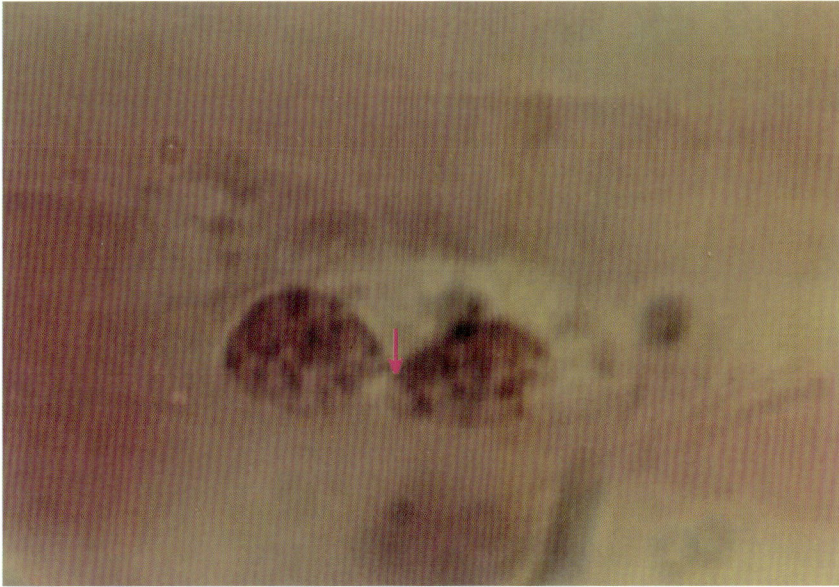

■ 图3-99　人气管软骨细胞横缢型核分裂（11）
苏木素-伊红染色　×1 000

示横缢型分裂晚期软骨细胞核断为两个子细胞核，其间留有牵拉丝。

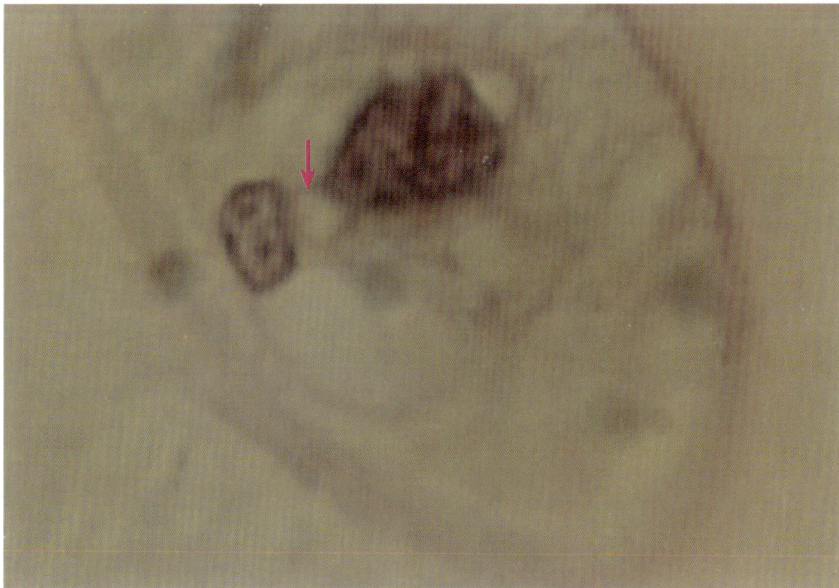

■ 图3-100　人气管软骨细胞横缢型核分裂（12）
苏木素-伊红染色　×1 000

示横缢型分裂晚期软骨细胞核断为两个子细胞核，其间留有牵拉丝。

（4）劈裂型核分裂 细胞核从一侧楔形劈裂（图3-101、图3-102），劈裂口加深至核完全断开成两个子细胞核（图3-103），有时也可见从细胞核一端纵向劈裂开（图3-104）。

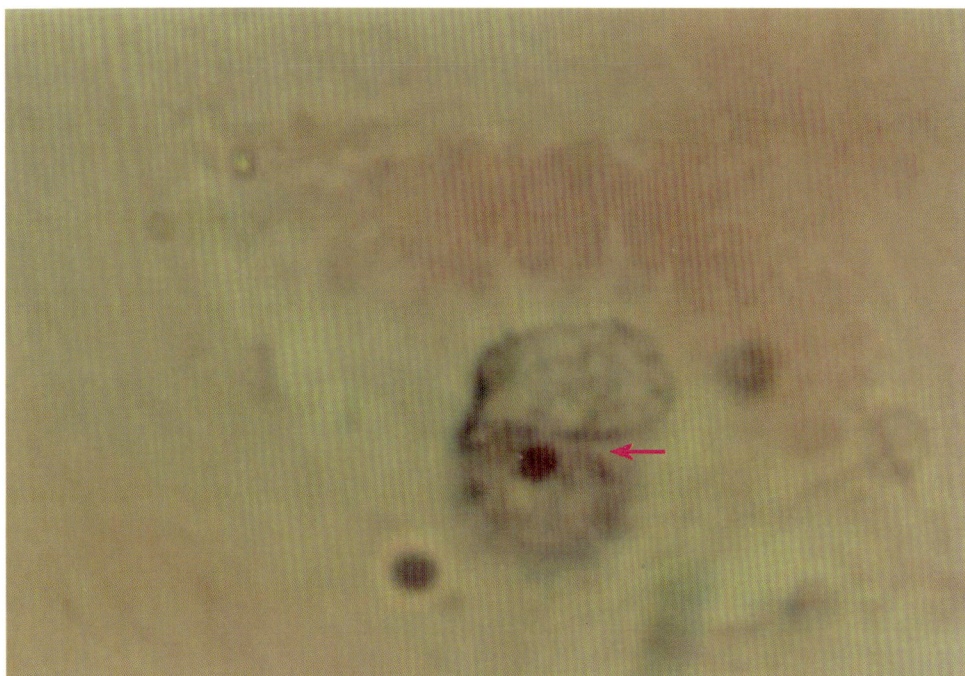

■ 图3-101 人气管软骨细胞劈裂型直接分裂（1）
苏木素-伊红染色 ×1 000
← 示从细胞核一侧楔形裂开。

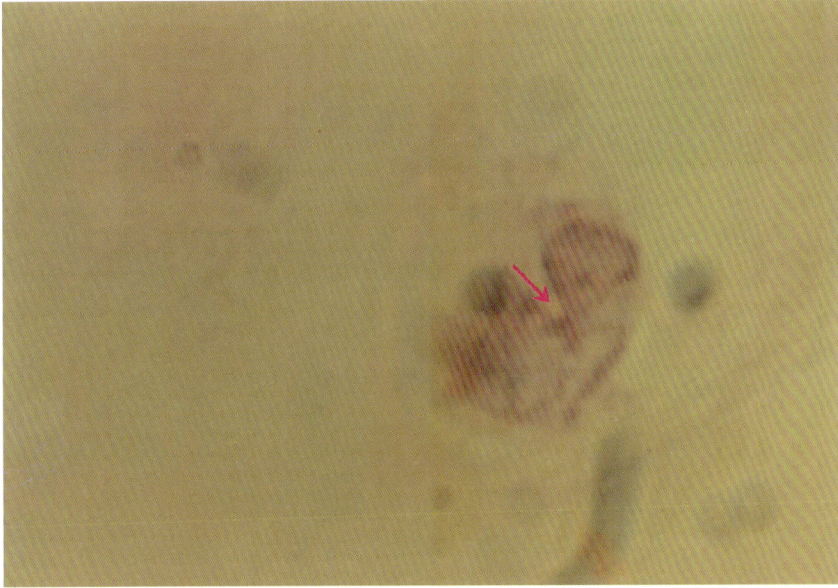

■ 图3-102　人气管软骨细胞劈裂型直接分裂（2）
苏木素–伊红染色　×1 000
示从细胞核一侧楔形裂开，分成不对称的两半。

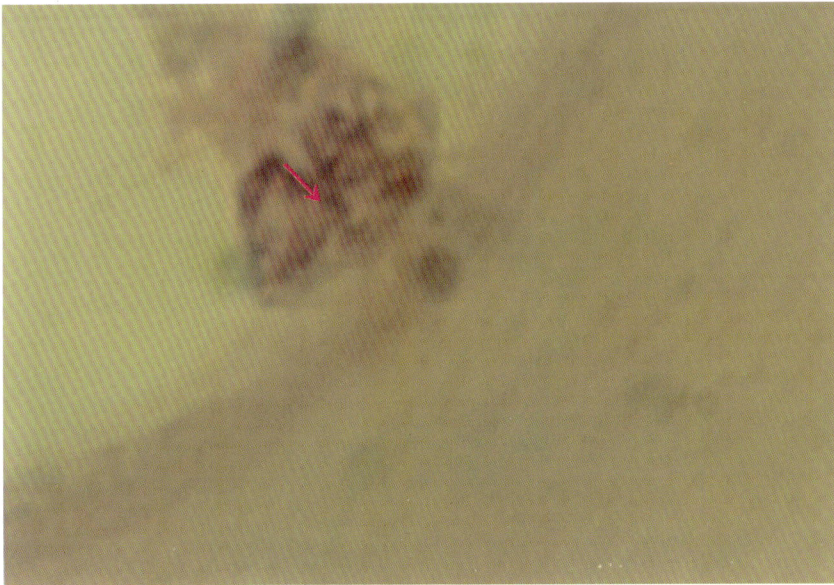

■ 图3-103　人气管软骨细胞劈裂型直接分裂（3）
苏木素–伊红染色　×1 000
示从细胞核一侧楔形裂开。

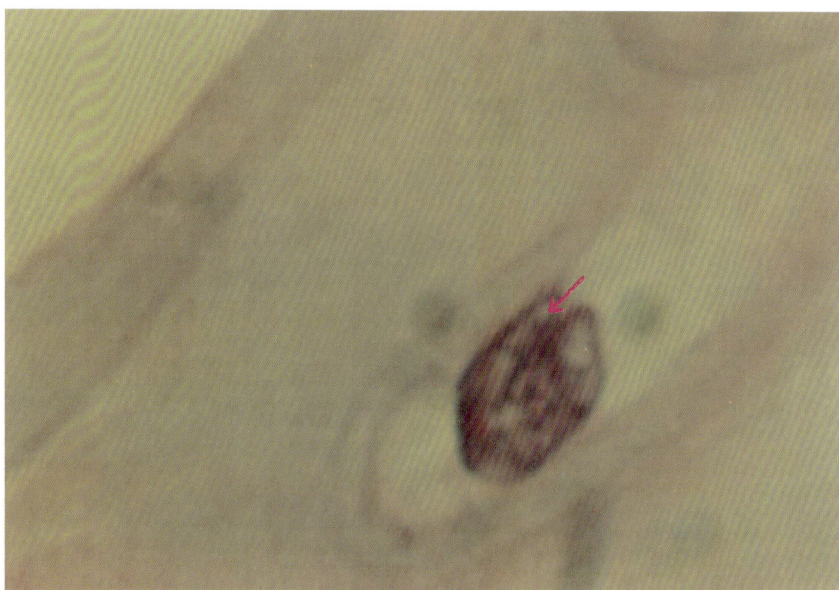

■ 图3-104　人气管软骨细胞劈裂型直接分裂（4）
苏木素-伊红染色　×1 000
↙示从细胞核一端劈裂开。

（5）撕裂型核分裂　细胞核受两侧或两端背向牵拉力被撕裂成两部分（图3-105、图3-106）。

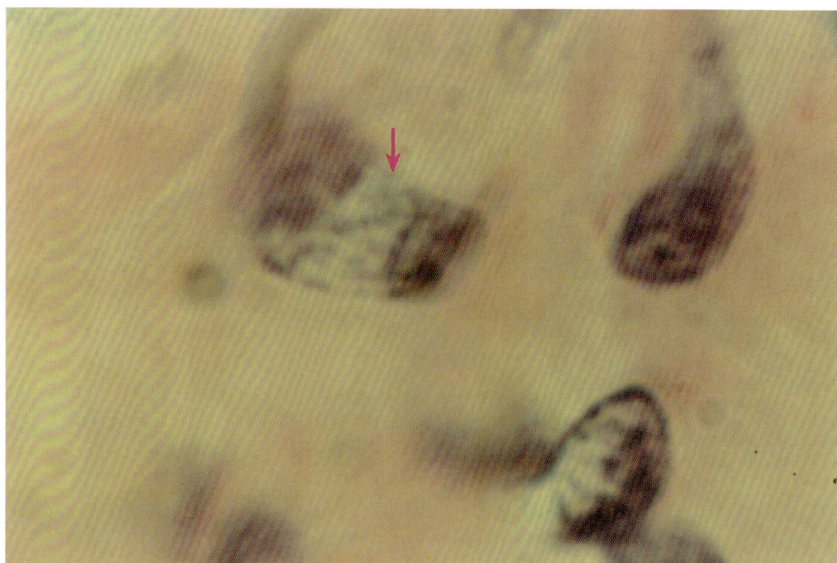

■ 图3-105　人气管软骨细胞撕裂型直接分裂（1）
苏木素-伊红染色　×1 000
↓示细胞核受两侧背向牵拉力被撕扯成两半，其间有许多核质细丝相连。

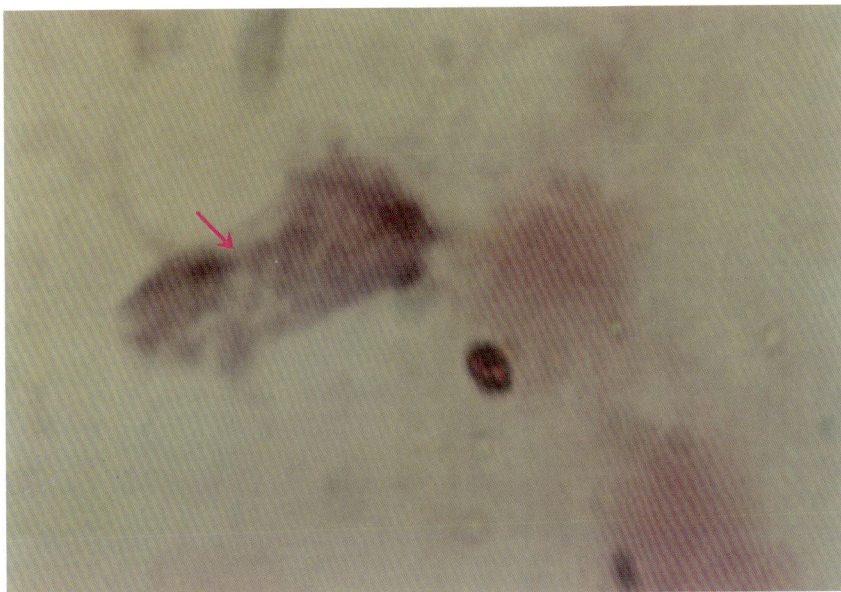

■ 图3-106　人气管软骨细胞撕裂型直接分裂（2）
苏木素-伊红染色　×1 000

示细胞核受两端背向牵拉力被撕扯成两半，其间有许多核质细丝相连。

（6）压裂型核分裂　受较强压力的细胞核开裂成断面不规则的两半（图3-107、图3-108）。

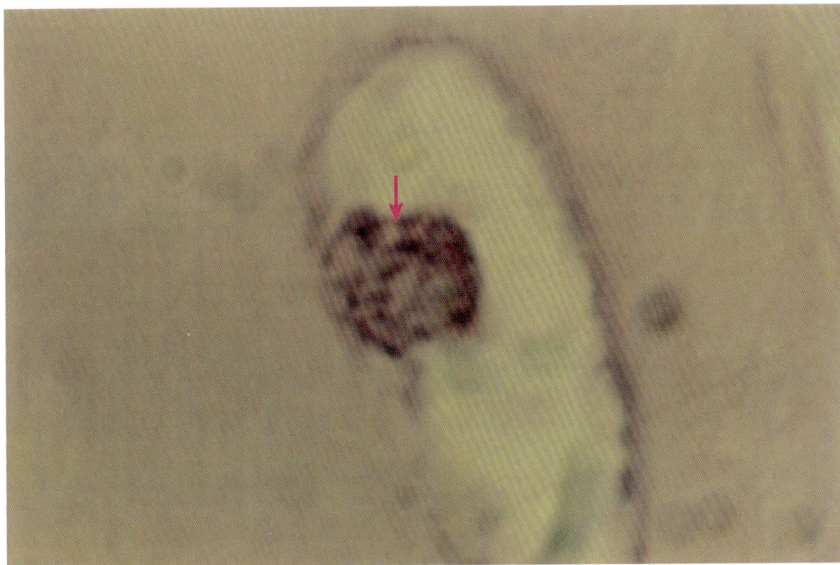

■ 图3-107　人气管软骨细胞压裂型直接分裂（1）
苏木素-伊红染色　×1 000

示受较强压力细胞核开裂成断面不规则的两半。

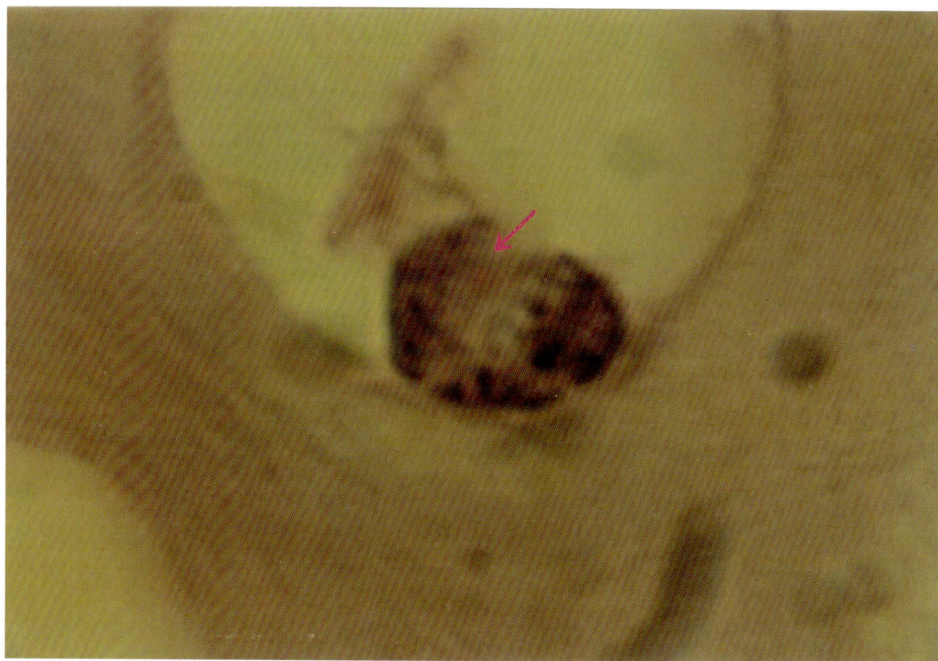

■ **图3-108　人气管软骨细胞压裂型直接分裂（2）**
苏木素-伊红染色　×1 000
示受较强压力的细胞核开裂成断面不规则的两半。

　　2. **软骨陷窝分隔**　直接分裂形成的大白鼠两个软骨子细胞核在一段时间内共处于同一个软骨陷窝内（图3-109），而后被薄软骨层分隔开（图3-110）。人气管分开的两软骨细胞核分泌物聚积于其间（图3-111），分泌物逐渐浓稠（图3-112、图3-113），形成两细胞之间的隔膜（图3-114、图 3-115），隔膜逐渐软骨化（图3-116），并逐渐增厚（图3-117、图3-118），至此，导致软骨内积性生长的细胞分裂过程方告完成。

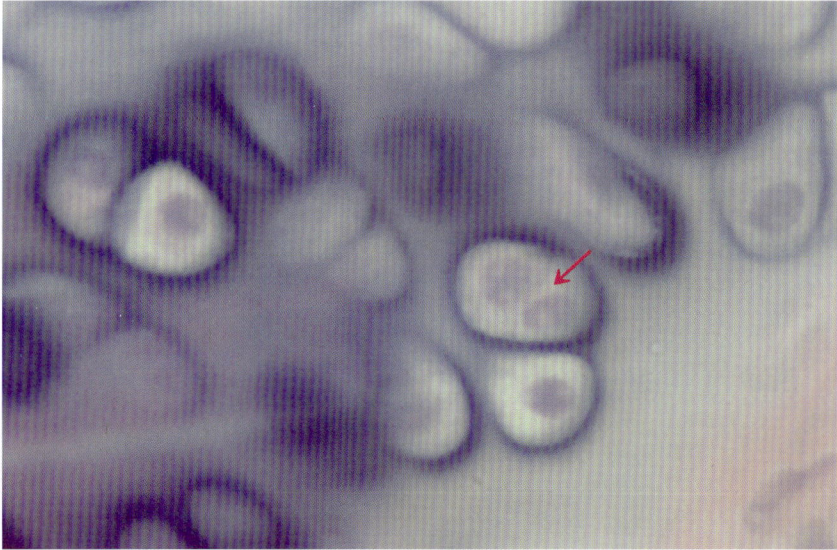

■ 图3-109　大白鼠气管软骨陷窝分隔（1）
苏木素-伊红染色　×400
示双细胞软骨陷窝。

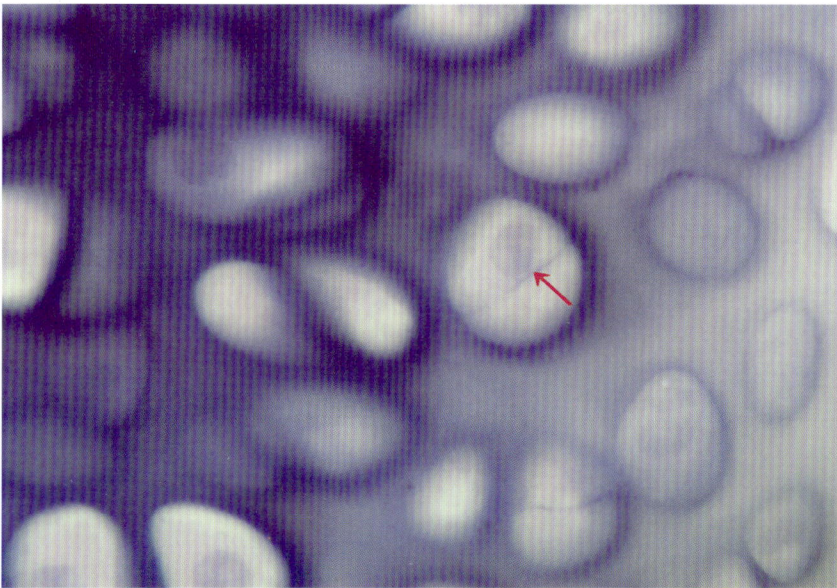

■ 图3-110　大白鼠气管软骨陷窝分隔（2）
苏木素-伊红染色　×400
示细胞之间分隔膜软骨化。

129

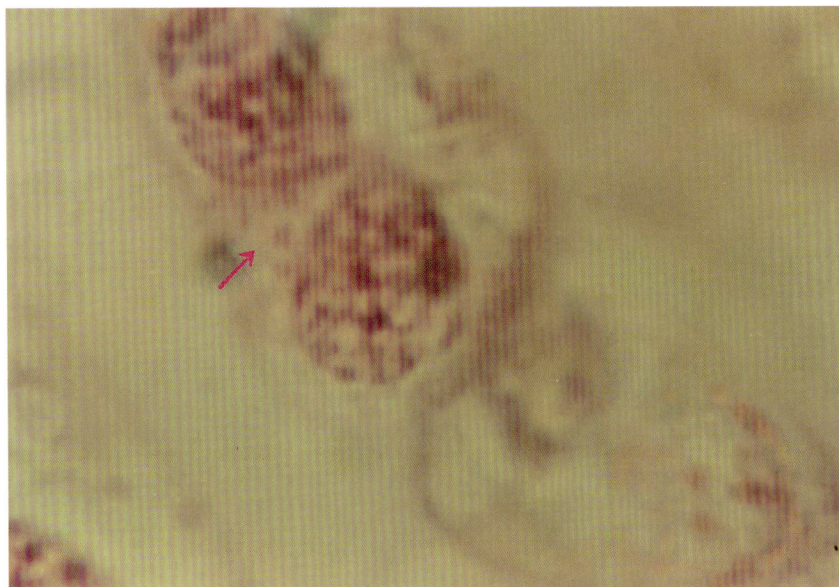

■ **图3-111 人气管软骨陷窝分隔（1）**

苏木素-伊红染色 ×1 000

↗ 示双细胞软骨陷窝，细胞之间开始有分泌物填充。

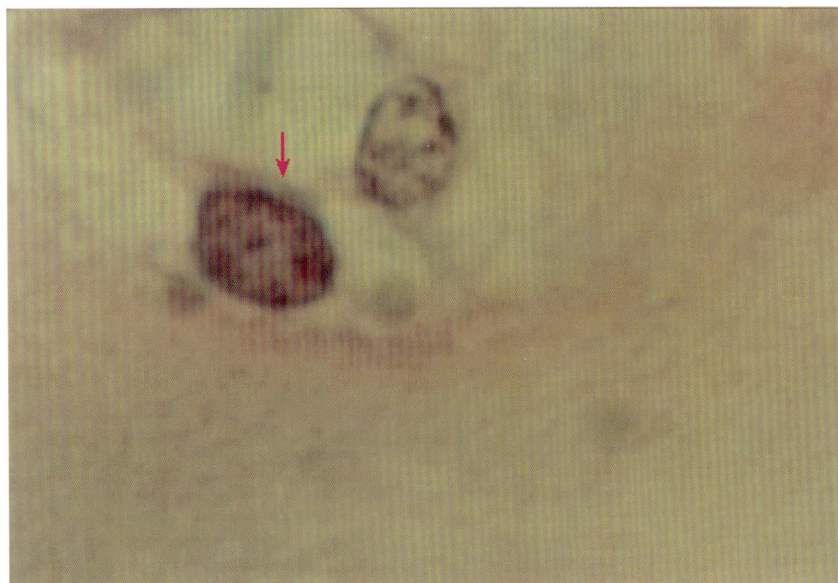

■ **图3-112 人气管软骨陷窝分隔（2）**

苏木素-伊红染色 ×1 000

↓ 示细胞之间分泌物致密化。

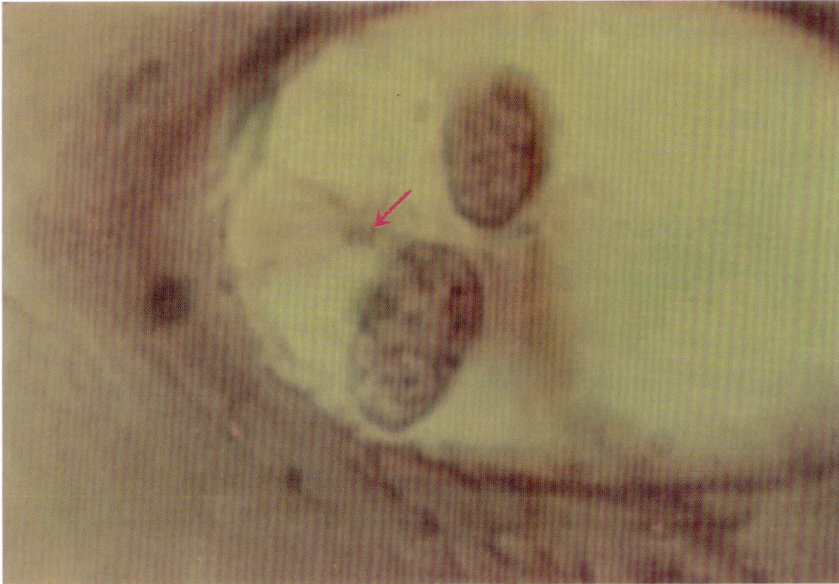

■ 图3-113　人气管软骨陷窝分隔（3）
苏木素-伊红染色　×1 000
示细胞之间分泌物致密化。

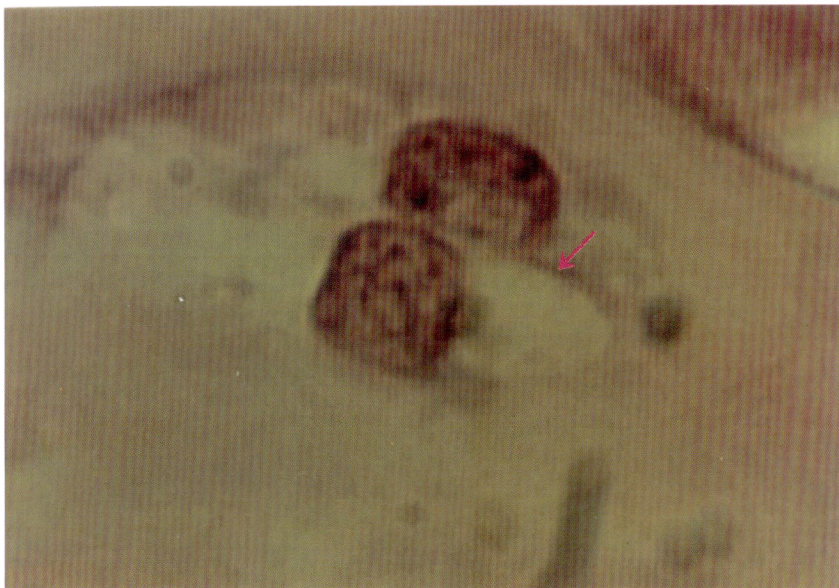

■ 图3-114　人气管软骨陷窝分隔（4）
苏木素-伊红染色　×1 000
示细胞之间形成膜状分隔。

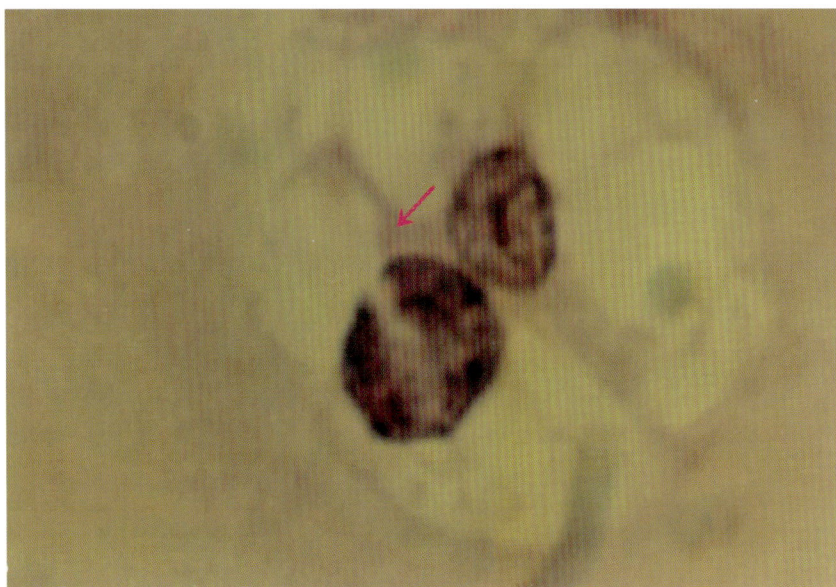

■ 图3-115　人气管软骨陷窝分隔（5）

苏木素–伊红染色　×1 000

示细胞之间形成膜状分隔。

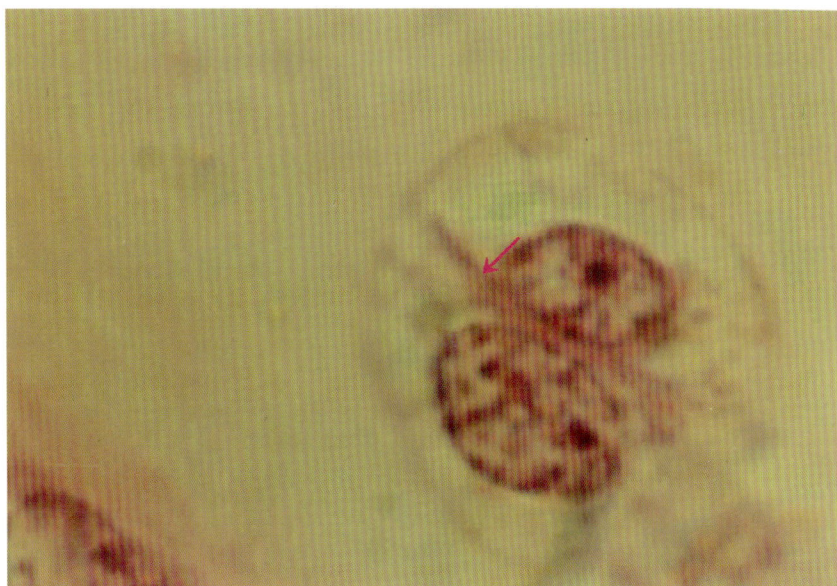

■ 图3-116　人气管软骨陷窝分隔（6）

苏木素–伊红染色　×1 000

示细胞之间软骨性隔板逐渐增厚。

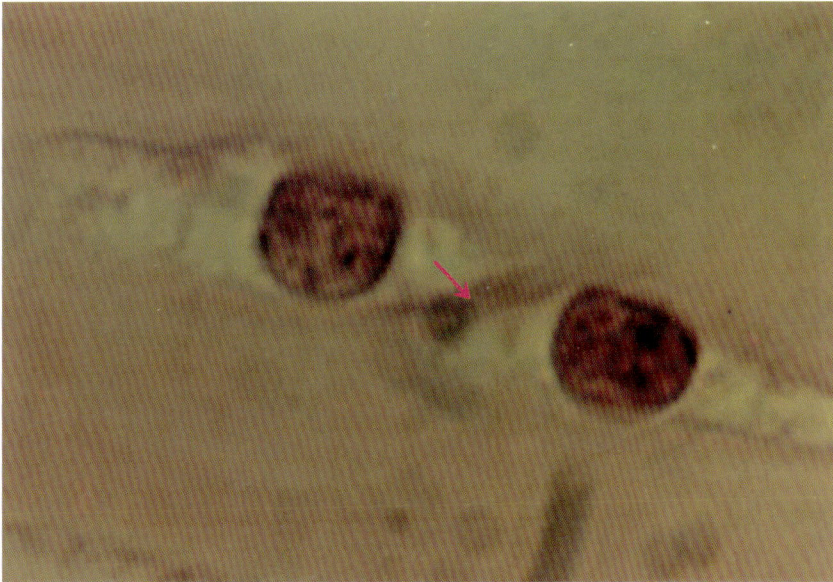

■ 图3-117　人气管软骨陷窝分隔（7）
苏木素-伊红染色　×1 000
示细胞之间软骨性隔板逐渐增厚。

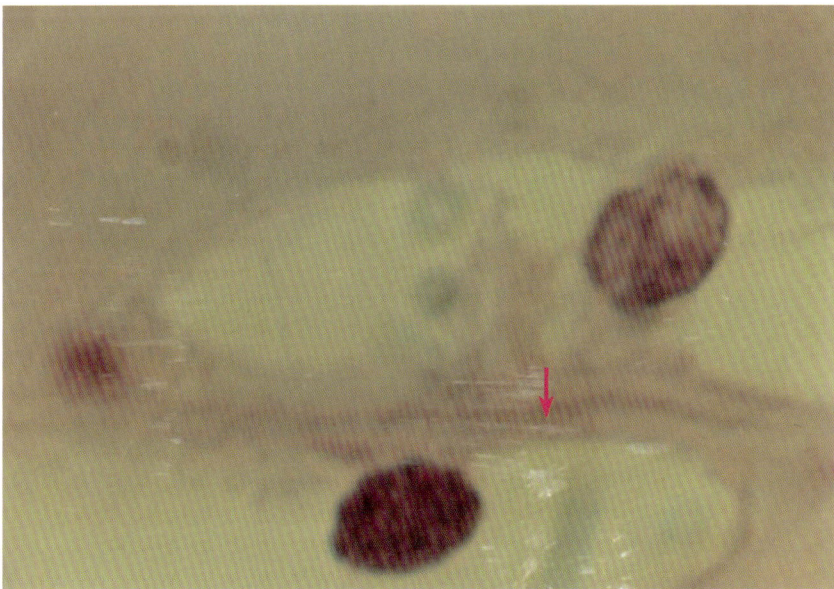

■ 图3-118　人气管软骨陷窝分隔（8）
苏木素-伊红染色　×1 000
示细胞之间软骨性隔板更加增厚。

3. 软骨细胞衰亡　软骨细胞衰亡表现为细胞核靠边，贴近陷窝壁（图3-119～图3-121）、核固缩（图3-122、图3-123）、核溶解脱色（图3-124、图3-125）和核碎裂（图3-126、图3-127）。

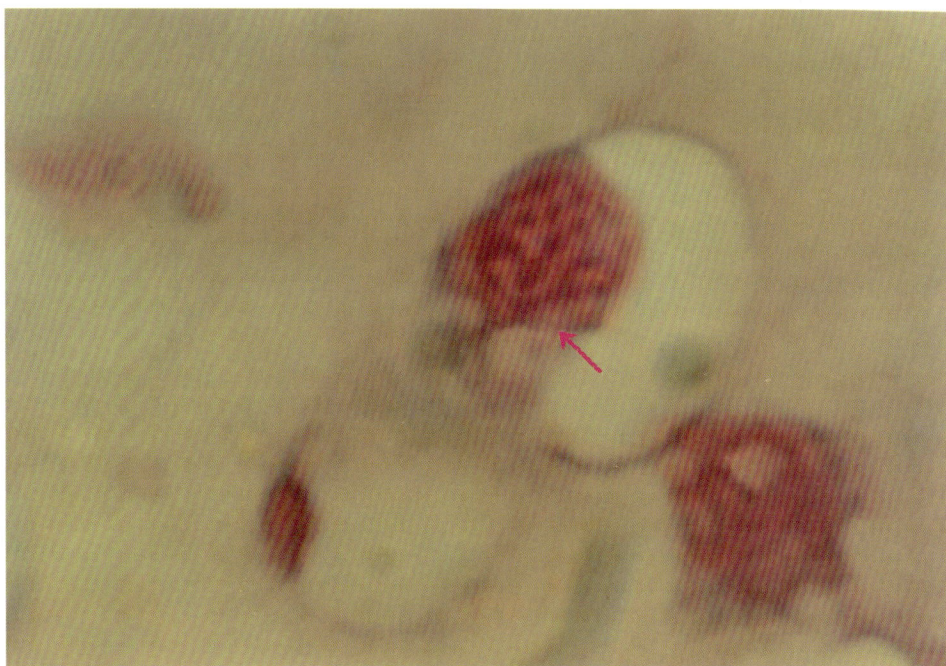

■ 图3-119　人气管软骨细胞衰亡（1）
苏木素－伊红染色　×1 000
↖ 示软骨细胞核靠边。

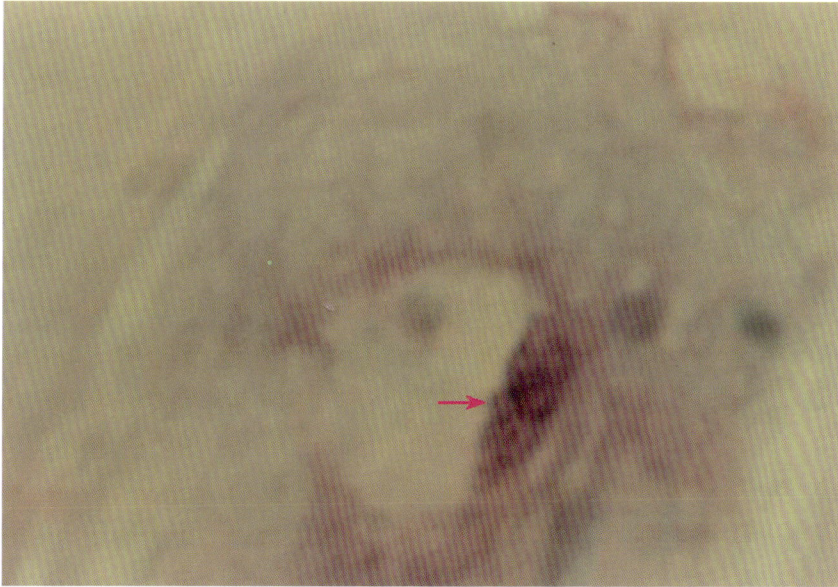

■ 图3-120　人气管软骨细胞衰亡（2）
苏木素-伊红染色　×1 000
→ 示软骨细胞核靠边。

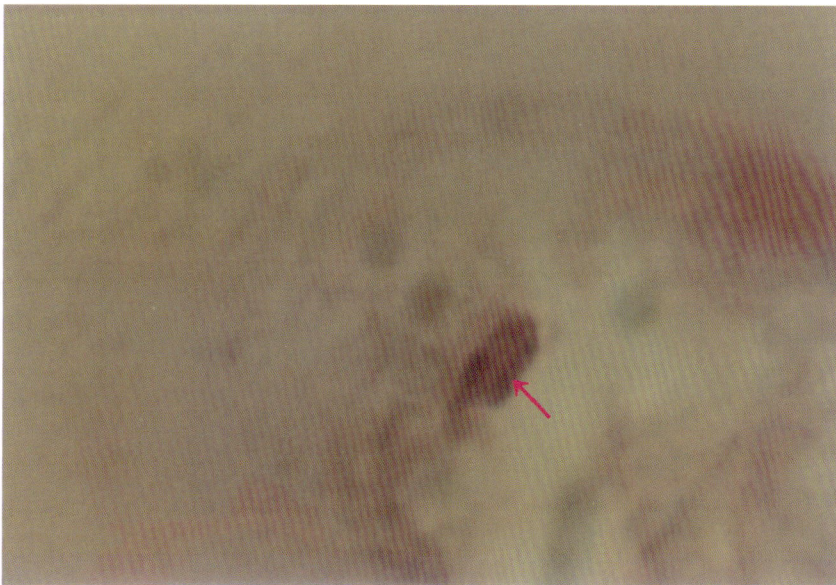

■ 图3-121　人气管软骨细胞衰亡（3）
苏木素-伊红染色　×1 000
→ 示软骨细胞核靠边。

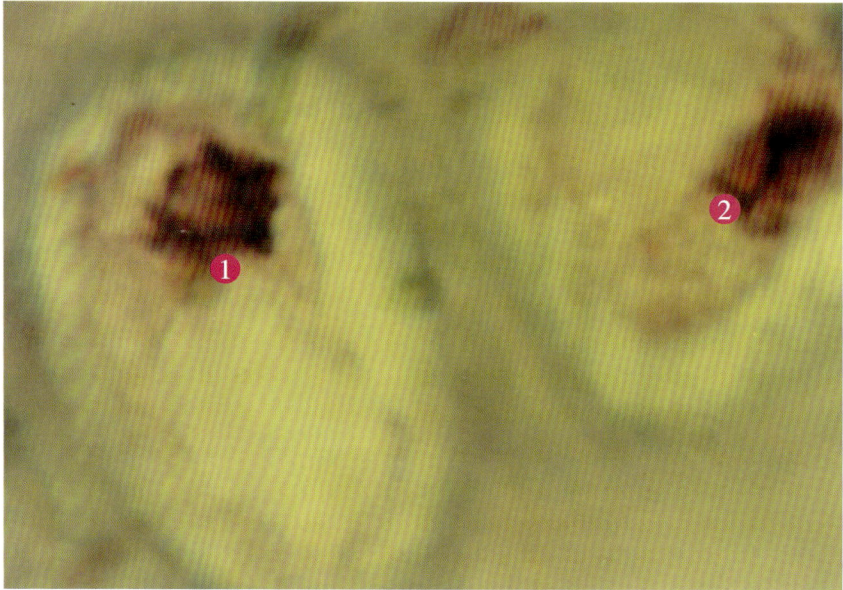

■ 图3-122 人气管软骨细胞衰亡（4）

苏木素-伊红染色 ×1 000

❶和❷示软骨细胞核明显固缩。

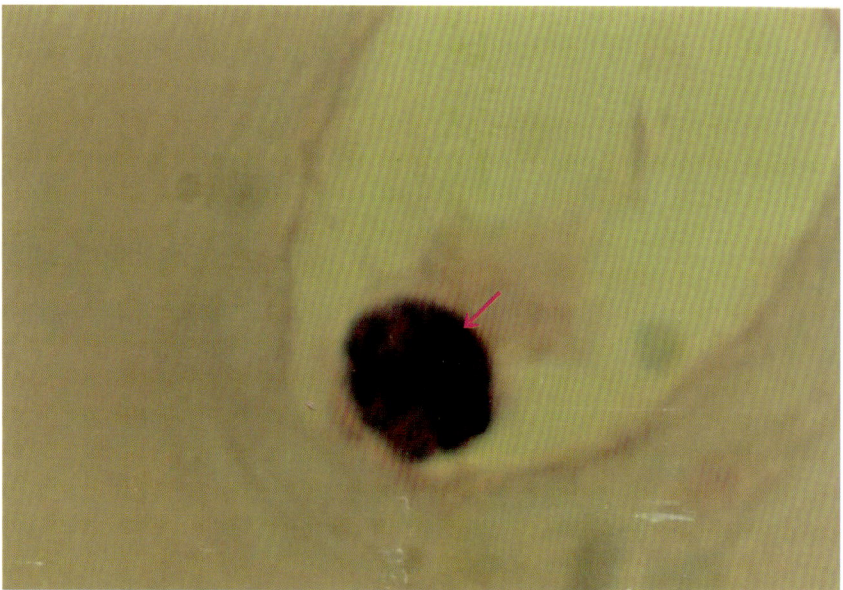

■ 图3-123 人气管软骨细胞衰亡（5）

苏木素-伊红染色 ×1 000

↙示软骨细胞核极度固缩。

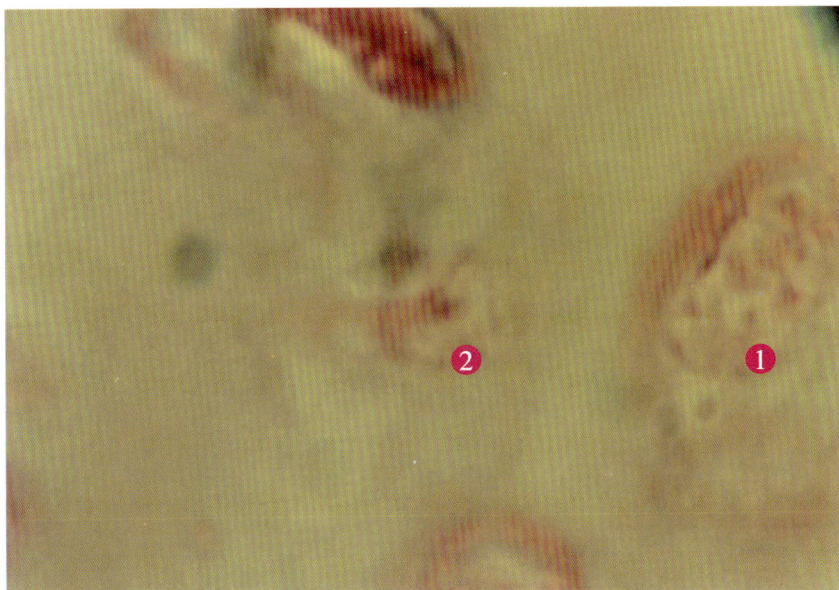

■ 图3-124　人气管软骨细胞衰亡（6）

苏木素-伊红染色　×1 000

❶示软骨细胞核脱色；❷示软骨囊消退，细胞核溶解脱色。

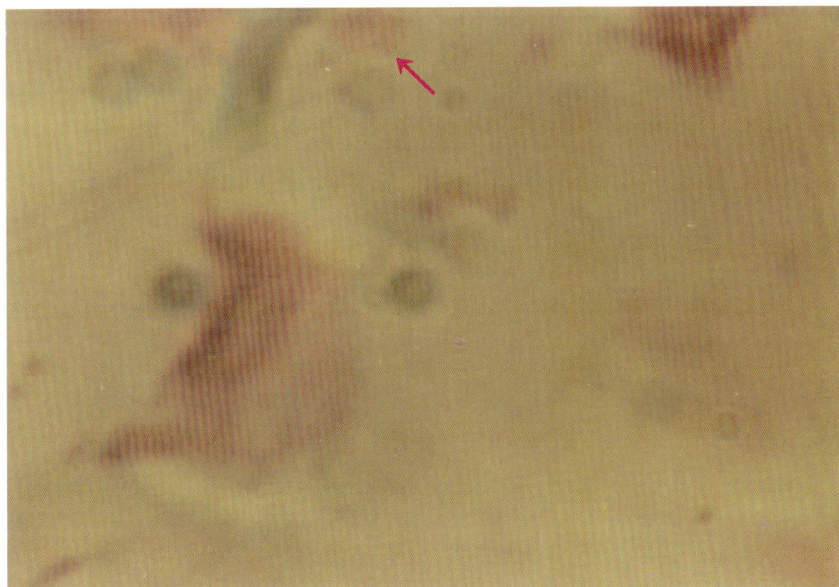

■ 图3-125　人气管软骨细胞衰亡（7）

苏木素-伊红染色　×1 000

↖示软骨囊消退，细胞核溶解脱色。

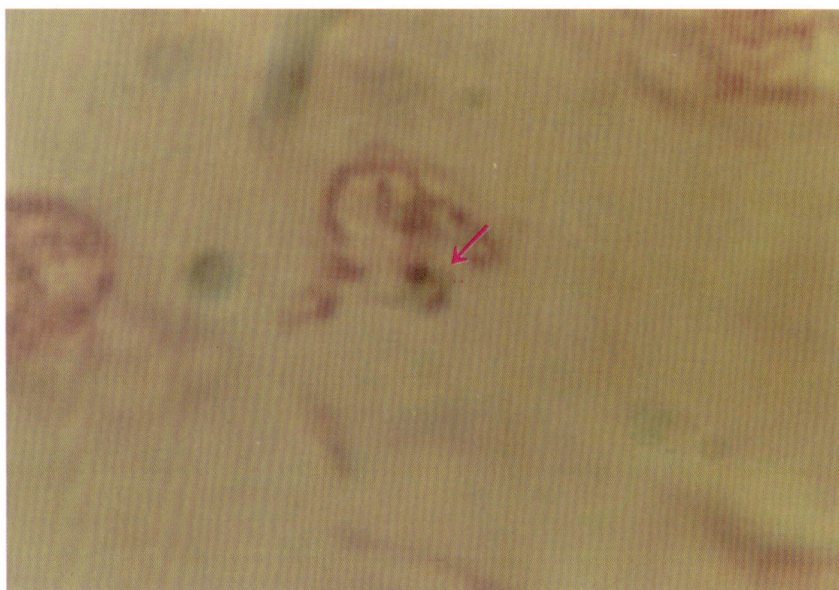

图3-126　人气管软骨细胞衰亡（8）

苏木素–伊红染色　×1 000

↙示软骨囊消退，细胞核碎裂。

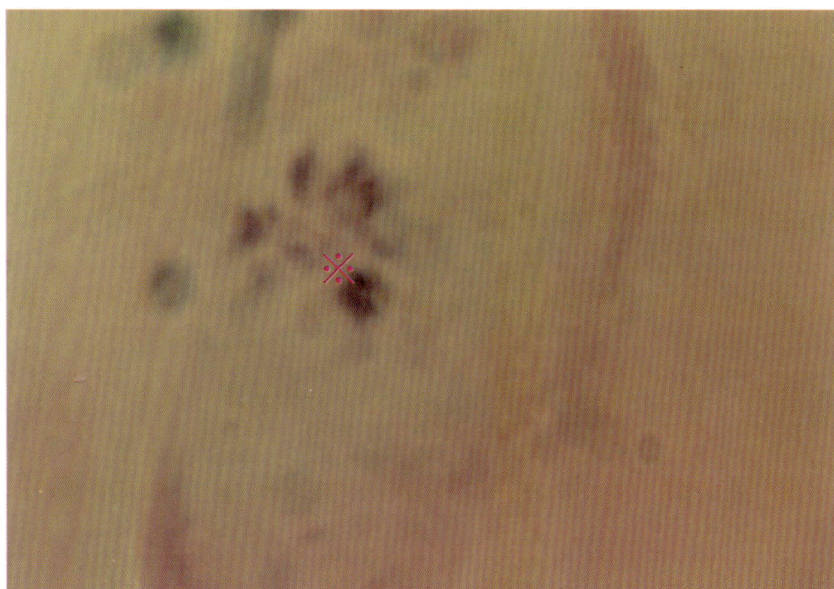

图3-127　人气管软骨细胞衰亡（9）

苏木素–伊红染色　×1 000

※示软骨囊消退，细胞核碎裂。

（二）软骨细胞演化来源

气管软骨细胞有内侧与外侧两种不同演化来源。

1. 软骨膜细胞−软骨细胞演化系 气管软骨内侧来源于软骨膜细胞−软骨细胞演化系，小白鼠与人软骨膜细胞−软骨细胞演化系略有不同。

（1）小白鼠软骨膜细胞−软骨细胞演化系 小白鼠软骨膜细胞−软骨细胞演化序列较短，表示由软骨膜细胞到软骨细胞变化迅速（图3-128），梭形软骨膜细胞激变为椭圆形或圆球形过渡性细胞，自然演化为椭圆形或圆球形软骨细胞（图3-129～图3-131），或软骨膜细胞原本就是椭圆形直接演化形成椭圆形的软骨细胞（图3-132），过渡性细胞也可见直接分裂象（图3-133）。

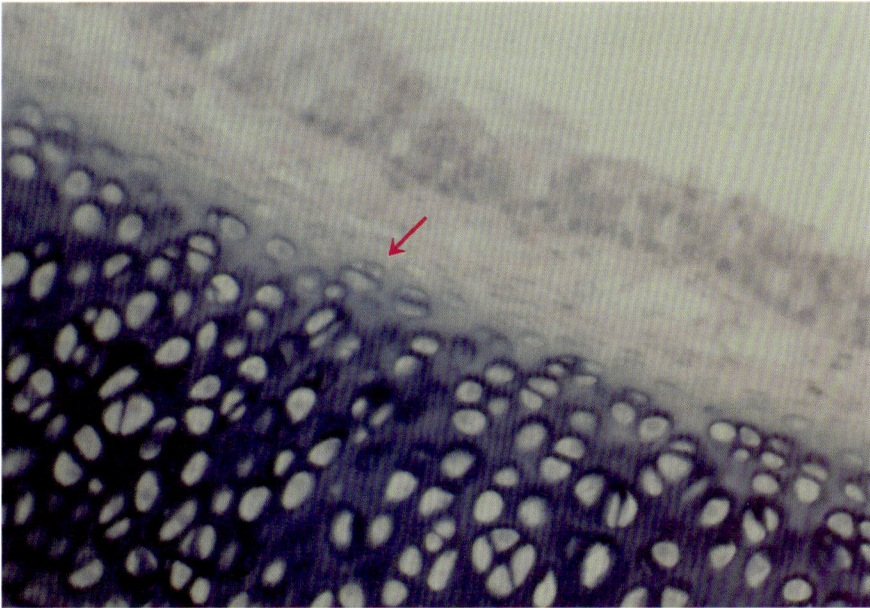

■ 图3-128　小白鼠软骨膜细胞−软骨细胞演化系（1）
苏木素−伊红染色　×100
↙示小白鼠软骨膜细胞−软骨细胞演化序。

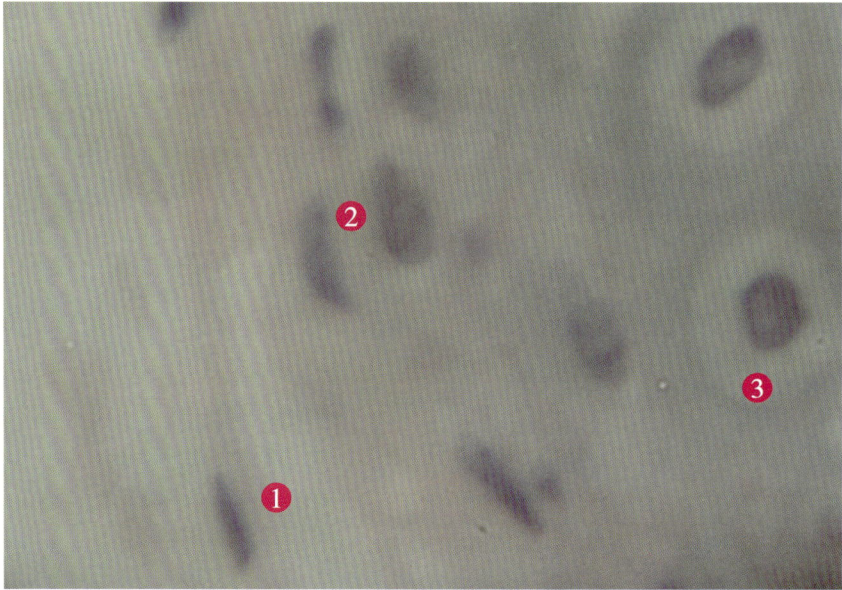

■ **图3-129　小白鼠软骨膜细胞-软骨细胞演化系（2）**
苏木素-伊红染色　×1 000
❶示软骨膜细胞；❷示过渡性细胞；❸示软骨细胞。

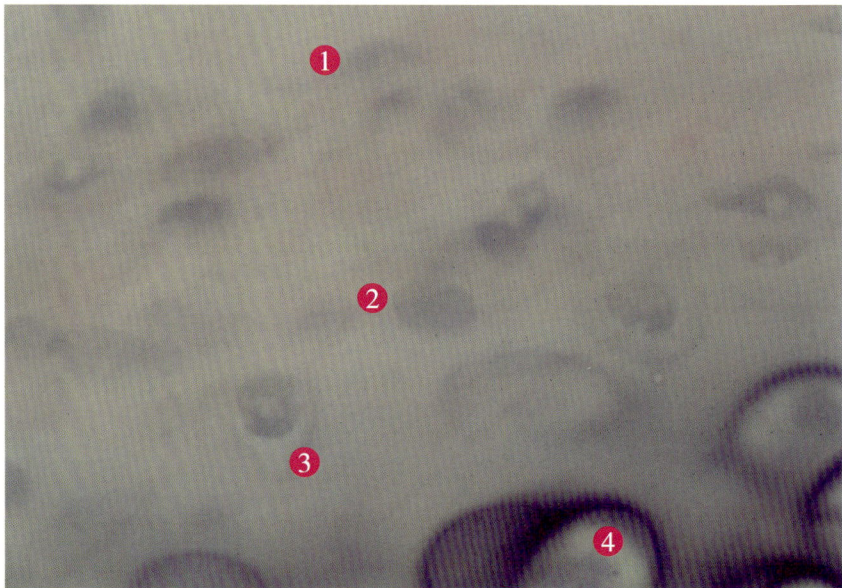

■ **图3-130　小白鼠软骨膜细胞-软骨细胞演化系（3）**
苏木素-伊红染色　×1 000
❶示软骨膜细胞；❷示两个不同演化阶段的过渡性细胞；❸示
新形成的软骨细胞；❹示软骨陷窝。

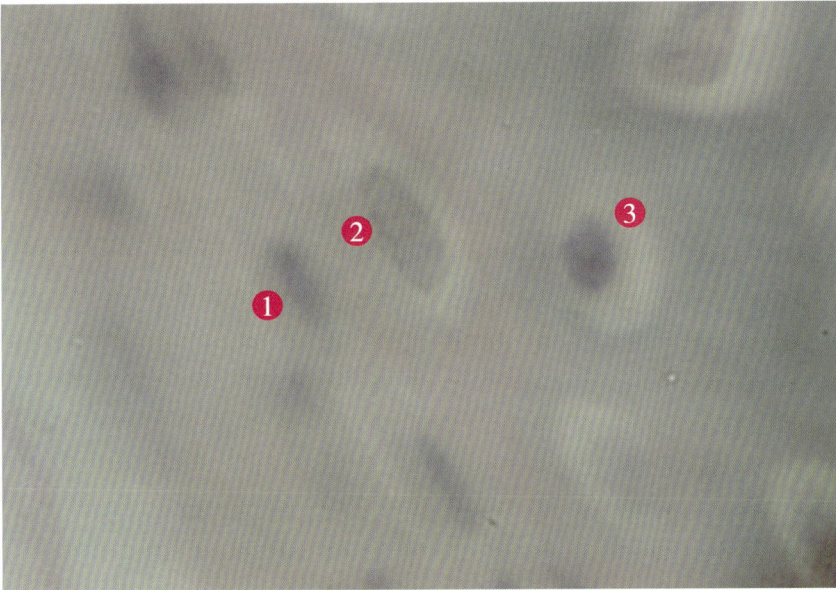

■ 图3-131　小白鼠软骨膜细胞-软骨细胞演化系（4）
苏木素-伊红染色　×1 000
❶示软骨膜细胞；❷示过渡性细胞；❸示软骨细胞。

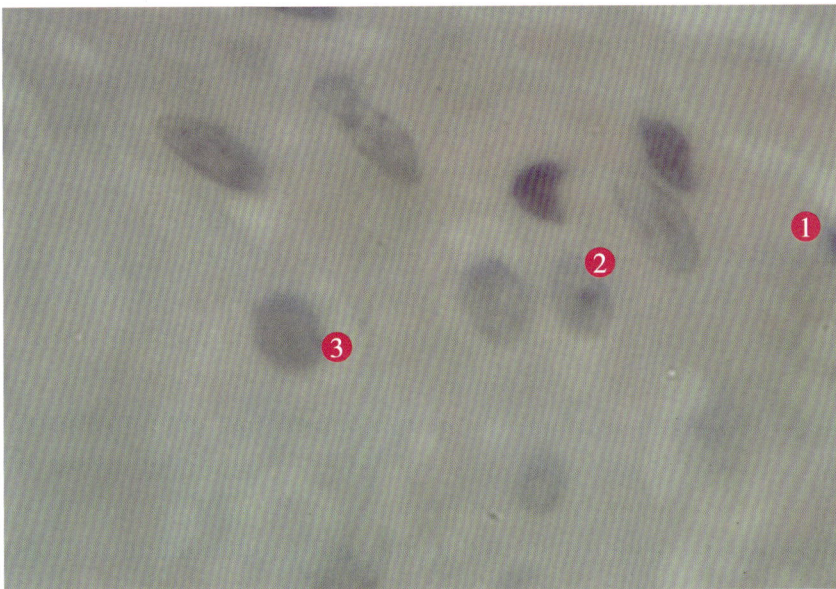

■ 图3-132　小白鼠软骨膜细胞-软骨细胞演化系（5）
苏木素-伊红染色　×1 000
❶示软骨膜细胞；❷示过渡性细胞；❸示成软骨细胞。

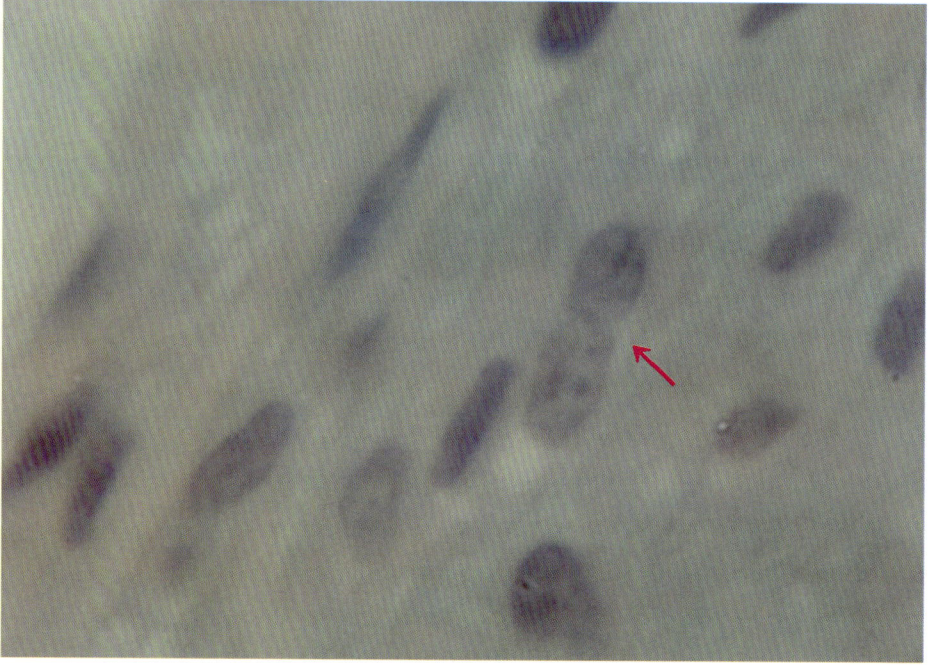

■ 图3-133　小白鼠软骨膜细胞-软骨细胞演化系（6）

苏木素-伊红染色　×1 000

← 示过渡性细胞直接分裂。

（2）人软骨膜细胞-软骨细胞演化系　人软骨膜细胞-软骨细胞演化在较强张应力下进行，显示演化序列较长（图3-134），常有较厚的长梭形软骨膜细胞层，过渡性细胞较扁，以至新形成的软骨细胞也呈长椭圆形（图3-135），由软骨膜细胞演化为软骨细胞，细胞微环境经历急剧改变，可致大量细胞衰亡，只有活跃的过渡性细胞才能完成演化过程（图3-136～图3-138），在软骨再生活跃区活跃软骨膜细胞与过渡性细胞明显占优势，更易演化形成活跃的软骨细胞（图3-139）。

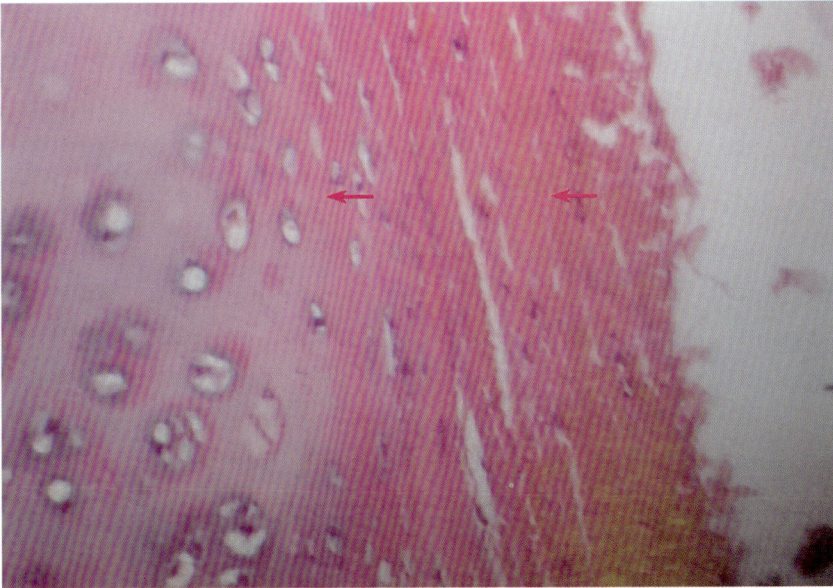

■ 图3-134　人软骨膜细胞-软骨细胞演化系（1）

苏木素-伊红染色　×100

← 示人软骨膜细胞-软骨细胞演化序方向。

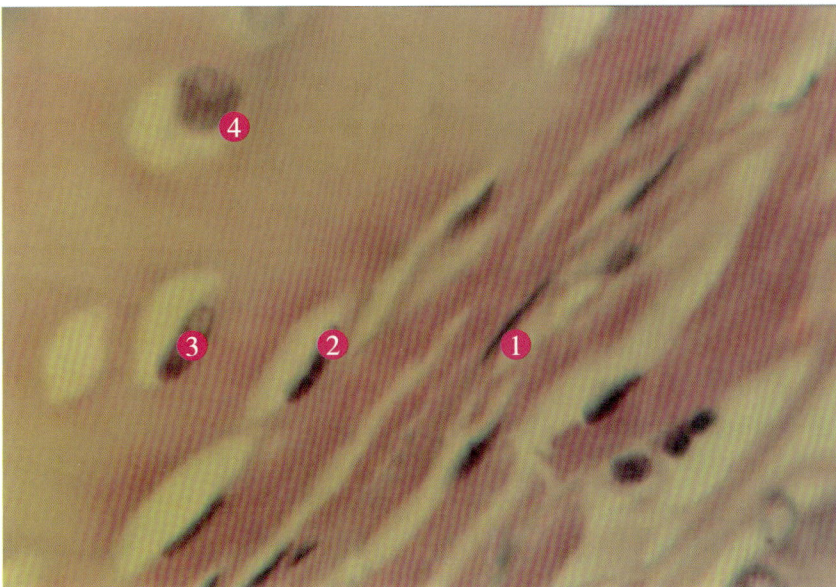

■ 图3-135　人软骨膜细胞-软骨细胞演化系（2）

苏木素-伊红染色　×400

❶示软骨膜细胞；❷示过渡性细胞；❸示梭形软骨囊；❹示球形软骨囊。

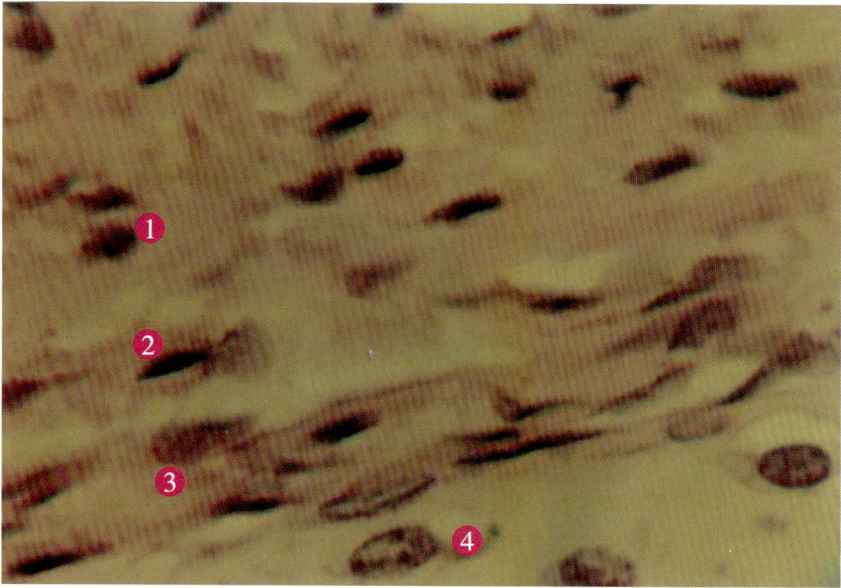

■ 图3-136　人软骨膜细胞-软骨细胞演化系（3）

苏木素-伊红染色　×400

❶示间质干细胞；❷示衰退软骨膜细胞；❸示活跃过渡性细胞；❹示椭圆形软骨囊。

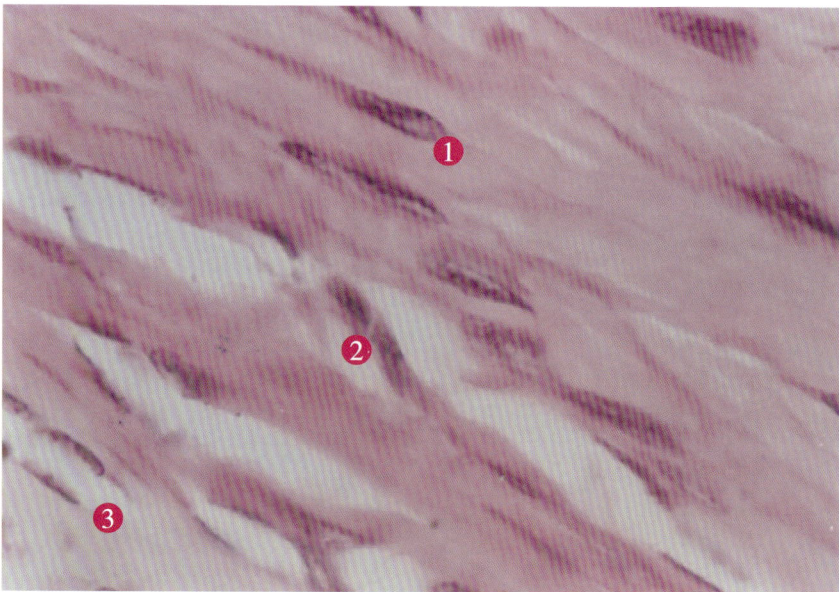

■ 图3-137　人软骨膜细胞-软骨细胞演化系（4）

苏木素-伊红染色　×400

❶示活跃软骨膜细胞；❷示衰退过渡性细胞；❸示衰退软骨细胞。

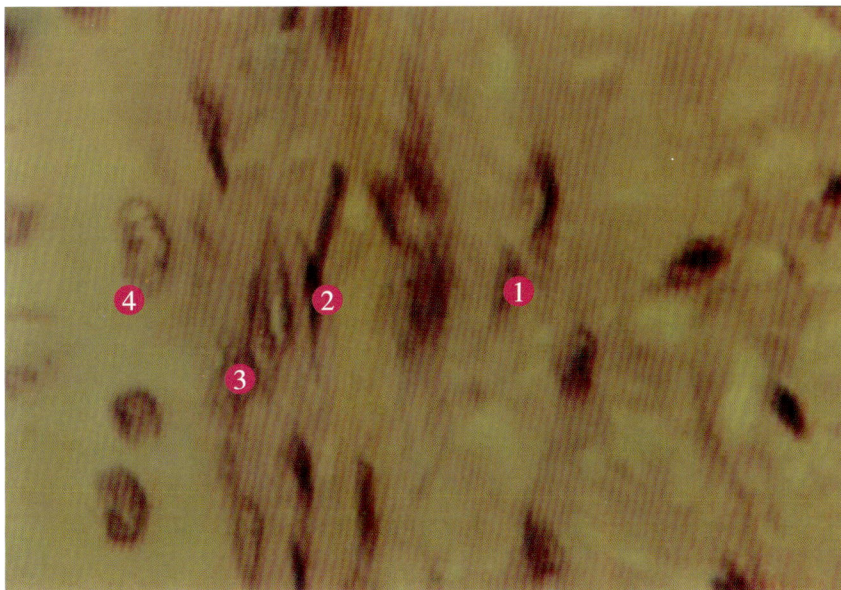

■ 图3-138　人软骨膜细胞-软骨细胞演化系（5）

苏木素-伊红染色　×400

❶示活跃软骨膜细胞；❷示衰退过渡性细胞；❸示活跃过渡性细胞；❹示活跃软骨细胞。

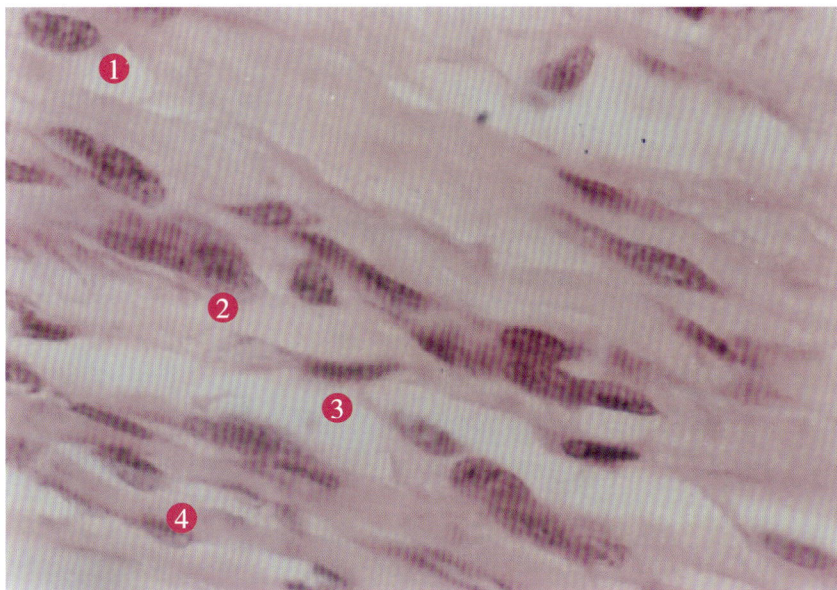

■ 图3-139　人软骨膜细胞-软骨细胞演化系（6）

苏木素-伊红染色　×400

❶示间质干细胞；❷示活跃过渡性细胞；❸示衰退过渡性细胞；❹示活跃软骨细胞。

2.平滑肌细胞-软骨细胞演化系 气管软骨外侧软骨细胞来源于平滑肌细胞-软骨细胞演化系,人和小白鼠的平滑肌细胞-软骨细胞演化系也有差别。

(1)小白鼠平滑肌细胞-软骨细胞演化系 小白鼠气管软骨外侧并非与其内侧同样的软骨膜,而是更外侧的平滑肌细胞演化为软骨细胞的不同中间类型,这些中间类型代表平滑肌细胞表型嬗变不同状态,包括纤维肌细胞(图3-140～图3-142)和肌纤维细胞(图3-143～图3-145),其间也可夹杂有纤维细胞(图3-146)及类血管外膜细胞(图3-147)。

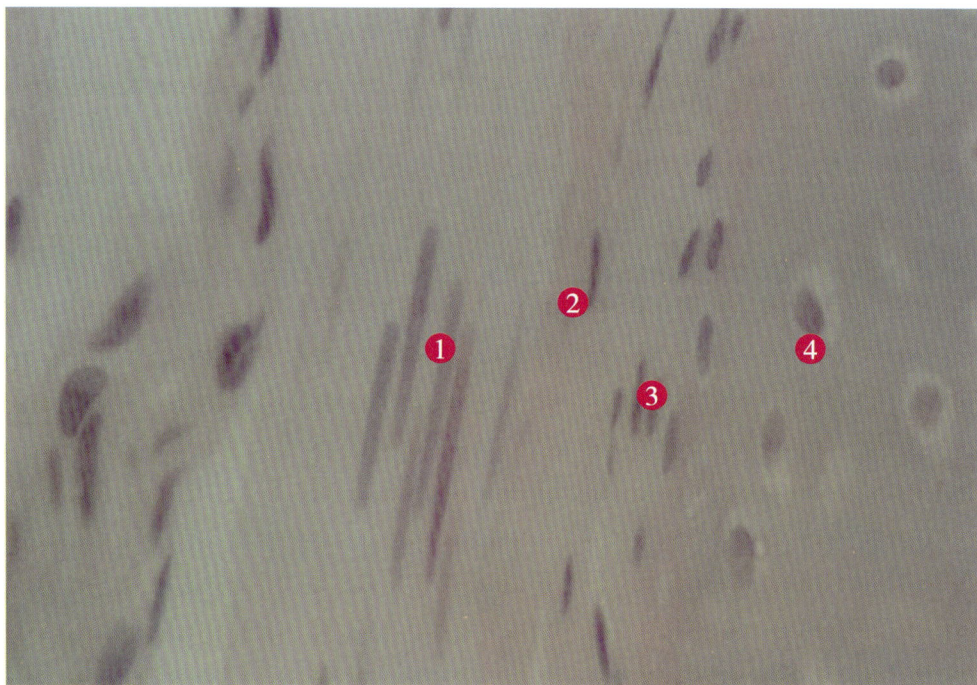

■ **图3-140 小白鼠平滑肌细胞-软骨细胞演化系(1)**
苏木素-伊红染色 ×400
❶示平滑肌细胞;❷示纤维肌细胞;❸示过渡性细胞;❹示软骨细胞。

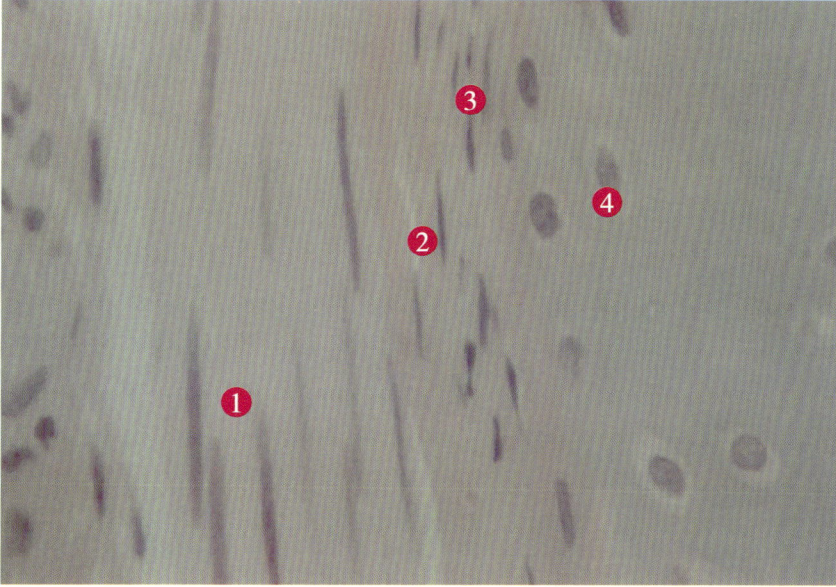

■ 图3-141　小白鼠平滑肌细胞-软骨细胞演化系（2）
苏木素-伊红染色　×400
❶示平滑肌细胞；❷示纤维肌细胞；❸示过渡性细胞；❹示软骨细胞。

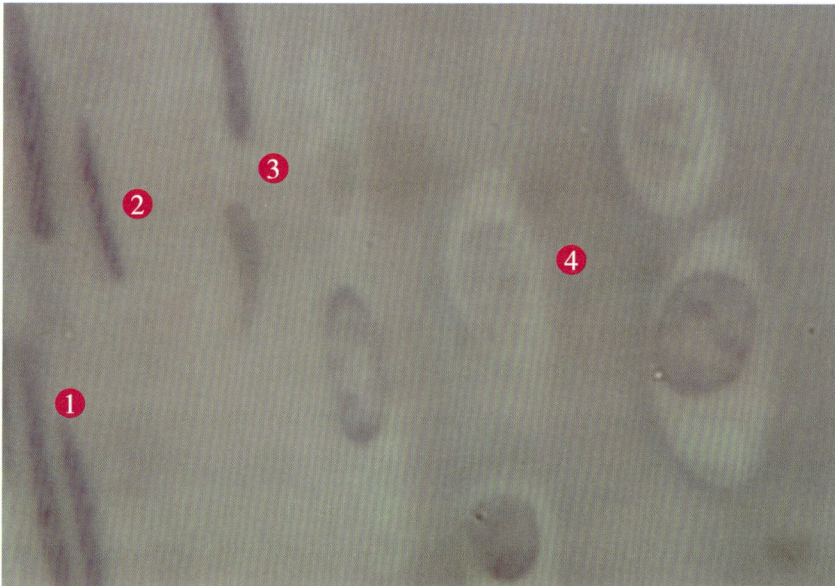

■ 图3-142　小白鼠平滑肌细胞-软骨细胞演化系（3）
苏木素-伊红染色　×1 000
❶示平滑肌细胞；❷示纤维肌细胞；❸示过渡性细胞；❹示软骨细胞。

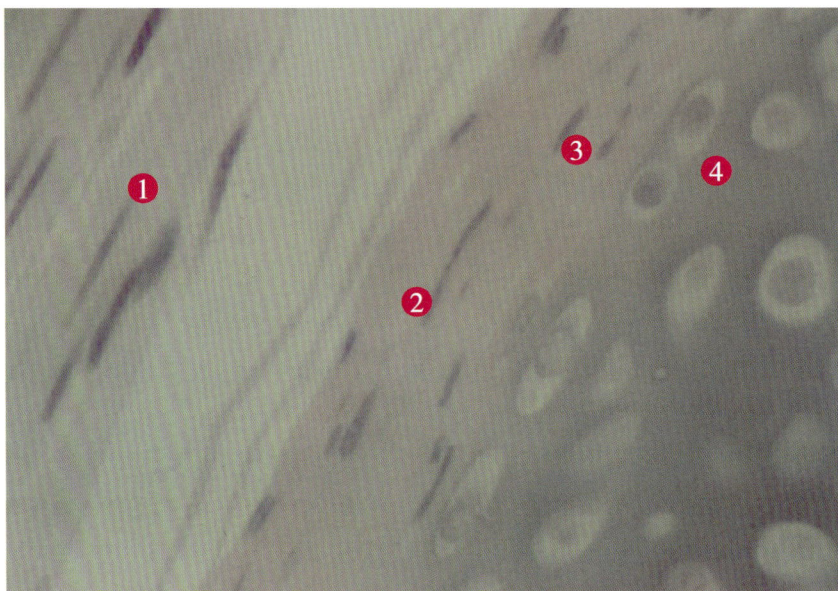

■ 图3-143　小白鼠平滑肌细胞-软骨细胞演化系（4）

苏木素-伊红染色　×400

①示平滑肌细胞；②示肌纤维细胞；③示过渡性细胞；④示软骨细胞。

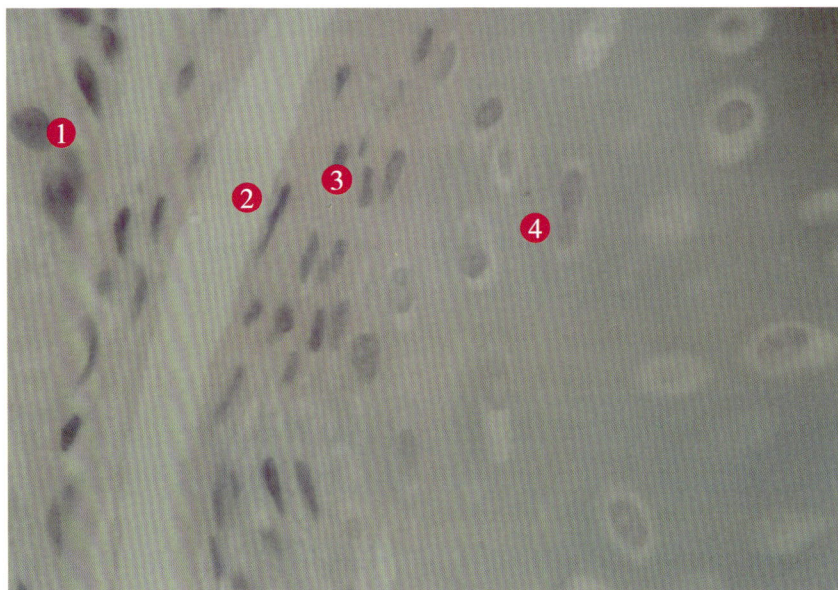

■ 图3-144　小白鼠平滑肌细胞-软骨细胞演化系（5）

苏木素-伊红染色　×400

①示平滑肌细胞；②示肌纤维细胞；③示过渡性细胞；④示软骨细胞。

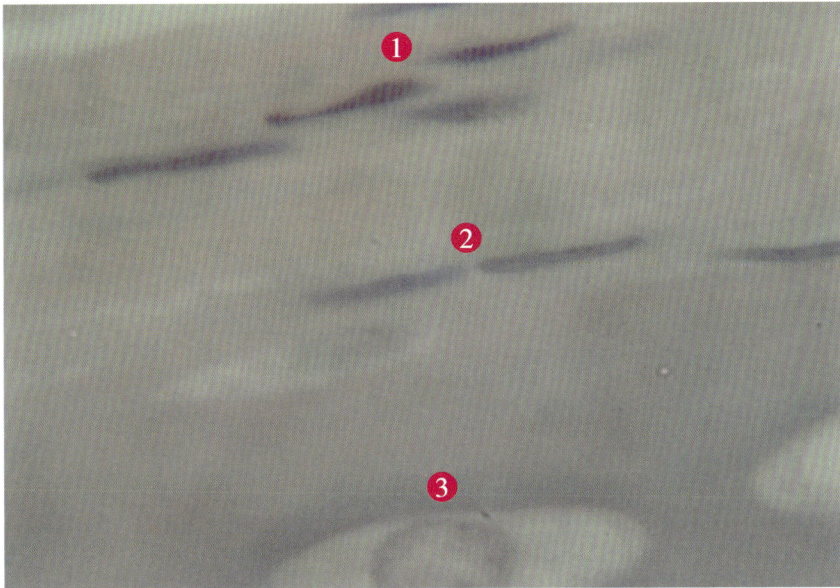

■ 图3-145　小白鼠平滑肌细胞-软骨细胞演化系（6）
苏木素-伊红染色　×1 000
❶示肌纤维细胞；❷示过渡性细胞；❸示软骨细胞。

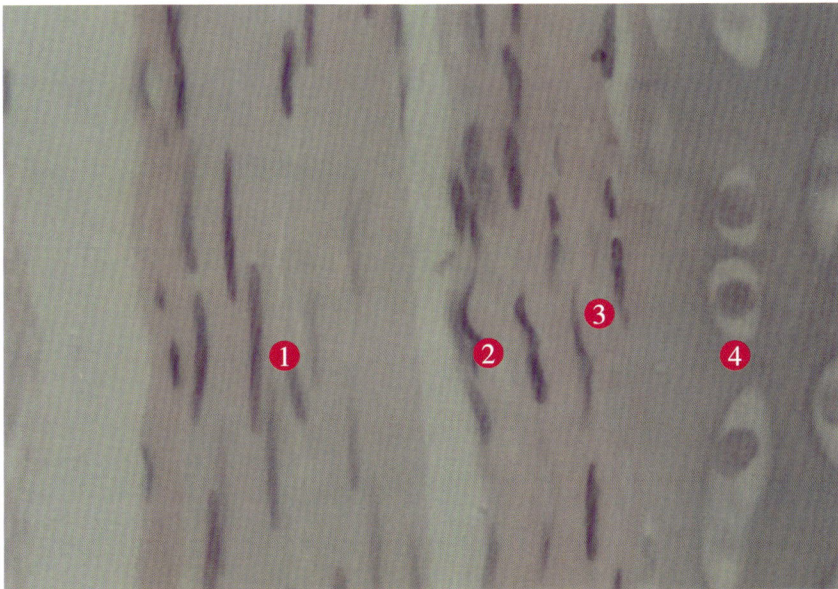

■ 图3-146　小白鼠平滑肌细胞-软骨细胞演化系（7）
苏木素-伊红染色　×400
❶示平滑肌细胞；❷示纤维细胞；❸示过渡性细胞；❹示软骨细胞。

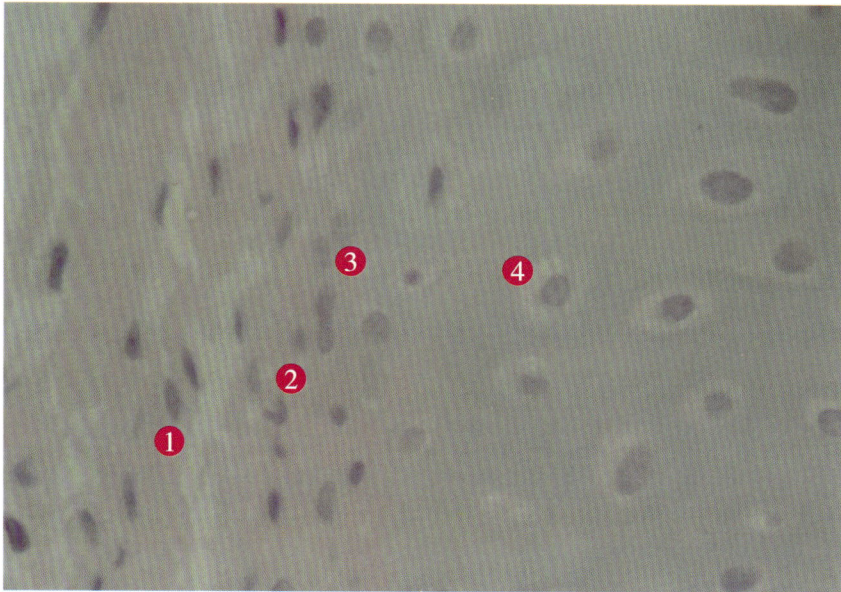

■ 图3-147 小白鼠平滑肌细胞-软骨细胞演化系（8）

苏木素-伊红染色 ×400

❶示纤维肌细胞；❷示类血管外膜细胞；❸示过渡性细胞；
❹示软骨细胞。

（2）人平滑肌细胞-软骨细胞演化系 人气管软骨外侧平滑肌细胞-软
骨细胞演化中也有纤维肌细胞、肌纤维细胞和血管外膜细胞等中间类型（图
3-148～图3-150）。同样在演化过程中有大量的细胞衰亡（图3-151、
图3-152），只有部分活跃型过渡性细胞才能演化成为软骨细胞（图
3-153），而在软骨再生活跃区活跃型过渡性细胞明显占优势，较多细胞
能演化形成活跃型成软骨细胞（图3-154、图3-155）。

气管软骨最初形成是由小神经束演化而来（图3-156、图3-157）。
而成体已形成的气管软骨仍是一个细胞元素不断新生与衰亡的动态自组织
系统，其组织场中心是既无张应力、又无压应力的零应力环面，组织场由
包括两种应力梯度和相关的理化因子梯度构成，零应力面就是气管软骨系
统的吸引子，也就是软骨细胞的死亡面。

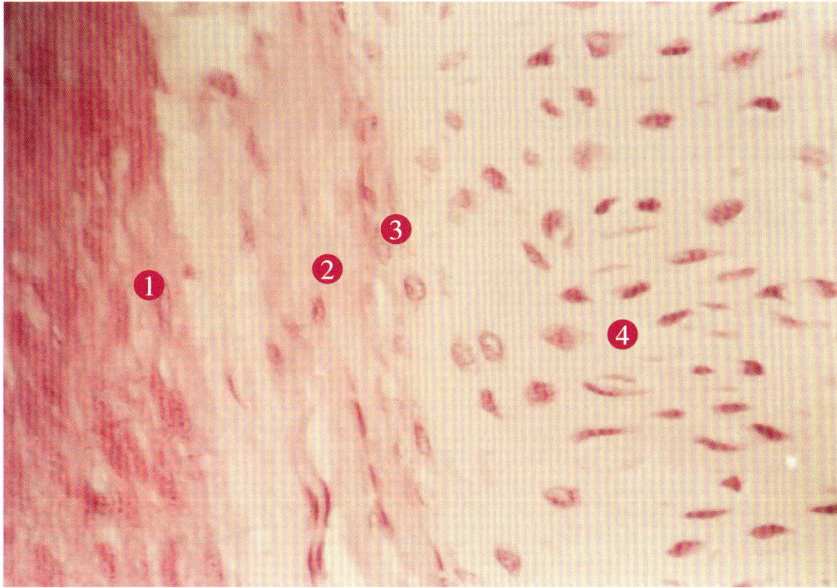

■ 图3-148 人平滑肌细胞-软骨细胞演化系（1）

苏木素-伊红染色 ×200

❶示平滑肌细胞；❷示肌纤维细胞；❸示过渡性细胞；❹示软骨细胞。

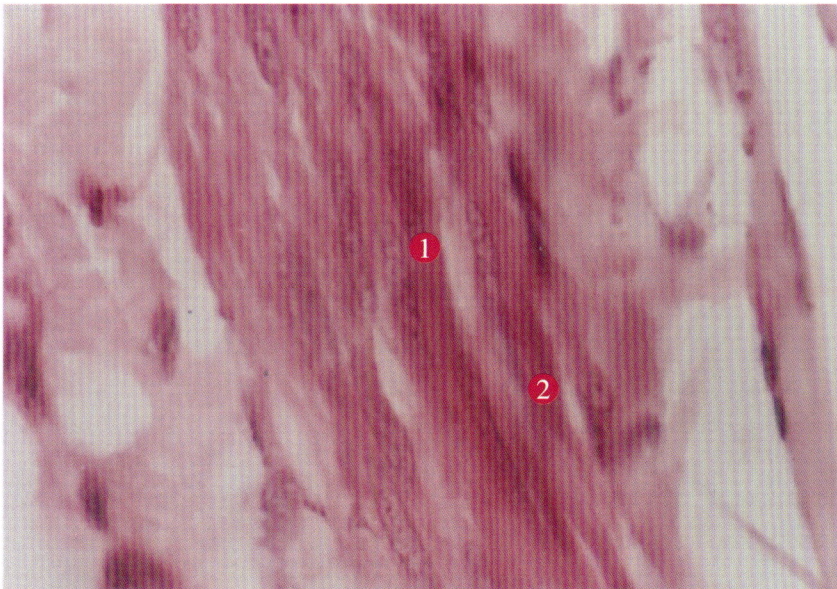

■ 图3-149 人平滑肌细胞-软骨细胞演化系（2）

苏木素-伊红染色 ×400

❶示纤维肌细胞；❷示肌纤维细胞。

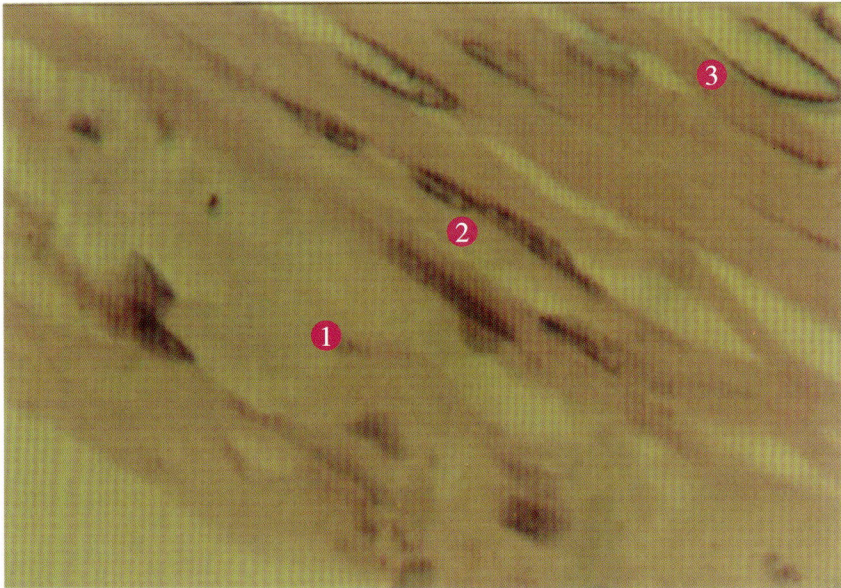

■ 图3-150 人平滑肌细胞-软骨细胞演化系（3）

苏木素-伊红染色 ×400

❶示类血管外膜细胞；❷示长梭形过渡性细胞；❸示衰退软骨细胞。

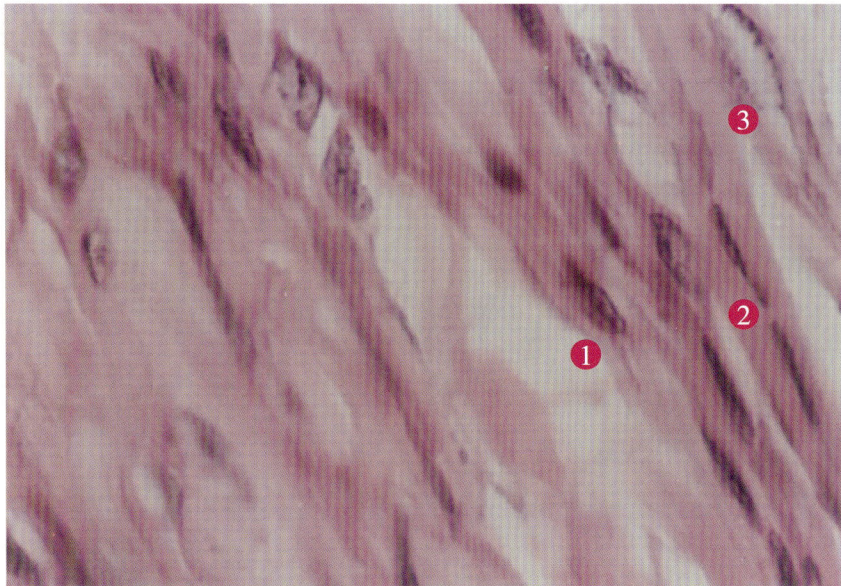

■ 图3-151 人平滑肌细胞-软骨细胞演化系（4）

苏木素-伊红染色 ×400

❶示活跃过渡性细胞；❷示衰退过渡性细胞；❸示衰退软骨细胞。

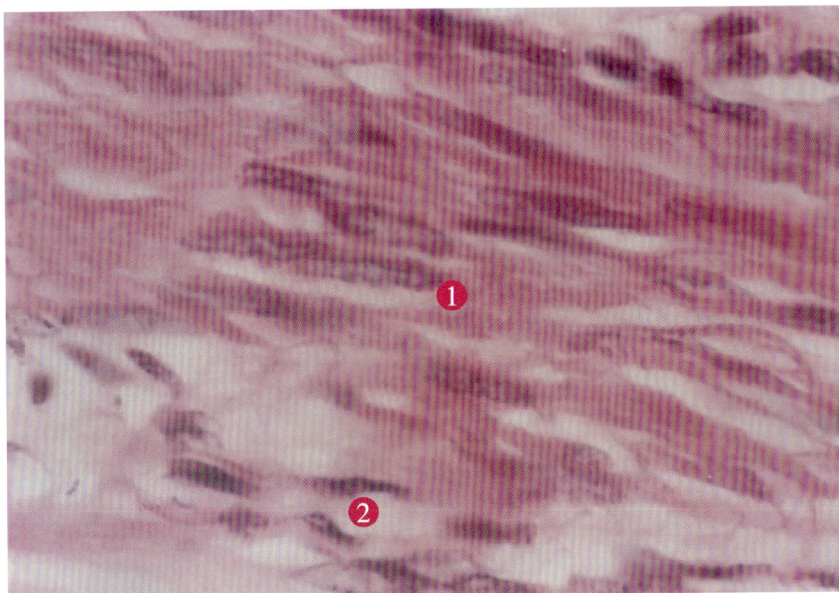

■ 图3-152　人平滑肌细胞-软骨细胞演化系（5）
苏木素-伊红染色　×400
❶示活跃纤维肌细胞；❷示衰退过渡性细胞。

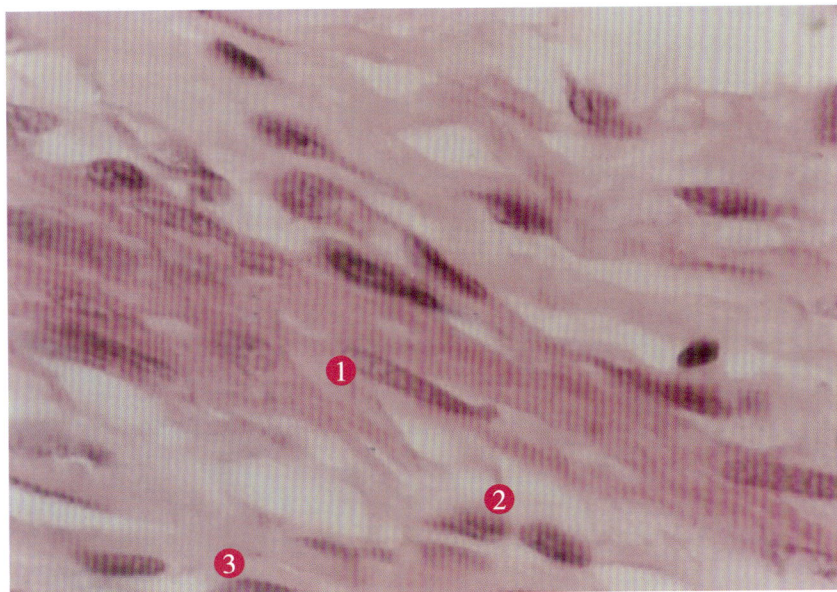

■ 图3-153　人平滑肌细胞-软骨细胞演化系（6）
苏木素-伊红染色　×400
❶示平滑肌细胞；❷示活跃过渡性细胞；❸示活跃软骨细胞。

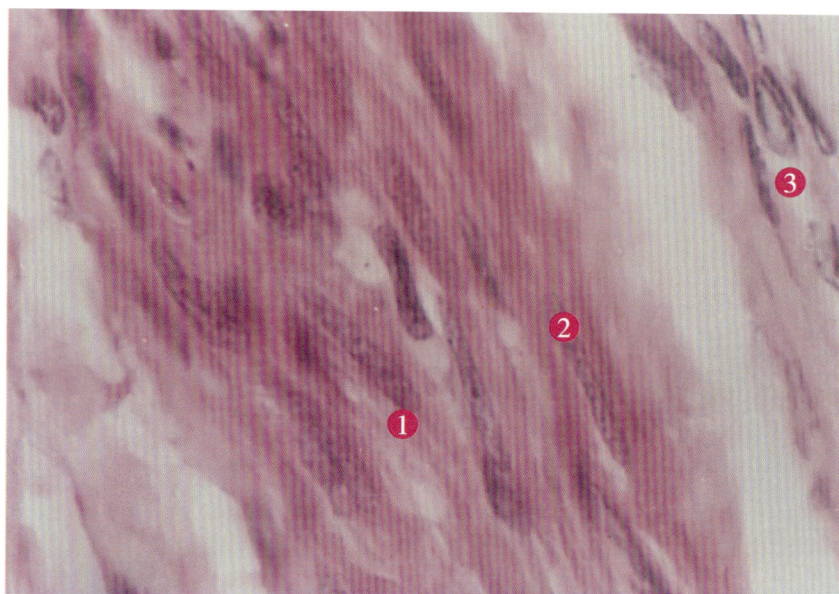

■ 图3-154 人平滑肌细胞-软骨细胞演化系（7）

苏木素-伊红染色 ×400

❶示平滑肌细胞；❷示活跃纤维肌细胞；❸示活跃成软骨细胞。

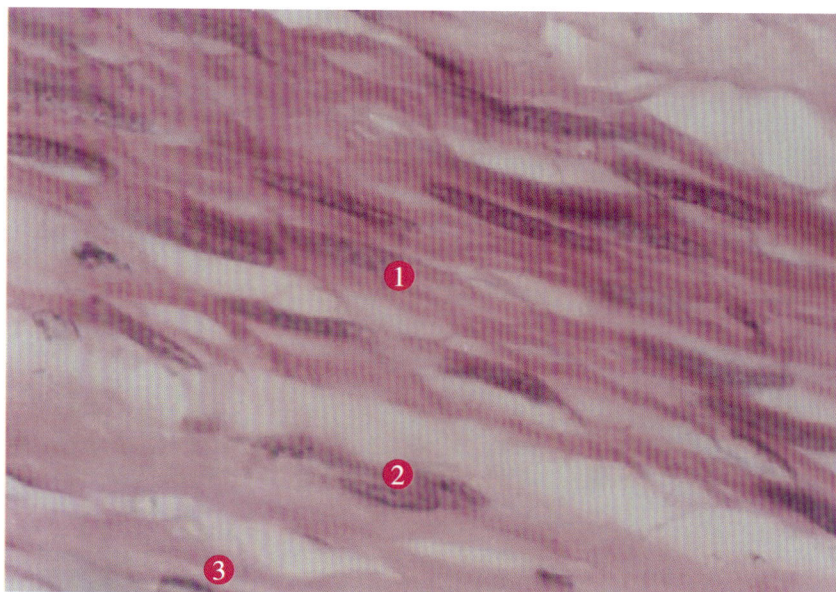

■ 图3-155 人平滑肌细胞-软骨细胞演化系（8）

苏木素-伊红染色 ×400

❶示平滑肌细胞；❷示活跃过渡性细胞；❸示活跃软骨细胞。

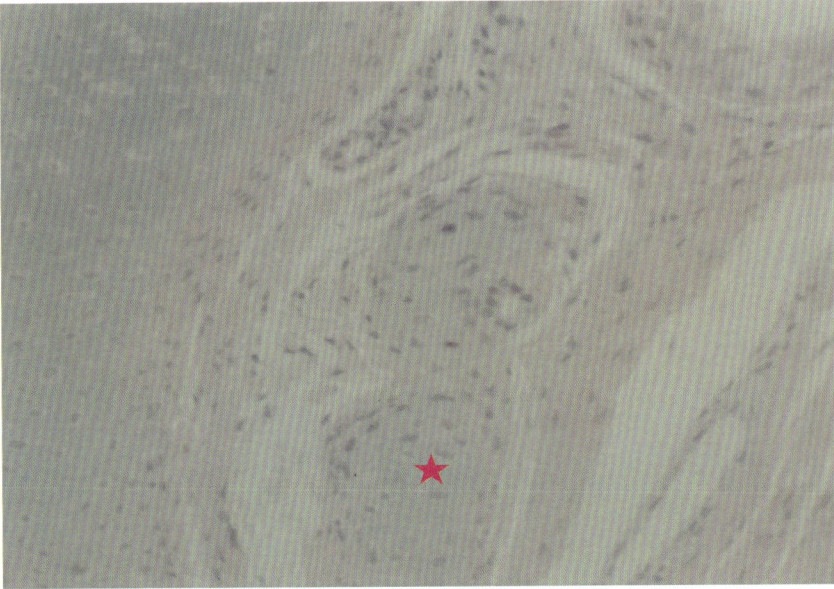

■ 图3-156　小白鼠气管子软骨形成

苏木素-伊红染色　×100

★ 示新形成内侧子软骨。

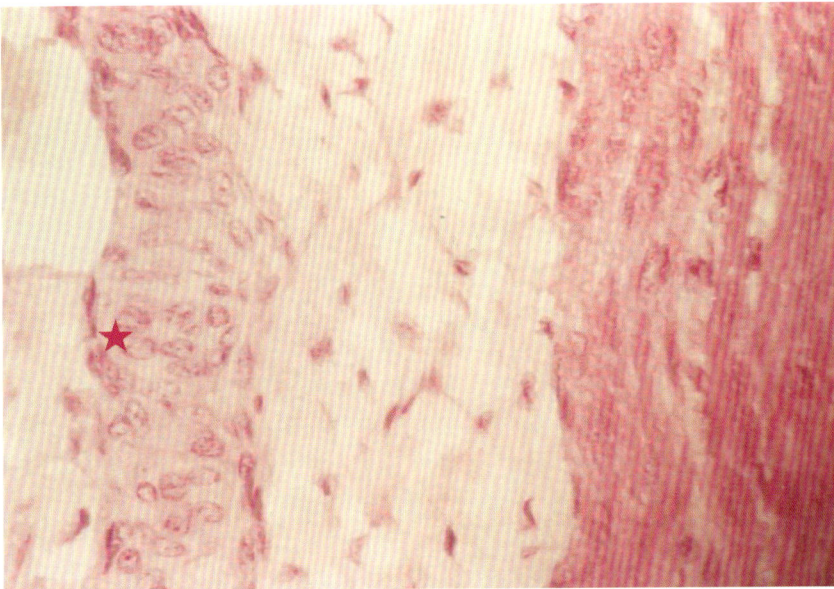

■ 图3-157　豚鼠气管子软骨形成

苏木素-伊红染色　×200

★ 示外侧新形成子软骨。

四、气管平滑肌组织动力学

（一）小白鼠气管平滑肌组织动力学

1. 小白鼠气管平滑肌细胞系 小白鼠气管平滑肌细胞核的形状、染色显示明显差异，幼稚平滑肌细胞核椭圆形，强嗜碱性，随着平滑肌细胞演化细胞核变长，逐渐由嗜碱性变为嗜酸性（图3-158～图3-160）。

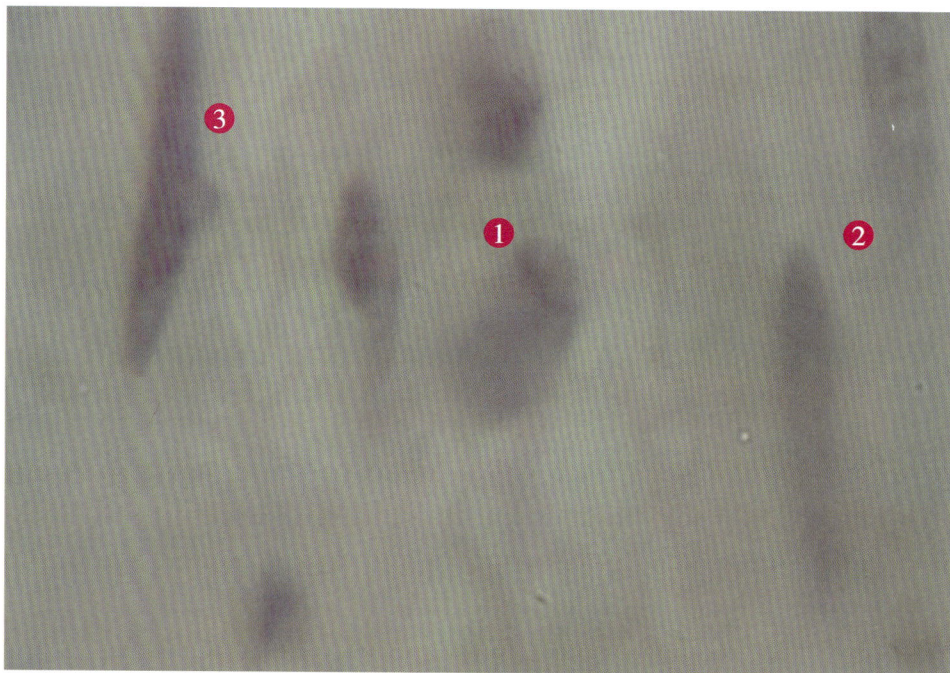

■ **图3-158 小白鼠气管平滑肌细胞异质性（1）**
苏木素–伊红染色 ×1 000
❶示相邻两个幼稚平滑肌细胞；❷示相邻两个低演化平滑肌细胞；❸示高演化平滑肌细胞。

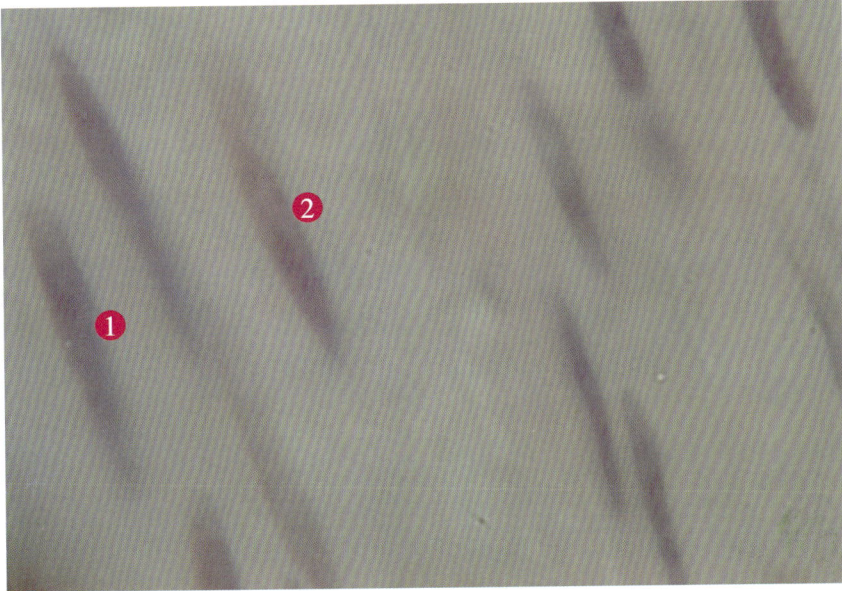

■ 图3-159　小白鼠气管平滑肌细胞异质性（2）
苏木素-伊红染色　×1 000
❶示低演化平滑肌细胞；❷示高演化平滑肌细胞。

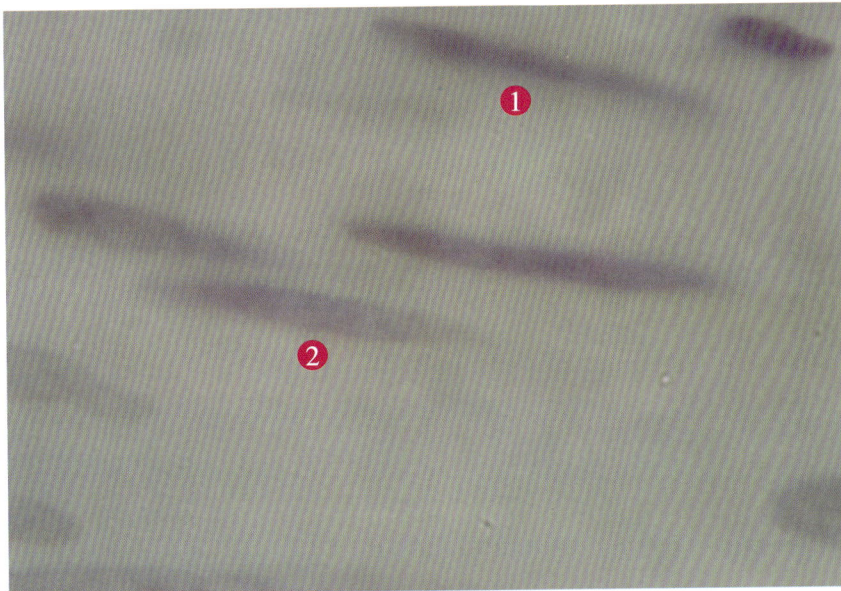

■ 图3-160　小白鼠气管平滑肌细胞异质性（3）
苏木素-伊红染色　×1 000
❶示低演化平滑肌细胞；❷示高演化平滑肌细胞。

2. 小白鼠气管平滑肌细胞直接分裂　气管平滑肌细胞可见直接分裂象（图3-161、图3-162）。

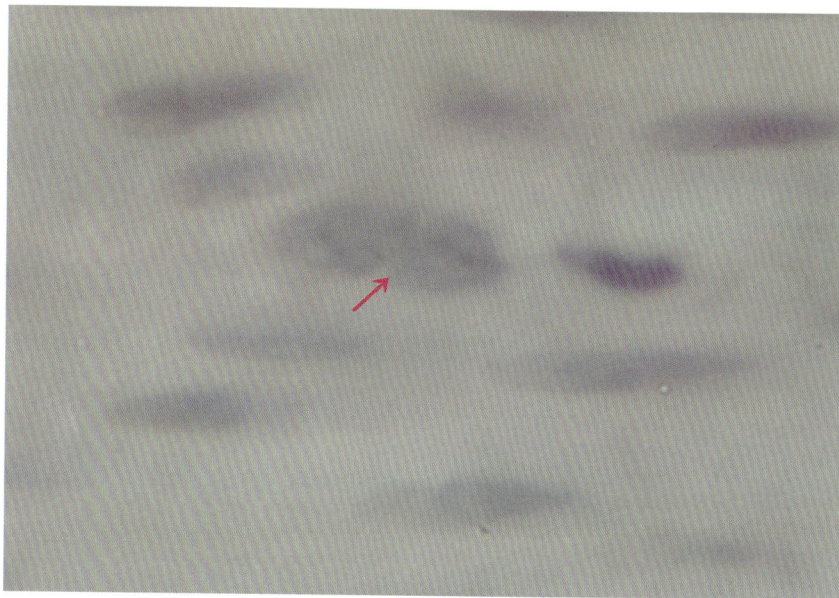

■ **图3-161　小白鼠气管平滑肌细胞直接分裂（1）**
苏木素-伊红染色　×1 000
↗示低演化平滑肌细胞直接分裂。

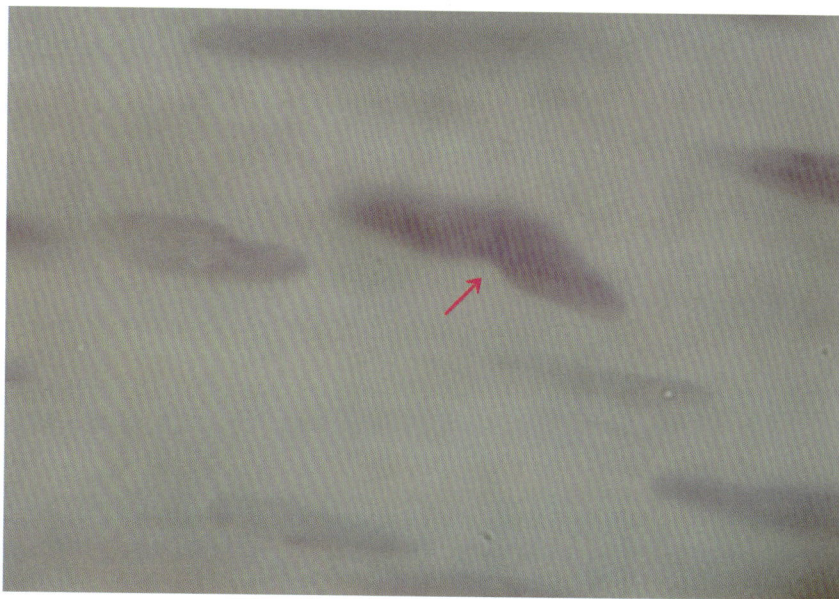

■ **图3-162　小白鼠气管平滑肌细胞直接分裂（2）**
苏木素-伊红染色　×1 000
↗示高演化平滑肌细胞直接分裂。

3.小白鼠气管神经束细胞–平滑肌细胞演化系　气管平滑肌外侧常见小神经束（图3-163），周边神经束细胞可被诱导演化形成平滑肌细胞（图3-164），也可经整体嬗变，神经束细胞离散演化形成平滑肌细胞（图3-165～图3-167）。

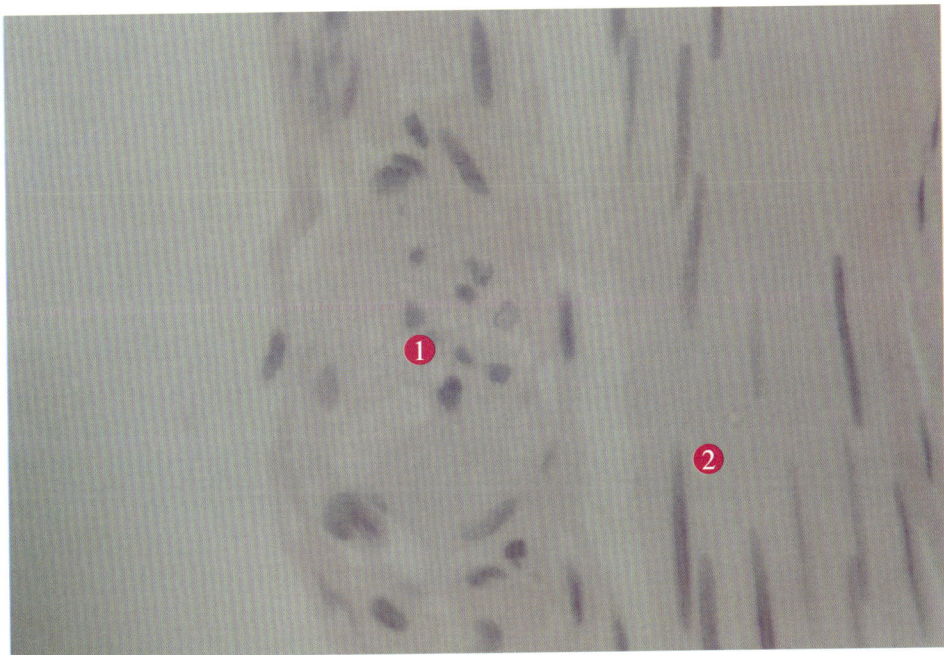

■ **图3-163　小白鼠神经束细胞–平滑肌细胞演化系（1）**
苏木素–伊红染色　×400
❶示小神经束；❷示平滑肌细胞束。

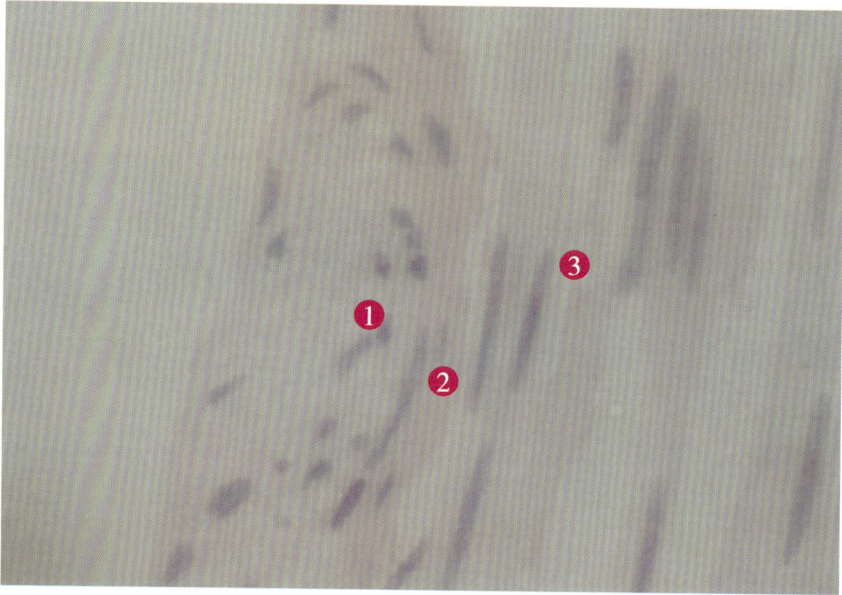

■ 图3-164　小白鼠神经束细胞-平滑肌细胞演化系（2）

苏木素-伊红染色　×400

❶示小神经束；❷示受周边诱导神经束细胞平滑肌化；❸示平滑肌细胞。

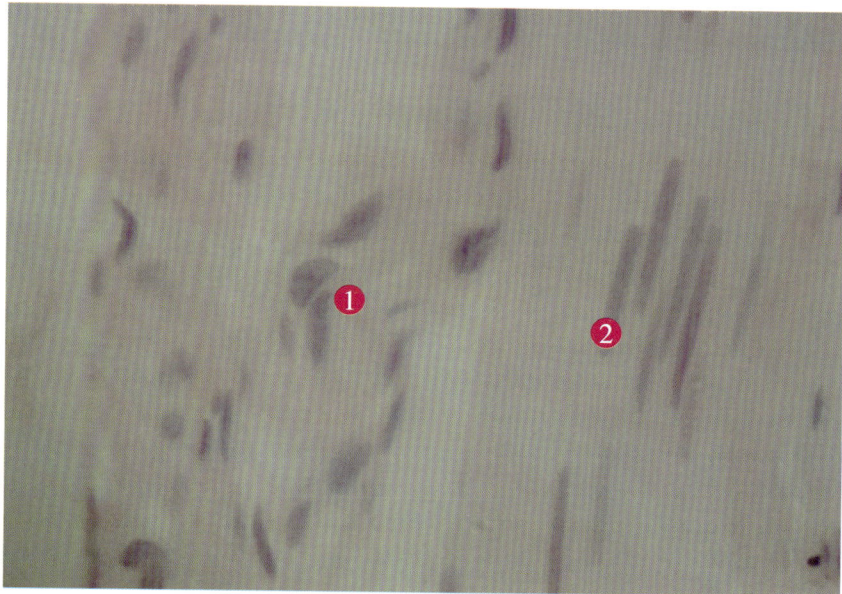

■ 图3-165　小白鼠神经束细胞-平滑肌细胞演化系（3）

苏木素-伊红染色　×400

❶示嬗变小神经束；❷示平滑肌束。

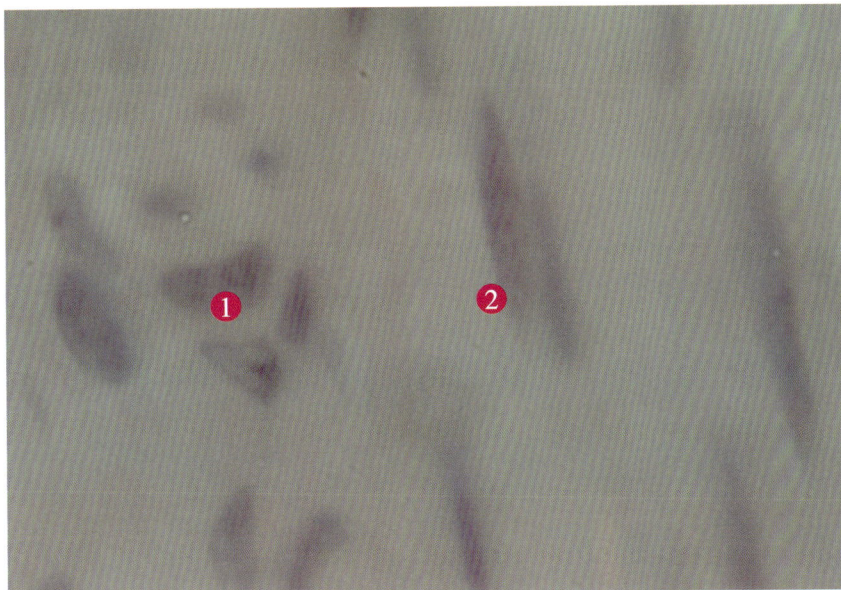

■ 图3-166　小白鼠神经束细胞–平滑肌细胞演化系（4）
苏木素–伊红染色　×1 000
❶示嬗变神经束细胞；❷示平滑肌细胞。

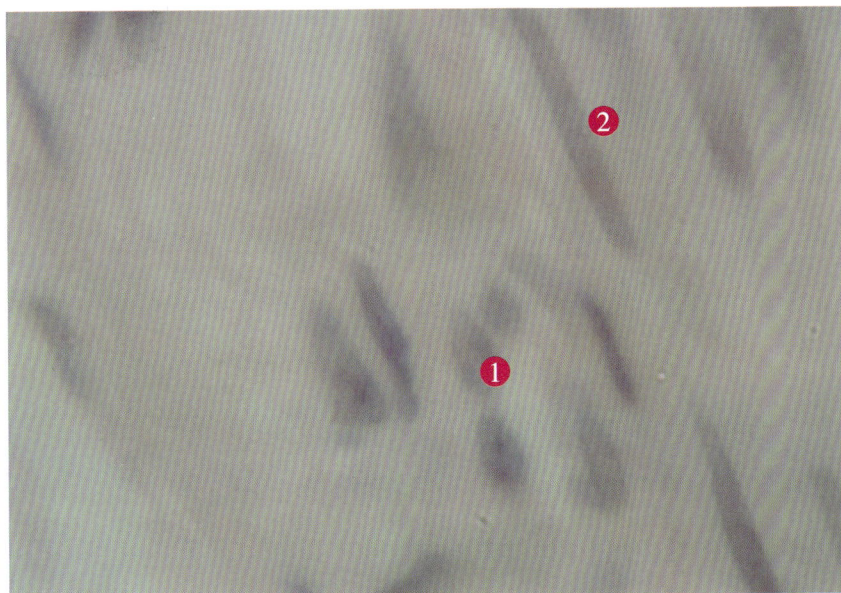

■ 图3-167　小白鼠神经束细胞–平滑肌细胞演化系（5）
苏木素–伊红染色　×1 000
❶示平滑肌化的神经束细胞；❷示平滑肌细胞。

（二）人气管平滑肌细胞系

1. 人气管平滑肌细胞直接分裂 人气管平滑肌细胞也以直接分裂方式增殖（图3-168～图3-170）。

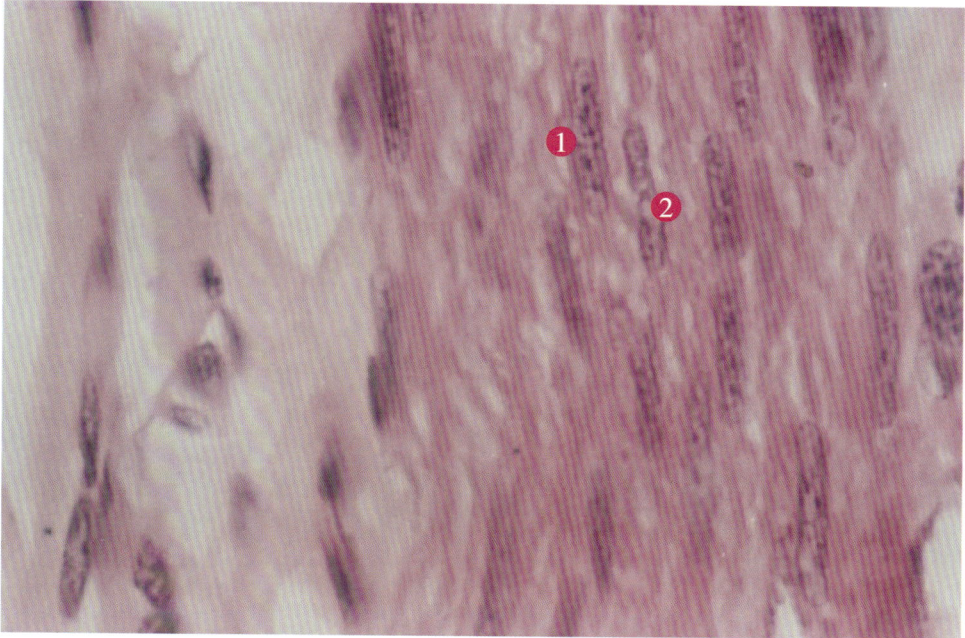

■ 图3-168　人气管平滑肌细胞直接分裂（1）

苏木素-伊红染色　×400

❶和❷示平滑肌细胞直接分裂。

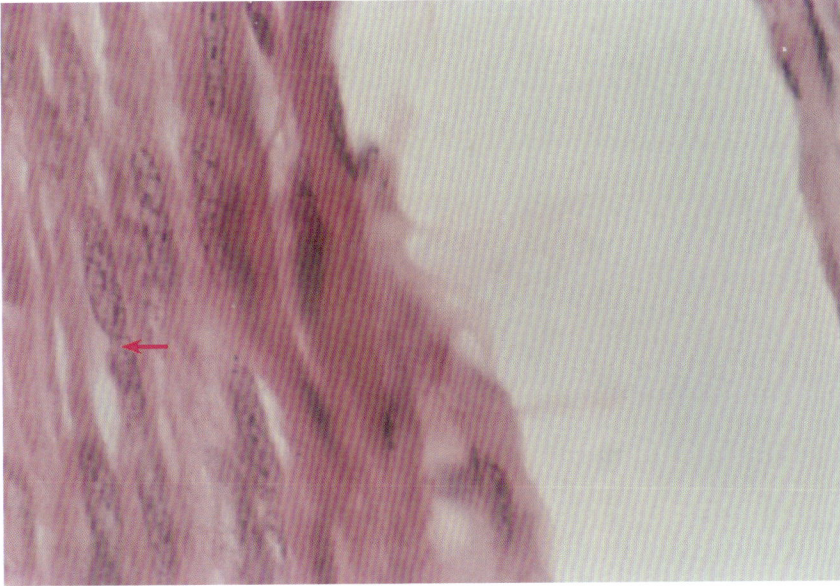

■ 图3-169 人气管平滑肌细胞直接分裂（2）

苏木素–伊红染色 ×400

← 示平滑肌细胞直接分裂。

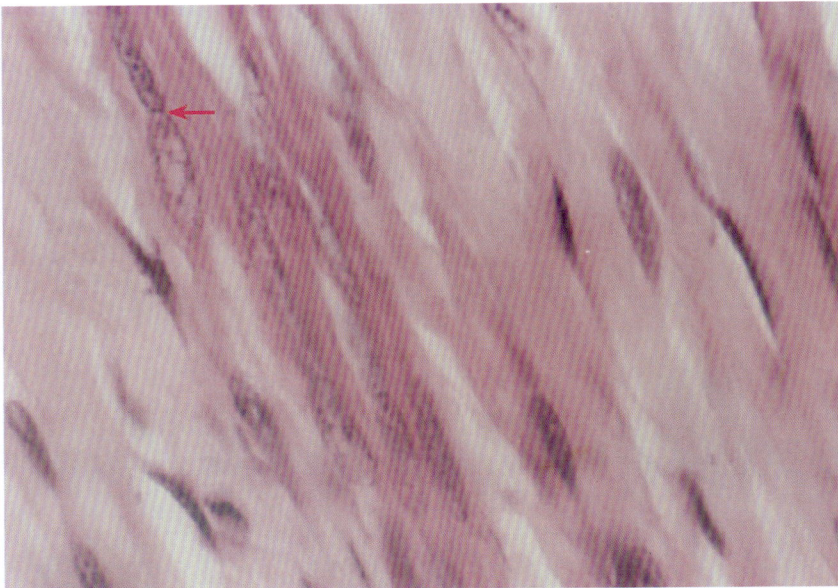

■ 图3-170 人气管平滑肌细胞直接分裂（3）

苏木素–伊红染色 ×400

← 示平滑肌细胞直接分裂。

2. 人气管神经束–平滑肌演化系 人气管平滑肌也由神经束细胞演化而来（图3-171），多以嬗变演化形式演化形成平滑肌束（图3-172～图3-174）。

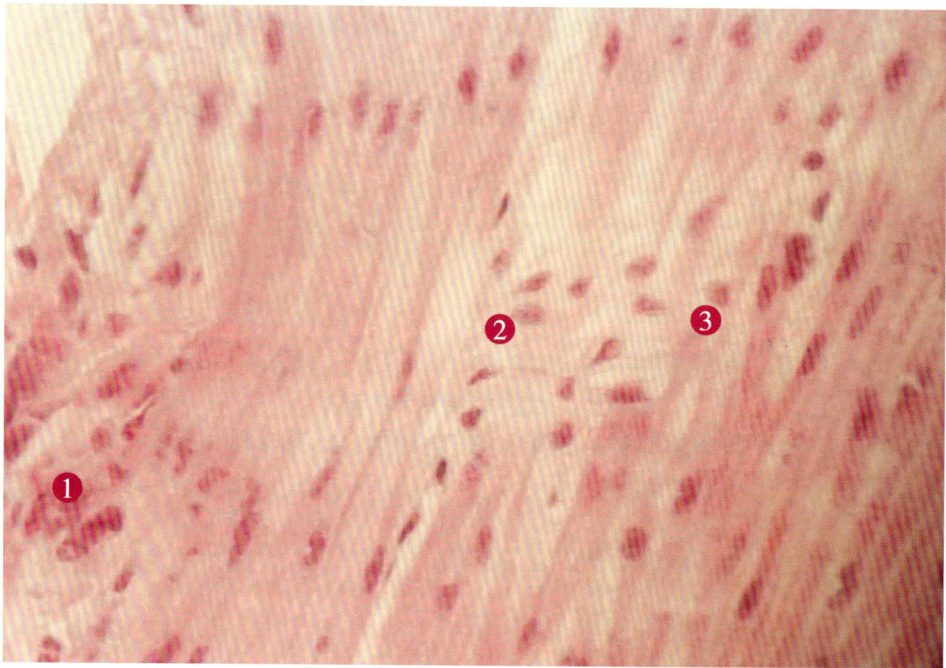

■ **图3-171 人气管神经束–平滑肌演化系（1）**
苏木素–伊红染色 ×200
❶示嬗变小神经束；❷示平滑肌细胞生发簇；❸示平滑肌束。

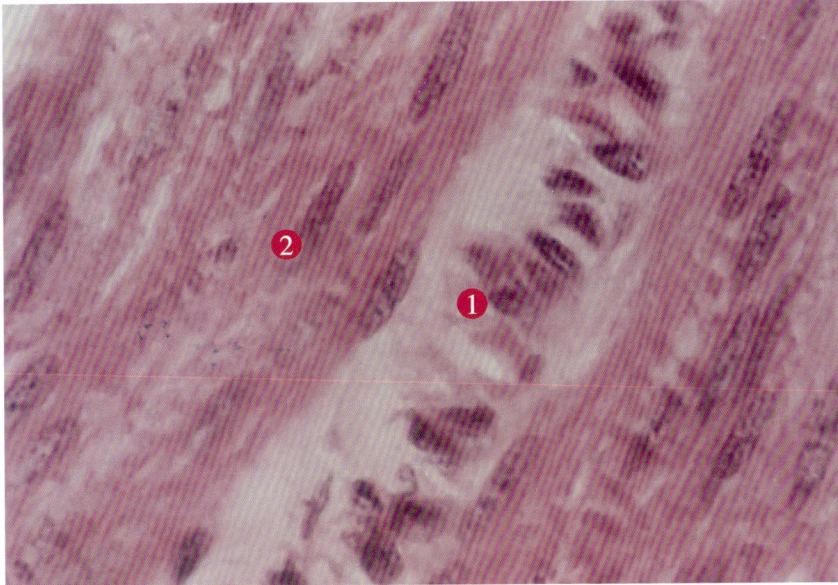

■ 图3-172　人气管神经束-平滑肌演化系（2）
苏木素-伊红染色　×400
❶示神经丛；❷示平滑肌束。

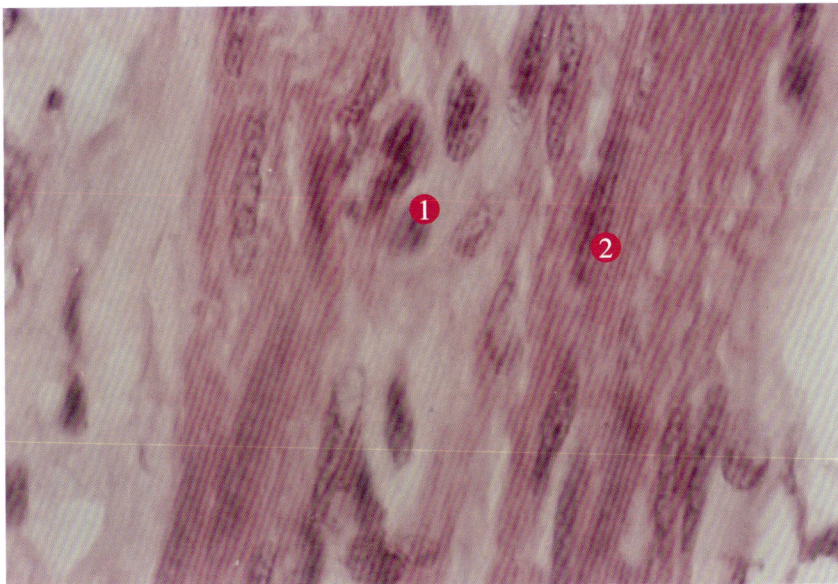

■ 图3-173　人气管神经束-平滑肌演化系（3）
苏木素-伊红染色　×400
❶示神经丛；❷示平滑肌束。

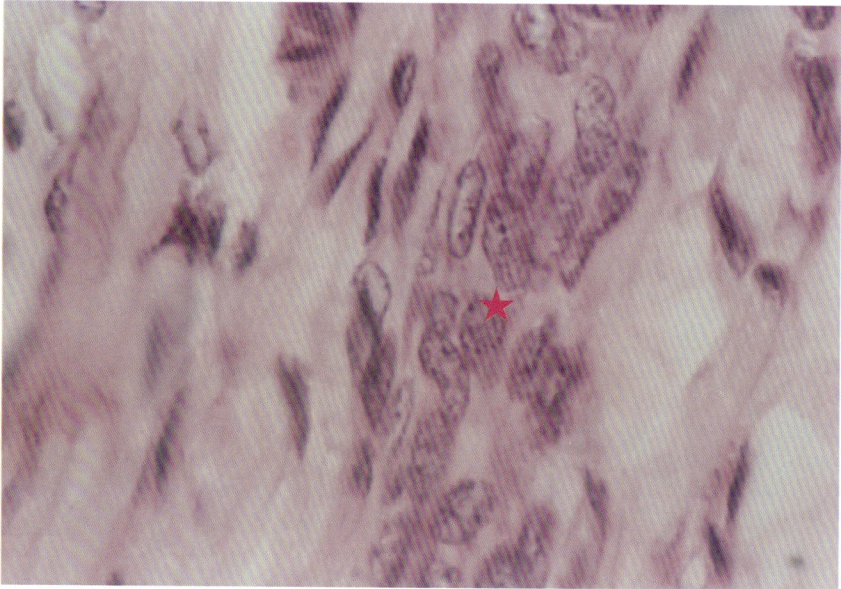

■ 图3-174　人气管神经束-平滑肌演化系（4）
苏木素-伊红染色　×400
★ 示新生神经源平滑肌束。

五、气管结构的动态变化

在呼吸过程中气管多种结构及其相互关系均有相应动态变化。小白鼠气管有多个软骨片，常见软骨片重叠（图1-175），内侧软骨片末端有黏膜皱襞，当气管扩张时，软骨片重叠部分减少，黏膜皱襞可满足因气管扩张增加黏膜面积的需要（图3-176、图3-177）。豚鼠气管软骨缺口处也有类似的黏膜皱襞（图3-178），人气管软骨是一整块"C"字形软骨，但后侧有缺口，有平滑肌参与的呼吸过程中气管也有扩张与收缩变化，气管黏膜波浪起伏（图3-179）、黏膜皱褶（图3-180）和黏膜凹窝（图3-181）都对气管扩张时扩大黏膜面积有贡献。

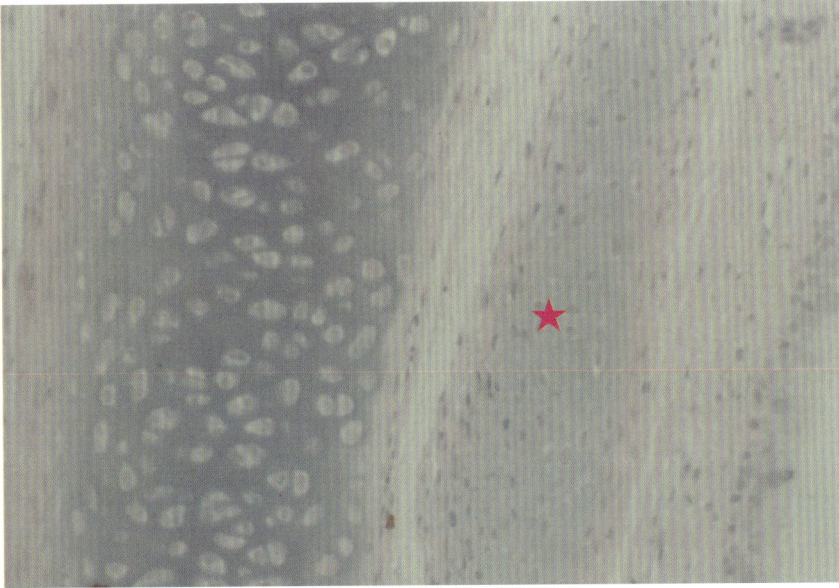

■ 图3-175　小白鼠气管重叠软骨片

苏木素-伊红染色　×100

★示内侧重叠软骨。

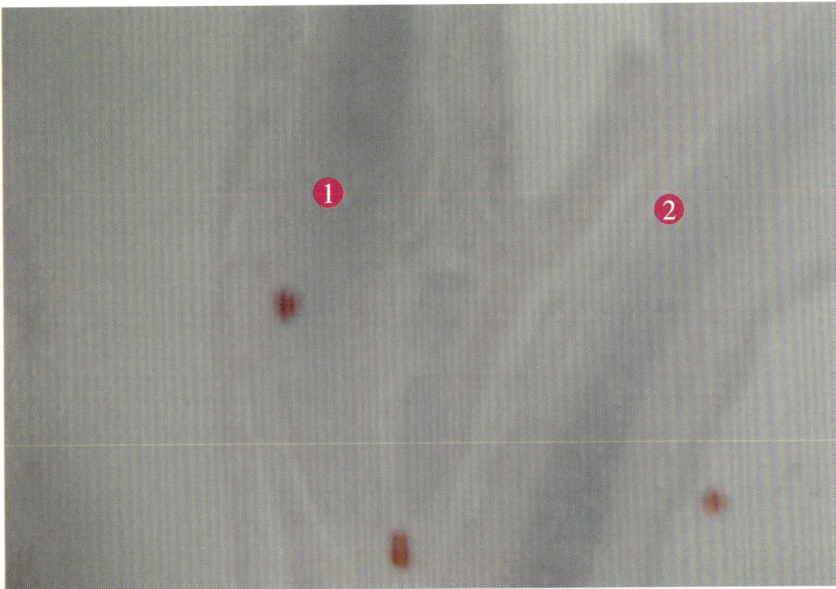

■ 图3-176　小白鼠气管多重软骨片

苏木素-伊红染色　×50

❶示外侧软骨片；❷示内侧软骨片。

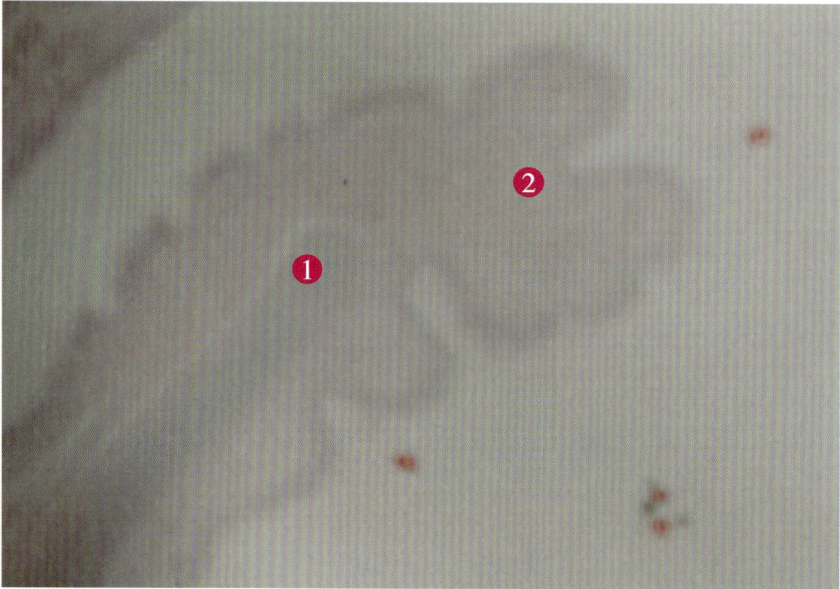

■ **图3-177 小白鼠气管软骨末端黏膜皱襞**

苏木素-伊红染色 ×50

❶示内侧软骨片末端；❷示气管黏膜皱襞。

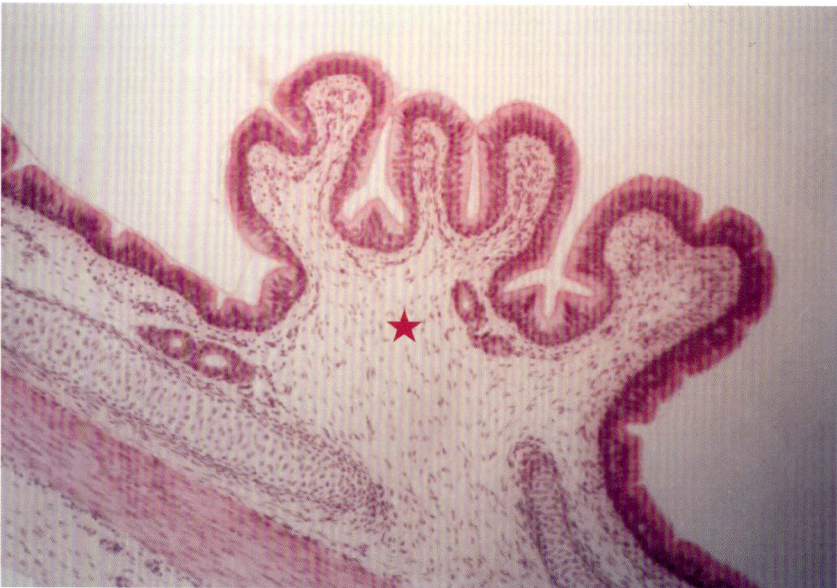

■ **图3-178 豚鼠气管软骨缺口处黏膜皱襞**

苏木素-伊红染色 ×100

★示气管黏膜皱襞。

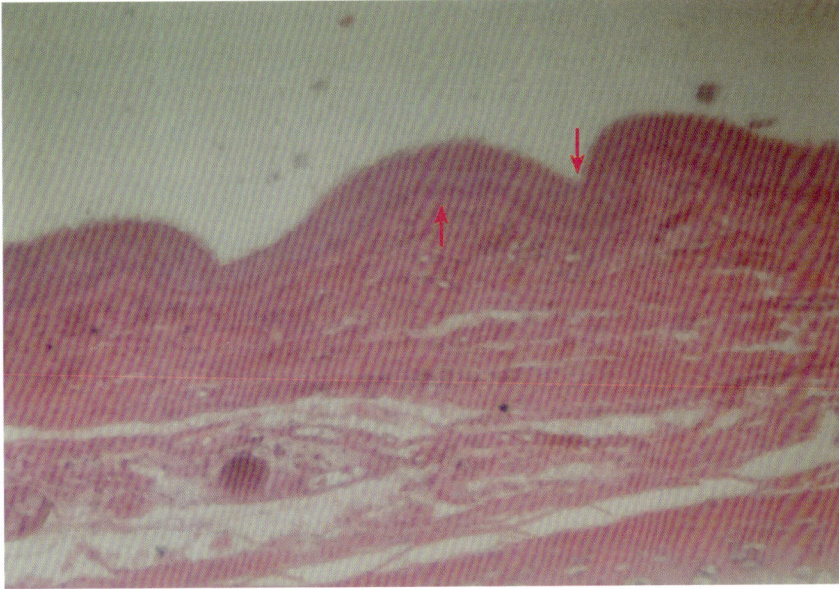

■ **图3-179　人气管黏膜波浪**

苏木素-伊红染色　×50

↑ 和 ↓ 示人气管黏膜波浪起伏。

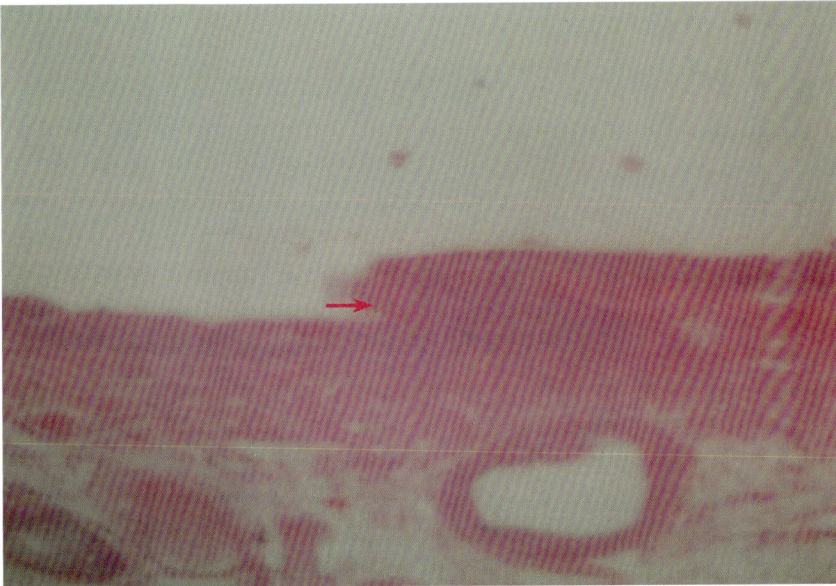

■ **图3-180　人气管黏膜皱褶**

苏木素-伊红染色　×50

→ 示人气管黏膜皱褶。

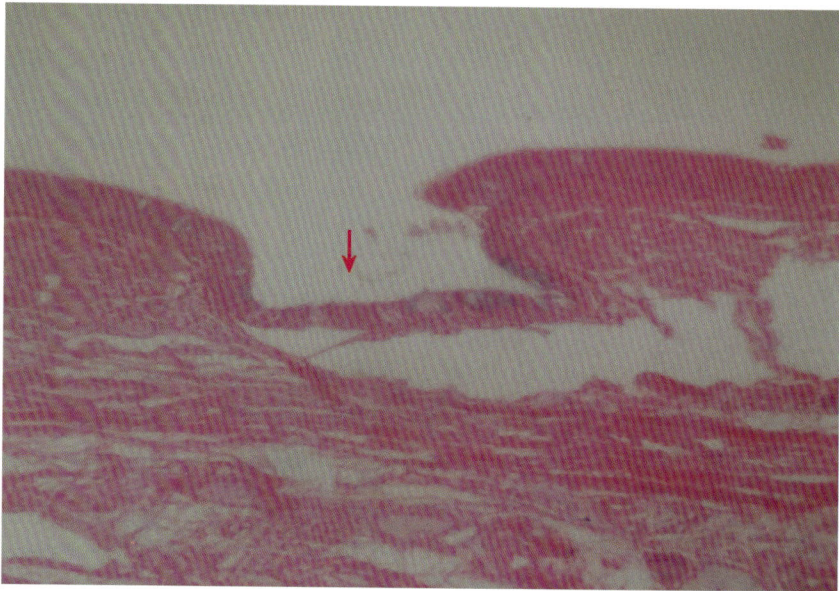

■ 图3-181　人气管黏膜凹窝

苏木素-伊红染色　×50

↓示人气管黏膜凹窝。

小　结

　　气管呼吸上皮由呼吸上皮细胞系构成。呼吸上皮基底层为幼稚细胞，逐步演化并向上迁移，直至顶层。顶层细胞由纤毛柱状细胞演化为杯状细胞而后衰亡。呼吸上皮细胞可以横隔式、斜隔式和纵隔式等直接分裂方式增殖。呼吸上皮演化来源于间质干细胞和淋巴源干细胞，部分间质干细胞来自神经束细胞。气管腺腺泡也源自间质干细胞，逐步由浆液性腺泡演化为黏液性腺泡。气管腺导管有黏液性导管和呼吸上皮性导管，后者常有淋巴源干细胞参与上皮细胞更新。气管软骨系统新生期源自神经束，维生期软骨系统分别由内侧的软骨膜细胞–软骨细胞演化系和外侧的平滑肌细胞–软骨细胞演化系构建，即外加性生长。软骨细胞以横隔式、纵隔式、横缢型、劈裂型、撕裂型和压裂型等直接分裂方式增殖，实现所谓内积性生长。气管软骨作为自组织系统，其组织场中心是既无张应力、又无压应力的零应力环面，组织场由包括两种应力梯度和相关的理化因子梯度构成，零应力面就是气管软骨系统的吸引子，也就是软骨细胞的死亡面。软骨膜细胞核固缩、核脱色和核碎裂而衰亡。组成气管平滑肌的平滑肌细胞系源自神经束细胞。

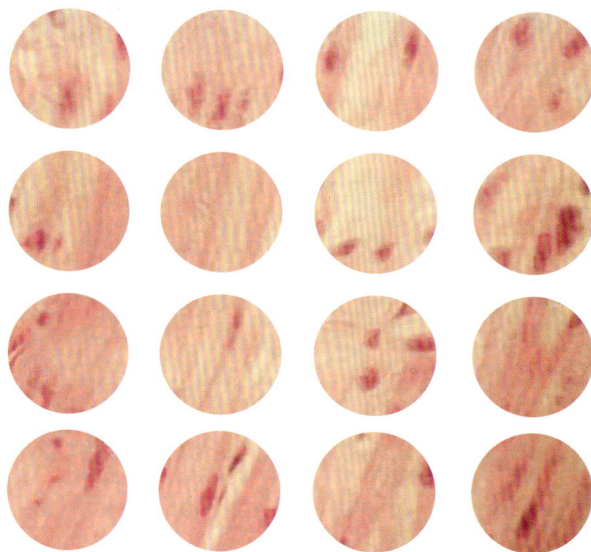

第四章
肺组织动力学

组织学一般将肺分为主质和间质两部分，主质又分为肺内导气部和肺呼吸部。组织动力学研究表明，实质由自上而下和自下而上两种组织生长共同构建而成。两种生长势交汇于肺泡，其锋面多变而复杂，不易分辨。

第一节　肺内导气部组织动力学

一、肺内导气部结构演变

肺内导气部包括多级小支气管、细支气管和终末细支气管。

（一）小支气管

小支气管随逐级分支管径逐渐变小，管壁变薄，结构渐趋简单（图4-1），内衬波浪状复层纤毛柱状上皮。杯状细胞逐渐减少，支气管腺和软骨片逐渐减少，逐渐出现平滑肌束（图4-2～图4-4）。

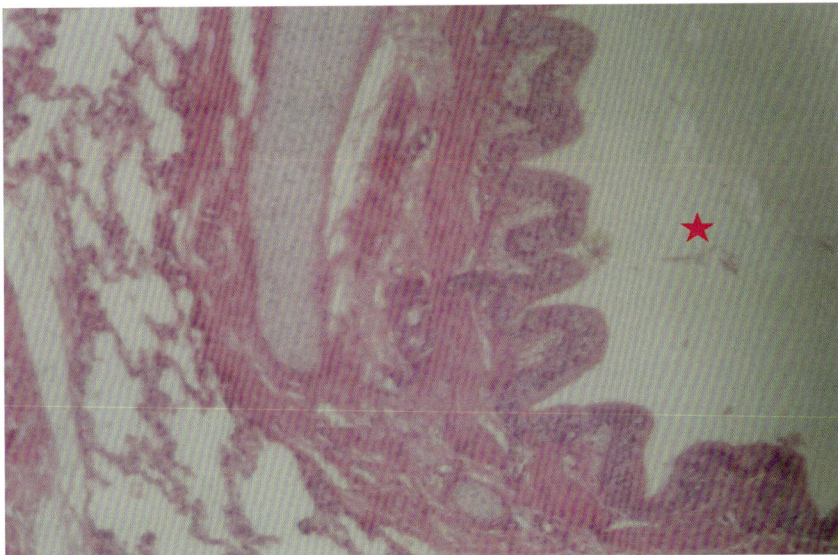

■ 图4-1　人肺内小支气管（1）
苏木素-伊红染色　×50
★示成人肺内小支气管。

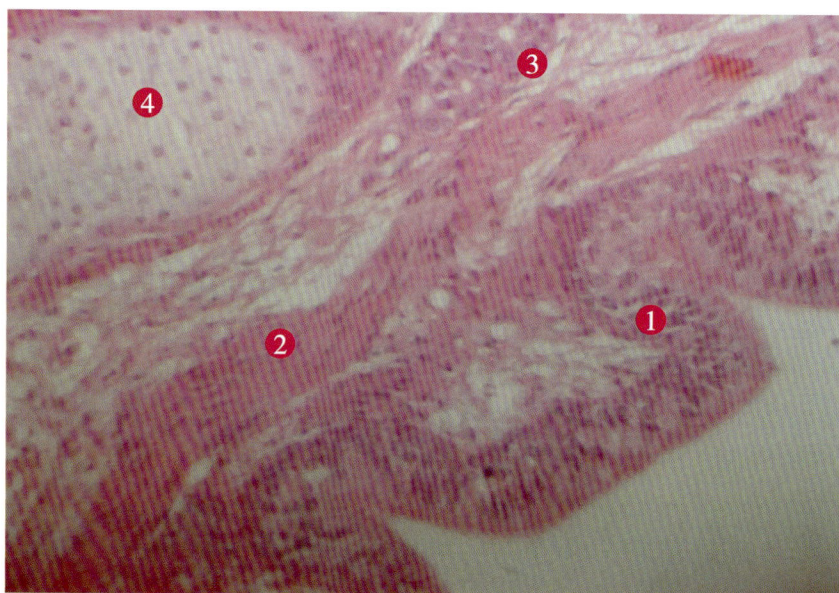

■ 图4-2 人肺内小支气管（2）

苏木素–伊红染色 ×100

❶示波浪状复层纤毛柱状上皮；❷示平滑肌束；❸示支气管
腺；❹示较大软骨片。

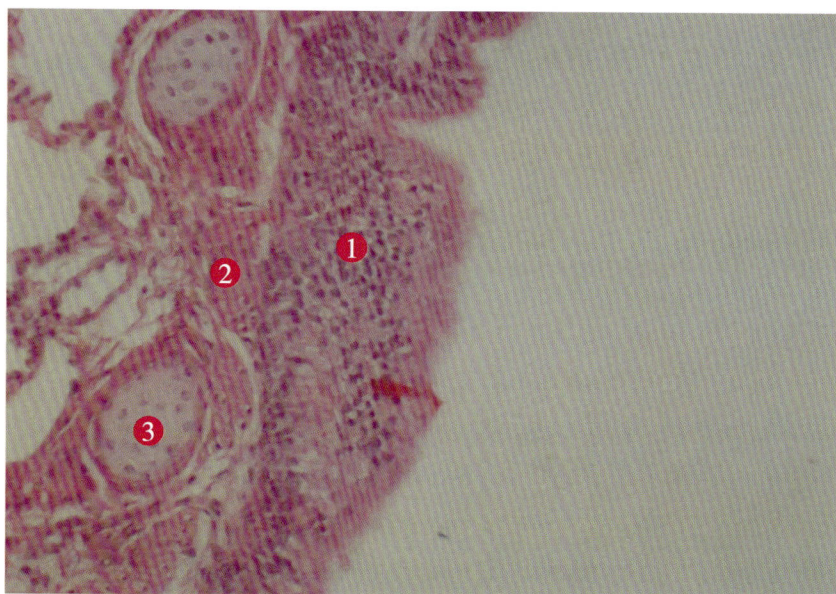

■ 图4-3 人肺内小支气管（3）

苏木素–伊红染色 ×100

❶示复层纤毛柱状上皮；❷示平滑肌束；❸示小软骨片。

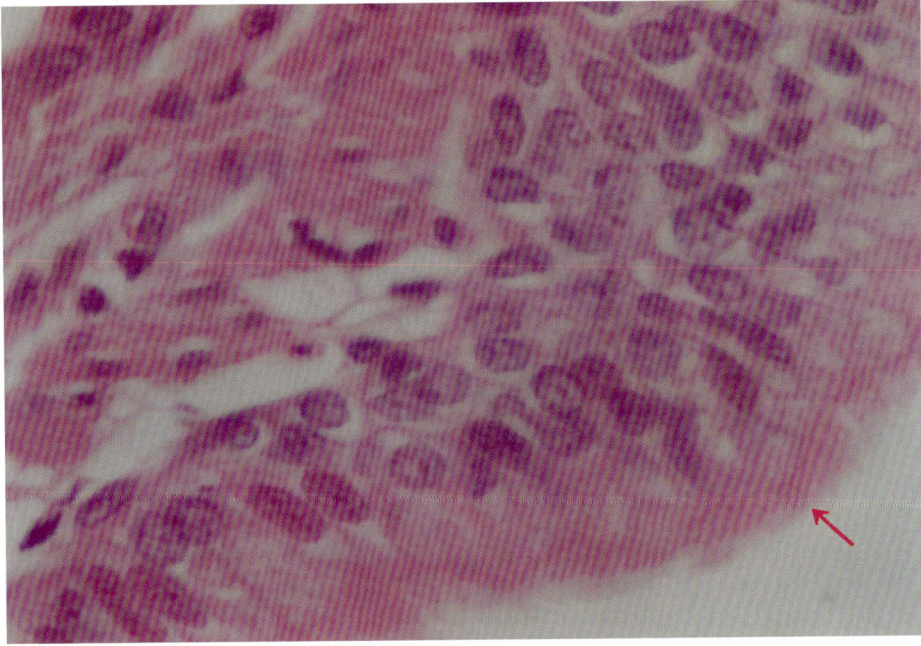

■ 图4-4　人肺内小支气管（4）

苏木素-伊红染色　×400

示小支气管复层纤毛柱状上皮。

（二）细支气管

细支气管有明显黏膜皱襞，部分被覆复层纤毛柱状上皮（图4-5、图4-6），逐渐演变为多列纤毛柱状上皮（图4-7），杯状细胞进一步减少至消失，支气管腺和软骨片进一步减少至消失，有更多平滑肌束。

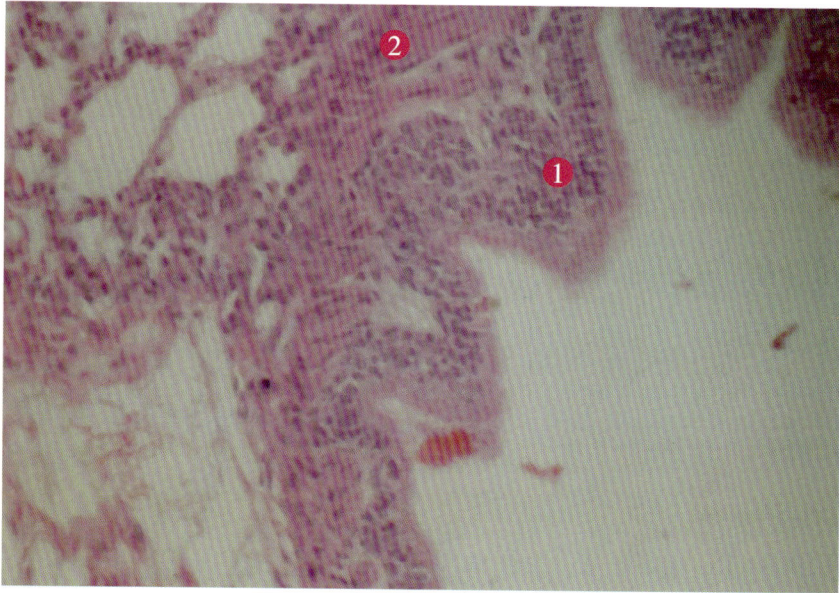

■ 图4-5　人细支气管（1）
苏木素-伊红染色　×100
❶示复层纤毛柱状上皮；❷示平滑肌束。

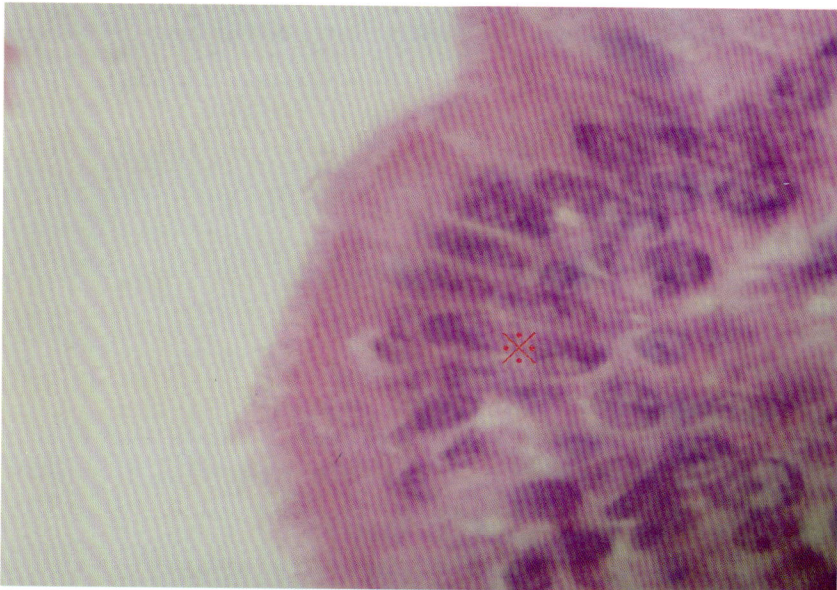

■ 图4-6　人细支气管（2）
苏木素-伊红染色　×400
※示细支气管黏膜皱襞及其复层纤毛柱状上皮。

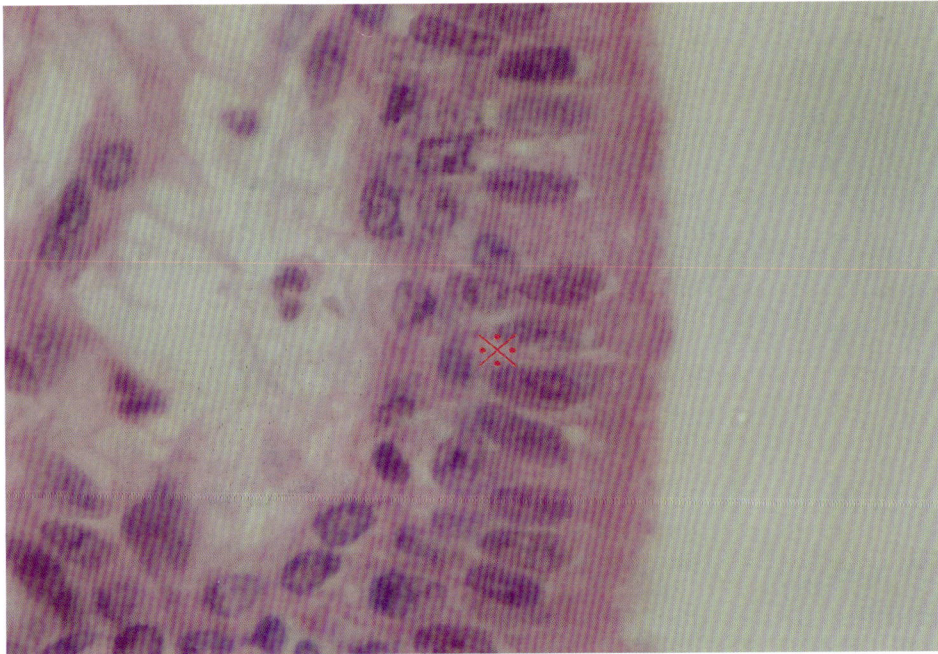

■ 图4-7　人细支气管（3）

苏木素−伊红染色　×400

※示细支气管多列纤毛柱状上皮。

（三）终末细支气管

终末细支气管黏膜皱襞更明显（图4-8、图4-9），随着分支管壁变薄，出现完整环形平滑肌层，上皮变矮，呈由高变低的多列纤毛柱状上皮（图4-10）、假复层纤毛柱状上皮（图4-11、图4-12）、两列上皮（图4-13）、单层柱状上皮（图4-14），直至单层立方上皮（图4-15），无杯状细胞，支气管腺和软骨片消失。

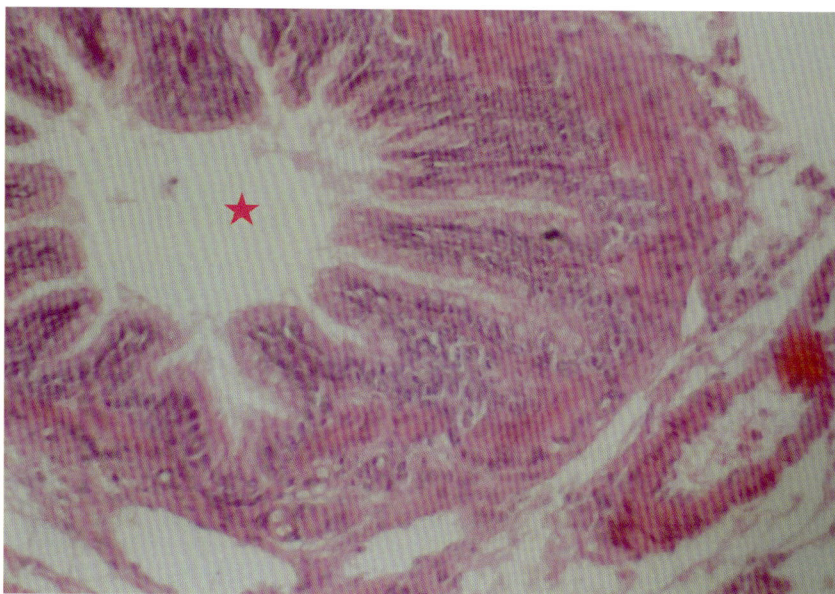

■ 图4-8　人终末细支气管（1）
苏木素-伊红染色　×100
★ 示终末细支气管及其黏膜皱襞。

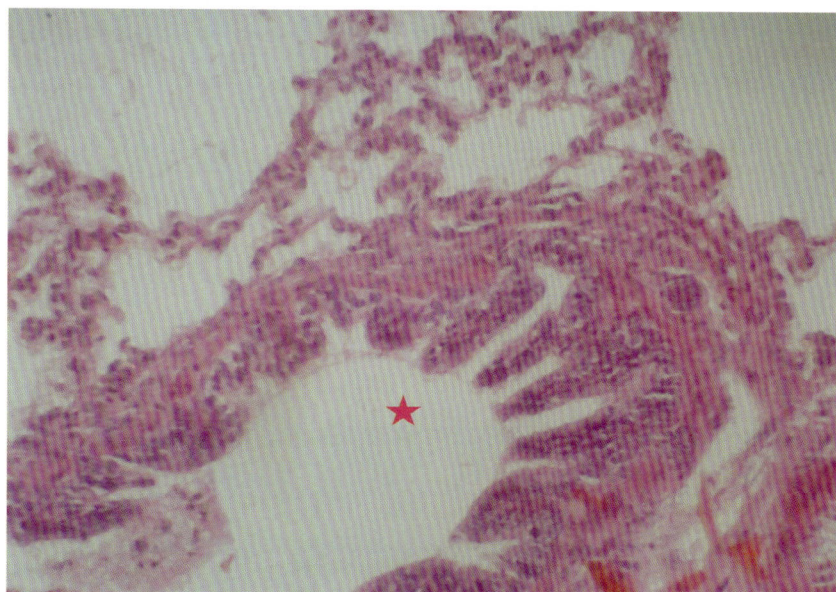

■ 图4-9　人终末细支气管（2）
苏木素-伊红染色　×100
★ 示终末细支气管及其黏膜皱襞。

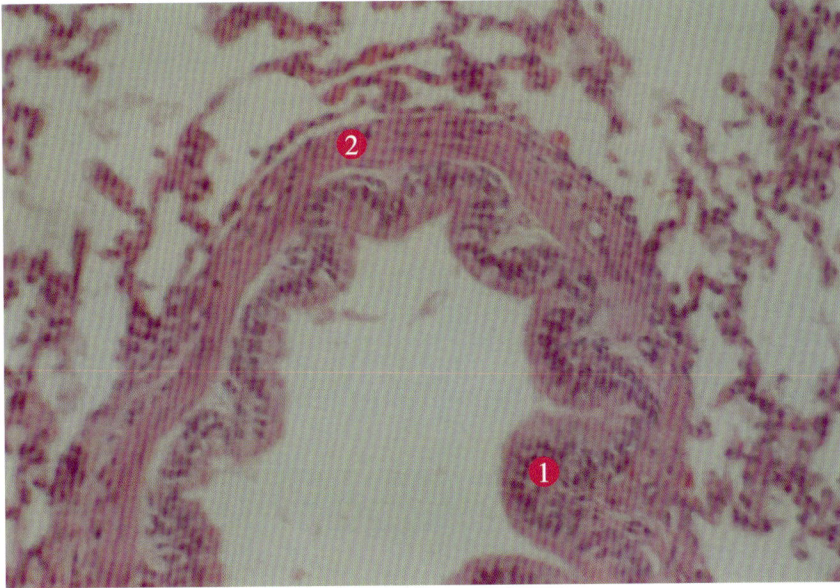

■ 图4-10　人终末细支气管（3）

苏木素-伊红染色　×100

❶示多列纤毛柱状上皮；❷示平滑肌束。

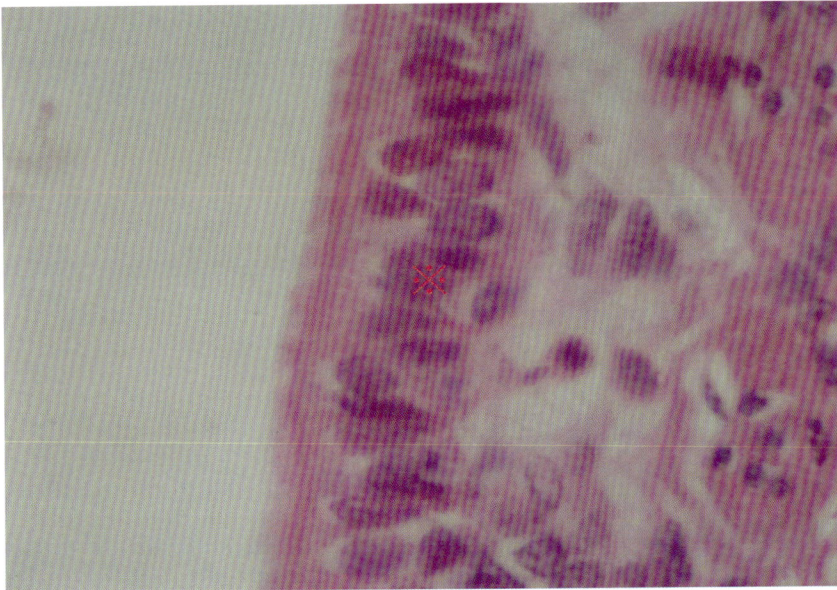

■ 图4-11　人终末细支气管（4）

苏木素-伊红染色　×400

※示终末细支气管假复层纤毛柱状上皮。

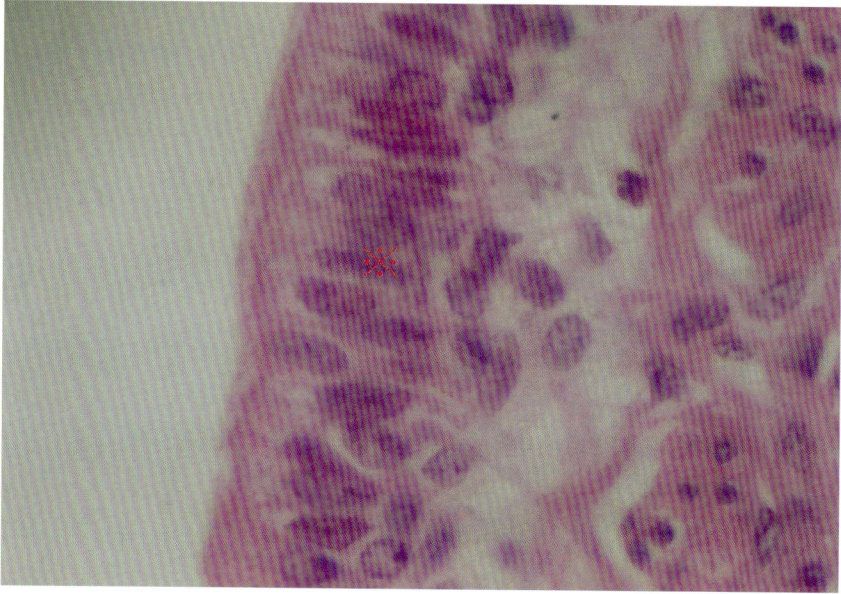

■ 图4-12　人终末细支气管（5）
苏木素-伊红染色　×400
※示终末细支气管假复层纤毛柱状上皮。

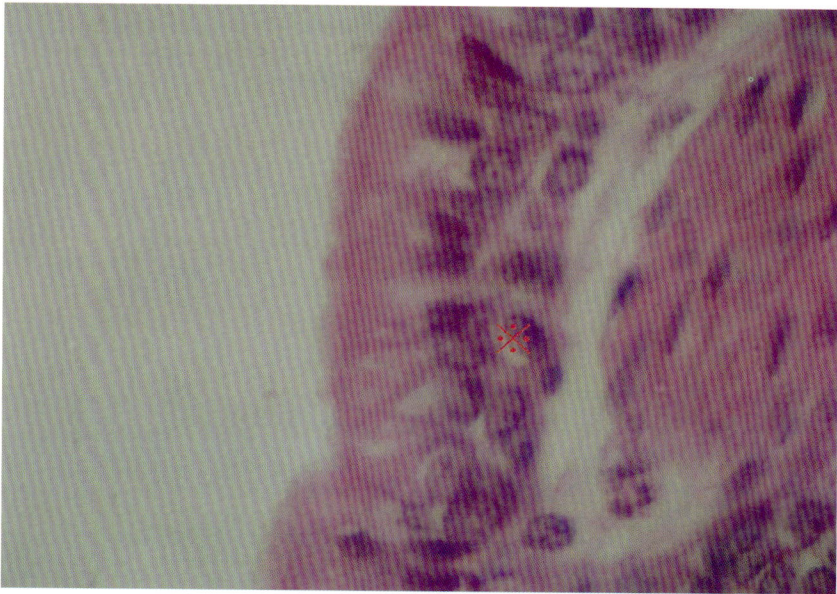

■ 图4-13　人终末细支气管（6）
苏木素-伊红染色　×400
※示终末细支气管两列纤毛柱状上皮。

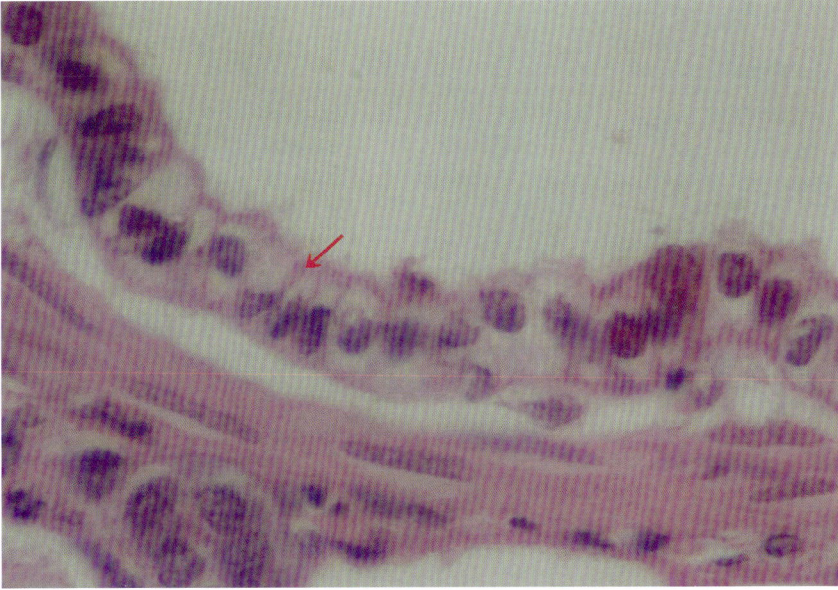

■ 图4-14 人终末细支气管（7）
苏木素-伊红染色 ×400
示终末细支气管单层柱状上皮。

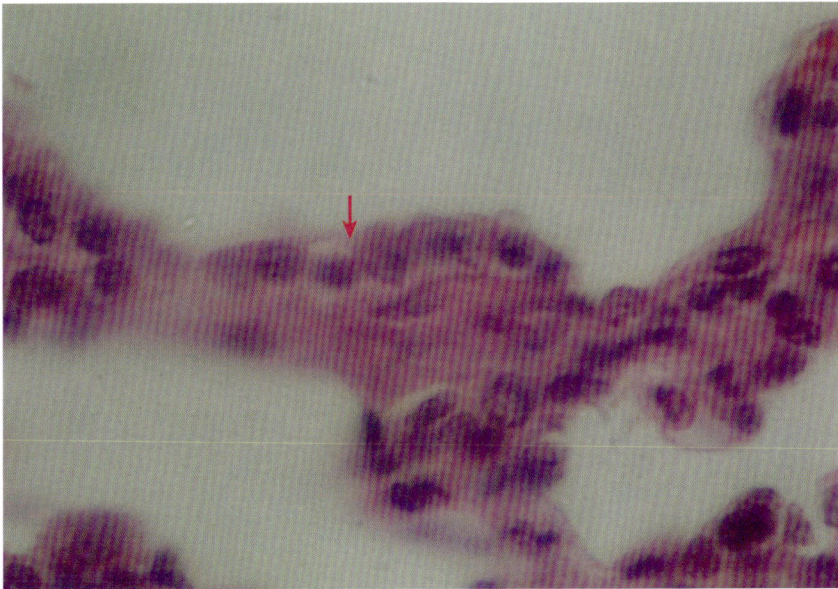

■ 图4-15 人终末细支气管（8）
苏木素-伊红染色 ×400
示终末细支气管末端单层立方上皮。

二、导气部呼吸上皮细胞演化来源

导气部呼吸上皮细胞演化来源于平滑肌细胞、间质源干细胞和淋巴源干细胞。

（一）平滑肌细胞-呼吸上皮细胞演化系

平滑肌细胞是导气部呼吸上皮细胞主要演化来源（图4-16），其演化方式有多种。

1. 端向诱导平滑肌细胞演化　平滑肌细胞受邻近上皮细胞的端向诱导可直接演化成为呼吸上皮细胞（图4-17、图4-18），或在端向诱导下经过渡性细胞演化成为呼吸上皮细胞（图4-19、图4-20）。

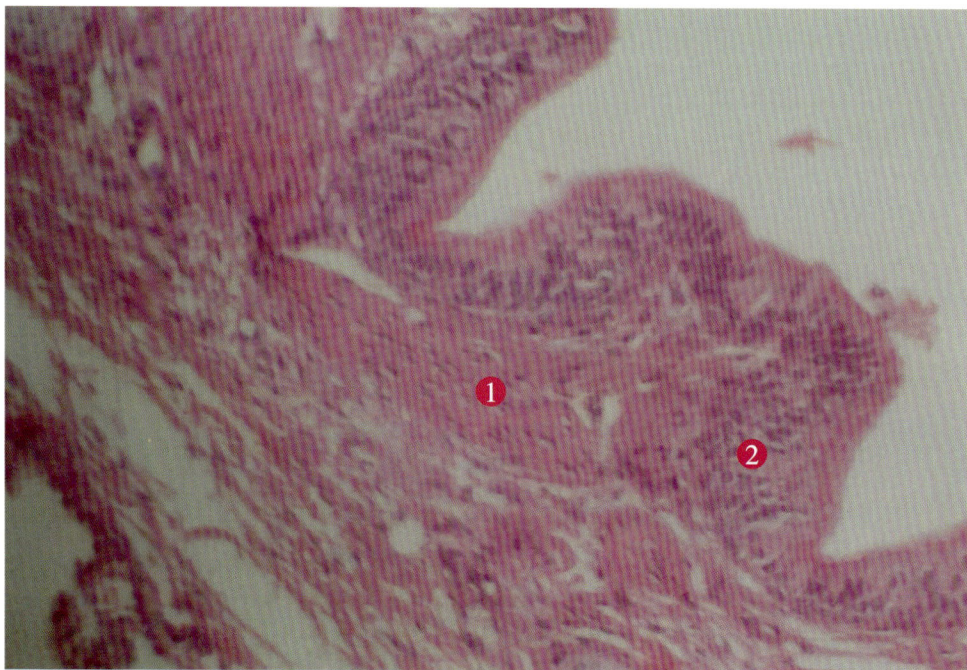

■ 图4-16　人平滑肌细胞-呼吸上皮细胞演化系
苏木素-伊红染色　×100
❶示平滑肌束；❷示呼吸上皮细胞。

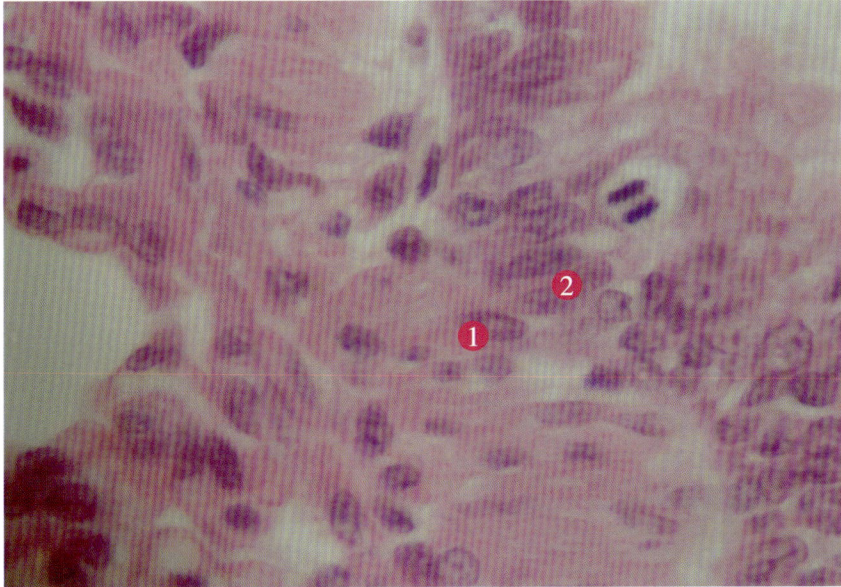

■ 图4-17　人平滑肌细胞端向诱导演化呼吸上皮细胞（1）
苏木素–伊红染色　×400
❶示平滑肌细胞（端向诱导）；❷示呼吸上皮细胞。

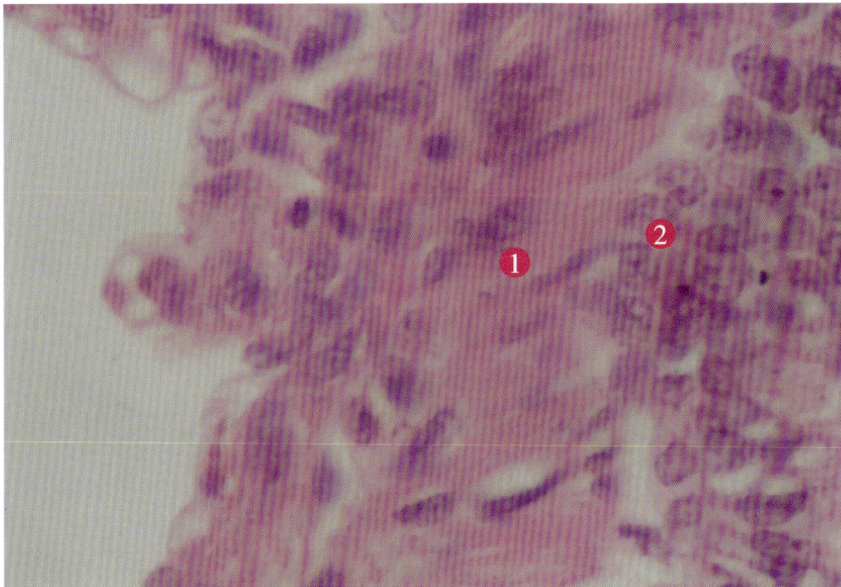

■ 图4-18　人平滑肌细胞端向诱导演化呼吸上皮细胞（2）
苏木素–伊红染色　×400
❶示平滑肌细胞（端向诱导）；❷示呼吸上皮细胞。

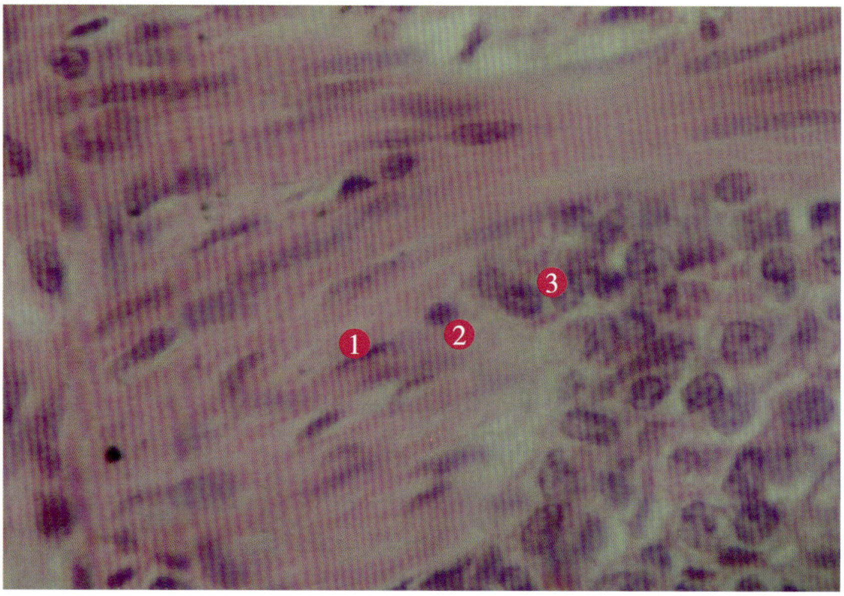

■ 图4-19　人平滑肌细胞端向诱导演化呼吸上皮细胞（3）

苏木素-伊红染色　×400

❶示平滑肌细胞（端向诱导）；❷示过渡性细胞；❸示呼吸上皮细胞。

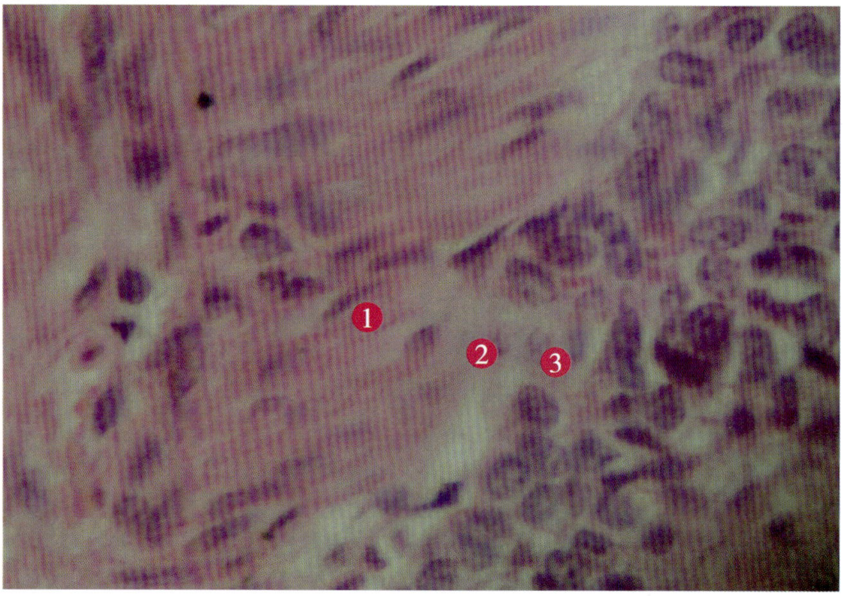

■ 图4-20　人平滑肌细胞端向诱导演化呼吸上皮细胞（4）

苏木素-伊红染色　×400

❶示平滑肌细胞（端向诱导）；❷示过渡性细胞；❸示呼吸上皮细胞。

2. 侧向诱导平滑肌细胞演化 在邻近上皮细胞诱导下平滑肌纵切面显示经过渡性细胞演化形成呼吸上皮细胞（图4-21），平滑肌横切面也可见经过渡性细胞演化形成呼吸上皮细胞的演化序（图4-22、图4-23）。

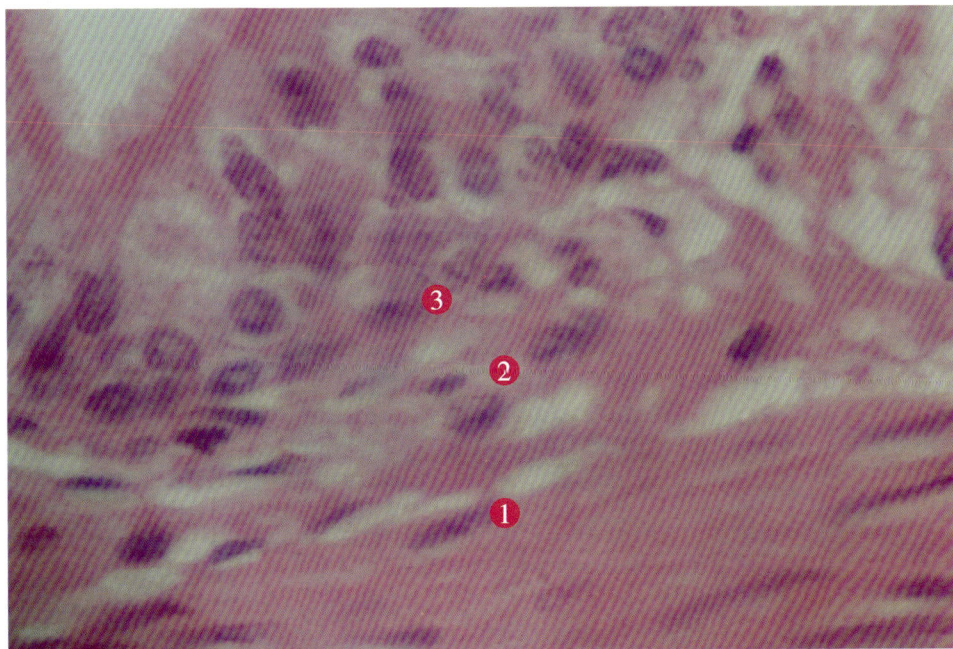

■ 图4-21 人平滑肌细胞侧向诱导演化呼吸上皮细胞（1）

苏木素-伊红染色 ×400

❶示平滑肌细胞（纵切面）；❷示过渡性细胞；❸示呼吸上皮细胞。

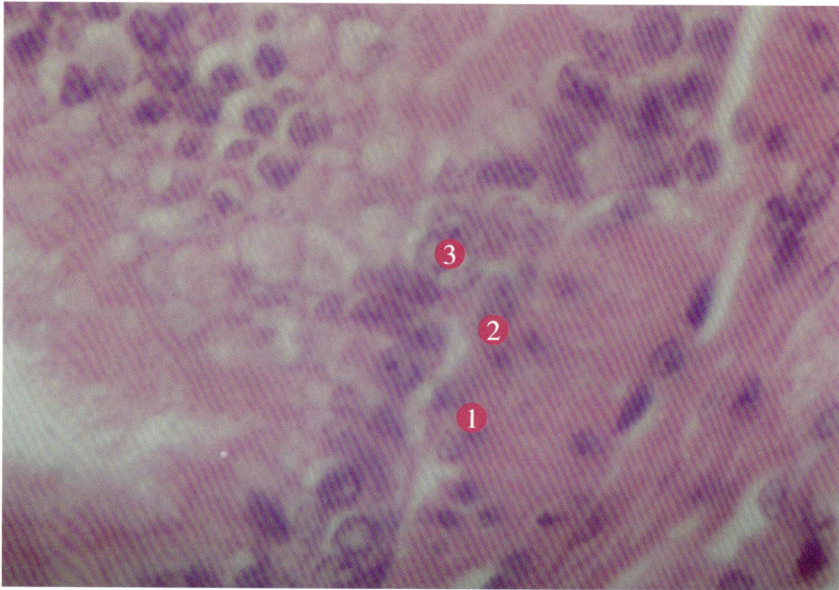

■ 图4-22　人平滑肌细胞侧向诱导演化呼吸上皮细胞（2）

苏木素-伊红染色　×400

❶示平滑肌细胞（横切面）；❷示过渡性细胞；❸示呼吸上皮
细胞。

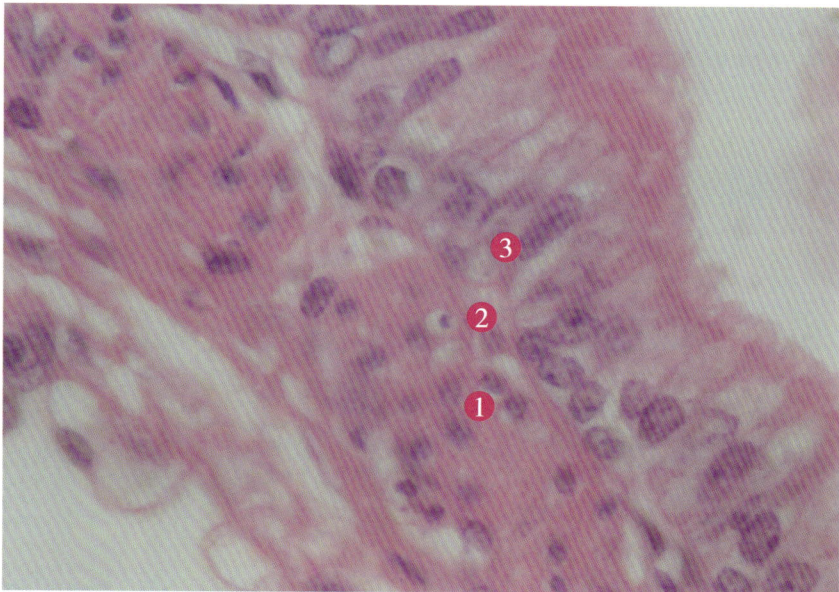

■ 图4-23　人平滑肌细胞侧向诱导演化呼吸上皮细胞（3）

苏木素-伊红染色　×400

❶示平滑肌细胞（横切面）；❷示过渡性细胞；❸示呼吸上皮
细胞。

3. 经过渡性组织演化　平滑肌远离呼吸道上皮，经过渡性组织演化形成呼吸上皮细胞（图4-24），过渡性组织可以纤维肌细胞为主（图4-25、图4-26），也可主要由肌纤维细胞组成（图4-27、图4-28）。胎儿导气部呼吸上皮也可来自支气管平滑肌细胞（图4-29），但也可见来源于血管平滑肌细胞（图4-30）。

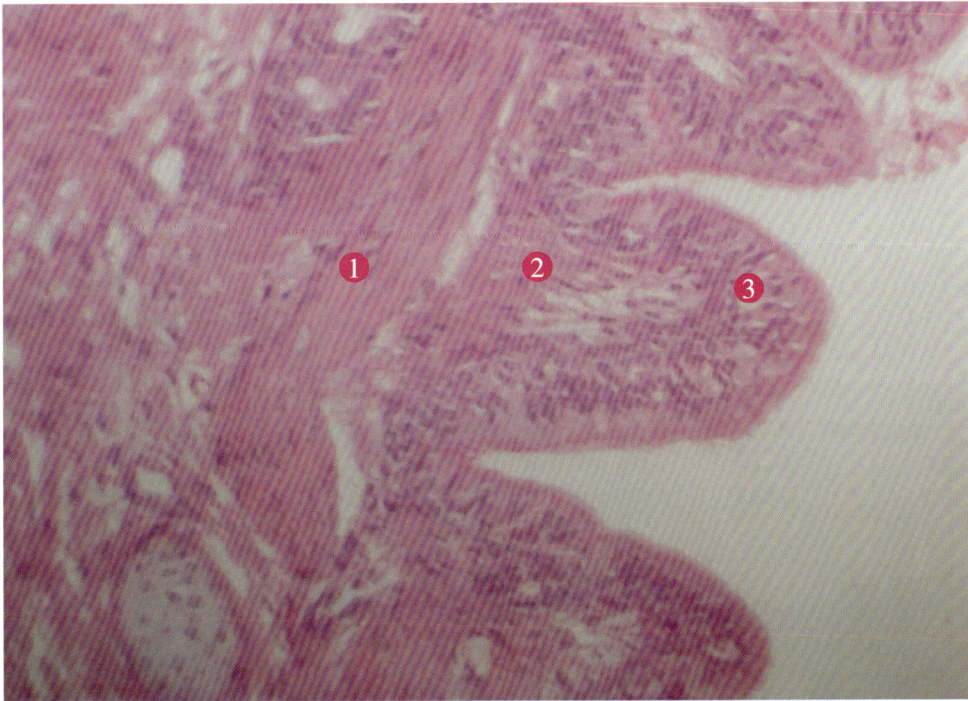

■ **图4-24　人平滑肌细胞经过渡性组织演化呼吸上皮细胞（1）**
苏木素-伊红染色　×100

❶示平滑肌细胞（纵切面）；❷示纤维肌细胞；❸示呼吸上皮细胞。

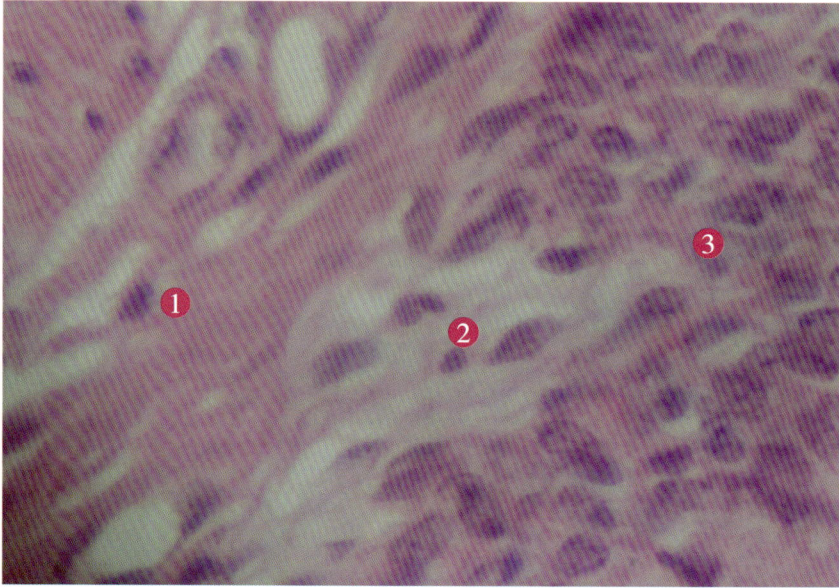

■ 图4-25　人平滑肌细胞经过渡性组织演化呼吸上皮细胞（2）

苏木素-伊红染色　×400

❶示纤维肌细胞；❷示过渡性细胞；❸示呼吸上皮细胞。

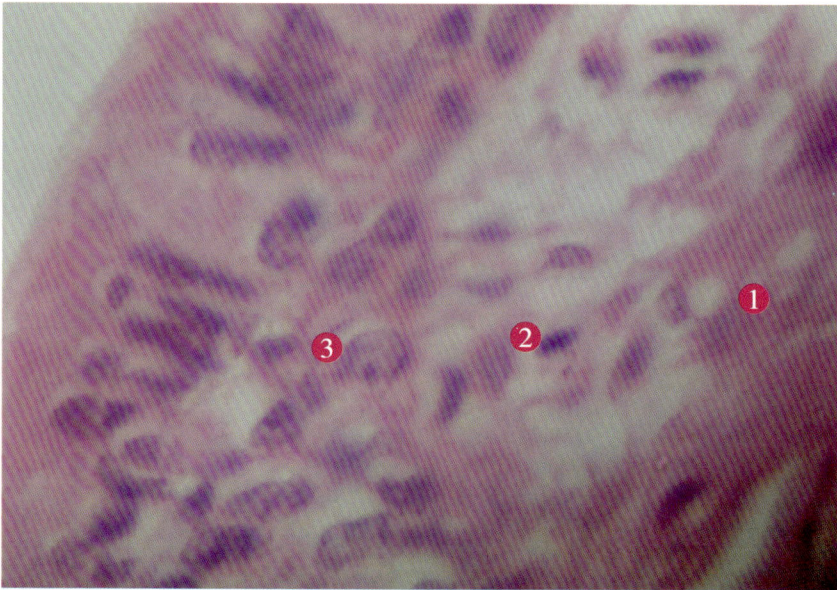

■ 图4-26　人平滑肌细胞经过渡性组织演化呼吸上皮细胞（3）

苏木素-伊红染色　×400

❶示纤维肌细胞；❷示过渡性细胞；❸示呼吸上皮细胞。

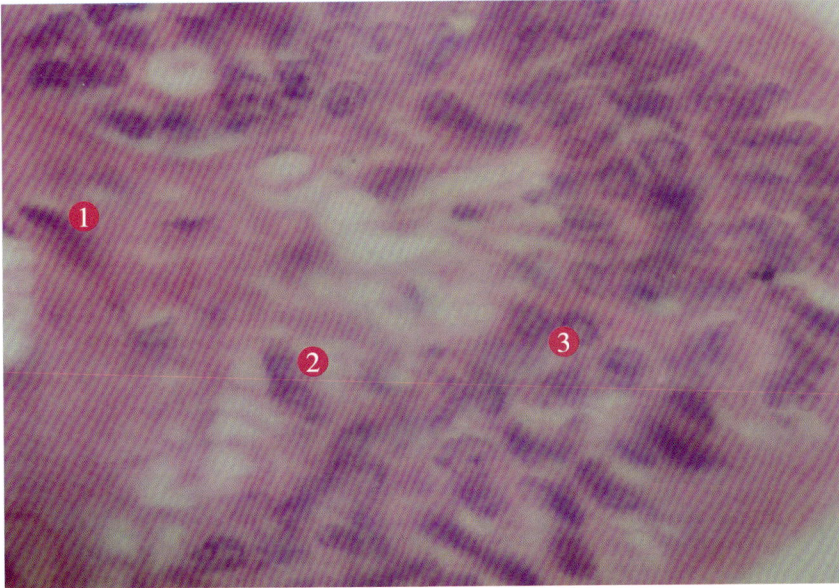

■ 图4-27　人平滑肌细胞经过渡性组织演化呼吸上皮细胞（4）
苏木素-伊红染色　×400
❶示肌纤维细胞；❷示过渡性细胞；❸示呼吸上皮细胞。

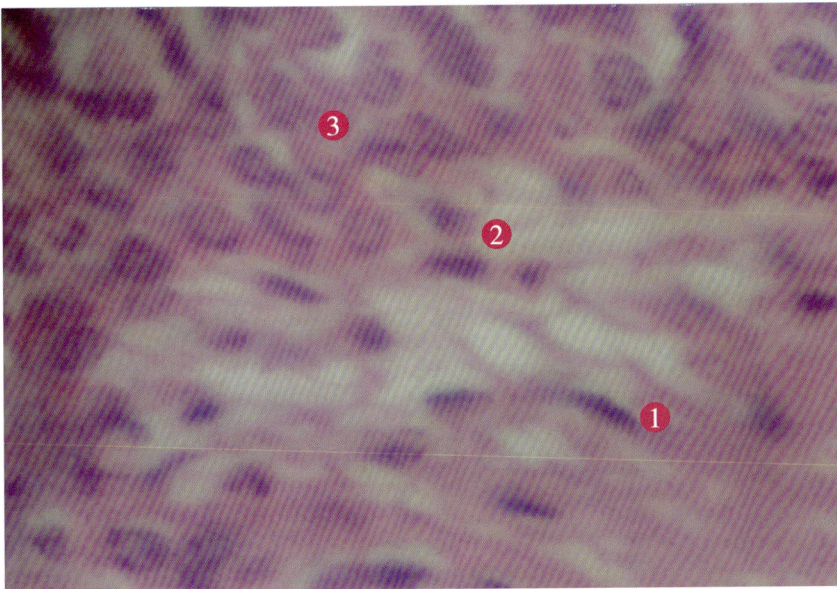

■ 图4-28　人平滑肌细胞经过渡性组织演化呼吸上皮细胞（5）
苏木素-伊红染色　×400
❶示肌纤维细胞；❷示过渡性细胞；❸示呼吸上皮细胞。

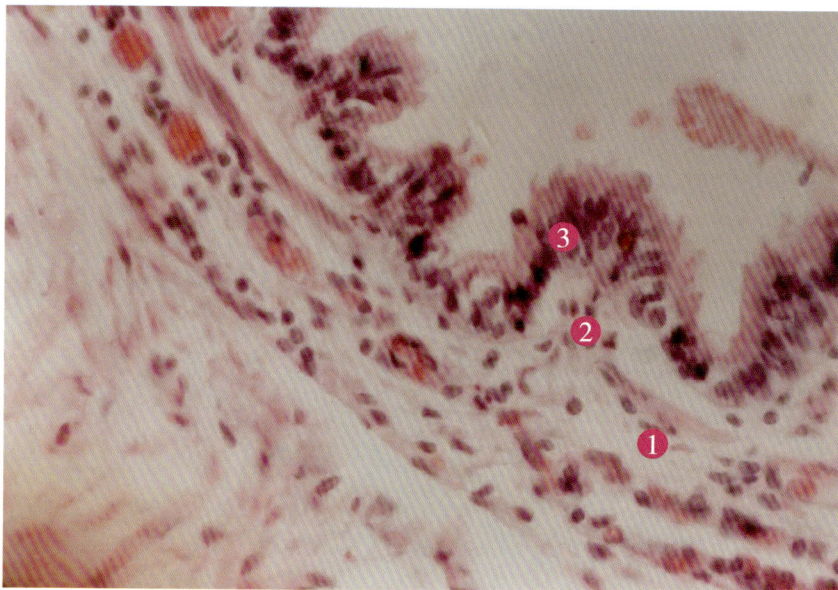

■ 图4-29 胎儿肺平滑肌细胞-呼吸上皮细胞演化系 （1）
苏木素-伊红染色 ×200
❶示平滑肌细胞；❷示间质干细胞；❸示呼吸上皮细胞。

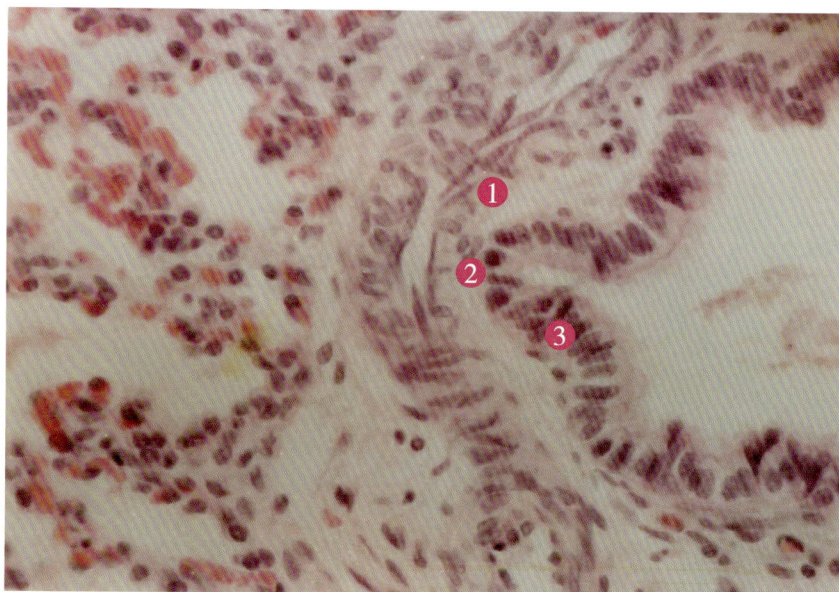

■ 图4-30 胎儿肺平滑肌细胞-呼吸上皮细胞演化系 （2）
苏木素-伊红染色 ×200
❶示血管平滑肌；❷示过渡性细胞；❸示呼吸上皮细胞。

（二）间质干细胞-呼吸上皮细胞演化系

呼吸上皮细胞直接来源可能是间质干细胞（图4-31、图4-32），也可由深部间质细胞经过渡性细胞演化形成呼吸上皮细胞（图4-33）。而间质干细胞则可能来源于平滑肌细胞（图4-34、图4-35）。胎儿导气部呼吸上皮也可见来源于间质干细胞（图4-36）。

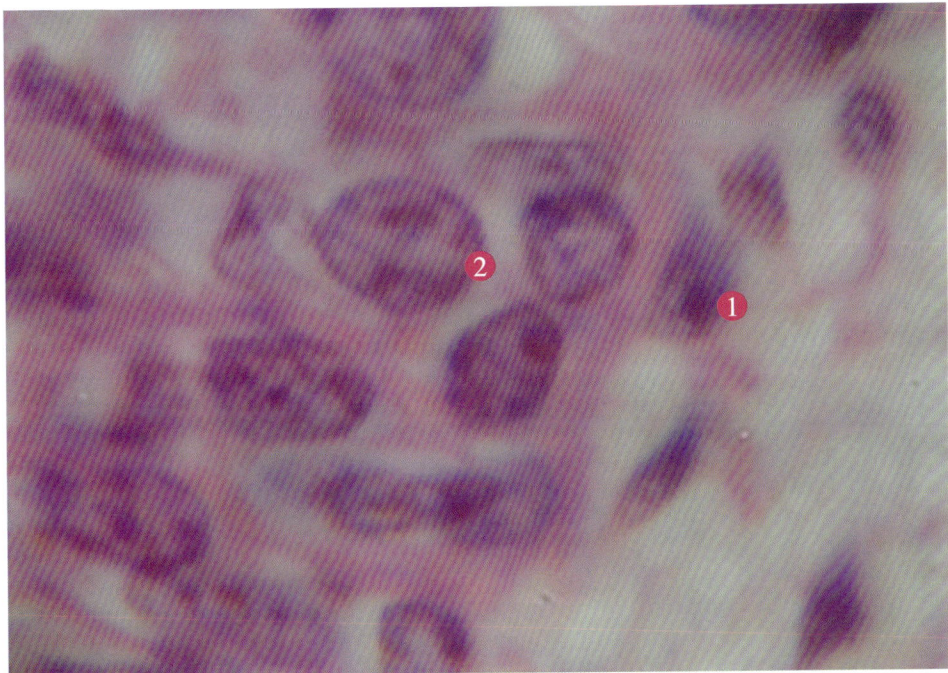

■ 图4-31　人肺间质干细胞-呼吸上皮细胞演化系（1）
苏木素-伊红染色　×1 000
❶示间质干细胞；❷示呼吸上皮细胞。

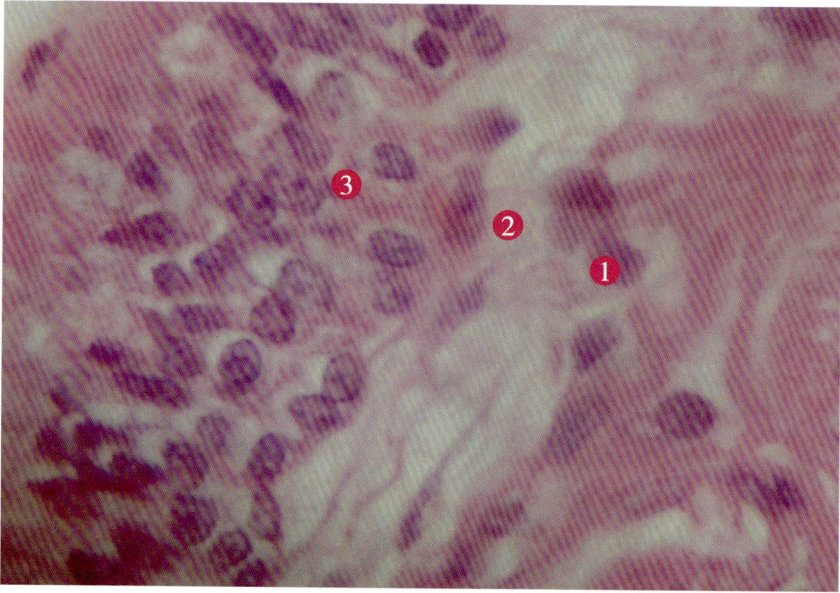

■ 图4-32　人肺间质干细胞-呼吸上皮细胞演化系（2）
苏木素-伊红染色　×400
❶和❷示间质干细胞；❸示呼吸上皮细胞。

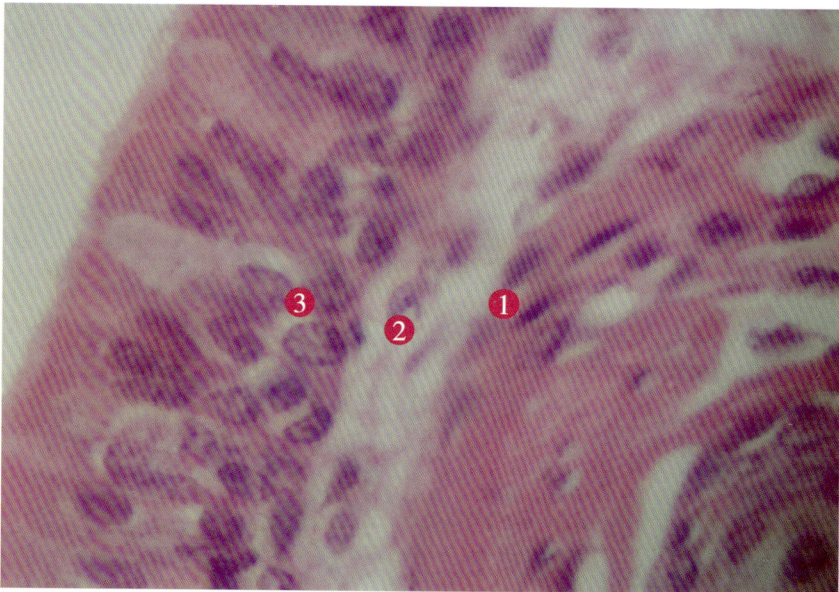

■ 图4-33　人肺间质干细胞-呼吸上皮细胞演化系（3）
苏木素-伊红染色　×400
❶示软骨膜细胞；❷示间质干细胞；❸示呼吸上皮细胞。

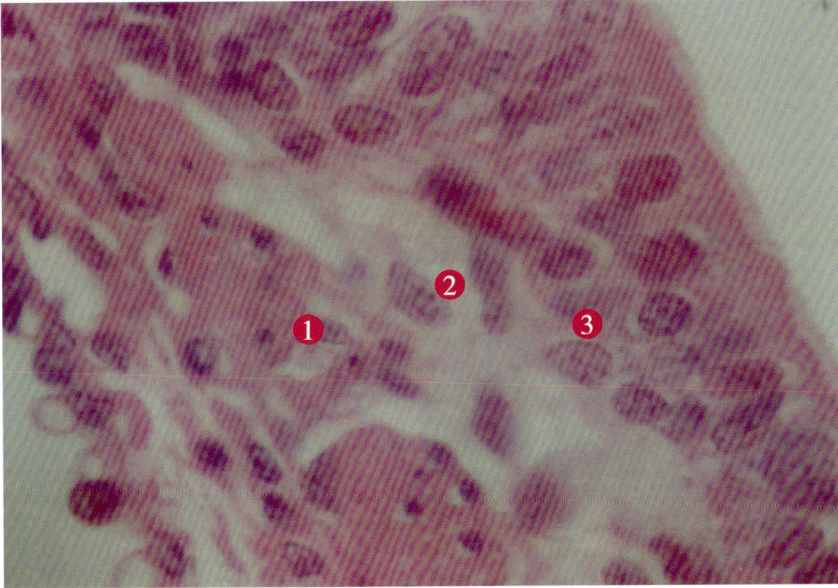

■ 图4-34   人肺间质干细胞-呼吸上皮细胞演化系（1）

苏木素-伊红染色   ×400

❶示平滑肌束；❷示间质干细胞；❸示呼吸上皮细胞。

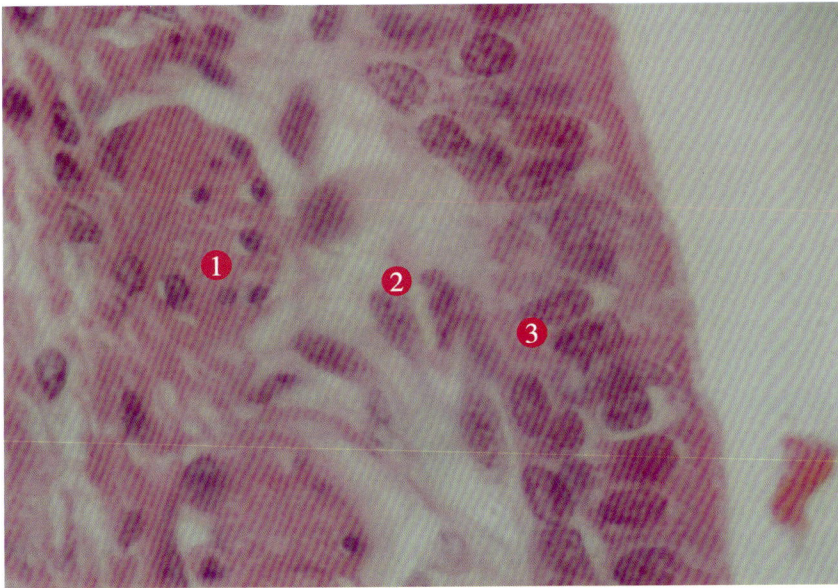

■ 图4-35   人肺间质干细胞-呼吸上皮细胞演化系（5）

苏木素-伊红染色   ×400

❶示平滑肌束；❷示间质干细胞；❸示呼吸上皮细胞。

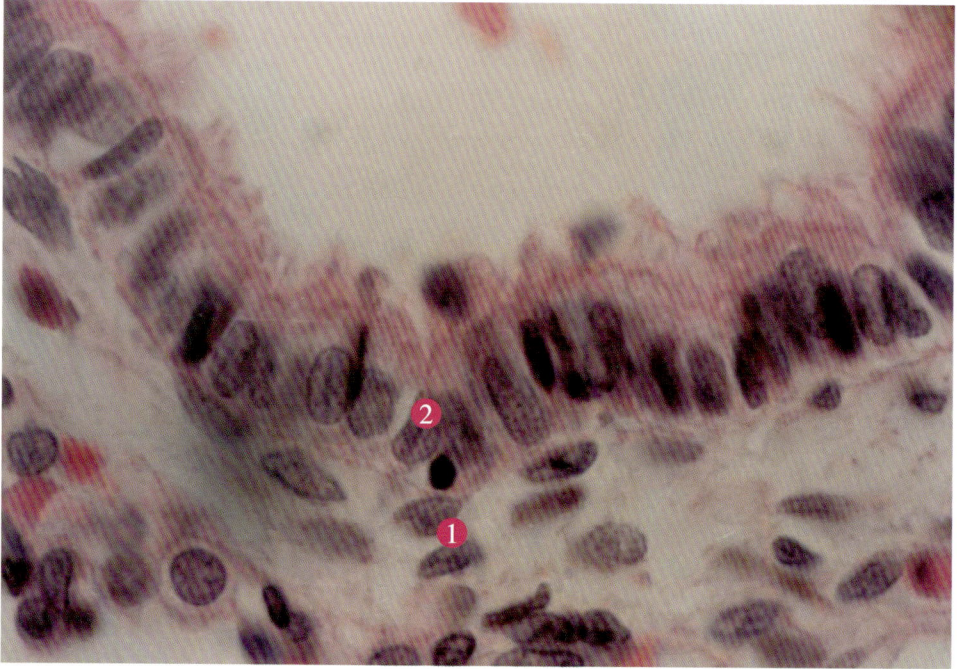

■ 图4-36　胎儿肺间质干细胞-呼吸上皮细胞演化系

苏木素-伊红染色　×400

❶示间质干细胞；❷示呼吸上皮细胞。

（三）淋巴源干细胞-呼吸上皮细胞演化系

呼吸上皮下可见弥散淋巴组织或淋巴滤泡，淋巴源干细胞可能经过渡性细胞演化形成呼吸上皮细胞（图4-37、图4-38）。

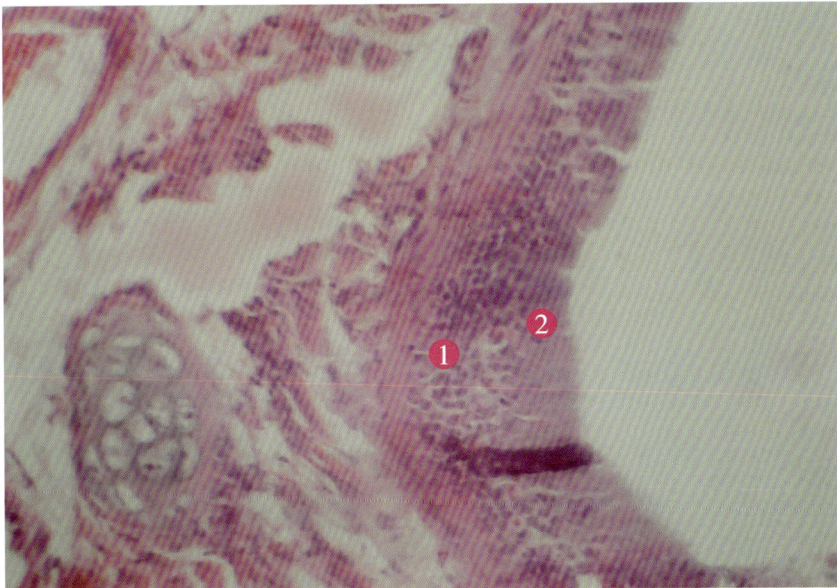

■ 图4-37 人淋巴源干细胞-呼吸上皮细胞演化系（1）

苏木素-伊红染色 ×100

❶示淋巴滤泡；❷示呼吸上皮细胞。

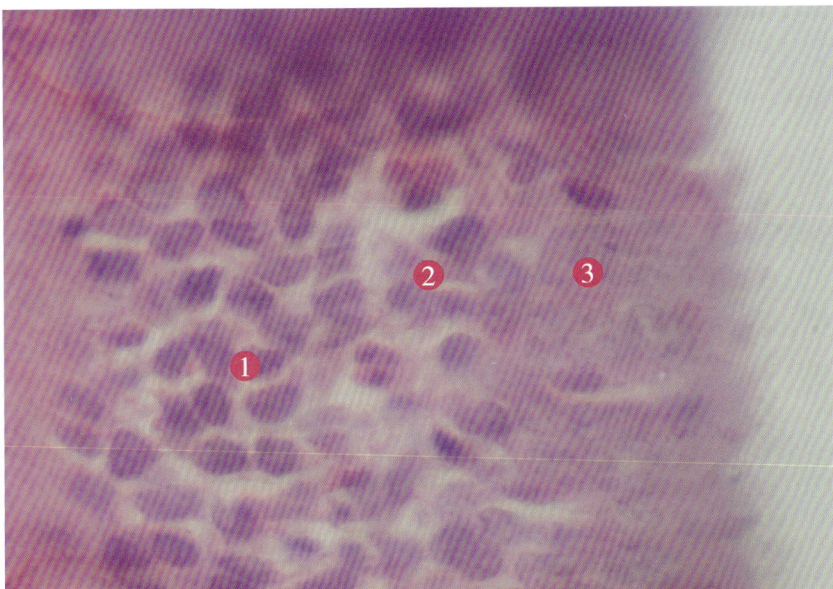

■ 图4-38 人淋巴源干细胞-呼吸上皮细胞演化系（2）

苏木素-伊红染色 ×400

❶示淋巴滤泡；❷示过渡性细胞；❸示呼吸上皮细胞。

三、软骨片组织动力学

软骨片发生于间质干细胞团（图4-39），间质干细胞团逐渐增大，周围逐渐有细胞包围（图4-40、图4-41），周围细胞形成软骨膜遂成为雏形软骨（图4-42、图4-43），随后从中心开始软骨化（图4-44），逐渐形成软骨陷窝及软骨囊，最后完全软骨化（图4-45）。淋巴源干细胞可通过软骨膜细胞支持维生期软骨细胞更新（图4-46）。

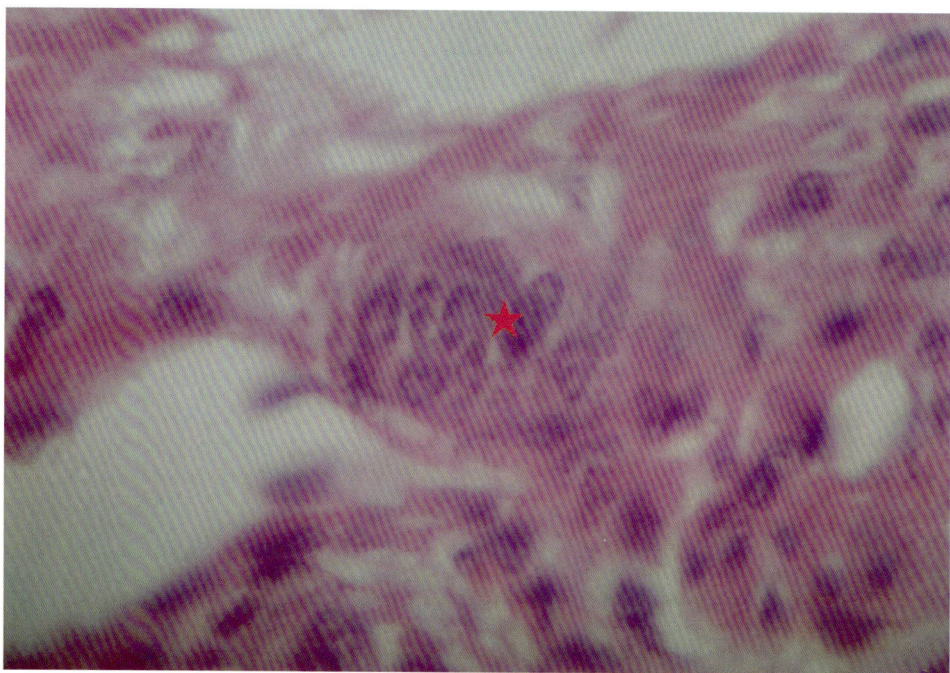

■ 图4-39 人软骨片组织动力学（1）
苏木素-伊红染色 ×400
★示较小间质干细胞团。

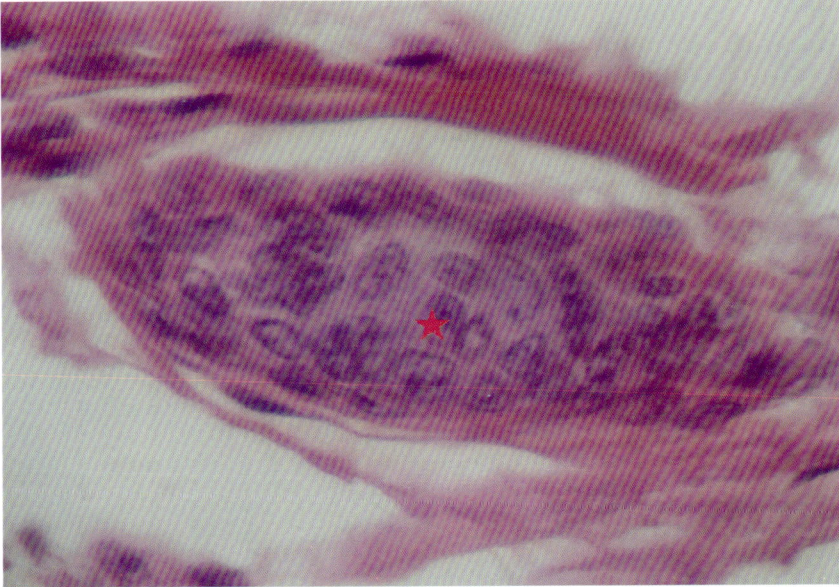

■ 图4-40　人软骨片组织动力学（2）
苏木素–伊红染色　×400
★ 示雏形软骨片。

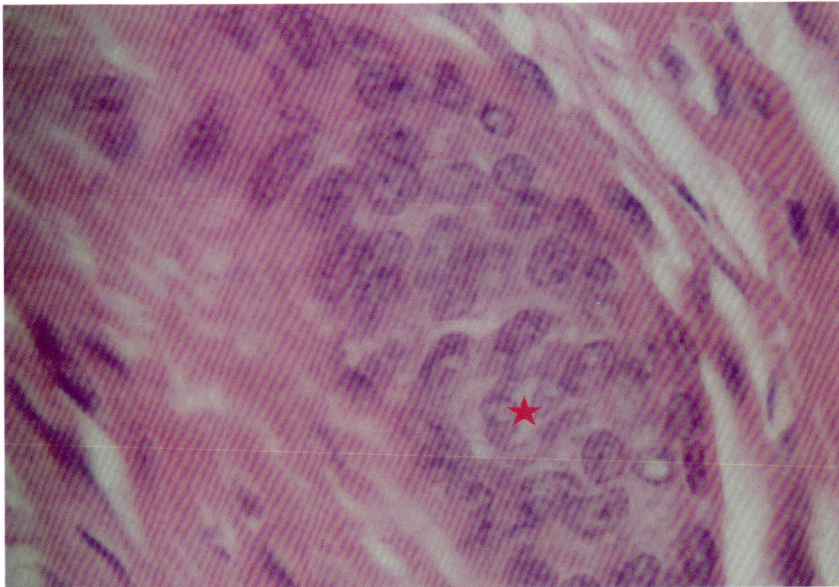

■ 图4-41　人软骨片组织动力学（3）
苏木素–伊红染色　×400
★ 示较大间质干细胞团。

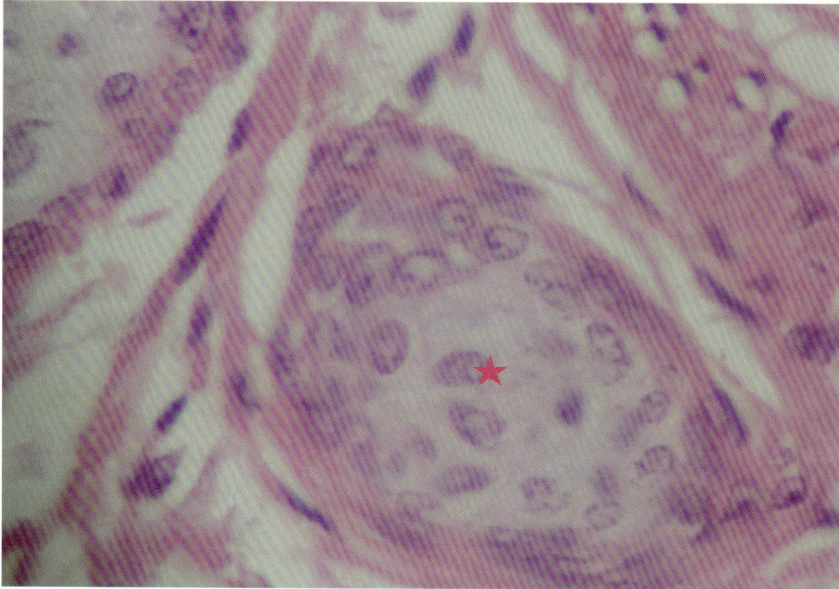

图4-42　人软骨片组织动力学（4）

苏木素-伊红染色　×400

★ 示雏形软骨片。

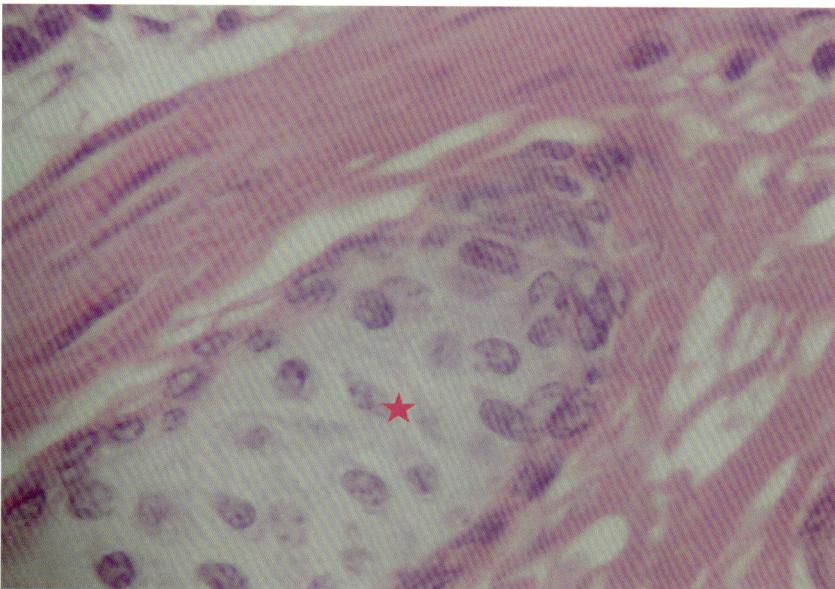

图4-43　人软骨片组织动力学（5）

苏木素-伊红染色　×400

★ 示雏形软骨片。

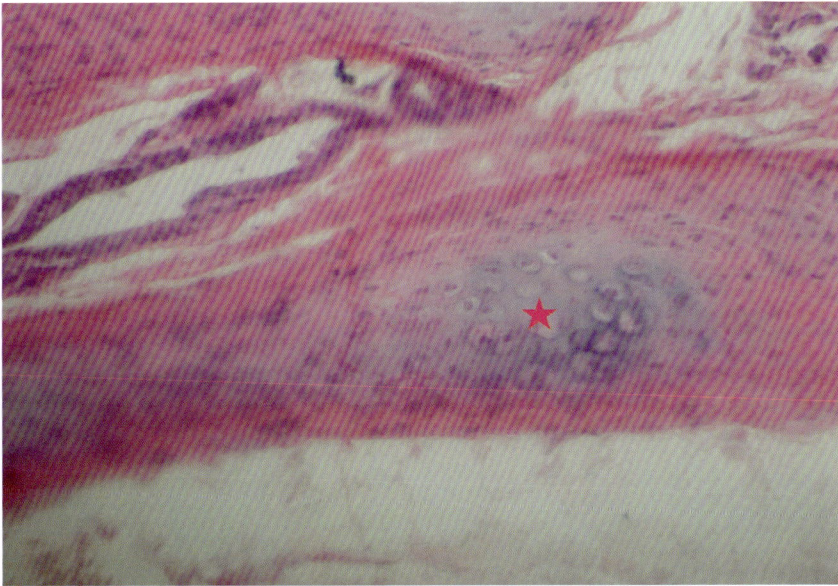

■ 图4-44　人软骨片组织动力学（6）

苏木素–伊红染色　×100

★ 示雏形软骨从中心开始软骨化。

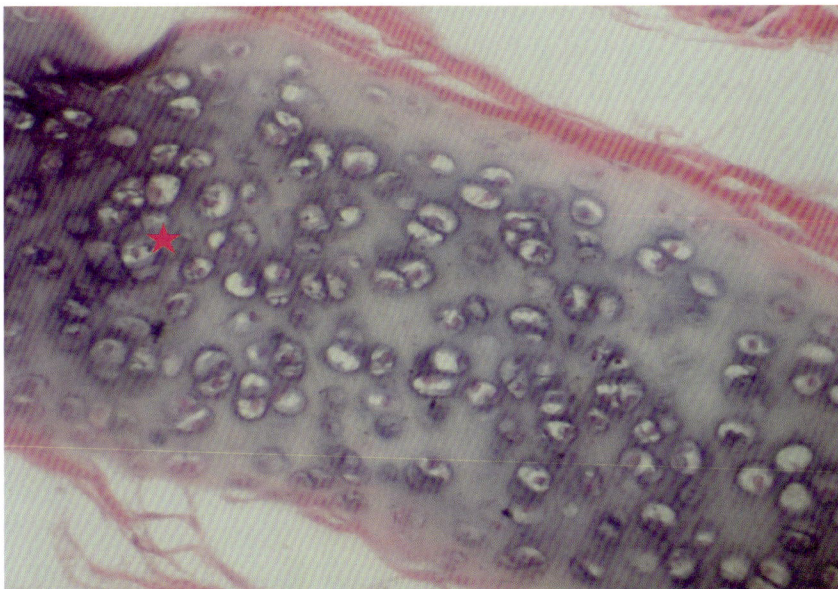

■ 图4-45　人软骨片组织动力学（7）

苏木素–伊红染色　×100

★ 示完全软骨化的软骨片。

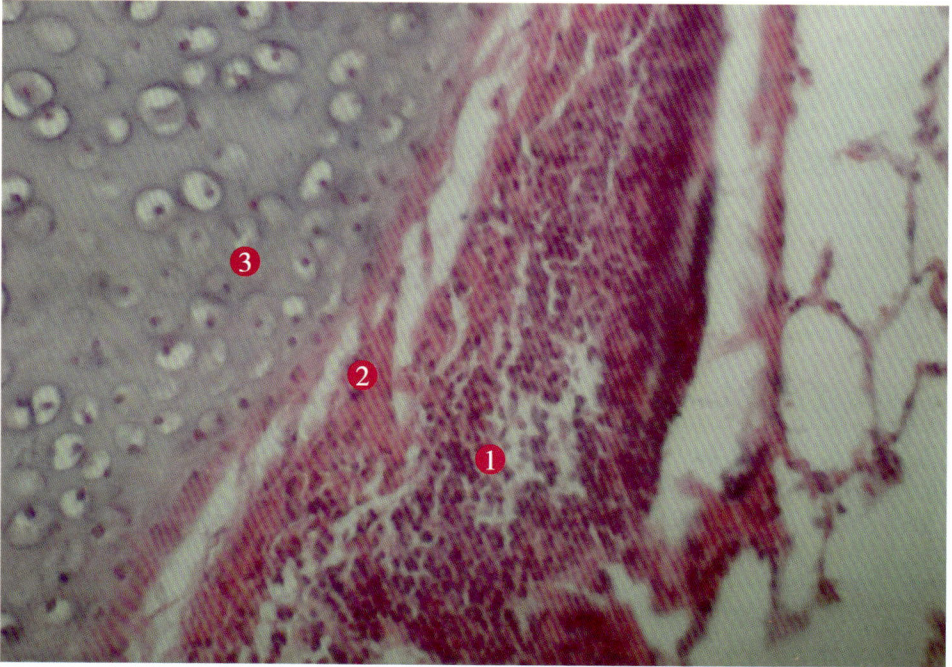

图4-46　淋巴源软骨再生

苏木素-伊红染色　×100

❶示弥散淋巴组织；❷示软骨膜细胞；❸示软骨细胞。

四、支气管腺组织动力学

支气管腺泡也源自间质干细胞团（图4-47），细胞团继续增大（图4-48），并不断腺细胞化（图4-49、图4-50），逐步演化形成支气管腺泡（图4-51～图4-53），间质干细胞团化也可顿挫终止（图4-54）。有时可见支气管腺泡与软骨片共用包被结构，是二者同源的证据（图4-55）。

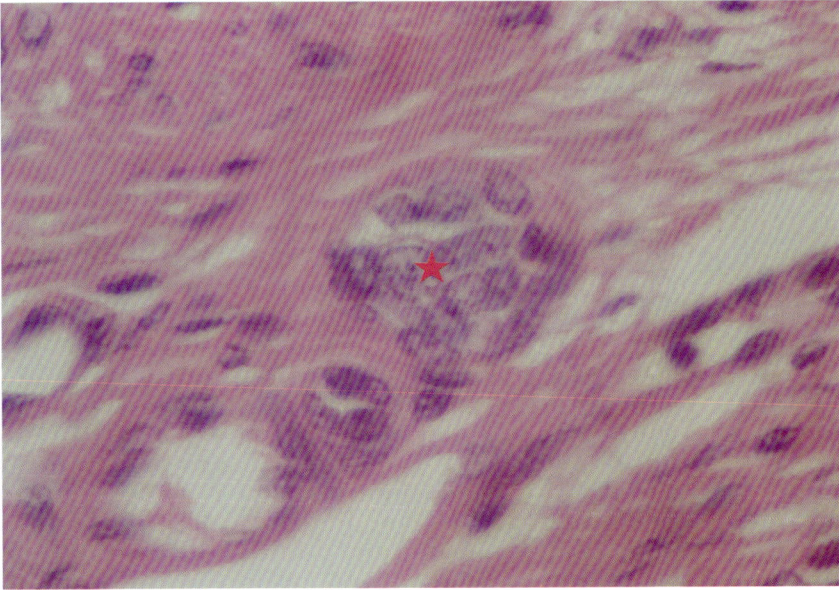

图4-47　人支气管腺组织动力学（1）

苏木素-伊红染色　×400

★示间质干细胞团。

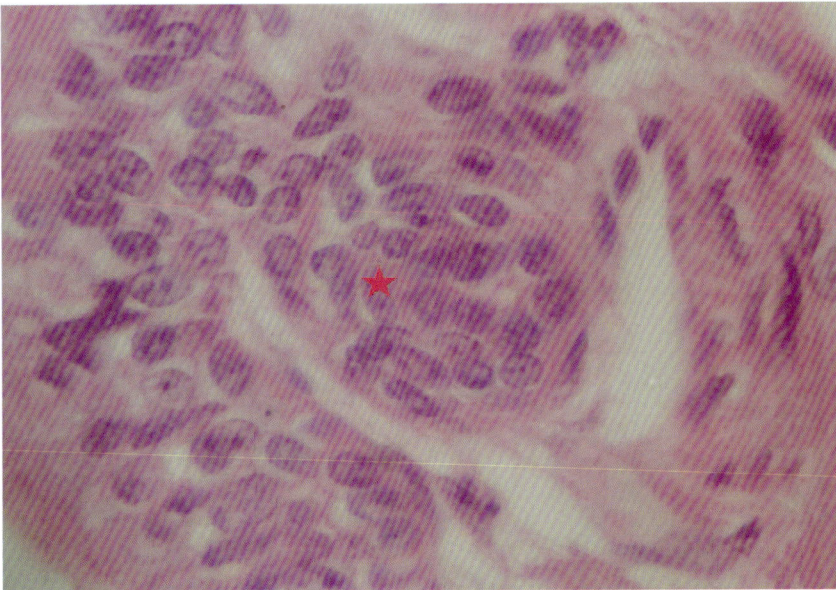

图4-48　人支气管腺组织动力学（2）

苏木素-伊红染色　×400

★示间质干细胞团增大。

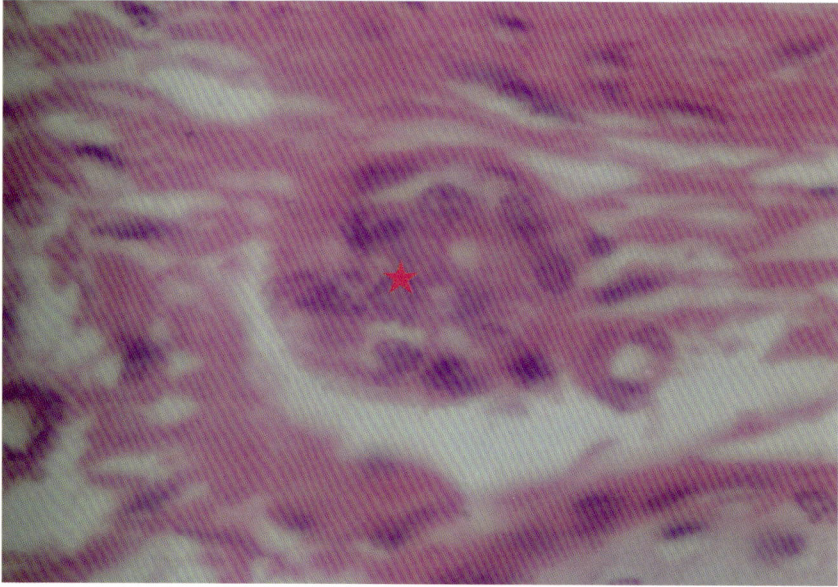

图4-49 人支气管腺组织动力学（3）

苏木素-伊红染色　×400

★ 示间质干细胞团腺细胞化。

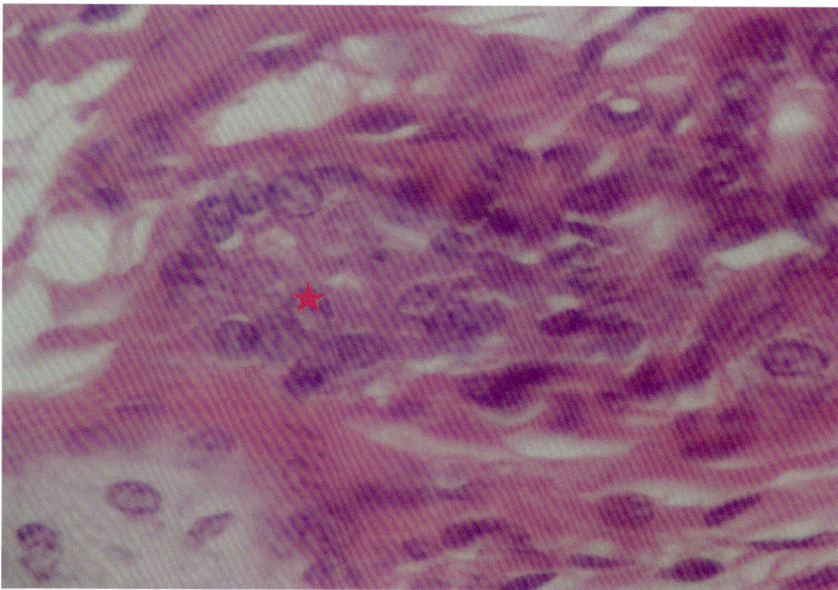

图4-50 人支气管腺组织动力学（4）

苏木素-伊红染色　×400

★ 示间质干细胞团腺细胞化。

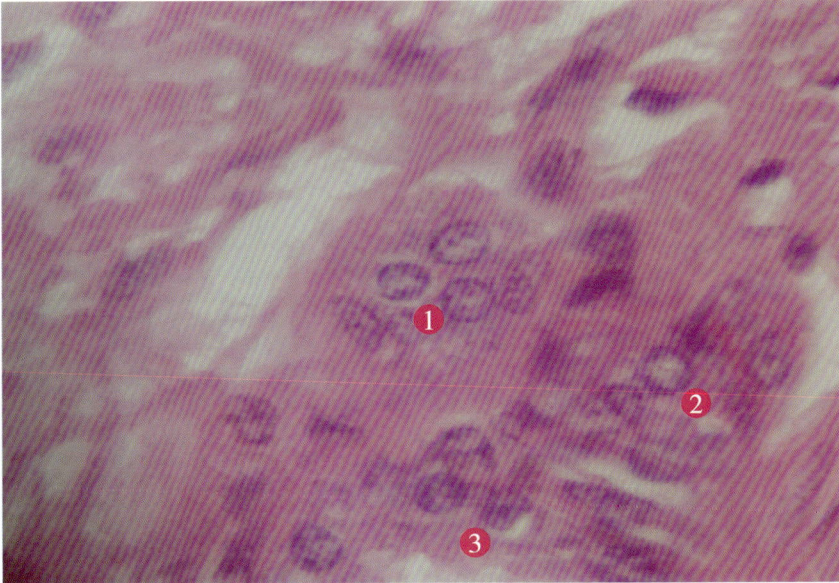

■ 图4-51　人支气管腺组织动力学（5）

苏木素-伊红染色　×400

❶示间质干细胞团；❷示细胞团腺细胞化；❸示支气管腺泡。

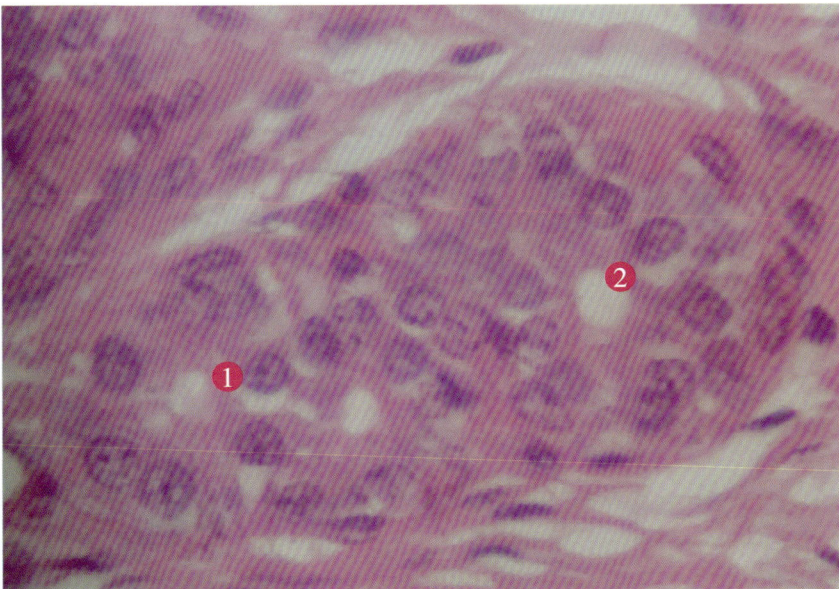

■ 图4-52　人支气管腺组织动力学（6）

苏木素-伊红染色　×400

❶示较早腺泡；❷示较晚腺泡。

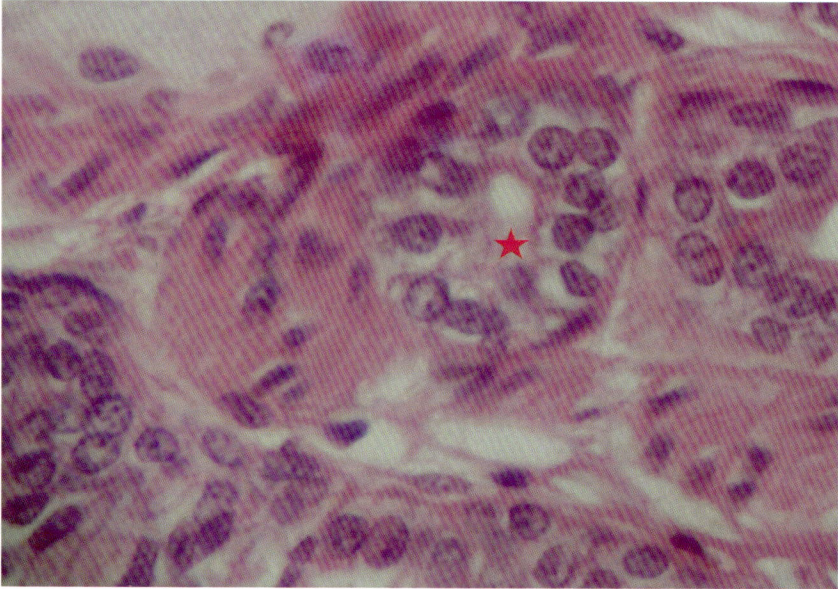

■ **图4-53　人支气管腺组织动力学（7）**

苏木素−伊红染色　×400

★示成熟浆液性腺泡。

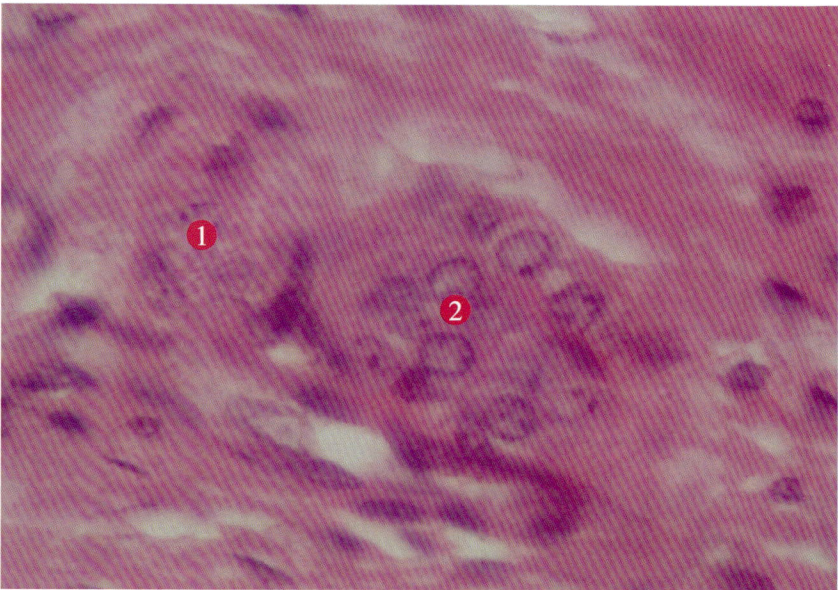

■ **图4-54　人支气管腺组织动力学（8）**

苏木素−伊红染色　×400

❶和❷示演化顿挫的间质干细胞团。

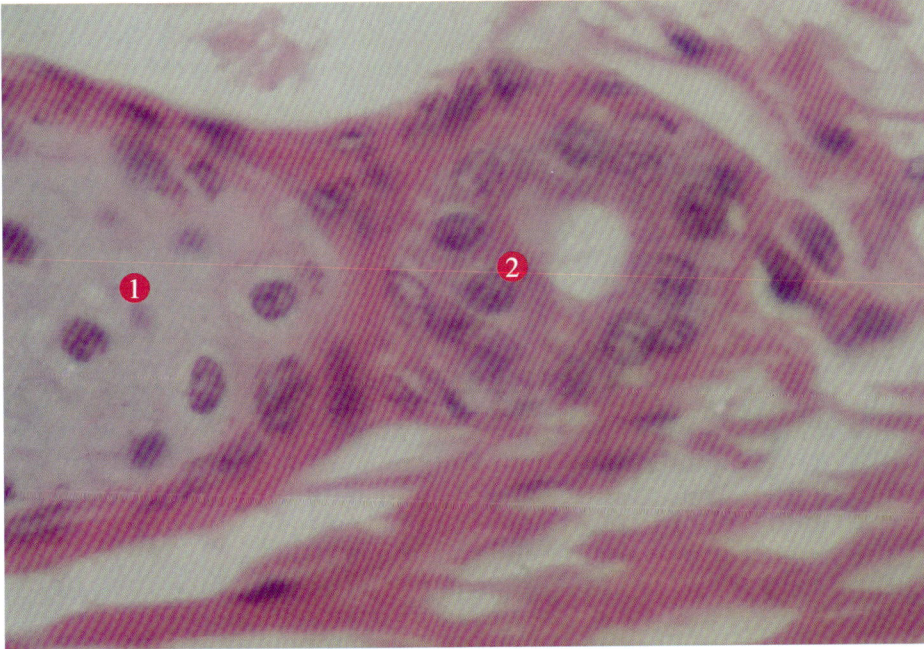

■ 图4-55　人支气管腺组织动力学（9）

苏木素–伊红染色　×400

❶示软骨片；❷示支气管腺泡。

五、支气管平滑肌演化

支气管平滑肌演化来源于神经束细胞，演化形成的平滑肌细胞开始依所受应力方向排列，而后改为环支气管排列（图4-56～图4-58）。

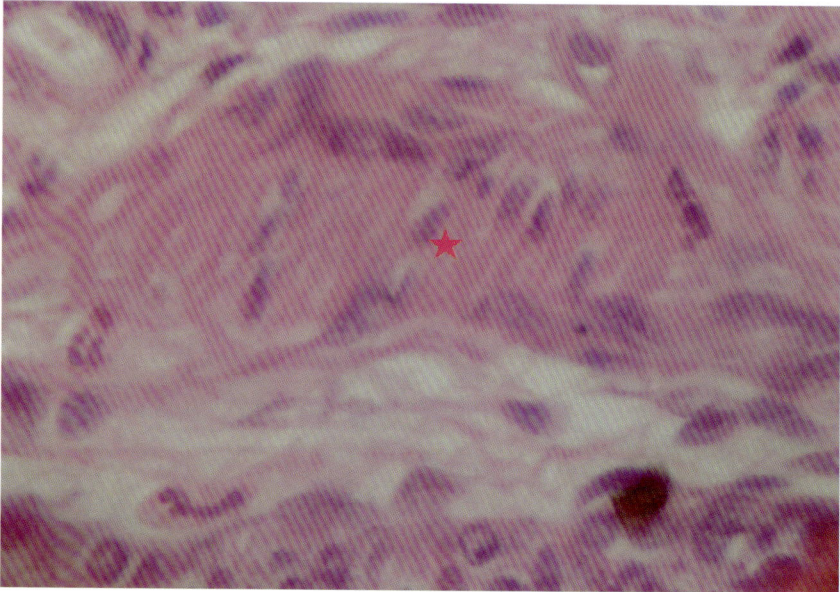

■ 图4-56 人支气管平滑肌演化（1）

苏木素-伊红染色　×400

★ 示神经束演化为平滑肌。

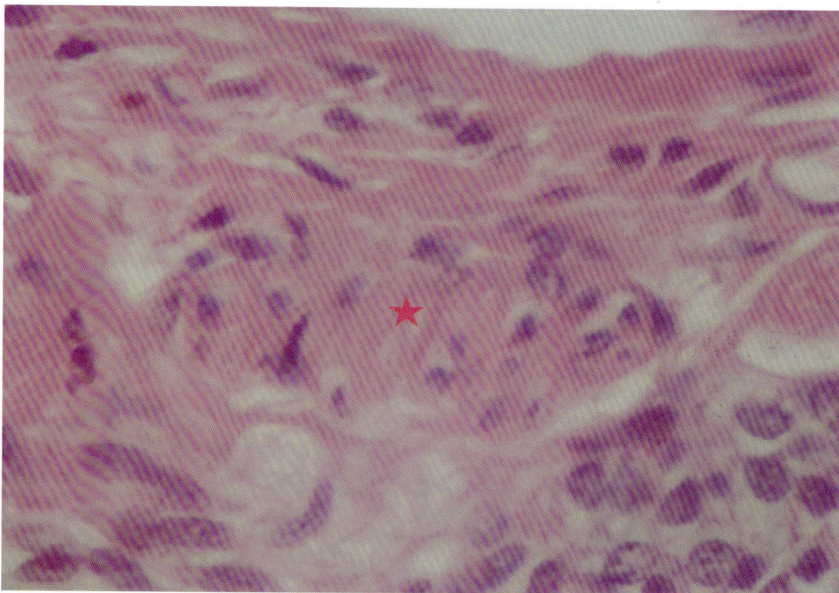

■ 图4-57 人支气管平滑肌演化（2）

苏木素-伊红染色　×400

★ 示神经束演化为平滑肌。

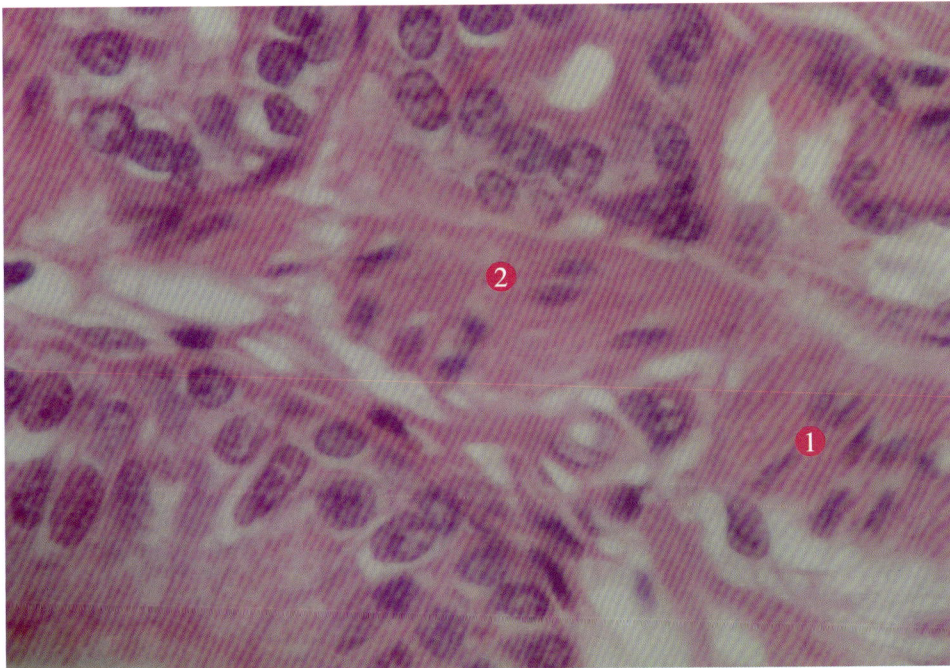

■ 图4-58　人支气管平滑肌演化（3）

苏木素-伊红染色　×400

❶示较早平滑肌束；❷示稍晚平滑肌束。

六、神经丛和神经束演化

肺内小支气管旁及肺间质内常见神经丛（图4-59、图4-60），衰退的神经丛内神经元逐渐减少，直至消失（图4-61、图4-62）；小支气管旁及肺间质内也常见相对静息小神经束（图4-63）及演化的神经束（图4-64、图4-65），如前所述，神经束可演化形成软骨片、支气管腺和平滑肌，并离散形成间质干细胞（图4-66），也参与包括呼吸上皮细胞在内的多种肺实质细胞的形成，常见神经与血管伴行也是神经束演化的结果（图4-67）。

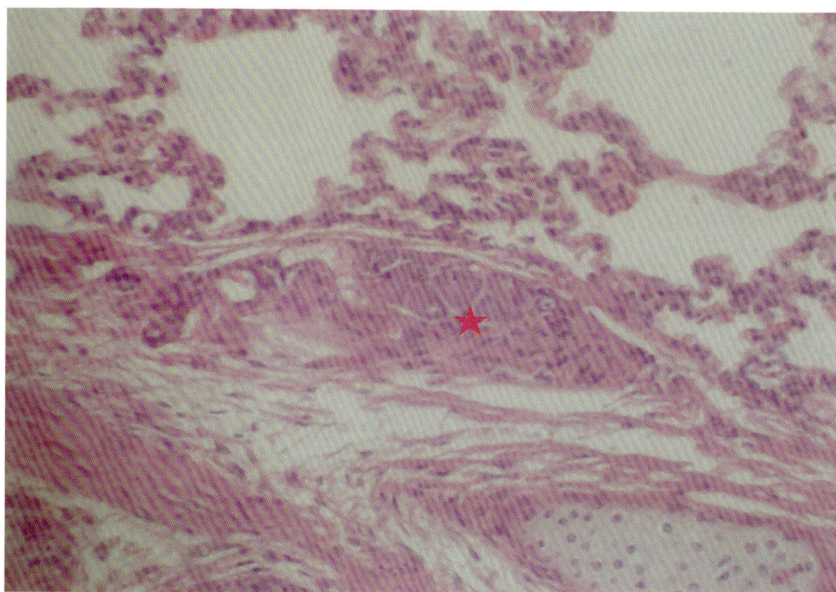

图4-59 人肺内神经丛演化（1）
苏木素–伊红染色 ×100
★示小支气管旁神经丛。

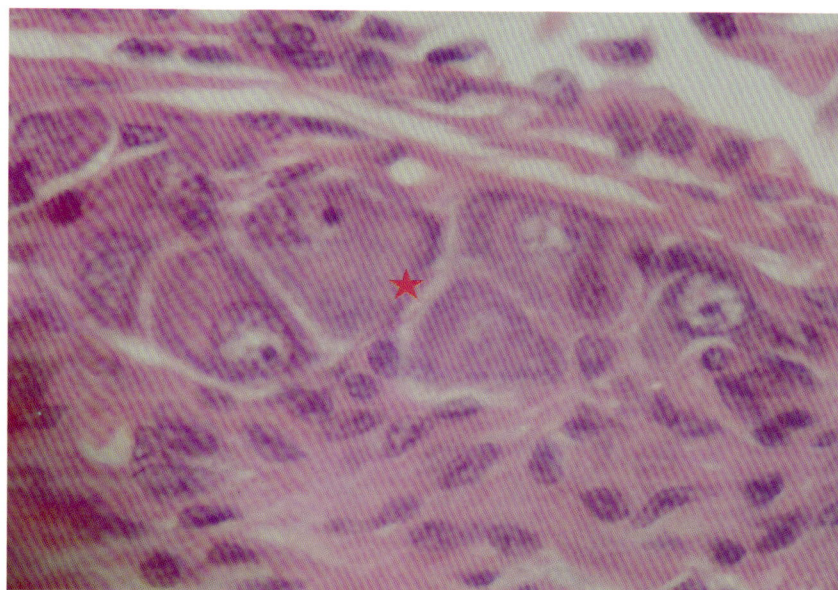

图4-60 人肺内神经丛演化（2）
苏木素–伊红染色 ×400
★示小支气管旁神经丛。

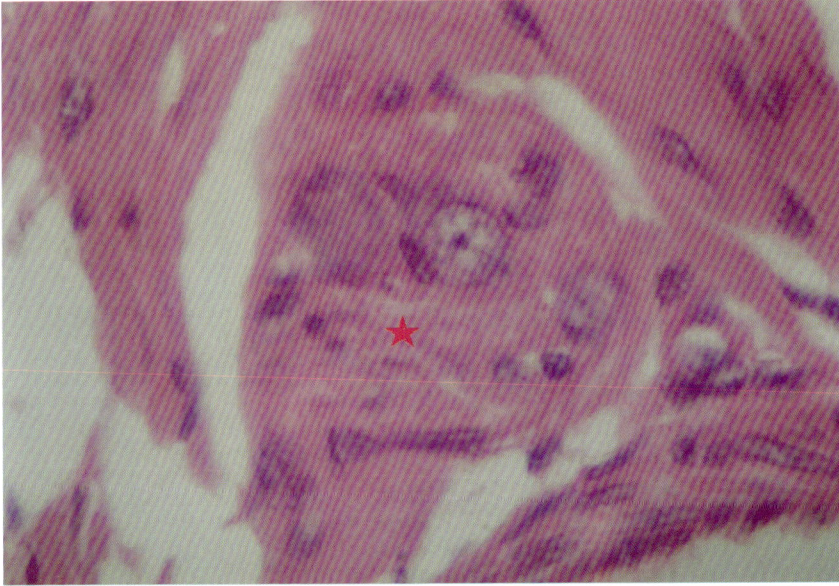

■ 图4-61 人肺内神经丛演化（3）
苏木素-伊红染色 ×400
★示开始衰退的神经丛。

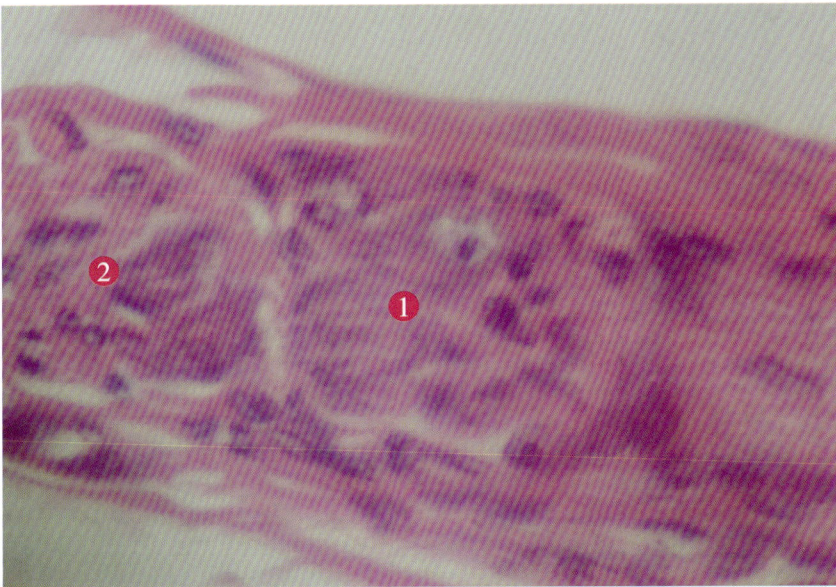

■ 图4-62 人肺内神经丛演化（4）
苏木素-伊红染色 ×400
❶示神经丛；❷示开始衰退的神经丛。

209

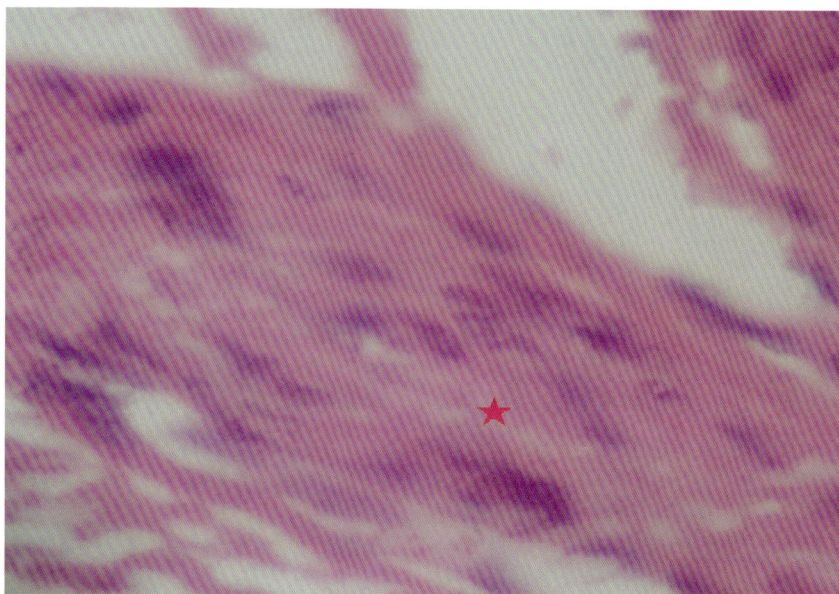

■ 图4-63 人肺内神经束演化（1）

苏木素-伊红染色 ×400

★ 示相对静息的神经束（纵切面）。

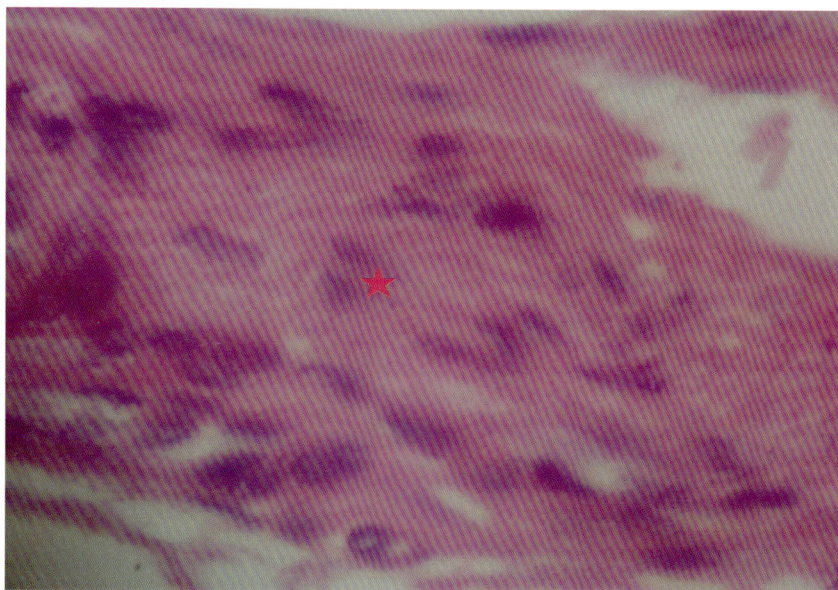

■ 图4-64 人肺内神经束演化（2）

苏木素-伊红染色 ×400

★ 示开始演化的神经束（纵切面）。

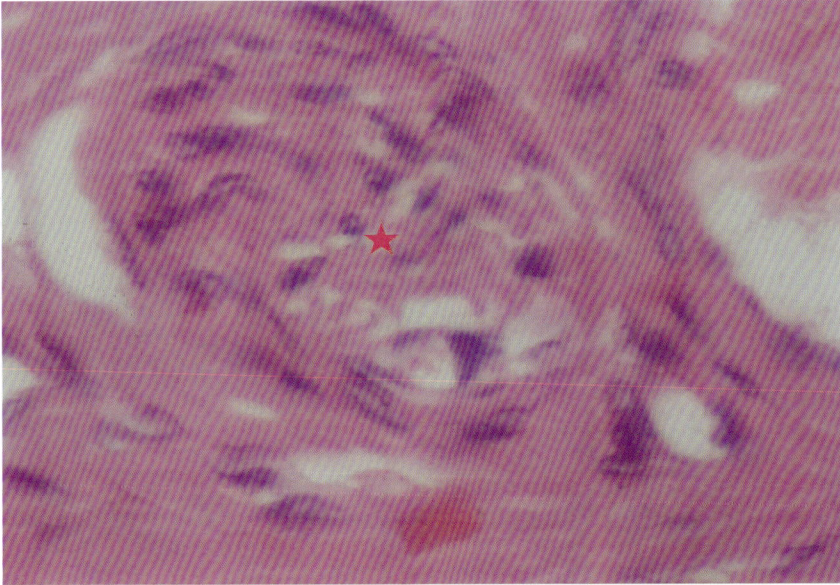

■ 图4-65　人肺内神经束演化（3）
苏木素-伊红染色　×400
★示部分演化的神经束（横切面）。

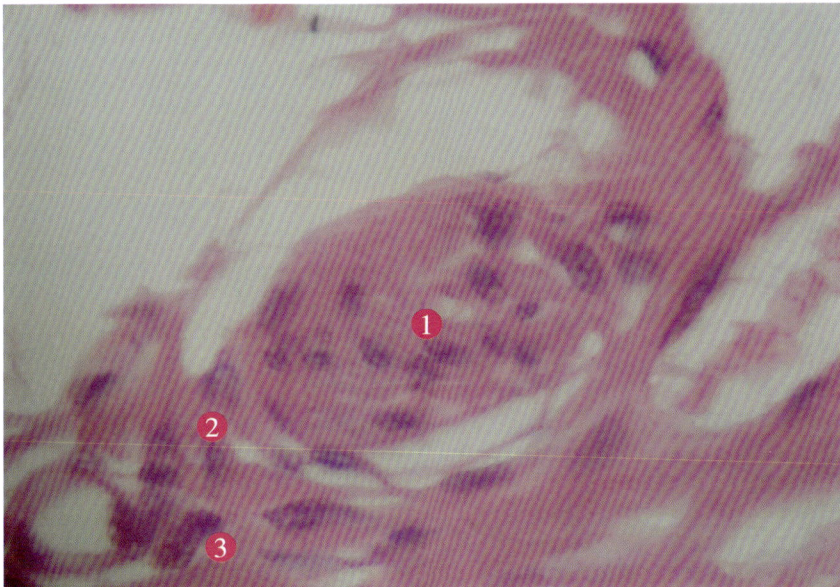

■ 图4-66　人肺内神经束演化（4）
苏木素-伊红染色　×400
❶示神经束及束内神经束细胞；❷示离散的神经束细胞；❸示间质干细胞。

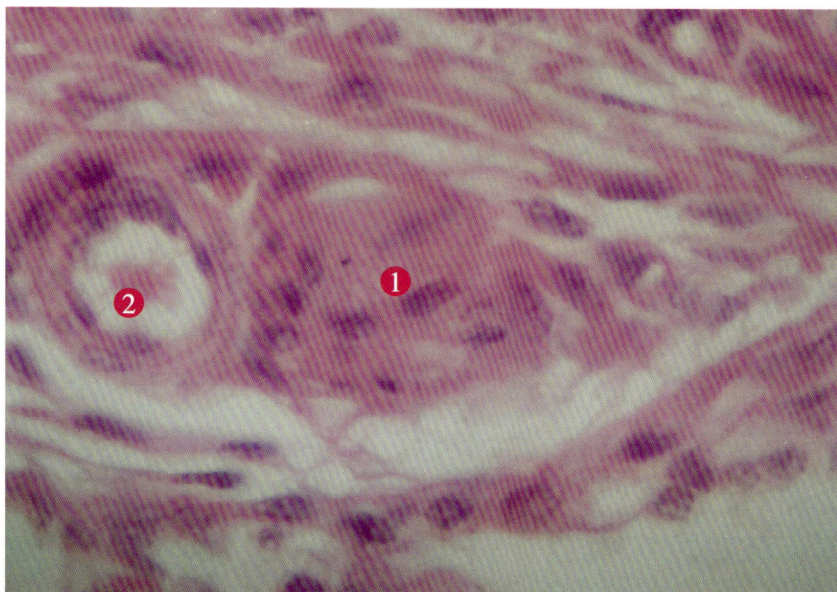

图4-67　人肺内神经束演化（5）

苏木素–伊红染色　×400

❶示神经束；❷示神经束演化形成的小血管。

第二节　肺呼吸部组织动力学

一、呼吸部结构演变

　　肺呼吸部包括肺泡管、肺泡囊和肺泡。导气部终末细支气管末端管壁开始出现断裂口（图4-68），上皮细胞迁入断口并增生扩展使断口逐步扩大而成为肺泡管（图4-69、图4-70）。肺泡管上段有较大管壁片段，肺泡隔末端膨大，较密（图4-71、图4-72），肺泡管下段随着开口于管壁的肺泡增多、增大，又受气流剪切力作用，肺泡隔末端膨大变小，较稀疏（图4-73、图4-74），肺泡管壁上皮也由矮柱状上皮（图4-75）变为单层立方上皮（图4-76、图4-77）；肺泡囊、肺泡隔不见末端膨大（图4-78），单个薄壁开口泡状结构即肺泡（图4-79）。肺泡囊和肺泡的间隔结构逐渐变薄，较厚的间隔结构中间夹有平滑肌，两面上皮可不对称，上皮细胞可穿越间隔而移位（图4-80、图4-81），受肺泡膨胀张应力和气流剪切力的影响，肺泡间隔细胞层数逐渐减少（图4-82），Ⅱ型肺泡上皮细胞分泌表面活性物质更促进这种变化，可由两面细胞错列（图4-83）变为仍较厚的单层细胞的肺泡隔（图4-84～图4-86），最后成为仅在角缘处保留少数Ⅱ型肺泡上皮细胞，大部只有极薄，甚至超薄的单层Ⅰ型肺泡上皮细胞相间隔的肺泡（图4-87、图4-88）。显然，Ⅰ型肺泡上皮细胞是由Ⅱ型肺泡上皮细胞碾展形成，Ⅰ型肺泡上皮细胞和Ⅱ型肺泡上皮细胞与非内外导气部及呼吸部上皮细胞同属呼吸上皮细胞系，是所处环境赋予不同部位细胞各不相同的表型特征。

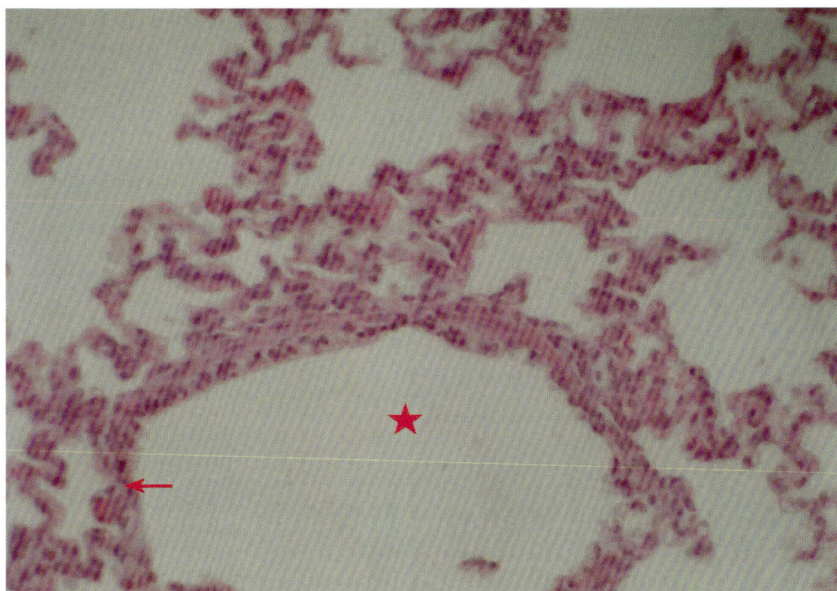

■ 图4-68　人呼吸部结构演变（1）

苏木素-伊红染色　×100

★示终末细支气管。　←示管壁将开裂处。

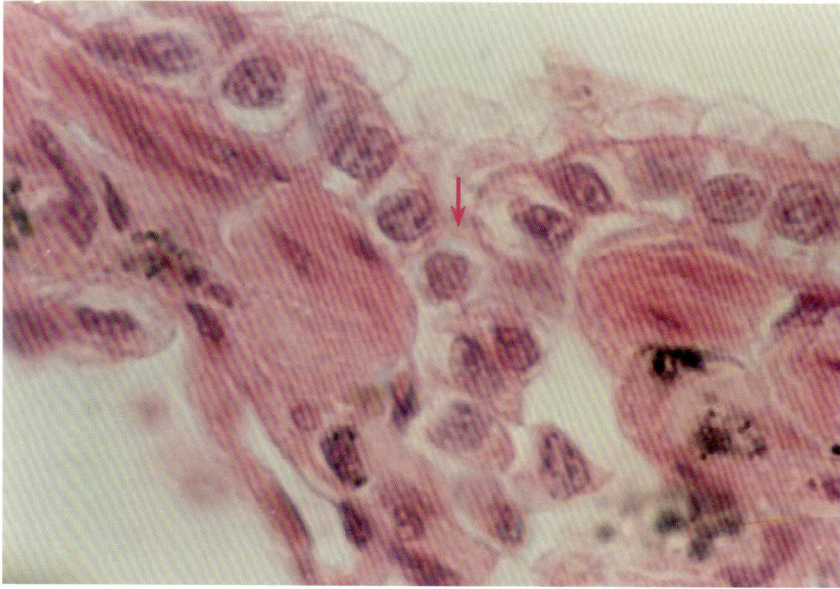

■ 图4-69　人呼吸部结构演变（2）
苏木素-伊红染色　×400
↓示终末细支气管管壁将开裂处。

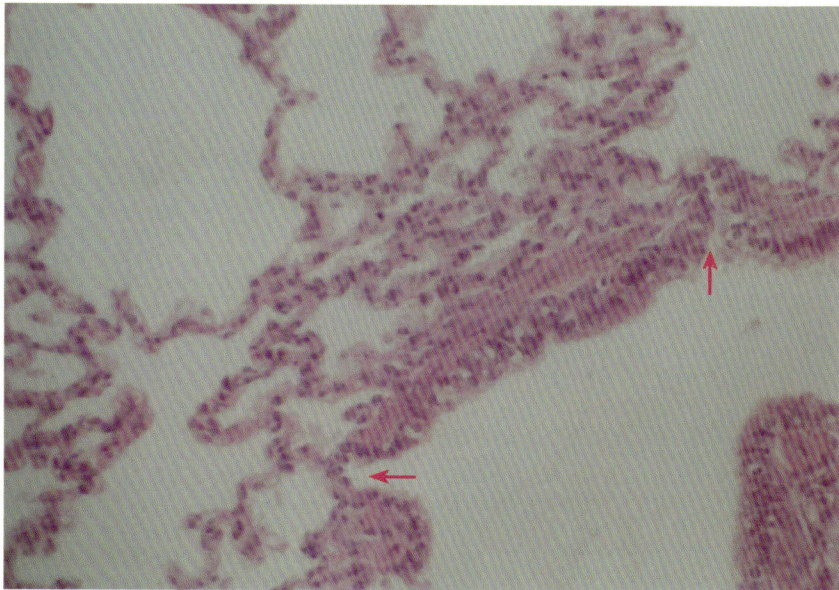

■ 图4-70　人呼吸部结构演变（3）
苏木素-伊红染色　×100
↑和←示终末细支气管壁不同大小的断裂口。

214

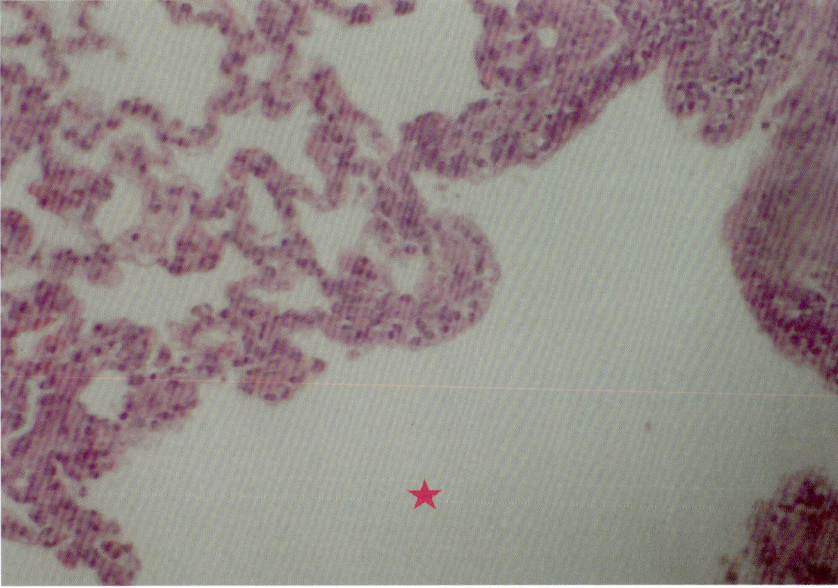

图4-71 人肺泡管（1）
苏木素-伊红染色   ×100
★ 示上段肺泡管。

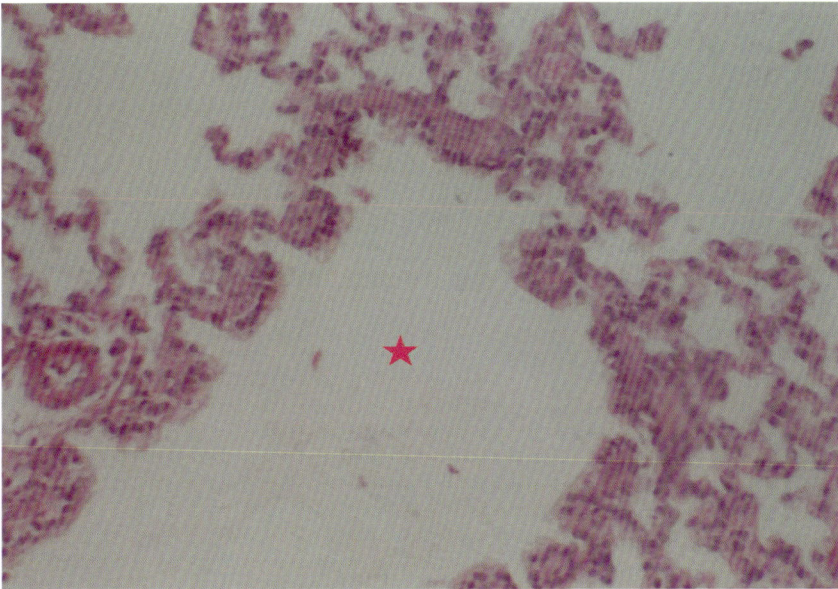

图4-72 人肺泡管（2）
苏木素-伊红染色   ×100
★ 示上段肺泡管。

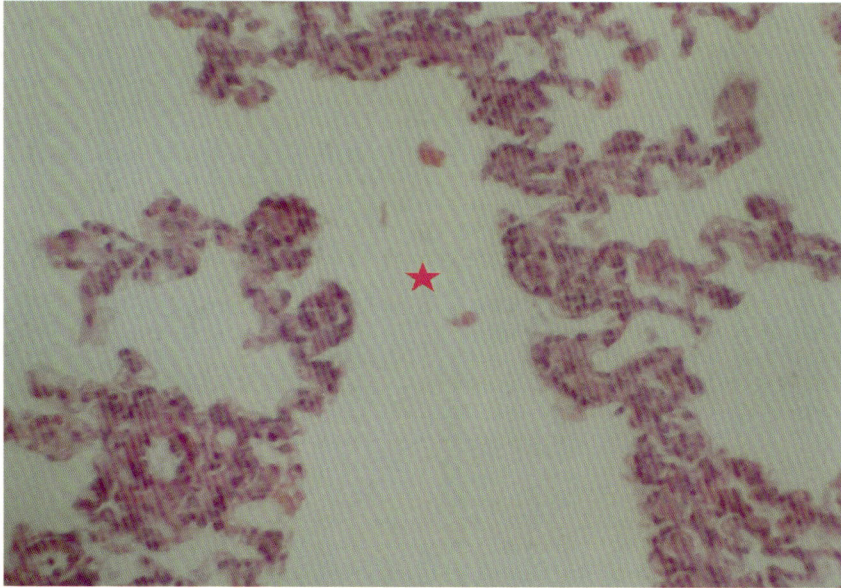

■ 图4-73 人肺泡管（3）
苏木素-伊红染色 ×100
★ 示下段肺泡管。

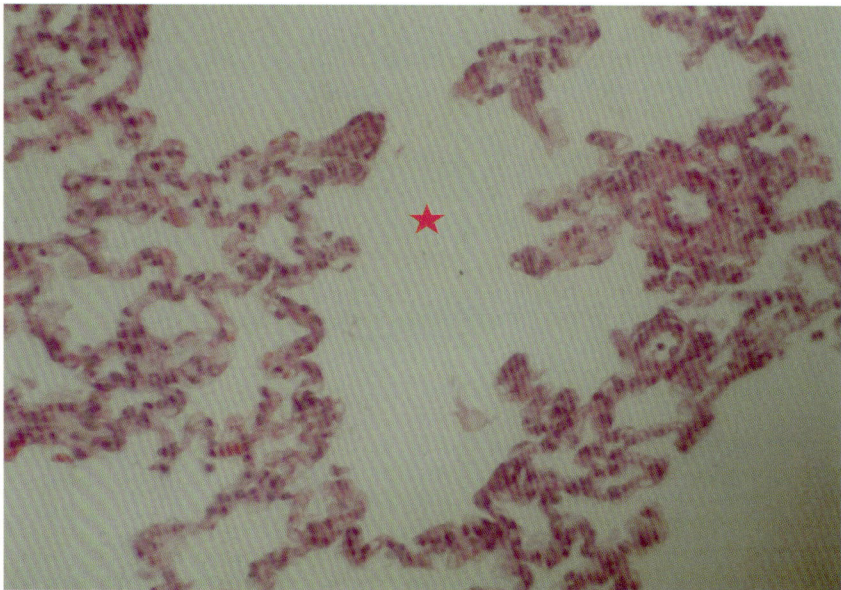

■ 图4-74 人肺泡管（4）
苏木素-伊红染色 ×100
★ 示下段肺泡管。

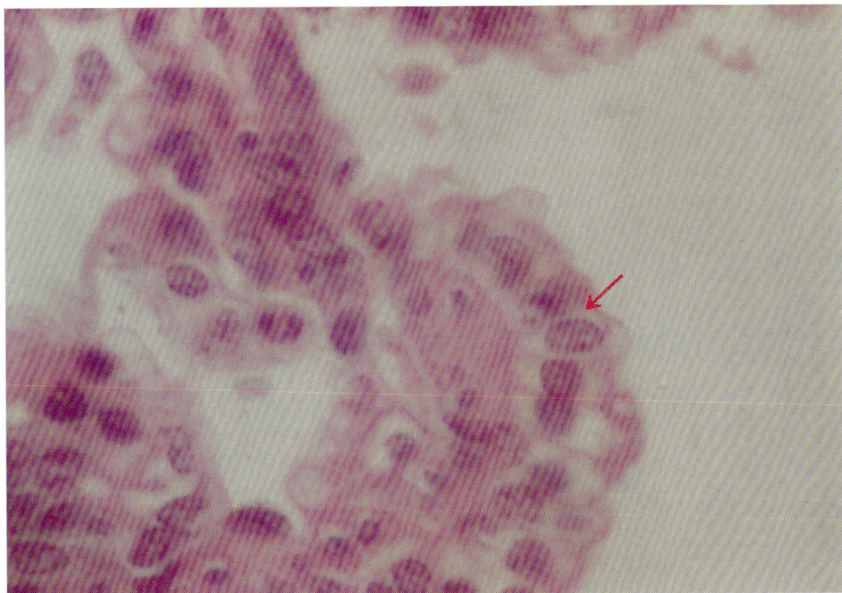

图4-75　人肺泡管上皮（1）
苏木素-伊红染色　×400
示单层矮柱状上皮。

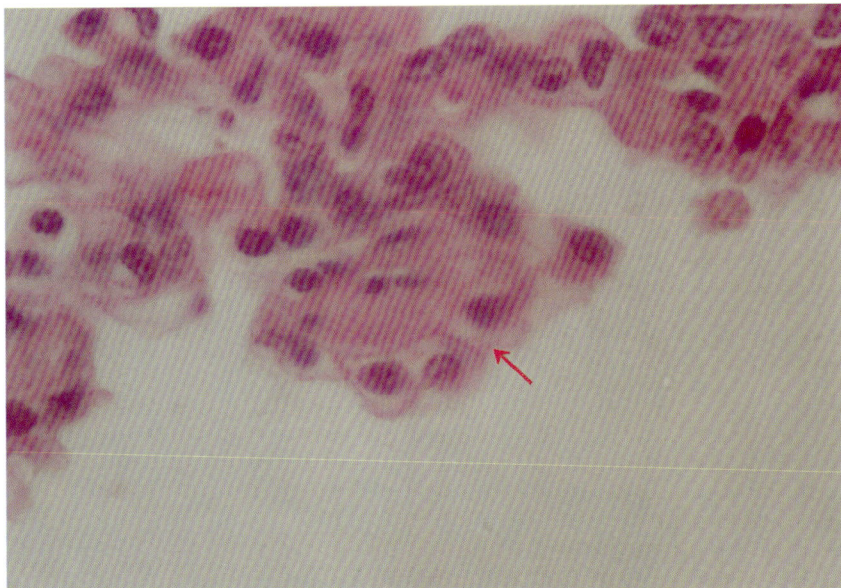

图4-76　人肺泡管上皮（2）
苏木素-伊红染色　×400
示单层立方上皮。

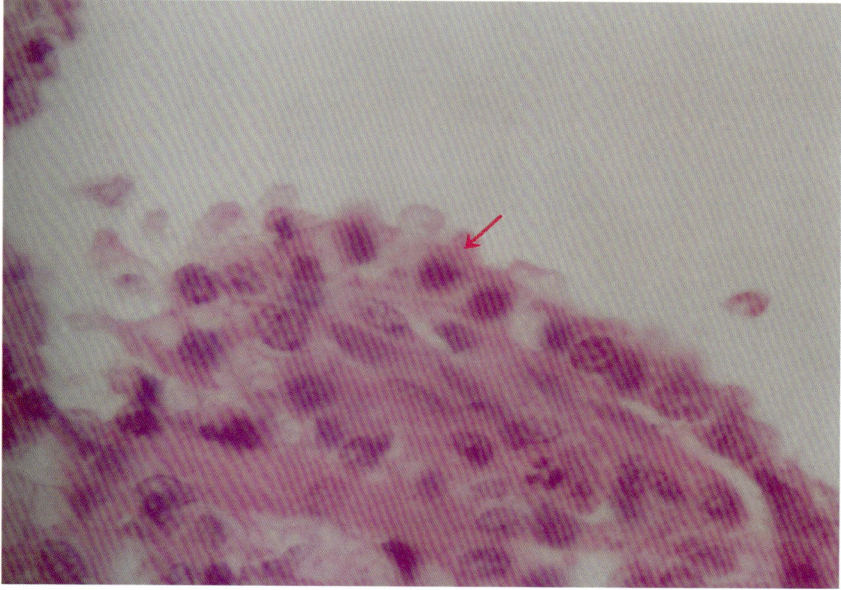

■ 图4-77　人肺泡管上皮（3）
苏木素–伊红染色　×400
↙ 示单层立方上皮。

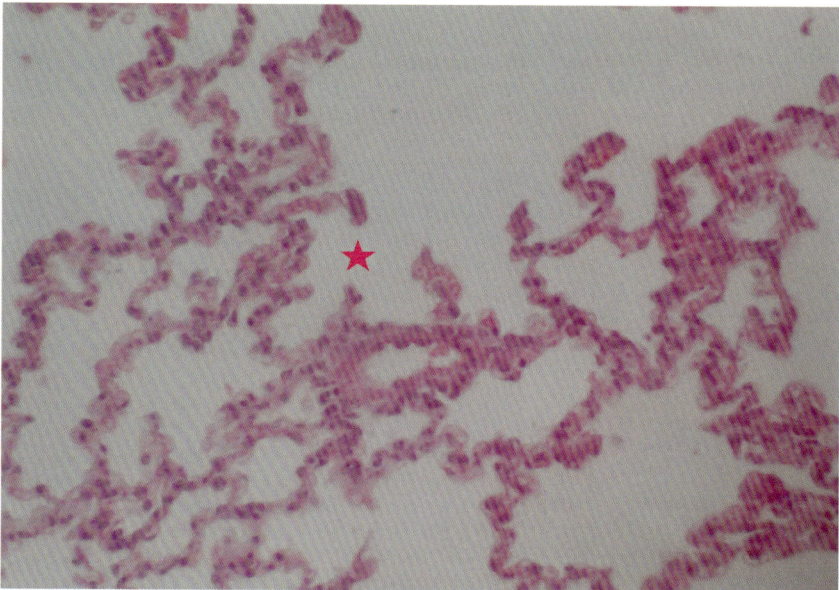

■ 图4-78　人肺泡囊
苏木素–伊红染色　×100
★ 示肺泡囊。

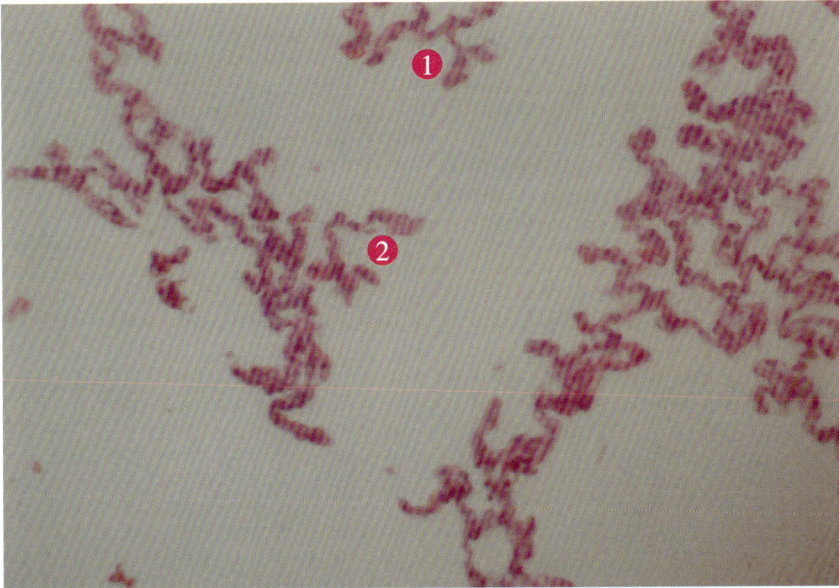

图4-79 人肺泡

苏木素-伊红染色 ×100

❶和❷示肺泡。

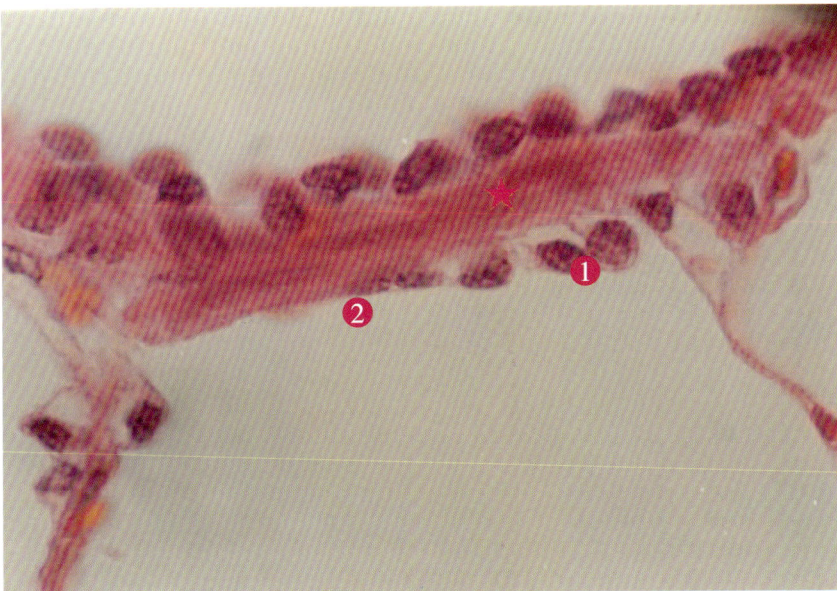

图4-80 人肺泡间隔演变（1）

苏木素-伊红染色 ×400

★示较厚肺泡隔。 ❶示单层立方上皮；❷示扁平上皮。

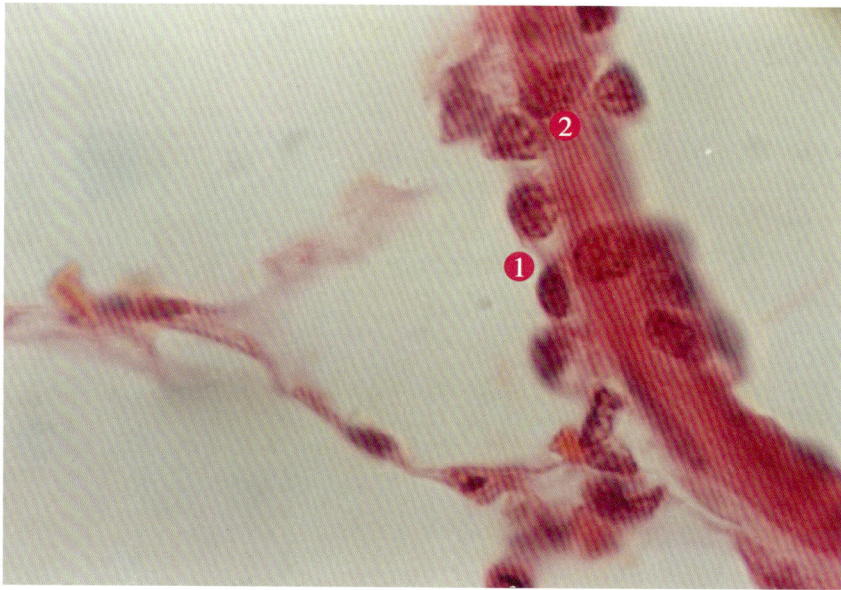

■ 图4-81　人肺泡间隔演变（2）

苏木素-伊红染色　×400

❶示单层立方上皮；❷示穿越管壁的细胞。

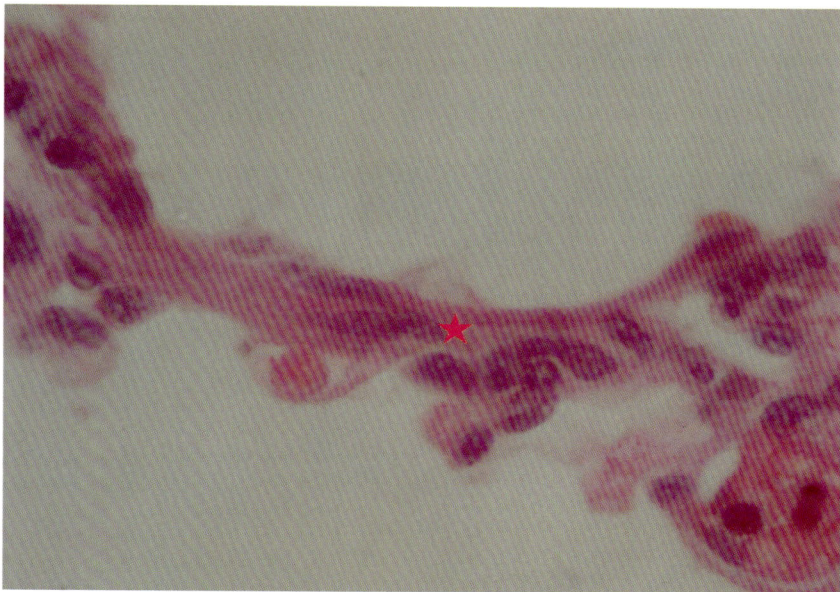

■ 图4-82　人肺泡间隔演变（3）

苏木素-伊红染色　×400

★示两面不对称的多细胞层肺泡隔。

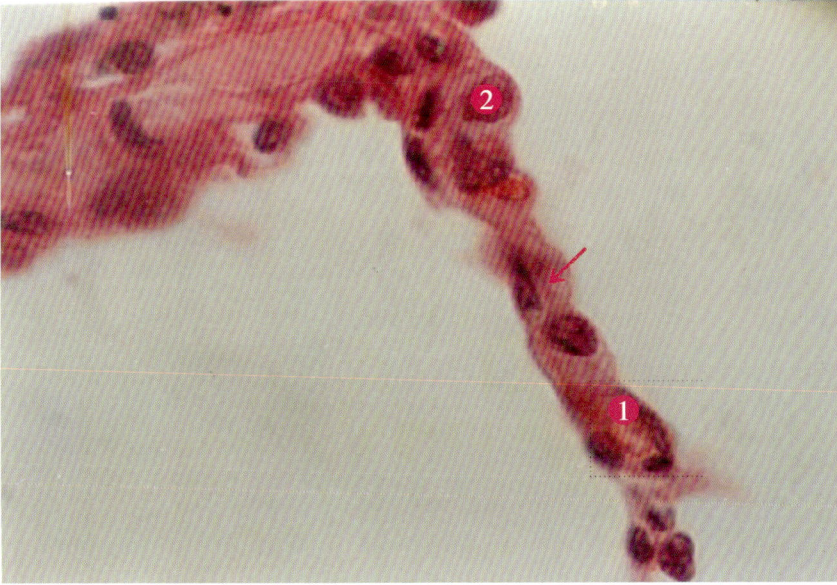

■ 图4-83　人肺泡间隔演变（4）

苏木素-伊红色　×400

↙示由双层变单层细胞的肺泡隔；❶示Ⅰ型肺泡上皮细胞；❷示Ⅱ型肺泡上皮细胞。

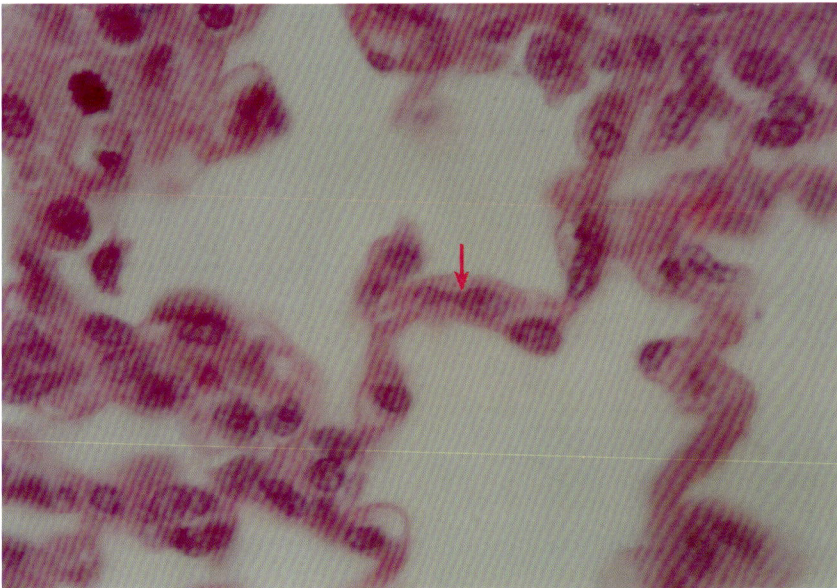

■ 图4-84　人肺泡间隔演变（5）

苏木素-伊红染色　×400

↓示较厚单层细胞的肺泡隔及细胞直接分裂。

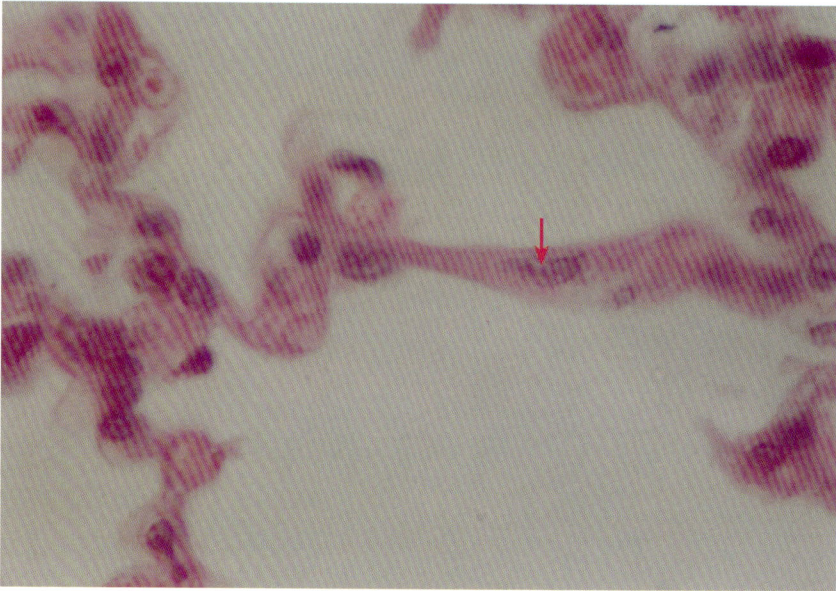

■ 图4-85　人肺泡间隔演变（6）
苏木素–伊红染色　×400
↓ 示较厚单层细胞的肺泡隔。

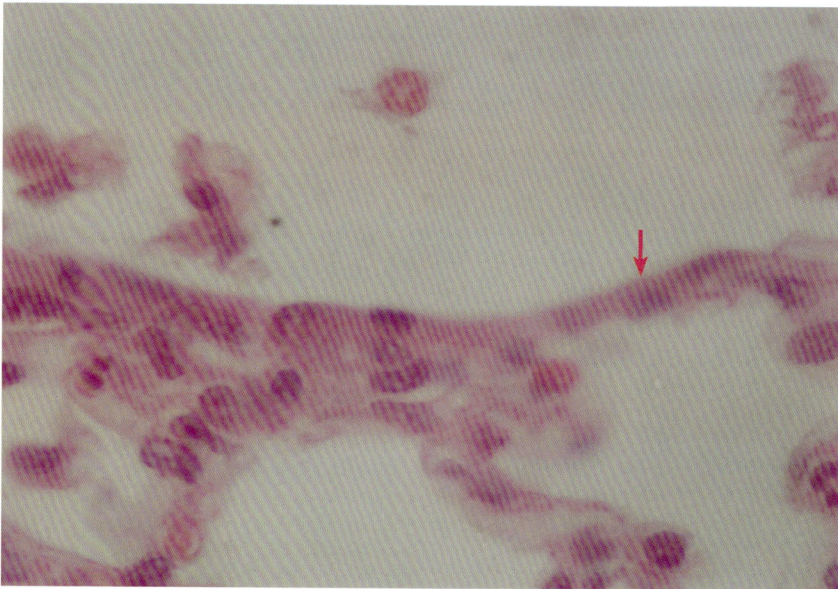

■ 图4-86　人肺泡间隔演变（7）
苏木素–伊红染色　×400
↓ 示较厚单层细胞的肺泡隔。

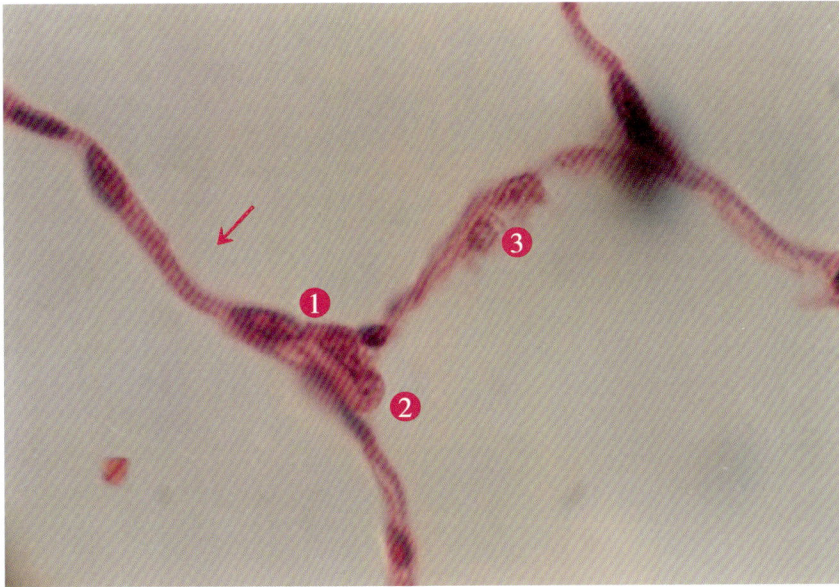

■ 图4-87　胎儿肺泡间隔演变（1）

苏木素-伊红染色　×400

✔ 示双层变单层细胞的肺泡隔；❶示Ⅰ型肺泡上皮细胞；❷示Ⅱ型肺泡上皮细胞；❸示过渡型肺泡上皮细胞。

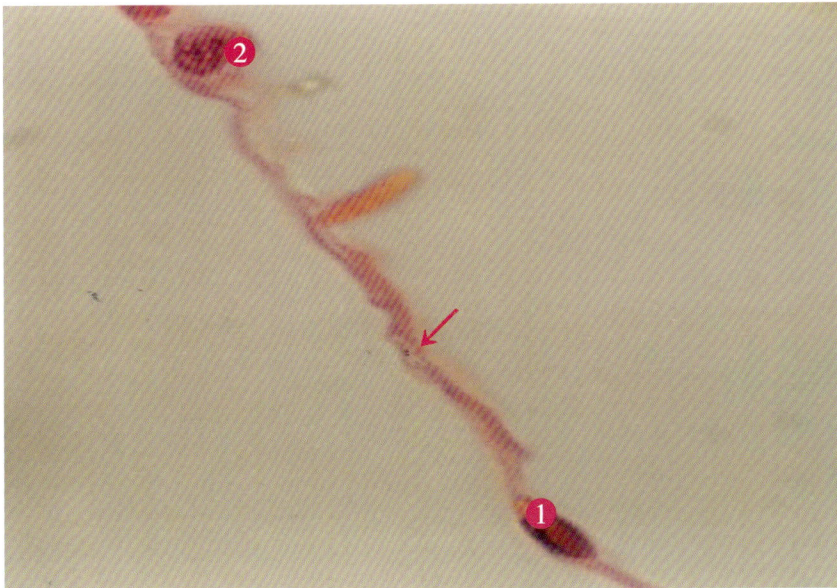

■ 图4-88　胎儿肺泡间隔演变（2）

苏木素-伊红染色　×400

✔ 示较薄单层细胞的肺泡隔；❶示Ⅰ型肺泡上皮细胞；❷示Ⅱ型肺泡上皮细胞。

二、肺细胞直接分裂

肺间质干细胞及上皮细胞常见横隔形成早期直接分裂象（图4-89~图4-91），也见两个子核将要分开或已分开的晚期分裂象（图4-92~图4-94），有时也可见到劈裂型、侧隔式、侧凹型及横缢型等直接分裂象（图4-95~图4-97）。

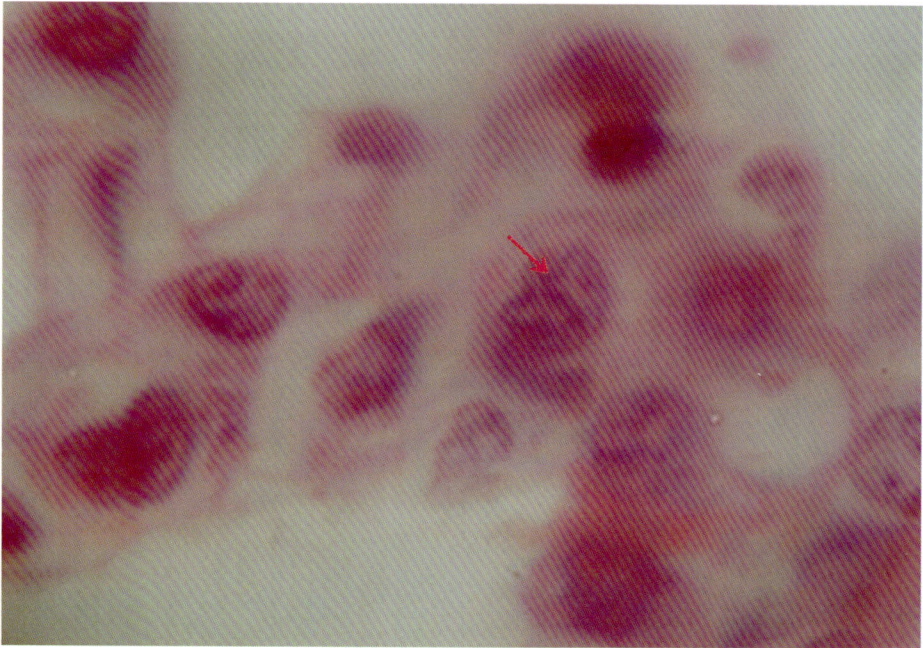

■ 图4-89 人肺细胞直接分裂（1）

苏木素-伊红染色 ×1 000

↘ 示横隔式直接分裂早期。

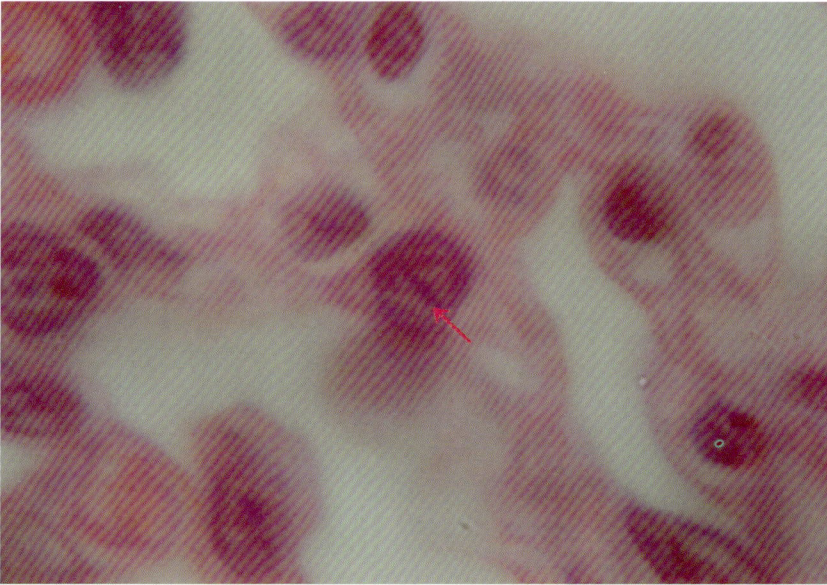

■ 图4-90　人肺细胞直接分裂（2）

苏木素–伊红染色　×1 000

示横隔式直接分裂早期。

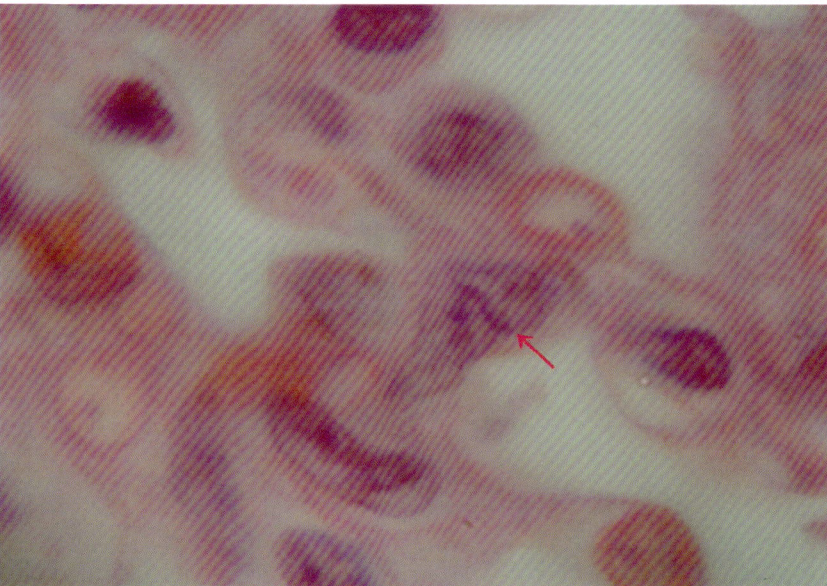

■ 图4-91　人肺细胞直接分裂（3）

苏木素–伊红染色　×1 000

示横隔式直接分裂早期。

225

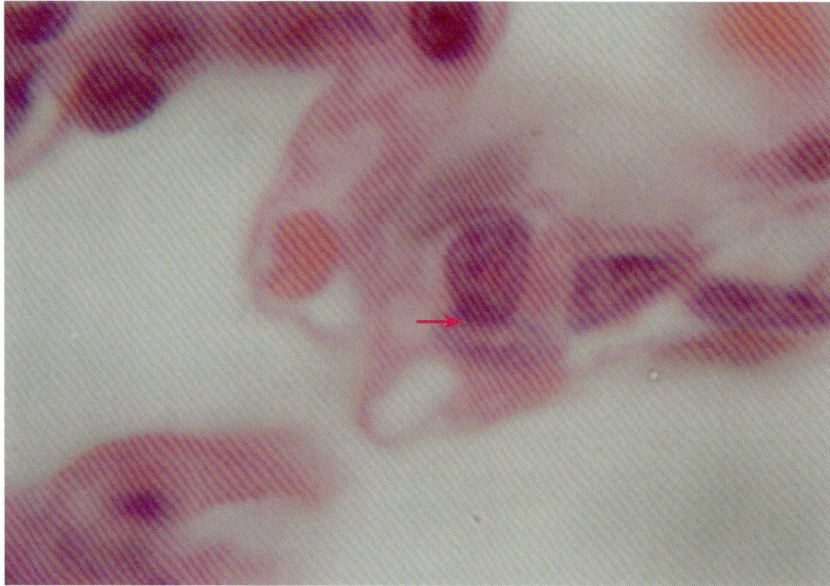

■ **图4-92 人肺细胞直接分裂（4）**

苏木素-伊红染色   ×1 000

→ 示晚期横隔式直接分裂。

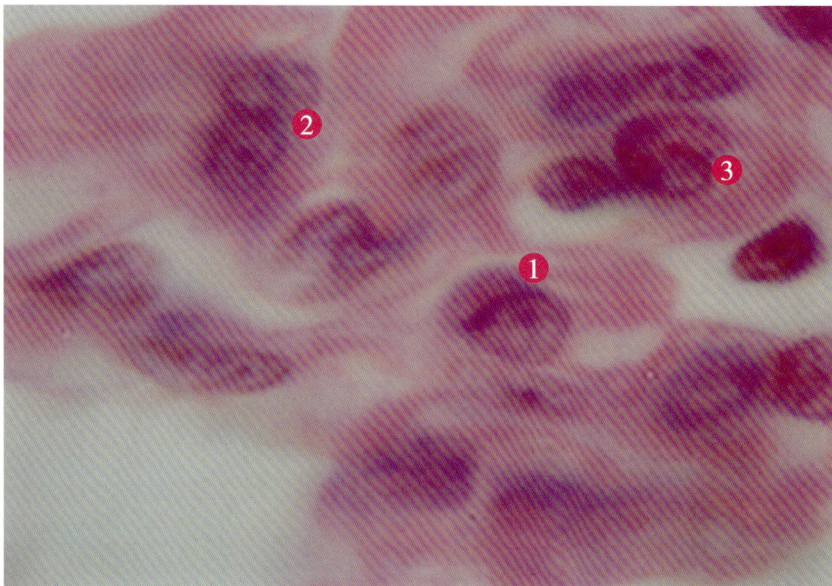

■ **图4-93 人肺细胞直接分裂（5）**

苏木素-伊红染色   ×1 000

❶示早期横隔式直接分裂；❷示晚期横隔式直接分裂；❸示侧隔式直接分裂。

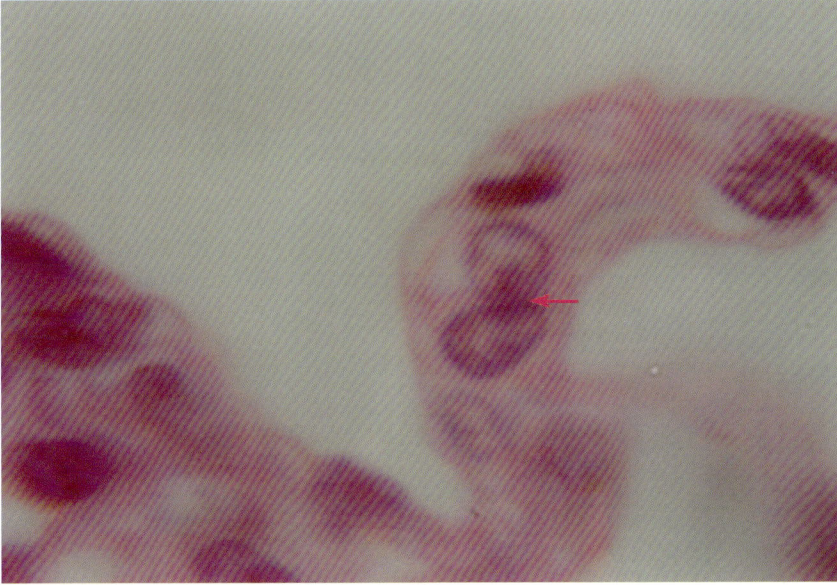

■ 图4-94　人肺细胞直接分裂（6）

苏木素-伊红染色　×1 000

← 示晚期横隔式直接分裂。

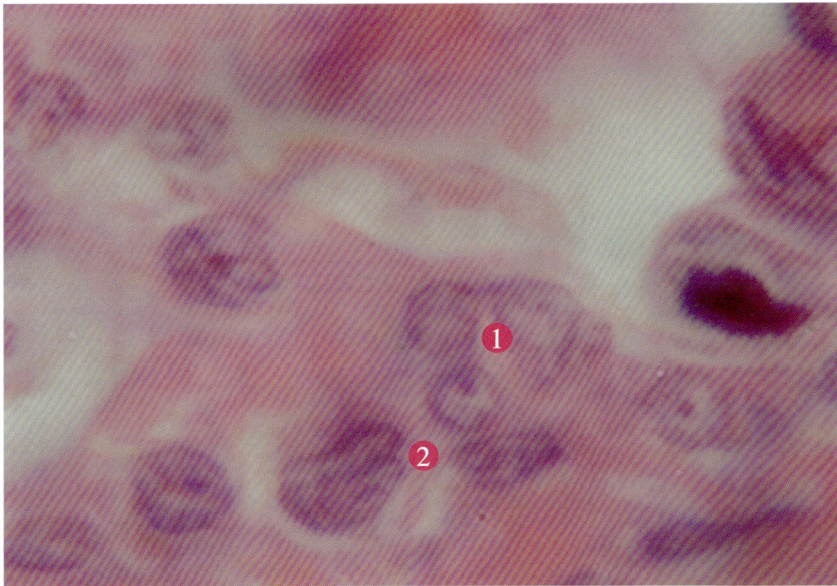

■ 图4-95　人肺细胞直接分裂（7）

苏木素-伊红染色　×1 000

❶示劈裂型直接分裂；❷示侧隔式直接分裂。

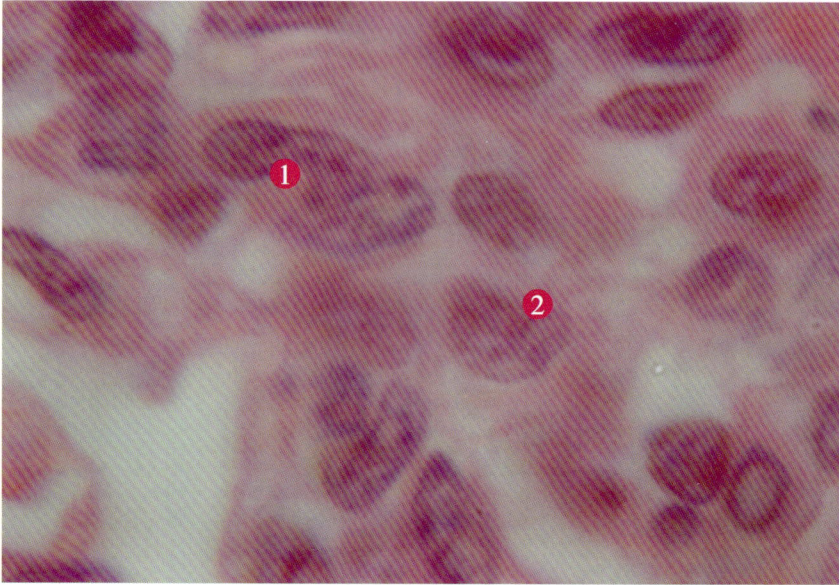

图4-96　人肺细胞直接分裂（8）

苏木素－伊红染色　×1 000

❶示劈裂型直接分裂；❷示侧凹型直接分裂。

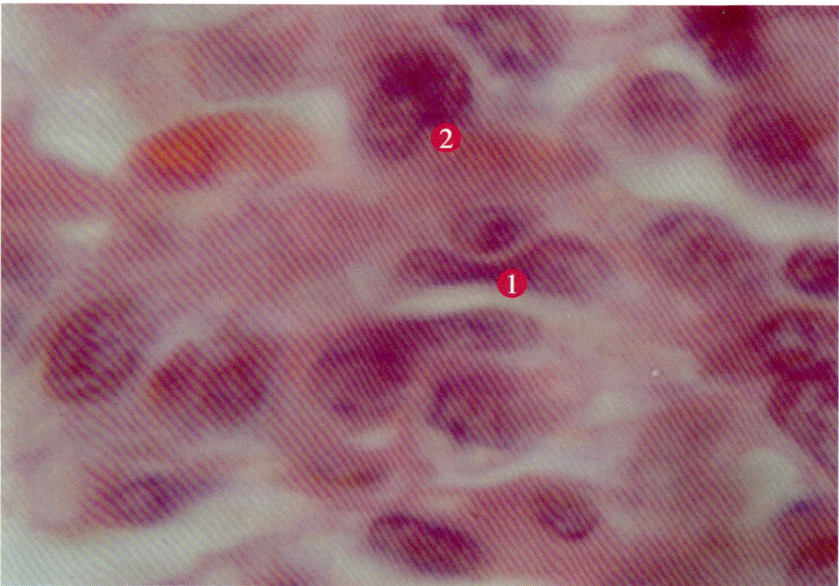

图4-97　人肺细胞直接分裂（9）

苏木素－伊红染色　×1 000

❶示横缢型直接分裂；❷示侧凹型直接分裂。

三、肺泡的更新

（一）肺泡衰老

肺泡衰老表现为衰老的Ⅱ型肺泡上皮细胞耗竭并见核碎裂，Ⅰ型肺泡上皮细胞核固缩（图4-98、图4-99），也可呈现肺泡萎陷、肺泡隔溶解（图4-100）。

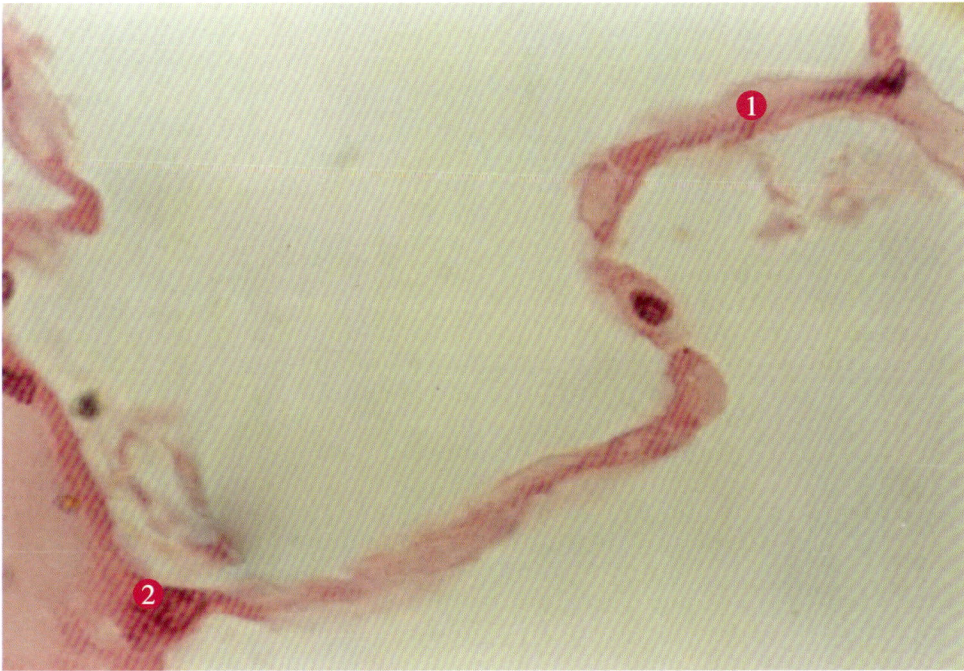

■ **图4-98　人肺泡衰老（1）**
苏木素-伊红染色　×400
❶示Ⅰ型肺泡上皮细胞核固缩；❷示Ⅱ型肺泡上皮细胞核破碎。

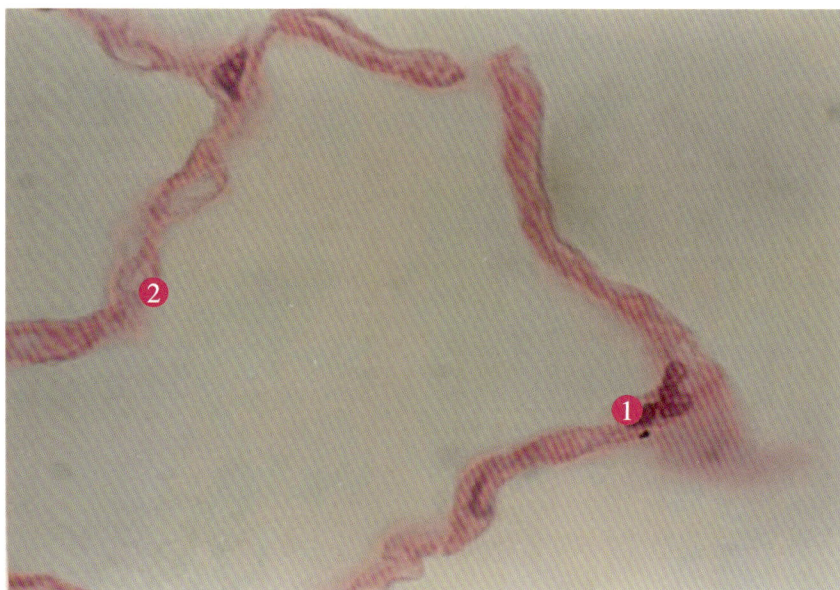

图4-99 人肺泡衰老（2）

苏木素-伊红染色 ×400

❶示肺泡上皮细胞核固缩；❷示肺泡上皮细胞核溶解。

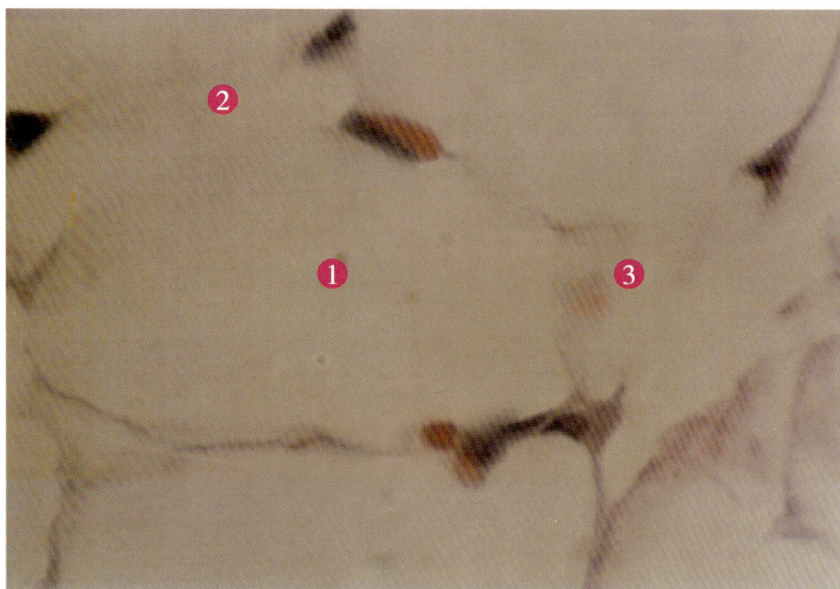

图4-100 大白鼠肺泡衰老

苏木素-伊红染色 ×400

❶示衰老肺泡；❷示萎陷肺泡；❸示死亡肺泡。

（二）肺泡的新生

前已述及一类肺泡新生方式，呼吸部管壁断裂，上皮细胞迁入、增生、扩展，与邻近未通气肺泡连通形成新的通气肺泡。另一类肺泡新生方式是肺干细胞通过自组织形成新肺泡，包括间质源肺泡新生和胸膜源肺泡新生。

1．间质源肺泡新生　肺间质内常见肺间质细胞（图4-101），间质细胞增生形成间质细胞团（图4-102），细胞团中心细胞因营养剥夺死亡溶解（图4-103、图4-104），而使细胞团逐渐中空成泡状结构（图4-105～图4-107），即未通气肺泡（图4-108），而后与通气管道或通气肺泡接通（图4-109、图4-110）后，在张应力、气流剪切力和表面活性物质共同作用下，肺泡间隔及其上皮被碾展变薄，成为具有气体交换功能的肺泡。有时在与通气管道接通前，肺泡内仍残留组织碎片（图4-111～图4-113），这可能是痰中检测到除尘细胞以外的细胞与组织残片的原因之一。

先天性或病理性支气管扩张乃由肺间质源肺泡新生途径缺陷或破坏，而导致呼吸管道-肺泡演化途径代偿性增强。

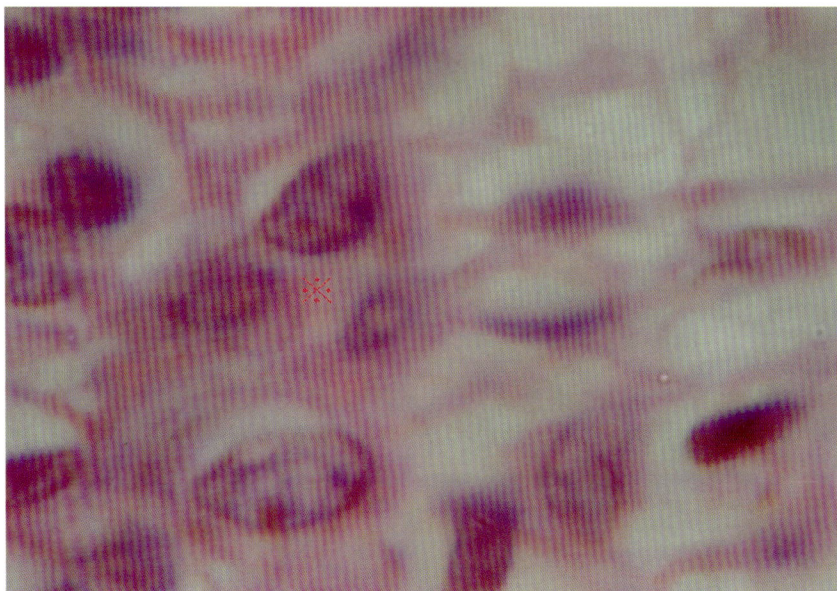

■ 图4-101　人肺间质干细胞（1）
苏木素-伊红染色　×1 000
※示分散的肺间质干细胞。

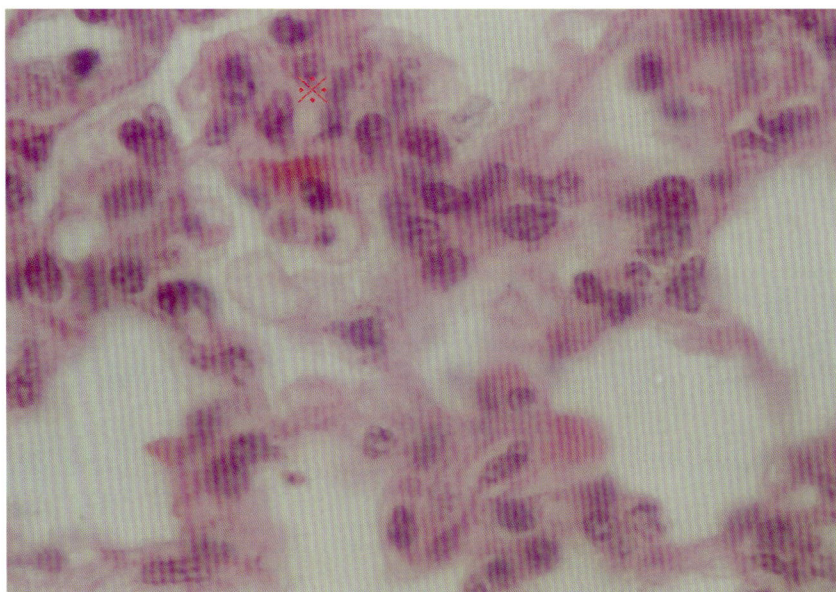

■ 图4-102　人肺间质干细胞（2）
苏木素-伊红染色　×400
※示肺间质干细胞团。

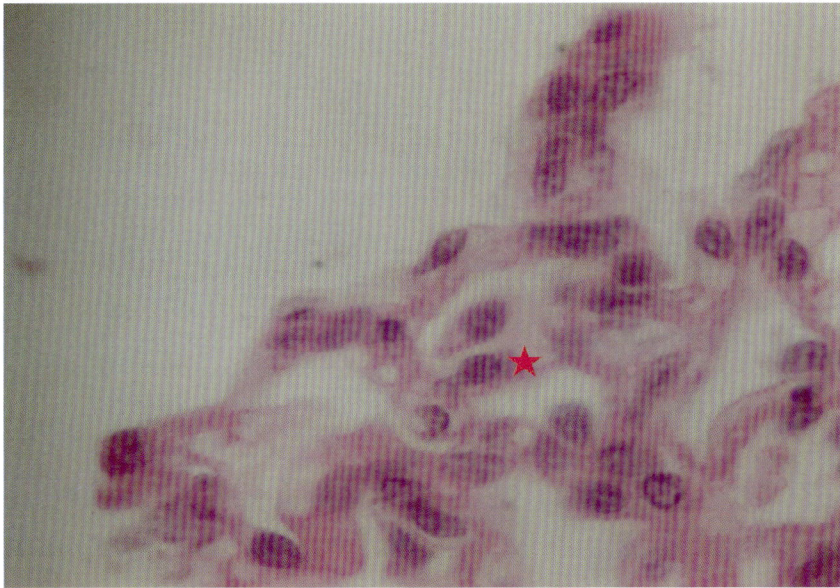

■ 图4-103 人间质源肺泡新生（1）
苏木素-伊红染色 ×400
★示肺间质干细胞团中心细胞溶解。

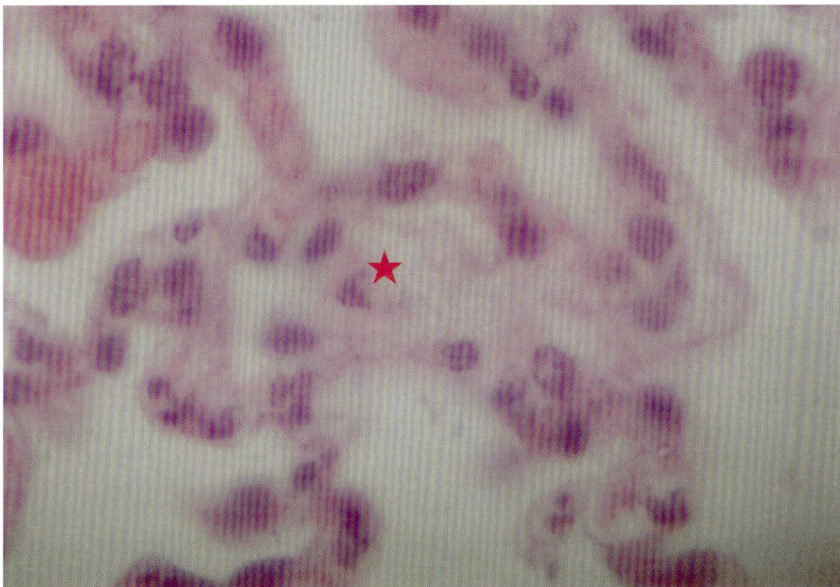

■ 图4-104 人间质源肺泡新生（2）
苏木素-伊红染色 ×400
★示肺间质干细胞团中心细胞溶解。

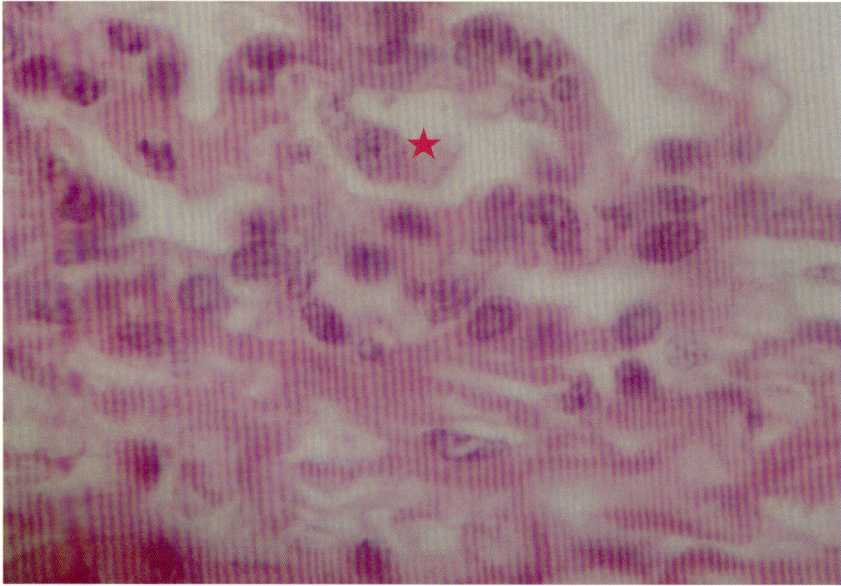

■ **图4-105 人间质源肺泡新生（3）**

苏木素–伊红染色   ×400

★ 示肺间质干细胞团逐渐中空成泡状。

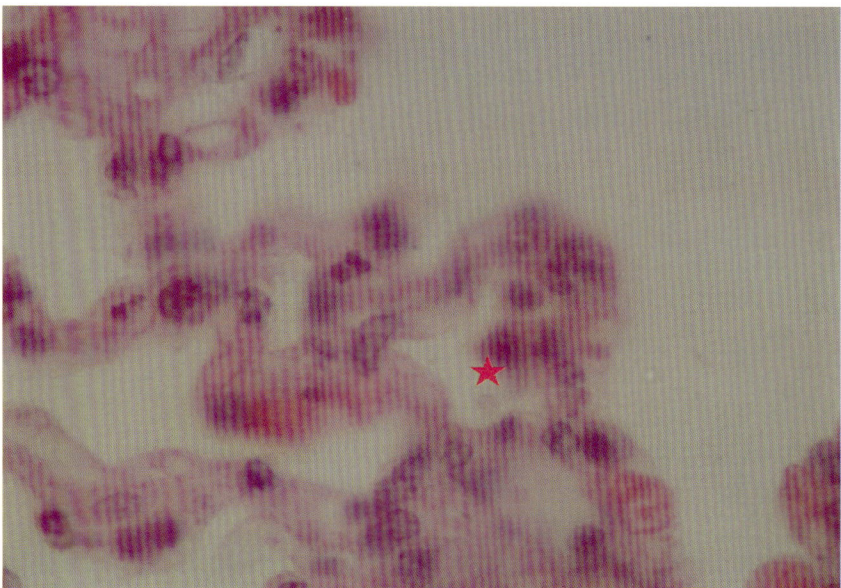

■ **图4-106 人间质源肺泡新生（4）**

苏木素–伊红染色   ×400

★ 示肺间质干细胞团逐渐中空成泡状。

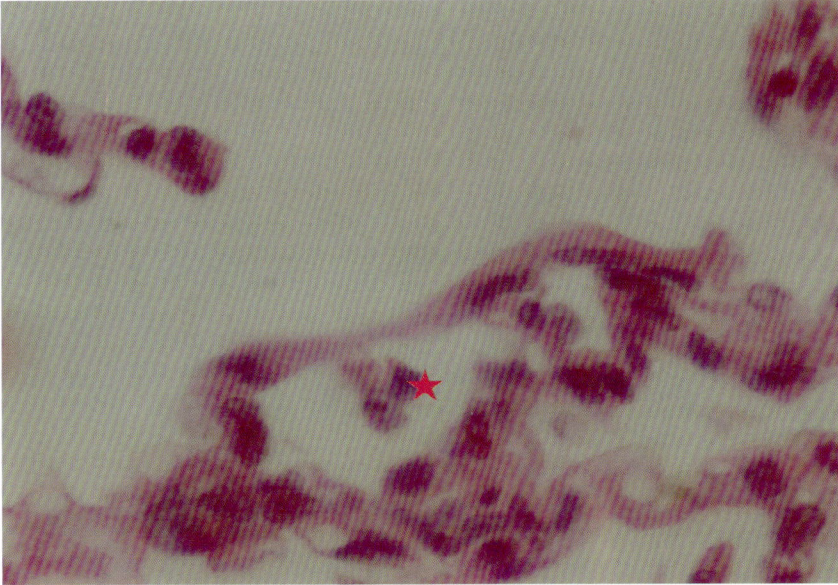

■ 图4-107　人间质源肺泡新生（5）
苏木素-伊红染色　×400
★ 示肺间质干细胞团逐渐中空成泡状。

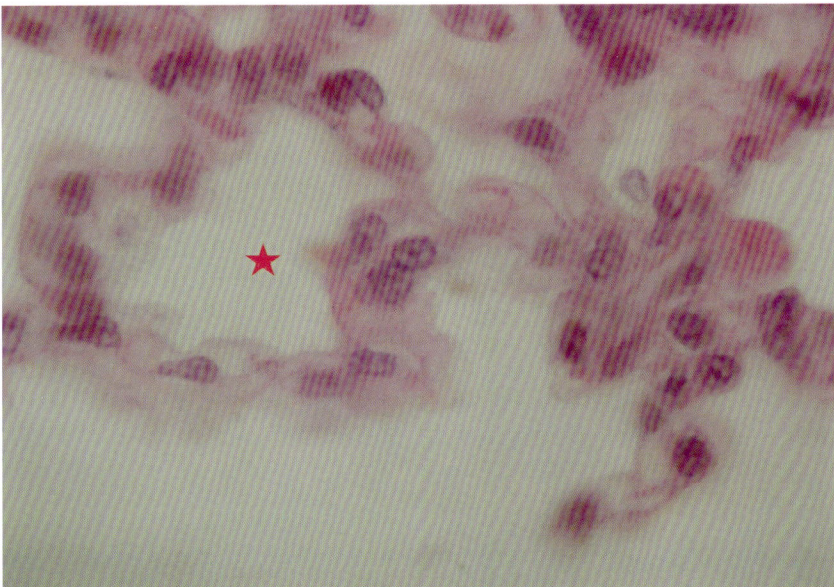

■ 图4-108　人间质源肺泡新生（6）
苏木素-伊红染色　×400
★ 示未通气肺泡。

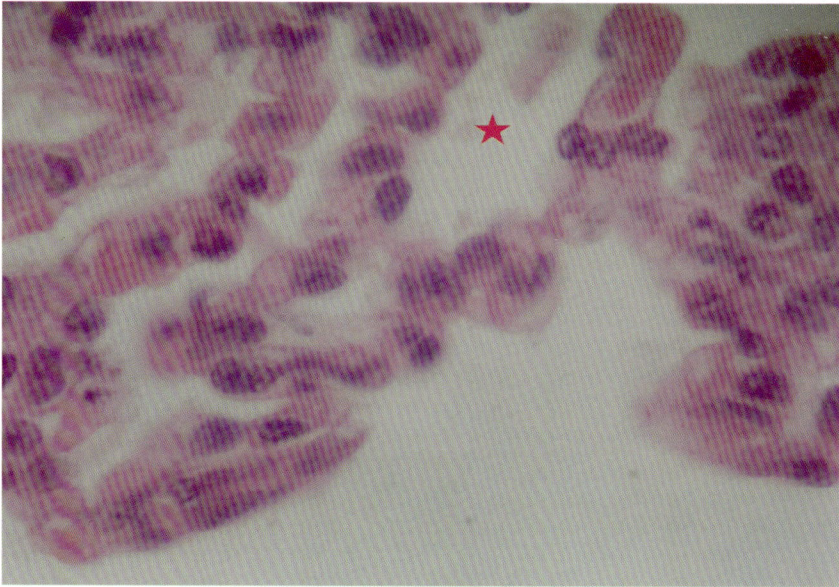

图4-109 人间质源肺泡新生（7）

苏木素-伊红染色 ×400

★ 示新通气肺泡。

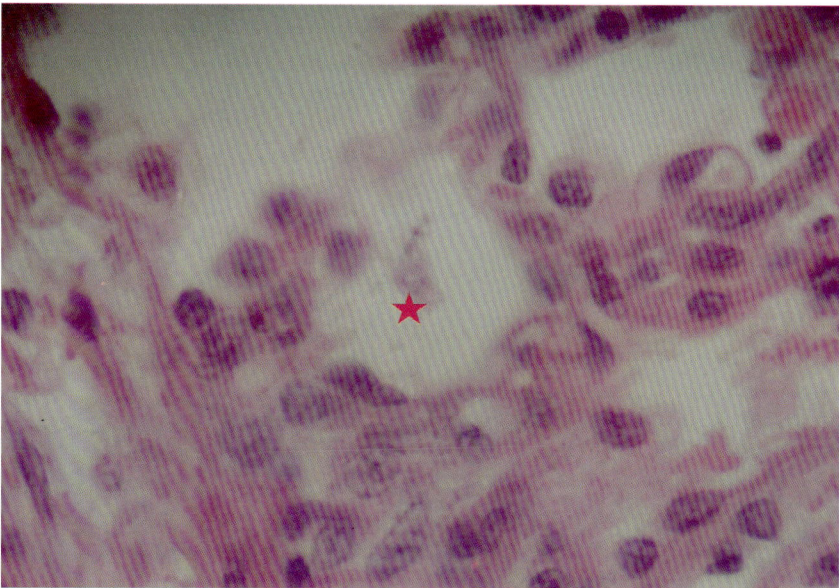

图4-110 人间质源肺泡新生（8）

苏木素-伊红染色 ×400

★ 示新通气肺泡。

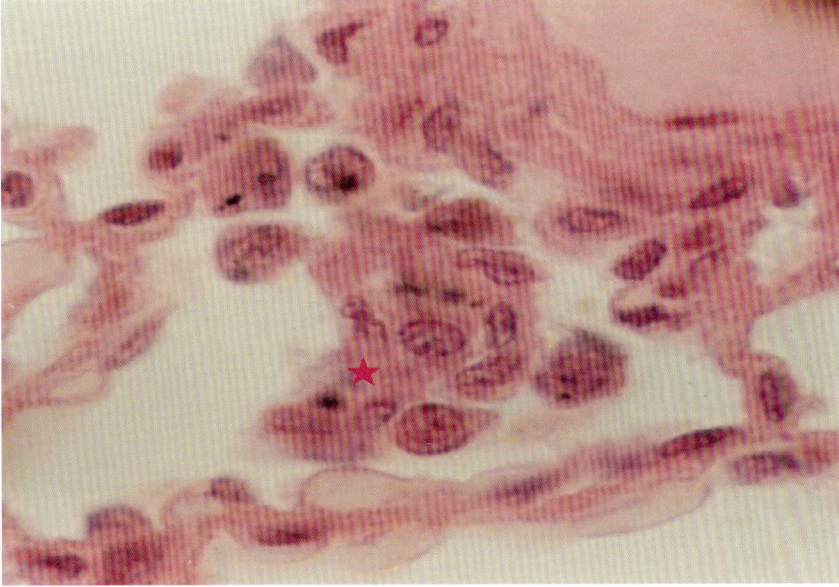

图4-111　人间质源肺泡新生（9）

苏木素-伊红染色　×400

★ 示新形成肺泡内尚未消融的细胞团。

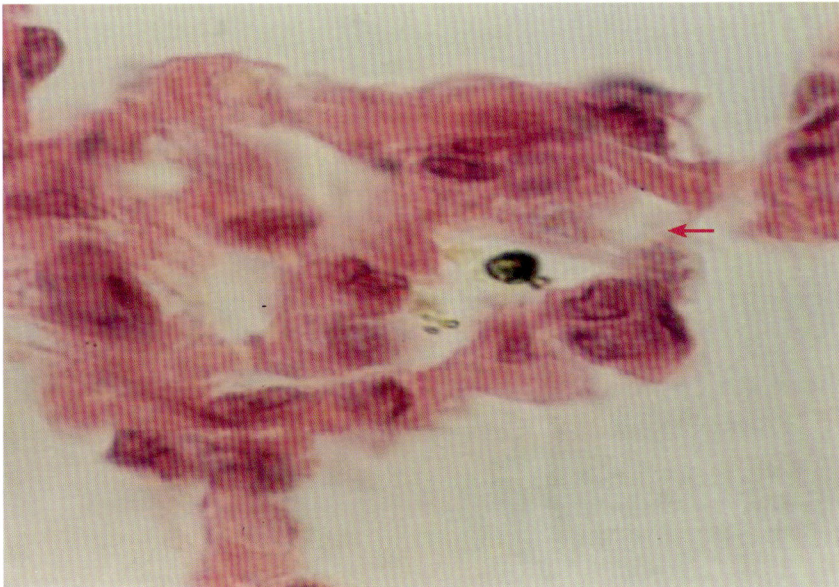

图4-112　人间质源肺泡新生（10）

苏木素-伊红染色　×400

← 示未完全中空的新肺泡即将开口于气道。

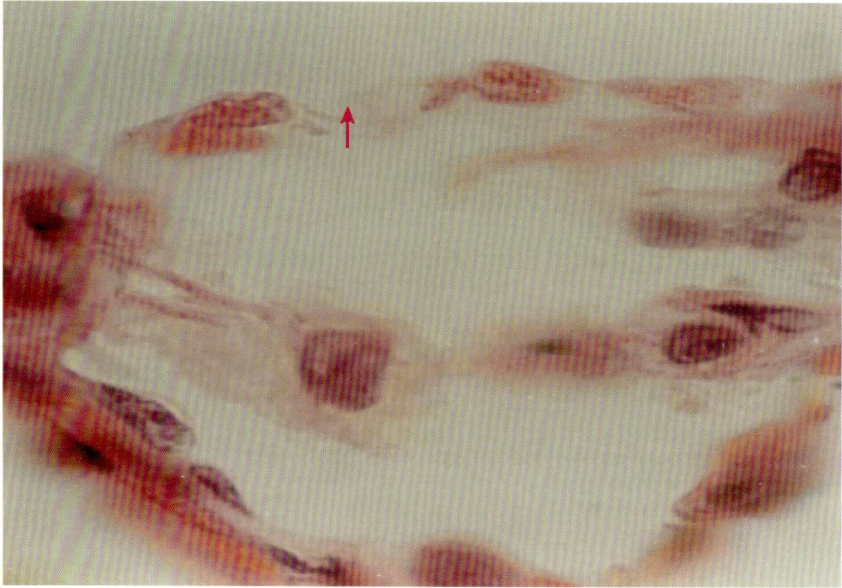

■ 图4-113　人间质源肺泡新生（11）

苏木素-伊红染色　×400

↑示未完全中空的新肺泡即将开口于气道。

2. 胸膜源肺泡新生　成人胸膜下也存在间质干细胞团（图4-114），细胞团中心细胞逐渐死亡、溶解而中空（图4-115～图4-117），成为未通气肺泡（图4-118、图4-119），与通气肺泡接通成为功能性肺泡（图4-120）。成人脏层胸膜可分静息区与活跃区，静息区胸膜间皮由单层扁平细胞组成（图4-121）；而活跃区间皮则是单层立方上皮（图4-122），可见胸腔液源干细胞先黏附于胸膜，后迁移内化演化成为胸膜下间质细胞（图4-123、图4-124）。胎儿胸膜有较厚间充质层，间充质细胞内迁可成为形成近胸膜肺泡的干细胞（图4-125、图4-126）。豚鼠胸膜活跃区表层有丰富干细胞，即可内迁形成胸膜下干细胞团（图4-127）。幼犬胸膜也有大量参与近胸膜肺泡新生的干细胞（图4-128）。

综上所述，肺实质是由自上而下的上皮延展和自下而上的间质干细胞自组织两种生长势共同构建而成，两种生长势的锋面极为复杂而多变。Ⅰ型肺泡上皮细胞是呼吸上皮细胞系的演化终态，临氧面即肺系统的吸引子，也就是呼吸上皮细胞系细胞的死亡面。偶见肺大泡因其周围间质低氧、弱应力而使间质干细胞增生，进而自组织生成新肺泡，这种生长势压因有脏层胸膜约束而内向，终则压缩肺大泡。即使表面肺大泡破裂导致气胸，也同理会闭合吸收，过多手术干预难免有过度治疗之嫌。

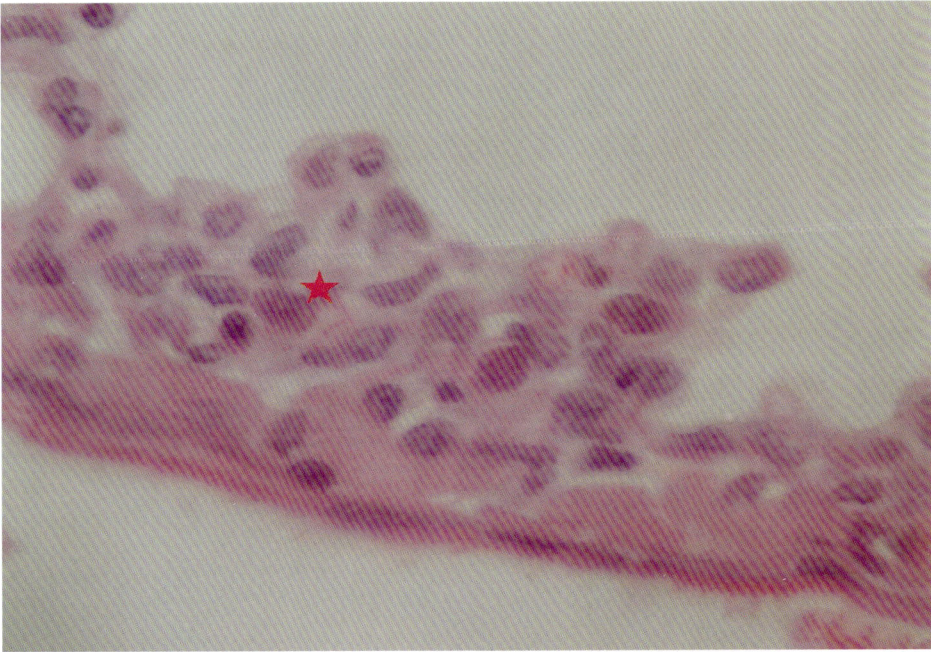

■ 图4-114　人胸膜源肺泡新生（1）

苏木素-伊红染色　×400

★示脏层胸膜下间质干细胞团。

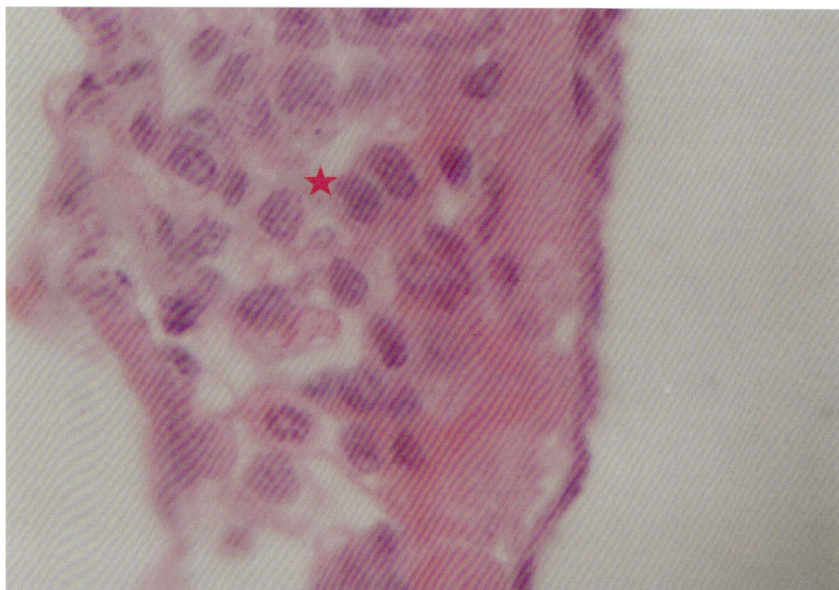

■ 图4-115　人胸膜源肺泡新生（2）

苏木素–伊红染色　×400

★ 示脏层胸膜下间质干细胞团中心间隙。

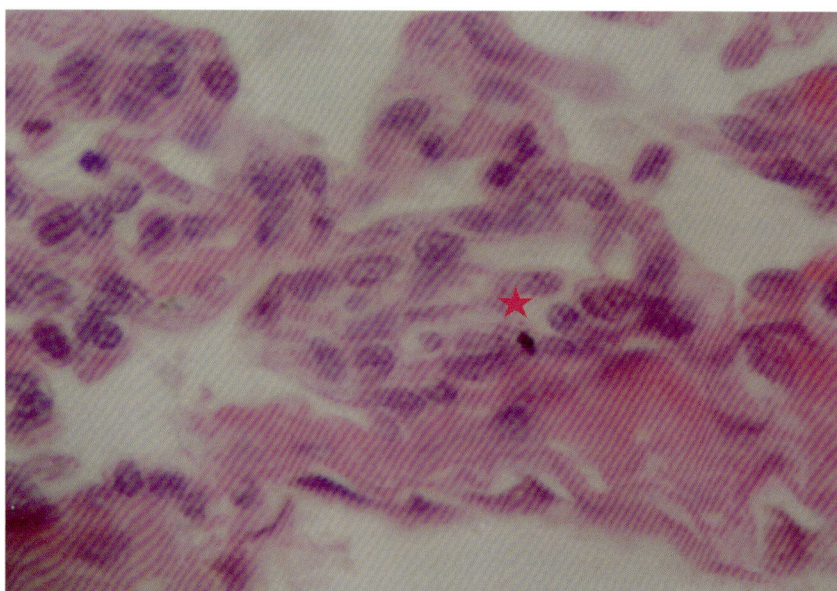

■ 图4-116　人胸膜源肺泡新生（3）

苏木素–伊红染色　×400

★ 示胸膜下间质干细胞团逐渐中空。

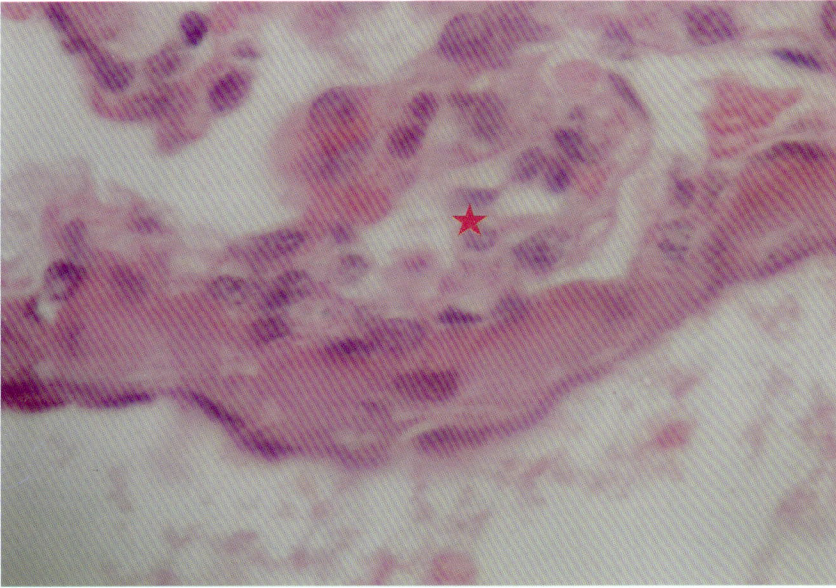

■ 图4-117 人胸膜源肺泡新生（4）
苏木素-伊红染色 ×400
★ 示胸膜下间质干细胞团逐渐中空。

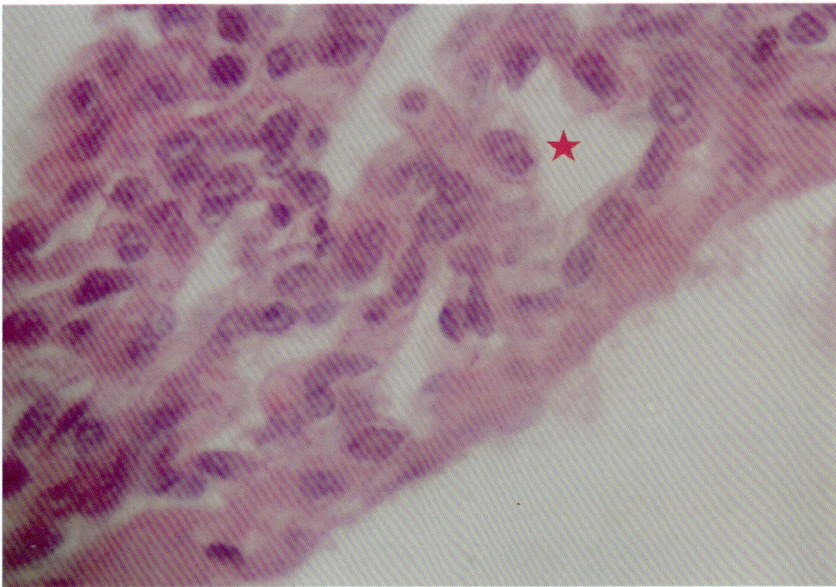

■ 图4-118 人胸膜源肺泡新生（5）
苏木素-伊红染色 ×400
★ 示胸膜下未通气肺泡。

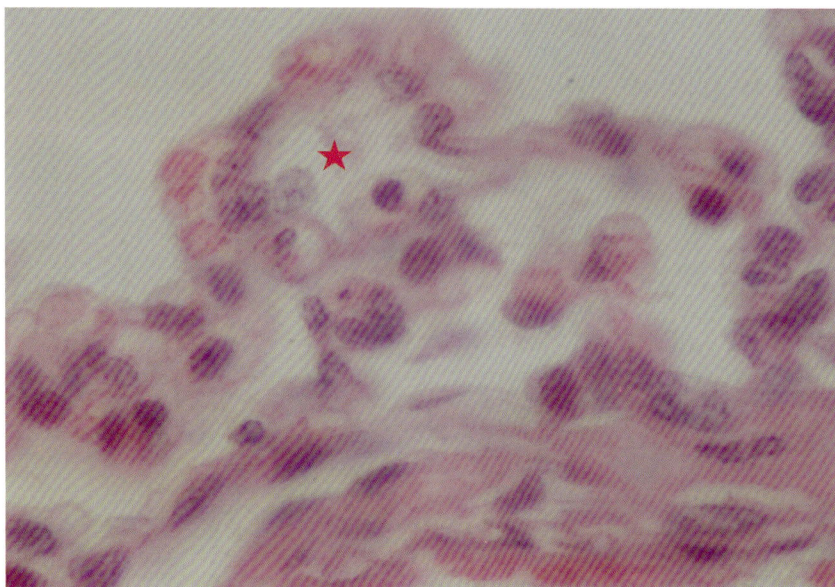

■ 图4-119　人胸膜源肺泡新生（6）

苏木素-伊红染色　×400

★示胸膜下未通气肺泡。

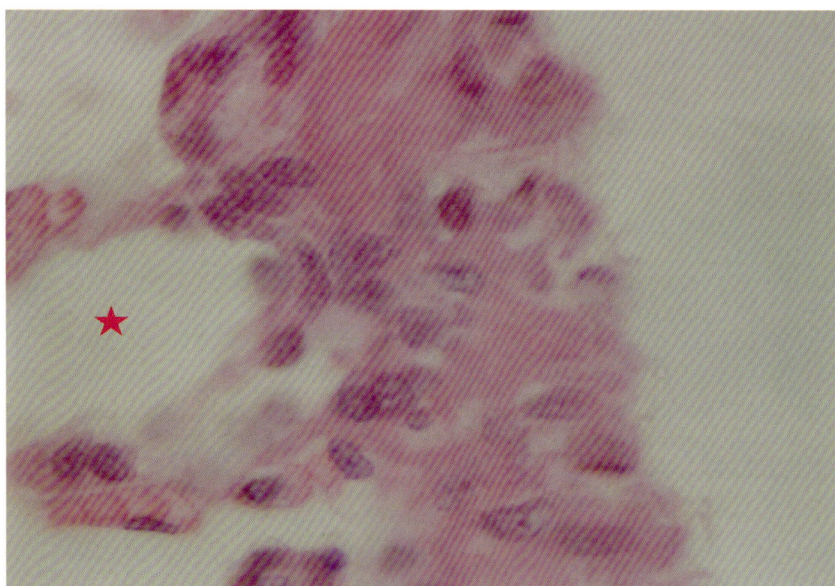

■ 图4-120　人胸膜源肺泡新生（7）

苏木素-伊红染色　×400

★示胸膜下通气肺泡。

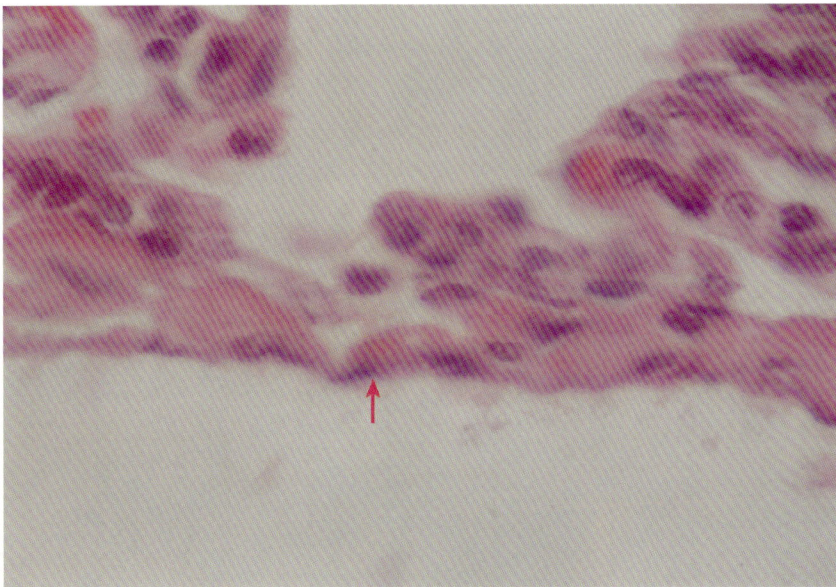

■ 图4-121　人胸膜源肺泡新生（8）
苏木素–伊红染色　×400
↑示静息区胸膜间皮。

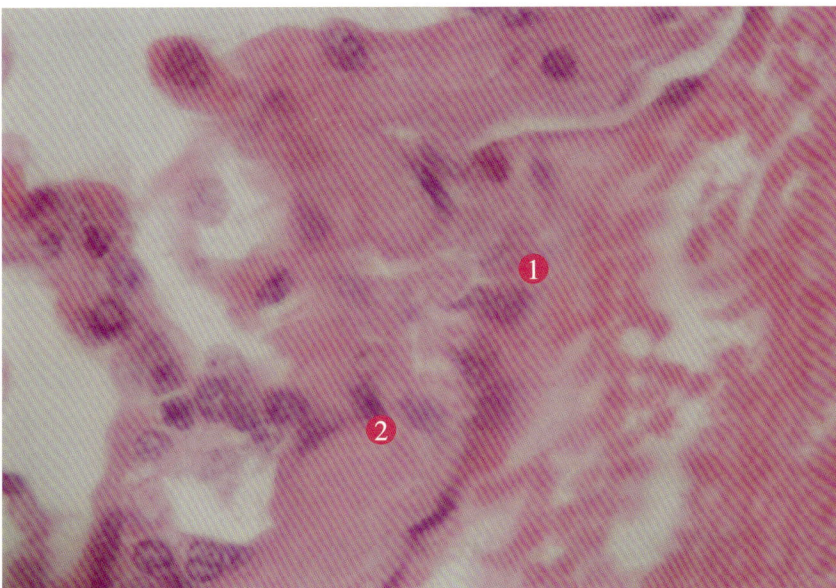

■ 图4-122　人胸膜源肺泡新生（9）
苏木素–伊红染色　×400
❶示活跃区胸膜间皮；❷示内迁干细胞流。

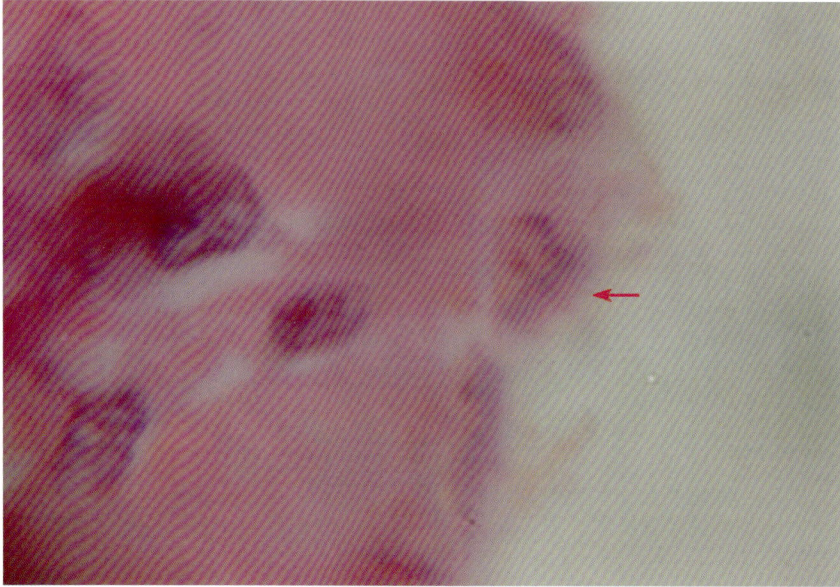

■ **图4-123　人胸膜源肺泡新生（10）**

苏木素–伊红染色　×1 000

← 示刚附着于胸膜的胸腔液干细胞。

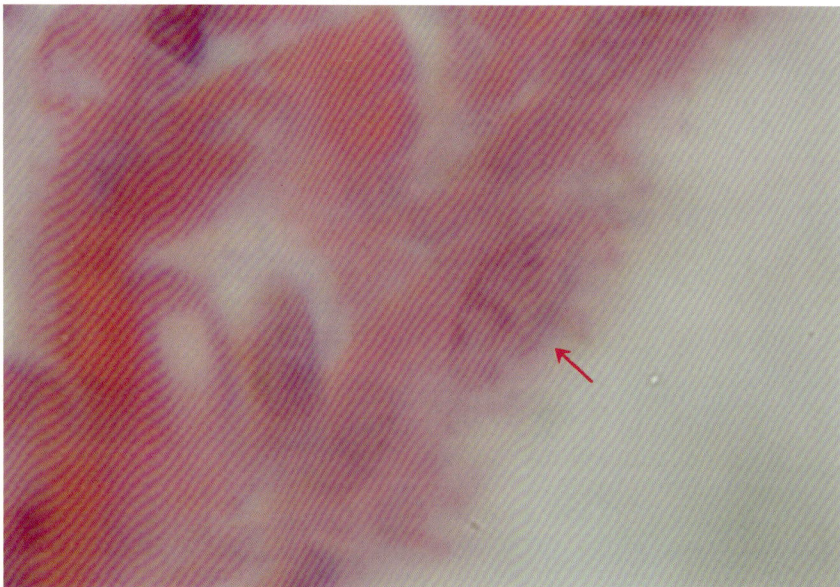

■ **图4-124　人胸膜源肺泡新生（11）**

苏木素–伊红染色　×1 000

← 示牢固附着于胸膜的胸腔液干细胞。

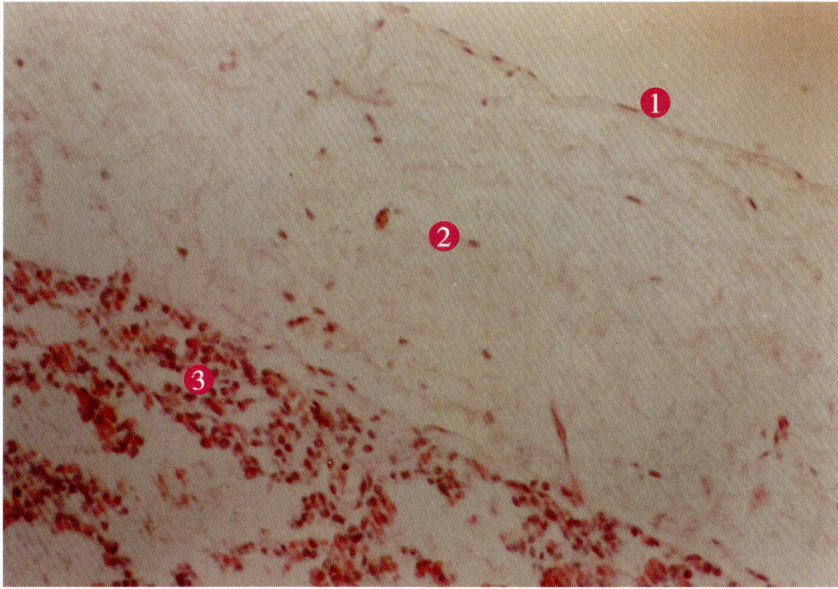

■ 图4-125 胎儿胸膜源肺泡新生（1）

苏木素-伊红染色 ×100

❶示静息区胸膜间皮；❷示较厚间充质层；❸示胸膜下干细胞团。

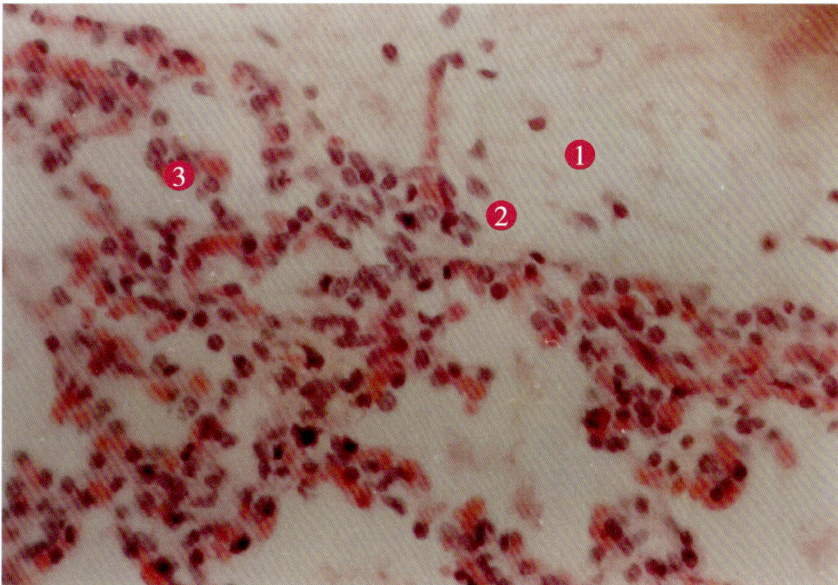

■ 图4-126 胎儿胸膜源肺泡新生（2）

苏木素-伊红染色 ×200

❶示间充质层；❷示内迁间充质细胞流；❸示形成中的新肺泡。

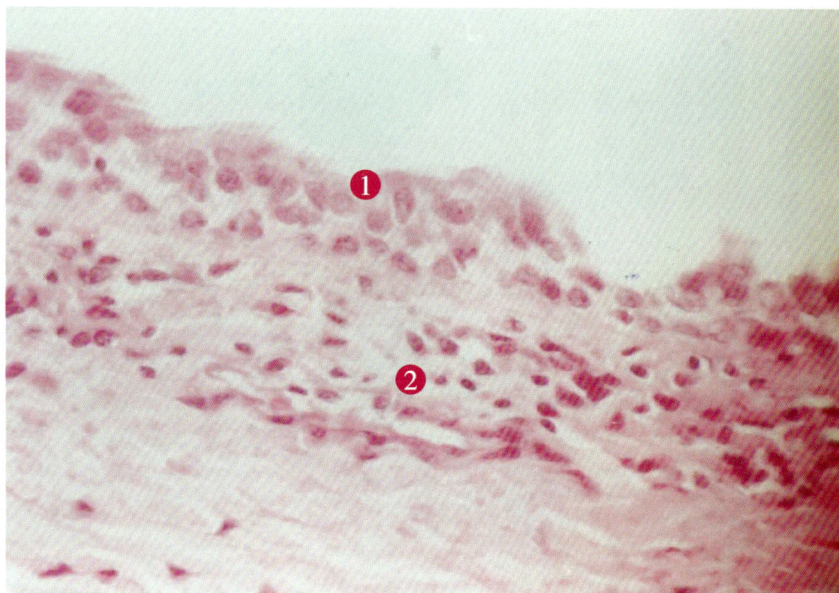

■ 图4-127 豚鼠胸膜源肺泡新生

苏木素-伊红染色 ×200

❶示活跃区间皮；❷示胸膜下干细胞团。

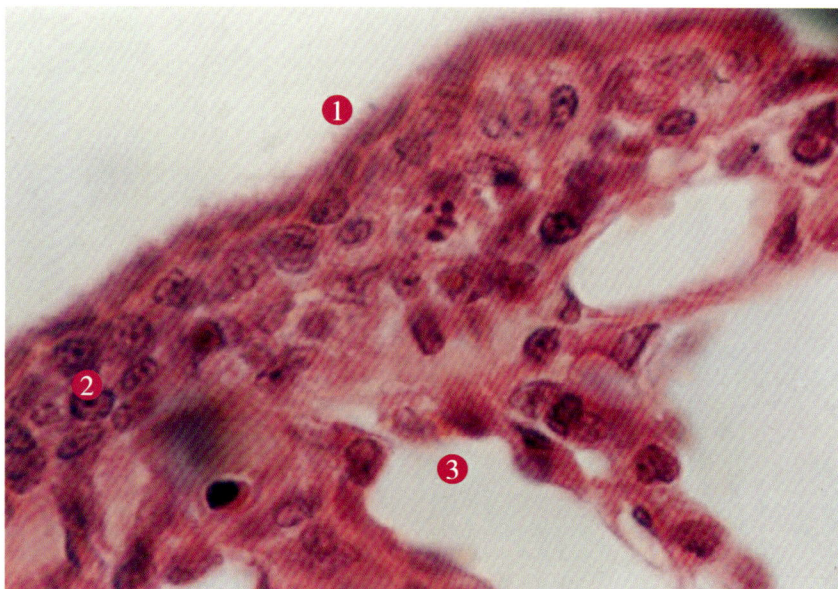

■ 图4-128 幼犬胸膜源肺泡新生

苏木素-伊红染色 ×400

❶示新形成间皮；❷示胸膜下干细胞团；❸示形成中的新肺泡。

小　结

　　肺内导气部包括多级小支气管、细支气管和终末细支气管。随逐级分支管径逐渐变小，管壁变薄，结构渐趋简单，呼吸上皮由复层纤毛柱状上皮逐渐变矮，杯状细胞逐渐减少至消失，支气管腺和软骨片逐渐减少至消失，平滑肌逐渐增多形成完整环层。终末细支气管黏膜皱襞明显，上皮经多列纤毛柱状上皮、假复层纤毛柱状上皮、单层柱状上皮，直至单层立方上皮。导气部呼吸上皮细胞演化来源于平滑肌细胞、间质源干细胞、软骨膜源干细胞和淋巴源干细胞。支气管软骨片、支气管腺和支气管平滑肌均直接来自间质源干细胞，间接与神经丛及神经束演化有关。

　　肺呼吸部包括肺泡管、肺泡囊和肺泡。呼吸部由导气部演变而来，终末细支气管末端管壁出现断裂口，上皮细胞延入，并增生扩展使断口逐步扩大而成为肺泡管，肺泡管壁上皮由矮柱状上皮变为单层立方上皮。肺泡囊和肺泡的间隔结构逐渐变薄，较厚的间隔结构中间夹有平滑肌，受肺泡膨胀张应力和气流剪切力影响，肺泡间隔细胞层数逐渐减少，可由两面细胞错列变为单层细胞的肺泡隔。肺泡衰老表现为衰老的 II 型肺泡上皮细胞耗竭、核碎裂，I 型肺泡上皮细胞核固缩肺泡萎陷、肺泡隔溶解。肺间质干细胞通过自组织形成新肺泡，包括间质源肺泡新生和胸膜源肺泡新生。肺间质干细胞及上皮细胞可见多种方式的直接分裂象。胸膜源肺泡新生可能与胸腔液干细胞有关。

参考文献

[1] 史学义，丁一，宗安民，等. 正常成人和成年大鼠气管软骨组织动力学观察[J]. 河南医科大学学报，2000，35（4）：315‑317.

[2] 汪薇. 骨髓干细胞移植与肺损伤修复[J]. 国际儿科学杂志，2007，34（2）：90‑92.

[3] 冯丹丹，罗自强. Clara细胞的生理功能[J]. 国外医学·生理病理科学与临床分册，2002，22（2）：139‑141.

[4] 沙莉. 成肌纤维细胞与哮喘[J]. 国外医学·呼吸系统分册，2001，21（2）：62‑63.

[5] 张志坚，姜平，端礼荣，等. 成年大鼠活体嗅黏膜原代培养细胞中神经干细胞的生长特性及形态学观察[J]. 神经解剖学杂志，2004，20（4）：371‑376.

[6] 彭培宏，王直中. 成人嗅上皮形态学观察[J]. 中华耳鼻喉科杂志，1994，29（6）：356‑358.

[7] 何建平，刘仲娟，叶菁. 嗅神经元再生调控与嗅觉障碍关系[J]. 国际耳鼻咽喉头颈外科杂志，12012，36（2）：93‑95.

[8] 潘振华. 侧群细胞与肺肿瘤干细胞[J]. 中国肺癌杂志，2012，15（3）：187‑190.

[9] 许义新，朱海英，艾静，等. SP细胞的研究现状[J]. 生命的化学，2008，28（5）：536‑539.

[10] 付亚娟，叶枫. 侧群细胞及其在干细胞研究中的应用[J]. 国际病理科学与临床杂志，2008，28（3）：268‑272.

[11] 贺其志，陆惠娟，马爱国. 干细胞、肿瘤干细胞和SP细胞的关系及其研究进展[J]. 现代肿瘤医学，2008，16（10）：1 803‑1 806.

[12] 曾宪升，徐军. 间充质干细胞对肺间质纤维化治疗的研究进展[J]. 国际呼吸杂

志，2012，32（8）：608‒613.

[13] ABE S，BOYER C，LIU X，et al. Cell derived from the circulation contribute to therepair of lung injury[J]. Am J Respir Crit Care Med，2004，170（11）：1 158‒1 163.

[14] ACLOQUE H，THIERY J P，NIETO M A. The physiology and pathology of the EMT[J]. EMBO Rep，2008，9（4）：322‒326.

[15] ANJOS‒MONSO F，BONNET D. In vivo contribution of murine mesenchymal stem cells into multiple cell‒types under minimal damage conditions[J]. J Cell Sci，2004，117（Pt 23）：5 655‒5 664.

[16] AU E，RICHTER M W，VINCENT A J，et al. SPARC from olfactory ensheathing cells stimulates Schwann cells to promote neurite outgrowth and enhances spinal cord repair[J]. J Neurosci，2007，27（27）：7 208‒7 221.

[17] BARKAUSKAS C E，CRONCE M T，RACKLEY C R，et al. Type 2 alveolar cells are stem cells in adult lung[J]. J Clin Invest，2013，123：3 025‒3 036.

[18] BERTALANFFY F D，LEBLOND C P. The continuous renewal of the two types of alveolar cells in the lung of the rat[J]. Anat Rec，1953，115（3）：515‒542.

[19] BOERS J B，AMBERGEN A W，THUNNISSEN B J M. Number and proliferation of Clara cells in normal human airway epithelium[J]. Am J Respir Crit Care Med，1999，159（5Pt1）：1 585‒1 591.

[20] BORTHWICK L A，PARKER S M，BROUGHAM K A，et al. Epithelial to mesenchymaltransition （EMT） and airway remodelling after human transplantation[J]. Lung Thorax，2009，64：770‒777.

[21] CALOF A L，BONNIN A，CROCKER C，et al. Progenitor cells of the olfactory receptor neuron lineage[J]. Microsc Res Tech，2002，58（3）：176‒188.

[22] CALOT A C，MUMM J S，RIM P C，et al. The neuronal stem cell of the olfactory epithelium[J]. J Neurobio，1998，36（2）：190‒205.

[23] CHALLEN G A，LITTLE M H. A side order of stem cells：the SP phenotype[J]. Stem Cell，2006，24（1）：3‒12.

[24] CHUAH M I，WEST A K. Cellular and molecular biology of ensheathing cells[J]. Microsc Res Tech，2002，58（3）：216‒227.

[25] CHUNG R S, WOODHOUSE A, FUNG S, et al. Olfactory ensheathing cells promote neurite sprouting of injured axons in vitro by direct cellular contact and secretion of soluble factors[J]. Cell Mol Life Sci, 2004, 61（10）: 1 238 - 1 245.

[26] CRAPO J D, BARRY B E, GEHR P, et al. Cell number and cell characteristics of the normal human lung[J]. Am Rev Respir Dis, 1982, 126（2）: 332 - 337.

[27] DAVEY A, MCAULEY D F, OKANE C M. Matrix metalloproteinases in acute lung injury: mediators of injury and drivers of repair[J]. Eur Respir J, 2011, 38（4）: 959 - 970.

[28] DEHAMER M K, GUEVARA T J, HANNON K, et al. Genesis of olfactory receptor neurons in vitro: regulation of progenitor cell divisions by fibroblast growth factors[J]. Neuron, 1994, 13（5）: 1 083 - 1 097.

[29] DOWTHWAITE G P, BISHOP J C, REDMAN S N, et al. The surface of articular cartilage contains a progenitor cell population[J]. J Cell Sci, 2004, 117（Pt6）: 889 - 897.

[30] DUYNSTEE M L, VERWOERD - VERHOEF H L, VERWOERD C D, et al. The dual role of perichondrium in cartilage wound healing[J]. Plast Reconstr Surg, 2002, 110（4）: 1 073 - 1 079.

[31] EPPERLY M W, GUO H, GRETTON J E, et al. Bone marrow origin of myofibroblasts in irradiation pulmonary fibrosis[J]. Am J Respir Cell Mol Biol, 2003, 29（2）: 213 - 224.

[32] FENG W H, KAUER J S, ADLMAN L, et al. New structure, the "olfactory pit", in human olfactory mucosa[J]. J Comp Neurol, 1997, 378（4）: 443 - 453.

[33] GREEN M D, HUANG S X, SNOECK H W. Stem cells of the respiratory system: from identification to differentiation into functional epithelium[J]. Bioessay, 2013, 35（3）: 261 - 270.

[34] GRIFFITHS M J, BONNET D, JANES S M. Stem cells of the alveolar epithelium[J]. Lancet, 2005, 366（9481）: 249 - 260.

[35] HAIES D M, GIL J, WEIBEL E D. Morphometric study of rat lung cell. 1. Numberical and dimensional characteristics of parenchymal cell population[J]. Am Rev Respir Dis, 1981, 123（5）: 533 - 541.

[36] HANSON S E, KIM J, JOHNSON B H, et al. Characterization of mesenchymal stem cells from human vocal fold fibroblasts[J]. Laryngoscope, 2010, 120（3）: 546-551.

[37] HASHEMIBENI B, GOHARIAN V, ESFANDIARI E, et al. An animal model study forrepair of tracheal defects with autologous stem cells and differentiated chondrocytes from adipose-derived stem cells[J]. J Pediatr Surg, 2012, 47（11）: 1 997-2 003.

[38] HASHIMOTO N, JIN H, LIU T, et al. Bone marrow-derived progenitor cells in pulmonary fibrosis[J]. J Clin Invest, 2004, 113（2）: 243-252.

[39] HAYASHIDA K, FUJITA J, MIYAKE Y, et al. Bone marrow-derived cells contributes to pulmonary vascular remodeling in hypoxia-induced pulmonary hypertension[J]. Chest, 2005, 127（5）: 1 793-1 798.

[40] HO MM, NG AV, LAM S, et al. Side population in human lung cancer cell lines and tumors is enriched with stem-like cancer cells[J]. Cancer Res, 2007, 67（10）: 4 827-4 833.

[41] HUANG SARAH X L, ISLAM M N, JOHN O'NEILL J, et al. Efficient generation of lung and airway epithelial cells from human pluripotent stem cells[J]. Nature biotechnology, 2014, 32: 84-91.

[42] IGAI H, CHANG SS, GOTOH M, et al. Tracheal cartilage regeneration and new bone formation by slow release of bone morphogenetic protein（BMP）-2[J]. ASAIO Journal, 2008, 54（1）: 104-108.

[43] ISHIZAWA K, KUBO H, YAMADA M, et al. Bone marrow-derived cells contribute to lung regeneration after elastase-induced pulmonary emphysema[J]. FEBS Lett, 2004, 556（1-3）: 249-252.

[44] IWAI N, ZHOU Z, ROOP D R, et al. Horizontal basal cells are multipotent progenitors in normal and injured adult olfactory epithelium[J]. Stem Cell, 2008, 26（5）: 1 298-1 306.

[45] IWANO M, PLIETH D, DANOFF T M, et al. Evidence that fibroblasts derive from epithelium during tissue fibrosis[J]. J Clin Invest, 2002, 110（3）: 341-350.

[46] JIANG Y, VAESSEN B, LENVIK T, et al. Multipotent progenitor cells can be isolated from postnatal murine bone marrow, muscle, and brain[J]. Exp Hemato, 2002, 30（8）: 896-904.

[47] KAFITZ K W, GREER C A. Olfactory ensheathing cells promote neurite extension from embryonic olfactory receptor cells in vitro[J]. Glia, 1999, 25 (2): 99 - 110.

[48] KALLURI R WEINBERG R A. The basics of epithelial - mesenchymal transition[J]. J Clin Invest, 2009, 119 (6): 1 420 - 1 428.

[49] KALLURI R, NEILSON E G. Epithelial - mesenchymal transition and its implications for fibrosis[J]. J Clin Invest, 2003, 112 (12): 1 776 - 1 784.

[50] KANEMARU S, NAKAMURA T, OMORI K, et al. Regeneration of the vocal fold using autologous mesenchymal stem cells[J]. Ann Otol Rhinol Laryngol, 2003, 112 (11): 915 - 920

[51] KANEMARU S, NAKAMURA T, YAMASHITA M, et al. Destiny of autologous bone marrow - derived stromal cells implanted in the vocal fold[J]. Ann Otol Rhinol Laryngol, 2005, 114 (12): 907 - 912.

[52] KATO T, YOKOUCHI K, FUKUSHIMA N, et al. Continual replacement of newly generated olfactory neurons in adult rats[J]. Neurosci Lett, 2001, 307 (1): 17 - 20.

[53] KIM C F, JACKSON E L, WOOLFENDEN A E, et al. Identification of bronchioalveolar stem cells in normal and lung cancer[J]. Cell, 2005, 121 (6): 823 - 835.

[54] KIM K K, KUGLER M C, WOLTERS P J, et al. Alveolar epithelial cell mesenchymal transition develops in vivo during pulmonary fibrosis and is regulated by the extracellular matrix[J]. Proc Natl Acad Sci USA, 2006, 103 (35): 13 180 - 13 185.

[55] KOTTON D N, FABIAN A J, MULLIGAN R C. Failure of bone marrow to reconstitute lung epithelium[J]. Am J Respir Cell Mol Biol, 2005, 33 (4): 328 - 334.

[56] KOTTON D N, MA B Y, CARDOSO W V, et al. Bone marrow - derived cells as progenitors of lung alveolar epithelium[J]. Development, 2001, 128: 5 181 - 5 188.

[57] KRAUSE D S, THEISE N D, COLLECTOR M I, et al. Multi - organ, multi - lineage engraftment by a single bone marrow - derived stem cell[J]. Cell, 2001, 105 (3): 369 - 377.

[58] KUMAI Y, KOBLER J B, HERRERA V L, et al. Perspectives on adipose - derived stem/stromal cells as potential treatment for scarred vocal folds: opportunity and

challenges[J]. Curr Stem Cell Res Ther, 2010, 5（2）：175 - 181.

[59] LAUWEYNS J M，BAET J H. Alveolar clearance and the role of the pulmonary lymphatics[J]. Am Rev Respir Dis，1977，115：625 - 683.

[60] LIPSON A C，WIDENFALK J，LINDQUIST E，et al. Neurotrophic properties of olfactory ensheathing aglia[J]. Exp Neurol，2003，180：167 - 171.

[61] LIU L，WU W，TUO X，et al. Novel strategy to engineer trachea cartilage graft with marrow mesenchymal stem cell macroaggregate and hydrolyzable scaffold[J]. Artif Organs，2010，34（5）：426 - 433.

[62] LIU Y，QIANG L，YUANYUAN L，et al. The isolation，cultivation and identification of laryngeal mucosa mesenchymal stem cells[J]. Zhonghua Er Bi Yan Hou Tou Jing Wai Ke Za Zhi，2011，46（5）：408 - 412.

[63] LONG J L，ZUK P，BERKE G S，et al. Epithelial differentiation of adipose - derived stem cells for laryngeal tissue engineering[J]. Laryngoscope，2010，120（1）：125 - 131.

[64] LO CICERO V，MONTELATICI E，CANTARELLA G，et al. Do mesenchymal stem cells play a role in vocal fold fat graft survival?[J]. Cell Prolif，2008，41（3）：460 - 473.

[65] LOI R，BECKETT T，GONCZ K K，et al. Limited restoration of cystic fibrosis lung epithelium in vivo with adult bone marrow - derived cells[J]. with adult bone marrow - derived cells[J]. Am J Respir Crit Care Med，2006，173（2）：171 - 179.

[66] MACKAY S A，KITTEL P W. On the life span of olfactory receptor neurons[J]. Eur Neurosci，1991，3（3）：209 - 215.

[67] MACPHERSON H，KEIR P，WEBB S，et al. Bone riming - derived SP cells can contribute to the respiratory tract of mice in vivo[J]. J Cell Sci，2005，118（Pt II）：2 441 - 2 450.

[68] MORAN D T，JAFEK B W，ELLER P M，et al. Ultrastructural histopathology of human olfactory dysfunction[J]. Microsc Res Tech，1992，23（2）：103 - 110.

[69] MORISHIMA Y，NOMURA A，UCHIDA Y，et al. Triggering the induction of myofibroblast and fibrogenesis by airway epithelial shedding[J]. Am J Respir Cell Mol Biol，2001，24（1）：1 - 11.

[70] NIBU K. Introduction to olfactory neuroepithelium[J]. Microsc Res Tech，2002，58（3）：133－134.

[71] OHNO T，HIRANO S，KANEMARU S，et al. Expression of extracellular matrix proteins in the vocal folds and bone marrow derived stromal cells of rats[J]. Eur Arch Otorhinolaryngol，2008，265（6）：669－674.

[72] ORTIZ L A，GAMBELLI F，MCBRIDE C，et al. Mesenchymal stem cell engraftment in lung is enhanced in response to bleomycin exposure and ameliorates its fibrotic effects[J]. Pro Natl Acad Sci USA，2003，100（14）：8 407－8 411.

[73] PENG H，MING LG，YANG RQ，et al. The use of laryngeal mucosa mesenchymal stem cells for the repair the vocal fold injury[J]. Biomaterials，2013，34（36）：9 026－9 035.

[74] PEPPER M S. Lymphangiogenesis and tumor metastasis：Myth or reality?[J]. Clin Cancer Res，2001，17（3）：462－468.

[75] POPOV B V，SERIKOV V B，LU WY，et al. Lung epithelial cells induce endodermal differentiation in mouse mesenchymal bone marrow stem cells by paracrine mechanism[J]. Tissue Eng，2007，13（10）：2 441－2 450.

[76] RAFF M C. Social controls on cell survival and cell death[J]. Nature，1992，356（6368）：397－400.

[77] ROCK J R，HOGAN B L. Epithelial progenitor cells in lung development，maintenance，repair，and disease[J]. Annu Rev Cell Dev Biol，2011，27：493－512.

[78] ROCK J R，ONAITIS M W，RAWLINS E L，et al. Basal cells as stem cells of the mouse trachea and human airway epithelium[J]. Proc Natl Acad Sci USA，2009，106（31）：12 771－12 775.

[79] ROJAS M，XU J，WOODS C R，et al. Bone marrow－derived cells mesenchymal stem cells in repair of the injured lung[J]. Am J Respir Cell Mol Biol，2005，33（2）：145－152.

[80] SALTAN－STYNE K，TOLEDO R，WALKER C，et al. Lone－term survivoal of olfactory sensory neurons after target depletion[J]. J Comp Neurol，2009，515（6）：696－710.

[81] SANCHEZ－ESTEBAN J，WANG Y，CICCHIELLO L A，et al. Mechanical stretch promotes alveolar epithelial type Ⅱ cell differentiation[J]. J Appl Physiol，2001，91（2）：589－595.

[82] SATO K，HIRANO M. Histologic investigation of the macula flava of the human vocal fold[J]. Ann Otol Rhinol Laryngol，1995，104（2）：138－143.

[83] SATO K，HIRANO M，NAKASHIMA T. Fine structure of the human newborn and infant vocal fold mucosa[J]. Ann Otol Rhinol Laryngol，2001，110：417－424.

[84] SATO K，MIYAJIMA Y，IZUMARU S，et al. Cultured stellate cells in human vocal fold mucosa[J]. J Laryngol Otol，2008，122（12）：1 339－1 342.

[85] SCHNABEL M，MARLOVITS S，ECKHOFF G，et al. Dedifferentiation－associated changes in morphology and gene expression in primary human articular chondrocytes in cell culture[J]. Osteoarthy Cartil，2002，10（1）：62－70.

[86] SCHWOB J E. Neural regeneration and the peripheral olfactory system[J]. Anat Rec，2002，269（1）：33－49.

[87] SERIKOV V B，POPOV B V，MIKHAILOV V M，et al. Evidence of temporary airway epithelial repopulation and rare clonal formation by BM－derived cells following naphthalene injured in mice[J]. Anat Rec（Hoboken），2007，290（9）：1 033－1 045.

[88] SHETTY R S，BOSE S C，NICKELL M D，et al. Transcriptional changes during neuronal death and replacement in the olfactory epithelium[J]. Mol Cell Neurosci，2005，30（4）：583－600.

[89] SLACK J M，TOSH D. Transdifferentiation and metaplasia—switching cell types[J]. Curr Opin Genet Dev，2001，11（5）：581－586.

[90] SPEES J L，OLSON S D，YLOSTALO J，et al. Differentiation，cell fusion，and nuclearfusion daring ex vivo repair of epithelium by human adult stem cells from bone marrow stroma[J]. Proc Natl Acad Sci U S A，2003，100（5）：2 397－2 402.

[91] SUEBLINVONG V，LOI R，EISENHAUER P L，et al. Derivation of lung epithelium from human cord blood－derived mesenchymal stem cells[J]. Am J Respir Crit Care Med，2008，177（7）：701－711.

[92] SURATT B T，COOL C D，SERLS A E，et al. Human pulmonary chimerism after

hematopoietic stem cell transplantation[J]. Am J Respir Crit Care Med，2003，168
（3）：318 - 322.

[93] SU Z，HE C. Olfactory ensheathing cells: biology in development and regeneration[J].
Prog Neurobiol，2010，92（4）：517 - 532.

[94] TENNENT R，CHUAH M I. Ultrastructeral study of ehsheathing cells in early
development of olfactory axons[J]. Brain Res Dev Brain Res，1996，95（1）：135 - 139.

[95] TOGO T，UTANI A，NAITOH M，et al. Identification of cartilage progenitor cells in
the ear perichondrium: utilization for cartilage reconstruction[J]. Lab Invest，2006，
86（5）：445 - 457.

[96] UHAL B D. Cell cycle kinetics in the alveolar epithelium[J]. Am J Physiol，1997，
272：L1 031 - L1 045.

[97] VAN DER VEER W M，BLOEMEN M C，Ulrich M M，et al. Potential cellular and
molecular causes of hypertrophic scar formation[J]. Burns，2009，35（1）：15 - 29.

[98] Wagers A J，Sherwood R I，Christensen J L，et al. Little evidence for developmental
plasticity of adult hematopoietic stem cells[J]. Science，2002，297（5590）：
2 256 - 2 259.

[99] WANG G，BUNNELL B A，PAINTER R G，et al. Adult stem cells from bone marrow
stroma differentiate into airway epithelial cells: potential therapy for cysticfibrosis[J].
Proc Natl Acad Sci U S A，2005，102（1）：186 - 191.

[100] WARD C，FORREST I A，MURPHY D M，et al. Phenotype of airway epithelial cells
suggests epithelial to mesenchymal cell transition in clinically stable lung transplant
recipients[J]. Thorax，2005，60（10）：865 - 871.

[101] WATANABE K，KONDO K，YAMASOBA T，et al. Age - related change in the
axonal diameter of the olfactory nerve in mouse lamina propria[J]. Acta Otolaryngol
Supp，2007，（559）：108 - 112.

[102] WEISS D J，KOLLS J K，ORTIZ L A，et al. Stem cells and cell therapies in lung
biology and lung diseases[J]. Proc Am Thorac Soc，2008，5（5）：637 - 667.

[103] WHITSETT J A，WERT S E，WEAVER T E. Alveolar surfactant homeostasis and the
pathogenesis of pulmonary disease[J]. Annu Rev Med，2010，61：105 - 119.

[104] WILKES D S，EGAN T M，REYNOLDS H Y. Lung transplantation: opportunities

for research and clinical advancement[J]. Am J Respir Crit Care Med, 2005, 172 (8)：944 – 955.

[105] WILLIS B C, BOROK Z. Epithelial – mesenchymal transition： potential role in obliterative bronchiolitis?[J]. Thorax, 2009, 64 (9)：9 742 – 9 743.

[106] WONG AP, DUTLY AE, SACHER A, et al. Targeted cell replacement with bone marrow cells for airway epithelial regeneration[J]. Am J Physiol Lung cell Mol Physiol, 2007, 293：L740 – L752.

[107] WONG AP, KEATING A, LU WY, et al. Identification of a bone marrow – derived epithelial – like population capable of repopulating injured mouse airway epithrlium[J]. J Clin Invest, 2009, 119 (2)： 336 – 348.

[108] YAMADA M, KUBO H, KOBAYASHI S, et al. Bone mama – derived progenitor cells are important for lung repair after lipopolysaccharide – induced lung injury[J]. J Immunol, 2004, 172 (2)：1 205 – 1 277.

[109] YAMASHITA M, HIRANO S, KANEMARU S, et al. Side population cells in the human vocal fold[J]. Ann Otol Rhinol Laryngol, 2007, 116 (11)：847 – 852.

[110] YOON M H, KIM J H, OAK C H, et al. Tracheal cartilage regeneration by progenitor cells derived from the perichondrium[J]. Tissue Engineering and Regenerative Medicine, 2013, 10 (5)：286 – 292.

[111] YOUNG S L, FRAM E K, SPAIN C I, et al. Development of type II pneumocyte in rat lung[J]. Am J physiol, 1991, 260 (2)：L113 – L122.